Oldtimer-Katalog

HEEL

IMPRESSUM

HEEL-Verlag, Hauptstraße 354, 5330 Königswinter 1, Tel. 0 22 23/2 30 27, Fax 0 22 23/2 30 28

Die Redaktion des Oldtimer-Katalogs:
Chefredakteur: Dr. Dieter Günther
Redaktion: Joachim Hack, Karin Hübener, Anja Kondritz, Ute Müller, Jörg Tiemann

Es gilt die Preisliste Nr. 4 vom 1. 1. 89
Anzeigenleitung: Marion Kneilmann
Layout: Olaf Schumacher
Satz: Krupp Atlas Datensysteme, Essen
Repro: Atelier Frings GmbH, Bonn · Lorenz Ellwanger, Bayreuth
Druck: Lorenz Ellwanger, Bayreuth

Printed in Germany

ISBN 3-89365-160-8

Dieter Günther

OLDTIMER KATALOG

Der Marktführer für klassische Automobile der Welt

HEEL

Inhalt

Plakate aus sieben Jahrzehnten

Poster-Nachdrucke vom WK-Verlag, Bad Salzuflen, in bekannt guter Qualität, Format ca. 50×70 cm. Stückpreis DM 10,— zuzüglich Versandkostenpauschale DM 5,— pro Bestellung (inkl. Porto, Verpackung, NN). Mindestbestellwert DM 20,—. Wiederverkäufer bitte Netto-Preisliste anfordern.

Auto-Union-Rennposter 1938, 4farbig Best.-Nr. 1602*

DKW-Typentafel Motorräder 1937, 4farbig Best.-Nr. 515*

Messerschmitt KR 200-Werbeposter, 4farbig Best.-Nr. 998*

NSU-Supermax 4farbig Best.-Nr. 496*

Vespa-Roller-Werbeposter, 4farbig Best.-Nr. 1630*

Zündapp KS 500 4farbig, Best.-Nr. 127*

Jaguar E-Type 1965 4farbig, Best.-Nr. 1606

Horex-Rennposter 4farbig, Best.-Nr. 393*

NSU-Lux 3farbig, Best.-Nr. 1758

NSU-Rennposter 4farbig, Best.-Nr. 997

Steib-Seitenwagen-Werbeposter, 2farbig Best.-Nr. 518

Auto-Union-Rennposter 1936, 2farbig Best.-Nr. 1604

Zündapp DB 201 4farbig Best.-Nr. 129*

Lohmann Fahrrad-Motor 2farbig Best.-Nr. 517

D-Rad Jugendstil Werbeposter, 4farbig Best.-Nr. 1511

Horex SB 35-Werbeposter 4farbig, Best.-Nr. 1751

NSU-Standardmax-Werbeposter 4farbig, Best.-Nr. 558

∗ alle gekennzeichneten Motive auch in Kleinformat ca. 25×35 cm lieferbar! Stückpreis DM 5,—

Weitere Motive auf Anfrage (insgesamt über 500 verschiedene Poster lieferbar), hier einige Beispiele: Auto-Union 1939 in klein und groß, BMW 507; BMW R 75 WH in klein und groß, BMW-Kollektionsposter Motorräder 1962; DKW-Kollektionsposter Motorräder 1930; Heinkel-Roller 103/A-2; Horex-Regina-Typentafel; NSU-Vorkriegskollektionsposter Motorräder 1906—1939; NSU-Schmierpläne Max/Lux; Steib-Kollektionsposter 1955; Steib-Werbeposter 1936 in klein u. groß; Triumph TWN Motorrad-Vorkriegswerbeposter in klein u. groß. Ferner gibt es bei uns über 1800 verschiedene Nachdrucke techn. Kfz-Literatur, d. h. Betriebsanleitungen, Ersatzteillisten, Reparaturanleitungen, Prospekte usw. von allen gängigen u. seltenen PKW, LKW, Schleppern, Motorrädern, Mopeds, Rollern und Seitenwagen aus aller Welt.

Alle Poster erhalten Sie auch direkt in München bei Schrader Automobil-Bücher Handelsges. mbH., Frauenstr. 32; in Remscheid bei Fa. Motorrad Stemler, Garschager Heide 29; in Hannover bei Fa. Schröder Weise, Ohefeldweg 1; in Dänemark bei Køsters Boghandel, Jens Olesen, Postbox 209, Raadhusstræde 2, DK-8900 Randers; in der Schweiz bei Fa. Schröder & Weise, CH-Pfäffikon, Etzelstr. 32; in Schweden bei Motorbokhandeln, Box 6051, 10231 Stockholm, Tel. 08/32 52 65; in Österreich bei Verlag W. J. Verwüster, A-Graz, Am Leopoldsgrund 106.

WK-Verlag

Lagesche Straße 105 · 4902 Bad Salzuflen 1 (Schötmar) · Telefon 0 52 22/2 20 48 (auch abends)

Telfax 0 52 22/27 95

Liebe Leserin, lieber Leser,

vor Ihnen liegt ein alter Bekannter, der Oldtimer-Katalog. Genauer gesagt: die vierte Ausgabe des jährlich im HEEL-Verlag, Königswinter, erscheinenden Oldtimer-Katalogs, der Ihnen hoffentlich noch bessere Dienste leisten und noch mehr Lesevergnügen bereiten wird als sein Vorgänger. Denn, und dies haben Sie beim ersten Durchblättern natürlich schon bemerkt: wir haben Gewichtung und Aufbau dieses Standardwerks ein wenig verändert. So befaßt sich der Oldtimer-Katalog 1990 ausschließlich mit Fahrzeugen des Zeitraums 1945 bis 1975, läßt also die bisher behandelten 20er und 30er Jahre unberücksichtigt, und stellt als weitere Neuheit jedes Modell, jeden Typ separat vor — mit technischen Daten und einer Kurz-Charakteristik.

Warum?

Aus einem sehr einfachen Grund: weil wir den Oldtimer-Katalog noch „brauchbarer", noch praxisnäher — und dabei gleichzeitig noch unterhaltsamer machen wolten! Wohl kein Autoliebhaber wird leugnen, daß es sich bei jedem einzelnen Bugatti um ein ingeniöses und ästhetisches Meisterwerk handelt, das man nur zu gerne in der eigenen Garage stehen hätte. Leider wird es fast immer bei diesem Wunsch bleiben. Wer heute noch keinen Bugatti hat, wird nur in seltenen Fällen einen bekommen. Längst sind die Vollblüter aus Molsheim in Preisregionen abgedriftet, die für Normalverdiener tabu sind.

Trotzdem gibt es natürlich kapitalkräftige Autoliebhaber, die von den filigranen Geschöpfen mit dem hufeisenförmigen Kühler nicht nur träumen müssen, sondern sie sogar kaufen können. Werden die nun den Abschnitt „Bugatti" nicht vermissen?

Wohl kaum. Nehmen wir das gängigste Bugatti-Modell, den Typ 57. Allein von diesem herrlichen Automobil gibt es eine Fülle unterschiedlicher Ausführungen (T 57, 57 C, S oder SC), die mit verschiedenen Aufbauten — Atalante, Atlantic, Ventoux oder Galibier — geliefert wurden. Und auch da gibt es noch Unterschiede, denn viele Bugattis ließ man natürlich von den berühmtesten Karosserieschneidern einkleiden.

Unter solchen Voraussetzungen fällt es schwer, selbst den erzielten Preis für ein bestimmtes Modell zu verallgemeinern, denn im Grunde genommen existiert für solche Schöpfungen ja kein Markt im eigentlichen Sinne — wenn man darunter die Preisregulierung durch Angebot und Nachfrage versteht.

Also haben wir — schweren Herzens! — auf Bugatti und Co. verzichtet und statt dessen für noch mehr Bandbreite bei den Jahren 1945 bis 1975 gesorgt. Das bedeutet für Sie, daß Sie jetzt Marken wie Matra, TVR, Honda und Marcos, um nur ein paar Beispiele zu nennen, im neuesten, aktuellen Oldtimer-Katalog finden: Ungewöhnliche, aber immer noch erschwingliche Autos, die Spaß und Exklusivität bieten und — nehmen wir etwa TVR und Marcos — in England reichlich angeboten werden.

Schließlich sind noch ein paar „technische" Bemerkungen nötig. Auf die bisher verwandte Preis-Statistik haben wir verzichtet und uns dafür einmal zu „Trendmeldungen" — 1: bedeutet steigend, 2: gleichbleibend und 3: sinkend — entschlossen, zum anderen recht weitgespreizte Preiskategorien angegeben, die, aufgeschlüsselt nach einer vierteiligen Zustandsskala, einigermaßen verläßlich den momentanen Marktwert jedes vorgestellten Fahrzeugs nennen — wobei uns die im Einzelfall möglicherweise auftauchenden Probleme durchaus bewußt sind!

Bei den PS-Angaben übrigens handelt es sich immer um DIN-Norm, beim Motor um Reihentriebwerke und bei der Karosserie um Stahlaufbauten — wenn es nicht anders aufgeführt ist.

Bleibt uns nur noch, Ihnen gute Unterhaltung, aber auch viel praktischen Nutzen mit dem Oldtimer-Katalog zu wünschen!

Bonn und Hamburg, im November 1989

F. C. Heel
Dieter Günther

Abarth

Carlo Abarth, am 15.11.1908 in Wien geboren, kam in den vierziger Jahren nach Italien, wo er zunächst - gemeinsam mit einem gewissen Ferdinand Porsche - bei Cisitalia arbeitete. 1950 machte er sich selbständig und gründete Abarth & Co. in Turin, eine kleine Firma, die sportliches Zubehör und schon bald komplette Fahrzeuge herstellte. Diese giftigen Autos (hauptsächlich auf Fiat- und Simca- Basis) mit dem Skorpion im Firmenemblem - dem Sternzeichen Carlo Abarths - dominierten lange Jahre die Rennstrecken. Aber trotz zahlreicher Erfolge (allein die Auspuffanlagen erlangten Weltruhm) mußte 1971 die Autoproduktion eingestellt und das Unternehmen in den Fiat-Konzern eingegliedert werden. Carlo Abarth verstarb 1979.

Simca-Abarth 1150, S, SS und Corsa

Zylinderzahl/Bauart: 4 Zyl.
Hubraum: 1137 ccm
Leistung bei U/min: 55/5600, 58/5600, 65/5600 und 85/6500 PS
Höchstgeschwindigkeit: 150 bis 175 km/h
Karosserie-/Chassisbauart: selbsttragende Karosserie
Ausführung: 4-t Lim.
Baujahr: 1963-1965
Preistendenz: 1
Preisgruppe 1: 6000 - 9000
Preisgruppe 2: 9000 - 12500
Preisgruppe 3: 12500 - 16000
Preisgruppe 4: 16000 - 20000

Nicht alle Abarth-Schöpfungen basierten auf Fiat-Modellen, wie der hier vorgestellte Abarth-Simca zeigt. In mehreren Ausführungen lieferbar, kostete das Topmodell 1150 Corsa in Italien gut 1,5 Mill.Lire - und damit knapp zehn Prozent mehr als eine Alfa Romeo Giulietta Ti. Der besondere Geschmack war eben schon immer etwas teurer!

Fiat-Abarth 595, 595 SS, 695 und 695 SS

Zylinderzahl/Bauart: 2 Zyl.
Hubraum: 594 bzw. 695 ccm
Leistung bei U/min: 27/5000, 32/5200, 30/4900 und 38/5200 PS
Höchstgeschwindigkeit: 120 bis 140 km/h
Karosserie-/Chassisbauart: selbsttragende Karosserie

Ausführung: 2-t Lim.
Baujahr: 1963-1971
Preistendenz: 1

Preisgruppe 1: 5000 - 8500
Preisgruppe 2: 8500 - 11000
Preisgruppe 3: 11000 - 14000
Preisgruppe 4: 14000 - 17000

Abarths Einsteigermodell, weniger für den Renn- als mehr für den abenteuerlichen Straßeneinsatz gedacht. Äußerlich fast ein Fiat 500 (von der - vor allem später immer auffallender werdenden - Kriegsbemalung abgesehen), vermittelten diese Zwerge Fahrspaß pur und lehrten Fahrern von Mittelklasse-Autos das Fürchten.

Fiat-Abarth 850/1000

Zylinderzahl/Bauart: 4 Zyl.
Hubraum: 847/982 ccm
Leistung bei U/min: 47/4800 bis 112/8200 PS
Höchstgeschwindigkeit: 130 bis über 200 km/h
Karosserie-/Chassisbauart: selbsttragende Karosserie
Ausführung: 2-t Lim.
Baujahr: 1960-1970
Preistendenz: 1
Preisgruppe 1: 7000 - 9500
Preisgruppe 2: 9500 - 14000
Preisgruppe 3: 14000 - 18000
Preisgruppe 4: 18000 - 25000

Aller Abarth Anfang: Der österreichisch-italienische PS-Zauberer begann seine Tuner-Karriere mit den "Derivaziones", den Ableitungen vom Fiat 600. Motoren mit 850 und 1000 ccm kamen 1960 hinzu. Optisch nach wie vor ein biederer 600er (wenn auch, je nach Ausführung, mehr oder weniger verfremdet), gewann dieses Modell mehrfach die Europa-Tourenwagenmeisterschaft der Gruppe 1.

Fiat-Abarth 750 Sestriere

Zylinderzahl/Bauart: 4 Zyl.
Hubraum: 747 ccm
Leistung bei U/min: 33/4000 bis 47/6000 PS
Höchstgeschwindigkeit: 150-160 km/h
Karosserie-/Chassisbauart: Alu-Karosserie auf separatem Fahrgestell

Ausführung: Coupé
Baujahr: 1959-1960
Preistendenz: 1

Preisgruppe 1: 12000 - 19000
Preisgruppe 2: 19000 - 27000
Preisgruppe 3: 27000 - 39000
Preisgruppe 4: 39000 - 48000

Neben getunten, optisch aber weitgehend unmodifizierten Serien-Fahrzeugen fertigte Abarth wunderhübsche kleine Coupés und Spider, deren Karosserien etwa von Allemano oder Zagato - wie beim oben abgebildeten Sestriere der Fall - stammten. Auch hier konnte der Kunde - je nach Einsatzgebiet - zwischen mehreren Leistungsstufen wählen.

Fiat-Abarth 2200

Zylinderzahl/Bauart: 6 Zyl.
Hubraum: 2162 ccm
Leistung bei U/min: 135/6000
Höchstgeschwindigkeit: 200 km/h
Karosserie-/Chassisbauart: selbsttragende Karosserie

Ausführung: Coupé/Cabrio
Baujahr: 1959-1961
Preistendenz: 1

Preisgruppe 1: 15000 - 22000
Preisgruppe 2: 22000 - 30000
Preisgruppe 3: 30000 - 43000
Preisgruppe 4: 43000 - 55000

Auf dem Turiner Salon im Herbst 1959 präsentierte Carlo Abarth seine 2200- Baureihe: Sehr elegante Fahrzeuge mit von Allemano entworfener und gebauter Coupé- bzw. Cabriolet-Karosserie. Ausschließlich als komfortable Tourenwagen gedacht, basierten die 2,2 l Modelle auf der Technik des Fiat 2100.

AC

Seit 1908 entstehen im englischen Thames Ditton Autos, gebaut von der hochangesehenen Firma AC (die Abkürzung steht für Auto Carrier). Neben steuerbegünstigten Dreirad-Fahrzeugen führte AC stets ebenso sport- liche wie kostspielige Autos im Programm, von denen vor allem der von Carroll Shelby inspirierte Cobra (allerdings bis auf die letzten 27 Exemplare in den USA gefertigt) Weltruhm erlangten.

AC Ace

Zylinderzahl/Bauart: 6 Zyl.
Hubraum: 1991/1971 ccm
Leistung bei U/min: 75/4500 bis 130/5750 PS
Höchstgeschwindigkeit: 155-200 km/h
Karosserie-/Chassisbauart: Alu-Karosserie auf Rohrrahmen

Ausführung: Roadster
Baujahr: 1953-1963
Stückzahl: 226/466 Ex.
Preistendenz: 1

Preisgruppe 1: 35000 - 47000
Preisgruppe 2: 43000 - 64000
Preisgruppe 3: 60000 - 86000
Preisgruppe 4: 83000 - 105000

1953 präsentierte AC den hinreißend schönen, von John Tojeiro konstruierten Ace, der damals noch vom hauseigenen, hochbetagten 2 l Sechszylinder angetrieben wurde. 1955 verpaßte man dem Auto ein leicht modifiziertes Fahrgestell mit unabhängiger Hinterradaufhängung, ein Jahr später konnte auf Wunsch der leistungsfähigere Bristol-Sechszylinder geliefert werden.

AC Aceca

Technische Daten: siehe Ace

Preisgruppe 1: 28000 - 42000
Preisgruppe 2: 37000 - 58000
Preisgruppe 3: 53000 - 77000
Preisgruppe 4: 71000 - 85000

Zum Ace genannten Roadster gesellte sich 1955 ein ebenfalls ausgesprochen gelungenes Coupé, Aceca genannt. Technisch unterschied es sich nicht vom Roadster, auch preislich kaum - ein Umstand, der sich heute nachhaltig geändert hat: Die Offen-Version ist weit teurer als das Coupé mit seiner - für damalige Verhältnisse sehr fortschrittlichen - Heckklappe.

AC Ace 2,6 l

Zylinderzahl/Bauart: 6 Zyl.
Hubraum: 2553 ccm
Leistung bei U/min: 90/4400 bis ca. 170/5500 PS
Höchstgeschwindigkeit: 160 bis ca. 210 km/h
Karosserie-/Chassisbauart: Alu-Karosserie auf Rohrrahmen

Ausführung: Roadster
Baujahr: 1961-1963
Stückzahl: 36 Ex.
Preistendenz: 1

Preisgruppe 1: 40000 - 51000
Preisgruppe 2: 51000 - 69000
Preisgruppe 3: 69000 - 90000
Preisgruppe 4: 90000 - 120000

Die Idee, in den Ace den Motor des Ford Zephyr einzupflanzen, kam Ken Rudd, der zunächst Fahrzeuge in eigener Regie modifizierte (was eine leichte Umgestaltung der Frontpartie nötig machte). Offenbar überzeugte diese Lösung das Werk, wo man sich nach Ersatz für den sehr teuren Bristol-Sechszylinder umsah. Also übernahm man den Wagen ins eigene Lieferprogramm und bot ihn in fünf Tuning-Stufen an.

AC Greyhound

Technische Daten: siehe Ace

Preisgruppe 1: 19000 - 27000
Preisgruppe 2: 27000 - 37000
Preisgruppe 3: 39000 - 51000
Preisgruppe 4: 51000 - 65000

Von 1959 bis 1963 offerierte die kleine Firma in Thames Ditton mit dem Greyhound einen Viersitzer, der die Aufgabe erfüllen sollte, eingefleischte AC-Piloten mit Frau und Kind bei der Stange zu halten. Ob er das tat, scheint fraglich, denn 1962 kostete das Auto 2670 bzw. 2910 engl.Pfund (je nach Motorbestückung). Ein Jaguar E Coupé gab's dagegen schon für 2100 engl.Pfund!

AC Cobra 260/289

Zylinderzahl/Bauart: V 8
Hubraum: 4260 bzw. 4727 ccm
Leistung bei U/min: 264/5800 bis 300/5750 PS (SAE)
Höchstgeschwindigkeit: 230-250 km/h
Karosserie-/Chassisbauart: Alu-Karosserie auf Rohrrahmen

AC–

Ausführung: Roadster
Baujahr: 1962-1963 / 1963-1965
Stückzahl: 75/590 Ex.
Preistendenz: 1

Preisgruppe 1: 45000 - 56000
Preisgruppe 2: 54000 - 78000
Preisgruppe 3: 75000 - 115000
Preisgruppe 4: 110000 - 190000

Auf dem Autosalon von New York im Frühjahr 1962 präsentierte der ehemalige Rennfahrer und Hühnerzüchter Carroll Shelby der staunenden Öffentlichkeit seinen AC Cobra - und erweckte den altbekannten AC Ace damit zu neuem Leben. Shelbys Rezept: Statt wie bisher Sechszylinder-Aggregate kamen jetzt großvolumige V 8 von Ford - erst mit 4,2, dann mit 4,7 l - zum Einsatz.

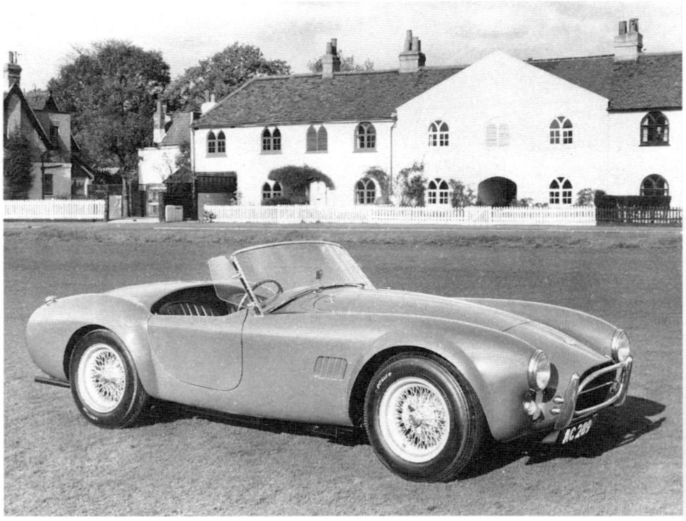

AC 289 Sports

Technische Daten: siehe AC Cobra 289.

Preisgruppe 1: 65000 - 95000
Preisgruppe 2: 95000 - 165000
Preisgruppe 3: 165000 - 215000
Preisgruppe 4: 215000 ->.

Es gab auch Cobras, die in England komplett hergestellt wurden: Sie hießen AC 289 Sports und entstanden, als Carroll Shelby und Ford die Produktion des Ur-Modells aufgegeben hatten. So gab es genau 27 "englische" Exemplare, die mit dem Motor des 289er, aber der Außenhaut und bestimmten technischen Merkmalen des 427er aufwarteten.

AC Cobra 427

Zylinderzahl/Bauart: V 8
Hubraum: 6997 ccm
Leistung bei U/min: 425/6000 PS (SAE)
Höchstgeschwindigkeit: ca. 270 km/h
Karosserie-/Chassisbauart: Alu-Karosserie auf Rohrrahmen

Ausführung: Roadster
Baujahr: 1965-1968
Stückzahl: 410 Ex. (davon 356 fertiggestellt)
Preistendenz: 1

Preisgruppe 1: 70000 - 100000
Preisgruppe 2: 100000 - 175000
Preisgruppe 3: 175000 - 250000
Preisgruppe 4: 250000 ->.

Das vielleicht brutalste Stück Auto, das jemals für den öffentlichen Straßenverkehr zugelassen wurde! Vom "kleinen" Cobra (alles ist relativ!) unterschied sich der 427er durch fette Bereifung, bauchige Kotflügel, ein verstärktes, vom Ford-Computer berechnetes Chassis, Schrauben- statt Querfedern und natürlich der bärenstarken 7 l Maschine, die in Standard-Ausführung 425 PS leistete (mehr war natürlich möglich).

AC 427/428

Zylinderzahl/Bauart: V8
Hubraum: 6997/7017 ccm
Leistung bei U/min: 425/6000 bzw. 350/4600 PS (SAE)
Höchstgeschwindigkeit: ca. 250/225 km/h
Karosserie-/Chassisbauart: Alu-Karosserie auf Rohrrahmen

Ausführung: Cabriolet/Coupé
Baujahr: 1965-1972
Stückzahl: 51/29 Ex.
Preistendenz: 1

Preisgruppe 1: 40000 - 55000
Preisgruppe 2: 50000 - 72000
Preisgruppe 3: 70000 - 98000
Preisgruppe 4: 95000 - 135000

1965 gab der AC 427 sein Debut, der nicht nur durch seine Fahrleistungen, sondern auch durch seine wunderschöne, von Frua in Italien gezeichnete und auch gebaute Karosserie bestach. In den Augen vieler Liebhaber verlor dieser "Cobra im Smoking" freilich viel von seinem Reiz, als der englische Hersteller ihm 1967 einen minimal größeren, aber schwächeren Motor verordnete.

Alfa Romeo

Auf dem Pariser Salon 1949 präsentierte Alfa Romeo den 1900 - und leitete damit einen neuen Abschnitt in der Firmengeschichte ein: Bis dahin fertigte die traditionsreiche, 1910 gegründete Firma neben Rennwagen extrem teure Straßenfahrzeuge der Nobelklasse, die zwar in hohem Ansehen standen, aber kaum Käufer fanden. Resultat: Das Mailänder Unternehmen geriet in die Krise. Das sollte sich erst ändern, als zeitgemäße Konstruktionen lanciert wurden.

Alfa Romeo 1900

Zylinderzahl/Bauart: 4 Zyl.
Hubraum: 1884/1975 ccm
Leistung bei U/min: 90 bis 115 PS
Höchstgeschwindigkeit: 160 bis 180 km/h
Karosserie-/Chassisbauart: selbsttragende Karosserie bzw. Alu-Karosserie auf Rohrrahmen

Ausführung: 4-t Lim., Coupé, Cabriolet
Baujahr: 1949-1958
Stückzahl: Limousinen: 17.243 Ex., Zweitürer: 1.796 Ex.
Preistendenz: 2 bzw. 1

Preisgruppe 1: 6500 - 19000
Preisgruppe 2: 10000 - 29500
Preisgruppe 3: 14000 - 41000
Preisgruppe 4: 17500 - 69000

Dieser Meilenstein in der Alfa Romeo-Geschichte verfügte über all jene Zutaten, die in der Folgezeit typisch für die Erzeugnisse aus Mailand werden sollten, wie etwa die selbsttragende Karosserie und den wunderbaren, von Dr.Puliga konstruierten Doppel-Nockenwellenmotor. Neben den Viertürern gab es noch sportlichere Coupés und Cabrios - wie den hier gezeigten Super Sprint mit Touring- Karosserie.

Alfa Romeo Giulietta Sprint

Zylinderzahl/Bauart: 4 Zyl.
Hubraum: 1290 ccm
Leistung bei U/min: 65/6100, 80/6300 bzw. 90/6500 PS
Höchstgeschwindigkeit: 155-180 km/h
Karosserie-/Chassisbauart: Plattformrahmen

Ausführung: Coupé
Baujahr: 1954-1962
Stückzahl: 27.141 Ex.
Preistendenz: 2

Preisgruppe 1: 3500 - 6500
Preisgruppe 2: 6000 - 13000
Preisgruppe 3: 12000 - 17000
Preisgruppe 4: 17000 - 24000

Bertone schuf die eleganten Linien des Giulietta Sprint, eines 2 + 2-sitzigen Coupés, das zunächst noch über ein Viergang-Getriebe mit Lenkradschaltung verfügte. Im Lauf der Zeit spendierte das Werk mehr Leistung und einen längeren Radstand, außerdem ergänzte schon bald eine schnelle Veloce-Version das Angebot. Von 1962 bis 1968 war das Auto als Giulia Sprint mit einem 1,6 l Motor lieferbar.

Alfa Romeo Giulietta Berlina

Zylinderzahl/Bauart: 4 Zyl.
Hubraum: 1290 ccm
Leistung bei U/min: 53/5200, 62/6000, 65/6100 bzw. 74/6200 PS
Höchstgeschwindigkeit: 140-165 km/h
Karosserie-/Chassisbauart: Plattformrahmen

Ausführung: 4-t Lim.
Baujahr: 1955-1962
Stückzahl: 131.876 Ex.
Preistendenz: 2

Preisgruppe 1: 2000 - 4000
Preisgruppe 2: 4000 - 7500
Preisgruppe 3: 7500 - 10000
Preisgruppe 4: 10000 - 13500

Seit 1955 gab es Julchen (denn das bedeutet Giulietta auf deutsch) auch als viertürige Limousine. Als Berlina und Berlina Ti offeriert, bot dieses etwas pummelig wirkende Modell Fahrleistungen auf Opel Kapitän-Niveau sowie ein eher biederes Cockpit mit Bandtacho samt Lenkrad-Schaltung. Und kostete bei uns etwa so viel Geld wie ein Mercedes 220.

Alfa Romeo Giulietta Spider

Zylinderzahl/Bauart: 4 Zyl.
Hubraum: 1290 ccm
Leistung bei U/min: 65/6100, 80/6300 bzw. 90/6500 PS
Höchstgeschwindigkeit: 155-180 km/h
Karosserie-/Chassisbauart: Plattformrahmen

Ausführung: Cabriolet
Baujahr: 1955-1962
Stückzahl: 17.096 Ex.
Preistendenz: 2

Preisgruppe 1: 5500 - 9500
Preisgruppe 2: 9000 - 17000
Preisgruppe 3: 16500 - 24000
Preisgruppe 4: 23000 - 29500

Mit dem Design des Giulietta Spider lieferte Pininfarina eine seiner Meisterleistungen ab! Technisch mit dem Sprint identisch (also auch als Baumuster 750 mit kürzerem und als 101 mit längerem Radstand lieferbar), sollte für die Offenversion ein heute sehr gesuchtes Werks-Hardtop lieferbar sein. Auch dieses Modell verfügte seit 1962 über ein auf 1,6 l vergrößertes Triebwerk.

Alfa Romeo Sprint Speciale

Zylinderzahl/Bauart: 4 Zyl.
Hubraum: 1290 ccm
Leistung bei U/min: 100/6500 PS
Höchstgeschwindigkeit: 200 km/h
Karosserie-/Chassisbauart: Plattformrahmen

Ausführung: Coupé
Baujahr: 1957-1962
Stückzahl: 1.366 Ex.
Preistendenz: 1

Preisgruppe 1: 6500 - 10500
Preisgruppe 2: 10000 - 19500
Preisgruppe 3: 19000 - 28000
Preisgruppe 4: 27000 - 34000

Sehr teuer und noch attraktiver: die Giulietta SS. Von Bertone mit einer aufregenden Karosserie versehen, mobilisierte dieses Modell nicht nur beachtliche 100 PS aus 1,3 l Hubraum, sondern bot obendrein ein Fünfgang-Getriebe mit Knüppelschaltung. Auch diese hinreißende Schöpfung mauserte sich 1962 zur Giulia SS mit 1,6 l Hubraum.

Ausführung: Cabriolet
Baujahr: 1958-1961
Stückzahl: 3.443 Ex.
Preistendenz: 1

Preisgruppe 1: 8000 - 12000
Preisgruppe 2: 12000 - 19000
Preisgruppe 3: 19000 - 24000
Preisgruppe 4: 24000 - 32000

Als Ablösung für den Alfa Romeo 1900 debütierte 1957 der 2000, dessen Serienfertigung kurze Zeit später anlief. Nach bewährtem Muster gesellte sich zur viertürigen Limousine 1958 der hier vorgestellte Spider mit 2 + 2-sitziger Touring-Karosserie, Fünfgang-Getriebe und Trommelbremsen. Wer wollte, konnte gegen Aufpreis ein Hardtop bekommen.

Alfa Romeo SZ

Technische Daten: siehe Sprint Speciale

Preisgruppe 1: 19000 - 28000
Preisgruppe 2: 28000 - 42000
Preisgruppe 3: 42000 - 65000
Preisgruppe 4: 65000 - 95000

Nach Pininfarina und Bertone kam mit Zagato ein anderer berühmter Designer an die Reihe. Er entwarf die leichtgewichtige Außenhaut der Giulietta SZ, ein in erster Linie für den Rennsport gedachtes Modell, das lange Zeit seine Klasse dominierte. Von 1960 bis 1962 in einer Auflage von 210 Stück gebaut, verpaßte man späteren Exemplaren ein Heck mit Abrißkante.

Alfa Romeo 2600 Spider

Zylinderzahl/Bauart: 6 Zyl.
Hubraum: 2584 ccm
Leistung bei U/min: 145/5900 PS
Höchstgeschwindigkeit: 200 km/h
Karosserie-/Chassisbauart: Plattformrahmen

Ausführung: Cabriolet
Baujahr: 1962-1965
Stückzahl: 2.255 Ex.
Preistendenz: 1

Preisgruppe 1: 8500 - 13500
Preisgruppe 2: 13500 - 21000
Preisgruppe 3: 21000 - 28000
Preisgruppe 4: 28000 - 36000

1962 gab, als Ersatz für den 2 l Spider, ein optisch leicht überarbeitetes Modell seinen Einstand, das auf die Bezeichnung 2600 Spider hörte und neben Scheibenbremsen an den Vorderrädern (seit 1964 auch hinten) durch den nagelneuen Sechszylinder-Motor bestach, der mit den beiden obenliegenden Nockenwellen und den nassen Zylinderlauf- büchsen beste Alfa-Tradition repräsentierte.

Alfa Romeo 2000 Spider

Zylinderzahl/Bauart: 4 Zyl.
Hubraum: 1975 ccm
Leistung bei U/min: 115/5500 PS
Höchstgeschwindigkeit: 180 km/h
Karosserie-/Chassisbauart: Plattformrahmen

Preisgruppe 1: 16000 - 26500
Preisgruppe 2: 26500 - 40000
Preisgruppe 3: 40000 - 61000
Preisgruppe 4: 61000 - 85000

Wer einen besonders ausgefallenen 2,6 l Alfa sucht, ist entweder mit dem viertürigen OSI 2600 oder dem oben abgebildeten 2600 Sprint Zagato gut bedient. Anders als die 1,3 - und 1,6 l Zagato-Ausführungen war dieses in ganz geringer Stückzahl (105 Ex.) von 1965 bis 1968 gebaute Coupé als komfortabler Gran Turismo konzipiert - trotz seiner Alu-Karosserie!

Alfa Romeo 2000/2600 Sprint

Technische Daten: siehe Spider 2000 bzw. 2600

Preisgruppe 1: 6500 - 11000
Preisgruppe 2: 10000 - 17500
Preisgruppe 3: 16000 - 24000
Preisgruppe 4: 22000 - 29000

1960 komplettierte der von Bertone entworfene Alfa Romeo 2000 Sprint die Modellpalette - ein Auto, das mit seinen barocken Formen vom Betrachter eine gewisse Eingewöhnungszeit verlangte. Als Alfa 1962 den Schritt hin zum 2,6 l Motor vollzog, blieb der Sprint (anders als der Spider) äußerlich nahezu unverändert; 1966 stellte man seine Fertigung ein.

Alfa Romeo 2600 Zagato

Technische Daten: siehe Alfa Romeo 2600 Sprint/Spider

Alfa Romeo Giulia 1600

Zylinderzahl/Bauart: 4 Zyl.
Hubraum: 1570 ccm
Leistung bei U/min: 92/6200, 98/5500, 102/5500, 112/6500 PS
Höchstgeschwindigkeit: 160-185 km/h
Karosserie-/Chassisbauart: selbsttragende Karosserie

Ausführung: 4-t Lim.
Baujahr: 1962-1978
Preistendenz: 2

Preisgruppe 1: 2000 - 6500
Preisgruppe 2: 4000 - 9500
Preisgruppe 3: 7500 - 12500
Preisgruppe 4: 10000 - 16500

1962 lancierte Alfa die Giulia - mit dem auf 1,6 l Hubraum vergrößerten dohc- Triebwerk und einer bizarr-charaktervollen, hübsch-häßlichen Karosserie. Anfänglich wohl schon mit Fünfgang-Getriebe, aber Lenkrad-Schaltung (!) sowie Trommelbremsen rundum bestückt, sollte im Lauf der Zeit kräftig modifiziert werden - ebenso wie Ausführungen mit dem altbekannten 1,3 l Aggregat angeboten wurden. Heute besonders gesucht: Die seltene, zwischen 1963 und 1965 gebaute Giulia Ti Super.

Alfa Romeo Giulia Sprint GT

Zylinderzahl/Bauart: 4 Zyl.
Hubraum: 1290/1570/1779/1962 ccm
Leistung bei U/min: 87/6000 bis 131/5500 PS
Höchstgeschwindigkeit: 170-200 km/h
Karosserie-/Chassisbauart: selbsttragende Karosserie

Ausführung: Coupé
Baujahr: 1963-1977
Stückzahl: 222.805 Ex.
Preistendenz: 2, GTA: 1

Preisgruppe 1: 2500 - 8500
Preisgruppe 2: 5000 - 17500
Preisgruppe 3: 9000 - 28000
Preisgruppe 4: 15500 - 40000

Eigentlich bedeutet "Sprint" "Kurzstreckenlauf" - aber dieser Alfa Sprint entwickelte sich zum Dauerläufer, der fast 15 Jahre gebaut und dabei optisch kaum modifiziert wurde. In einer Fülle von Ausführungen lieferbar, sind die raren, von Autodelta präparierten GTA mit vernieteter Alu-Karosserie heute am gesuchtesten - und natürlich auch am teuersten!

Alfa Romeo Duetto, Spider 1300 Junior und Spider 1600, 1750 Veloce

Zylinderzahl/Bauart: 4 Zyl.
Hubraum: 1290/1570/1779 ccm
Leistung bei U/min: 87/6000, 109/6000 bzw. 113/5000 PS
Höchstgeschwindigkeit: 170-190 km/h
Karosserie-/Chassisbauart: selbsttragende Karosserie

Ausführung: Cabriolet
Baujahr: 1966-1968/1968-1970/1967-1970
Stückzahl: 6.325 Ex.(Duetto)
Preistendenz: 2

Preisgruppe 1: 4500 - 6000
Preisgruppe 2: 5000 - 9500
Preisgruppe 3: 9000 - 16000
Preisgruppe 4: 14000 - 20000

Obwohl sie noch eine Weile parallel zueinander gebaut wurden, löste der Duetto den alten Spider ab - und sorgte mit seiner ungewöhnlich gestylten Pininfarina- Karosserie zunächst für Aufregung. Anfangs nur mit 1,6 -, dann mit 1,3 - und 1,8 l Maschine lieferbar, gab vor allem das spitz auslaufende Heck immer wieder Anlaß zur Kritik - bis Alfa schließlich Abhilfe schuf.

Alfa Romeo Spider 1300 Junior, 1600, 1750 und 2000

Zylinderzahl/Bauart: 4 Zyl.
Hubraum: 1290/1570/1779/1962 ccm
Leistung bei U/min: 87/6000 bis 131/5500 PS
Höchstgeschwindigkeit: 170-200 km/h
Karosserie-/Chassisbauart: selbsttragende Karosserie

Ausführung: Cabriolet
Baujahr: 1970-heute
Preistendenz: 2

Preisgruppe 1: 3500 - 5500
Preisgruppe 2: 4500 - 8500
Preisgruppe 3: 8000 - 15000
Preisgruppe 4: 13500 - 18500

1970 verpaßte Alfa Romeo seinem Spider ein neues, wie abgeschnitten wirkendes Hinterteil - von den Fans heute "Fastback" genannt, im Gegensatz zum alten "Rundheck". Ob man es hinten "schnell" oder "rund" mag, ist Geschmackssache; fest dagegen steht, daß Rundheck-Spider mehr Geld kosten als die jüngeren Versionen.

Alfa Romeo Montreal

Zylinderzahl/Bauart: V 8
Hubraum: 2593 ccm
Leistung bei U/min: 200/6500 PS
Höchstgeschwindigkeit: 220 km/h
Karosserie-/Chassisbauart: selbsttragende Karosserie

Ausführung: Coupé
Baujahr: 1970-1975
Stückzahl: 3.925 Ex.
Preistendenz: 1

Preisgruppe 1: 6500 - 10000
Preisgruppe 2: 10000 - 18500
Preisgruppe 3: 18500 - 26000
Preisgruppe 4: 26000 - 34500

1970 war es endlich soweit: Das Mailänder Unternehmen zeigte die Serienausführung des Montreal, nachdem Prototypen - damals noch mit Mittelmotor - schon 1967 vorgestellt wurden. Das aufwendig konstruierte, von Bertone in Form gebrachte Coupé verfügte über einen V 8 Aluminium-Motor mit 2 x 2 obenliegenden Nockenwellen und sollte Autos vom Schlage eines Porsche oder Ferrari Dino Konkurrenz machen.

Allard M1

Zylinderzahl/Bauart: V 8
Hubraum: 3620 ccm
Leistung bei U/min: 101/3800 PS
Höchstgeschwindigkeit: 150 km/h
Karosserie-/Chassisbauart: Alu-Karosserie auf Kastenrahmen

Ausführung: Cabriolet
Baujahr: 1947-1950
Stückzahl: 500 Ex.
Preistendenz: 2

Preisgruppe 1: 16500 - 21000
Preisgruppe 2: 21000 - 27000
Preisgruppe 3: 27000 - 34000
Preisgruppe 4: 34000 - 47000

Der von einem Ford V 8 Seitenventiler betriebene M1 war als viersitziges Drophead Coupé (Cabriolet) konzipiert und verwöhnte seine Insassen nicht nur durch geschmeidigen Motorlauf, sondern obendrein durch eine luxuriöse Ausstattung mit viel Edelholz und Leder. Mit 500 gebauten Exemplaren zählte dieses Modell zu den Verkaufsschlagern der Firma!

Allard

Zwischen 1937 und 1960 baute Sidney Allard mit kurzen Unterbrechungen Autos - zunächst abenteuerliche Geländesportwagen, dann - nach dem Zweiten Weltkrieg - bärenstarke Straßenfahrzeugen mit amerikanischen V 8-Motoren. Da sie nur einen begrenzten Käuferkreis fanden, versuchte es Sidney Allard (selbst ein sehr erfolgreicher Rallyefahrer) etwa mit dem dreirädrigen Clipper oder einem originellen, Safari genannten Kombi. In den späten fünfziger Jahren konzentrierte sich die in London ansässige Firma wieder auf schnelle Tourenwagen, diesmal mit Jaguar-Motor - leider mit dem gleichen geringen Erfolg.

Alpine

Jean Rédélé, Rallyefahrer und Besitzer einer Renault-Niederlassung im französischen Dieppe, konnte schon 1952 sein erstes eigenes Auto auf die Räder stellen. Es hieß Alpine A 106 und basierte - für Rédélé eine Selbstverständlichkeit - auf dem Renault 4 CV. Bis aber sowas wie eine Serienfertigung anlief , sollten Jahre vergehen. Dann allerdings stellten sich rasch Erfolge ein, denn die kleinen Renner erwiesen sich als extrem wettbewerbstauglich. Später wurde die Firma von Renault übernommen.

Alpine A 110 Berlinette

Zylinderzahl/Bauart: 4 Zyl.
Hubraum: 956/1108/1289/1296/1470/1565 ccm
Leistung bei U/min: 48/5200 bis 138/6000 PS
Höchstgeschwindigkeit: 175-215 km/h
Karosserie-/Chassisbauart: Kunststoffkarosserie auf Zentralrohrrahmen

Ausführung: Coupé
Baujahr: 1963-1976
Stückzahl: 7.160 Ex. (1,3 - und 1,6 l Modelle)
Preistendenz: 1

Preisgruppe 1: 6500 - 9500
Preisgruppe 2: 9000 - 14000
Preisgruppe 3: 13000 - 22000
Preisgruppe 4: 21000 - 32000

1963 nahm Rédélé den Alpine A 110 ins Programm, als Cabrio, viersitziges Coupé (GT 4 genannt) und zweisitzige Berlinette. Vor allem dieses Modell sollte sich bei Rallies, aber auch bei Rundstreckenrennen zum Abonnement-Sieger entwickeln, was natürlich für den Verkauf gut war. Konsequenterweise strich man daraufhin die beiden anderen Versionen schon 1969 aus dem Angebot.

Alpine A 310

Zylinderzahl/Bauart: 4 Zyl.
Hubraum: 1605 ccm
Leistung bei U/min: 127/6250 PS
Höchstgeschwindigkeit: 210 km/h
Karosserie-/Chassisbauart: Kunststoffkarosserie auf Zentralrohrrahmen

Ausführung: Coupé
Baujahr: 1971-1976
Preistendenz: 2

Preisgruppe 1: 5000 - 7500
Preisgruppe 2: 7500 - 12000
Preisgruppe 3: 12000 - 17500
Preisgruppe 4: 17500 - 22000

Nicht als Nachfolger, sondern als Ergänzung zum A 110 gedacht, basierte der A 310 wiederum auf Renault-Mechanik - allerdings befand sich diesmal ein modifiziertes R 16 Triebwerk im Heck des Wagens. Anders als mit dem engen, unkomfortablen A 110 wollte die kleine Firma mit diesem Modell einen neuen Kundenkreis ansprechen - was auch gelang.

Alvis

Die 1919 in Warwickshire gegründete Firma machte vor allem in den dreißiger Jahren von sich reden - durch hochkarätige, sehr sportliche Automobile, die preislich wie leistungsmäßig dicht an die Bentleys heranreichten. Nach dem Zweiten Weltkrieg knüpfte die Firma - unterstützt von Alec Issigonis, der später als Konstrukteur des Mini Weltruhm erlangen sollte - an diese Tradition an und lancierte eine Reihe prachtvoller Automobile, nach denen die Nachfrage freilich mehr und mehr zurückging. 1965 kam Alvis unter Rover-Kontrolle und stellte zwei Jahre später die Pkw-Produktion ein.

Alvis TC(108G)/TD/TE/TF 21

Zylinderzahl/Bauart: 6 Zyl.
Hubraum: 2993 ccm
Leistung bei U/min: 104/4000, 115/4500, 130/5000 bzw. 150/4750 PS (bhp)
Höchstgeschwindigkeit: 155-190 km/h
Karosserie-/Chassisbauart: Alu-Stahlkarosserie auf Kastenrahmen

Ausführung: 2-t Lim., Cabriolet
Baujahr: 1956-1968
Stückzahl: insg. ca. 1.548 Ex.
Preistendenz: 1

Preisgruppe 1: 14000 - 21500
Preisgruppe 2: 18000 - 26000
Preisgruppe 3: 22000 - 35000
Preisgruppe 4: 32000 - 50000

Diese ebenso schlichten wie eleganten Autos, deren äußeres Erscheinungsbild sich im Lauf der Zeit nur unwesentlich änderte, verfügten in ihrer Mehrzahl über jene vom Schweizer Hermann Graber entworfene Karosserie, die vier bis fünf Personen Platz bot und nach nobelster englischer Machart - also mit viel Holz und Leder - ausstaffiert war. Ein "Gentlemen's Express" allererster Güte!

Amphicar

Der Amphicar war das geistige Kind von Hans Trippel, einem Experten auf dem Gebiet "seegänginger" Kraftfahrzeuge. Leider hatte er - wie viele Konstrukteure und Tüftler - jede Menge guter Ideen, aber leider nicht das nötige Geld, um sie zu realisieren. Mit dem Amphicar allerdings war es anders: Er fand im Großindustriellen Harald Quandt einen finanzkräftigen Lizenznehmer. Das Auto, das Trippel ursprünglich als Eurocar Alligator vorgestellt hatte, wurde erst in Lübeck, dann in Berlin gebaut und von einer ei genen Vertriebsgesellschaft ausgeliefert.

Amphicar DWM

Zylinderzahl/Bauart: 4 Zyl.
Hubraum: 1147 ccm
Leistung bei U/min: 38/4750 PS
Höchstgeschwindigkeit: 110 km/h
Karosserie-/Chassisbauart: selbsttragende Karosserie

Ausführung: Cabriolet
Baujahr: 1961-1968
Stückzahl: ca. 3.500 Ex.
Preistendenz: 2

Preisgruppe 1: 5000 - 8500
Preisgruppe 2: 8500 - 11000
Preisgruppe 3: 11000 - 14000
Preisgruppe 4: 14000 - 18500

Die Idee, einen Schwimmwagen für den zivilen Einsatz zu bauen, war an sich nicht schlecht. Hans Trippel, ein Pionier auf diesem Gebiet; initiierte das Projekt, das von der Quandt-Gruppe schließlich realisiert wurde. Leider zeigte die Praxis. daß die Straßenlage des mit Triumph-Mechanik und zwei Kunststoff-Schrauben operierenden Amphicar zu wünschen übrig ließ, zum anderen der Wasserbetrieb den Blech- und Gummiteilen der Karosserie nicht gut bekam. Die Folge: Nur wenige Exemplare haben überlebt.

Armstrong-Siddeley

Die Armstrong-Siddeley Motors Ltd. residierte - wie viele andere englische Firmen - in der Autostadt Coventry, wo sie sich mit qualitativ hochwertigen, solide gebauten Fahrzeugen rasch einen guten Ruf erwarb. Konservativ im Aussehen, aber durchaus fortschrittlich konstruiert, konkurrierte Armstrong-Siddeley bis in die fünfziger Jahre hinein mit anderen englischen Luxusfahrzeugen (wie den großen Jaguar-Limousinen), mußte 1960 aber die Fabriktore schließen: Im Zeitalter der Massenproduktion war offenbar kein Platz für diesen kleinen, unabhängigen Hersteller.

Armstrong-Siddeley Sapphire (346) und Star Sapphir

Zylinderzahl/Bauart: 6 Zyl.
Hubraum: 3435 bzw. 3990 ccm
Leistung bei U/min: 121 bis 167 PS
Höchstgeschwindigkeit: 140 bis 165 km/h
Karosserie-/Chassisbauart: Kastenrahmen

Ausführung: 4-t Lim.
Baujahr: 1953-1959 bzw. 1959-1960
Stückzahl: 7.207 bzw. 980 Ex.
Preistendenz: 2

Preisgruppe 1: 4000 - 9000
Preisgruppe 2: 7000 - 13000
Preisgruppe 3: 10000 - 18000
Preisgruppe 4: 15000 - 24000

Dieses schwere, gediegen gebaute Auto verkaufte sich trotz seines hohen Preises (es war erheblich teurer als ein vergleichbarer Jaguar!) erstaunlich gut - und bot, jedenfalls in der auf Wunsch lieferbaren Zwei-Vergaser-Version, sogar ansprechende Fahrleistungen. Komfort wurde groß geschrieben: Der Kunde konnte sich beispielsweise für eine Automatik von Rolls-Royce oder ein elektrisches Vorwähl-Getriebe entscheiden.

Aston Martin

Zu den berühmtesten Sportwagen-Fabrikaten der Welt zählt ohne Frage Aston Martin. 1914 von Lionel Martin und Robert Bamford gegründet, wurde das Unternehmen 1947 von Traktoren-König David Brown übernommen - womit gleichzeitig die Abkürzung "DB" in der Typenbezeichnung aller Modelle bis 1972 erklärt ist. Wer sich heute einen Aston Martin zulegen möchte, muß tief in die Tasche greifen: Besonders die Preise der frühen DB-Modelle sind in letzter Zeit förmlich in die Höhe geschnellt.

Aston Martin DB 2

Zylinderzahl/Bauart: 6 Zyl.
Hubraum: 2580 ccm
Leistung bei U/min: 105/5000, 116/5000 bzw. 125/5000 PS
Höchstgeschwindigkeit: 175-195 km/h
Karosserie-/Chassisbauart: Rohrrahmen

Ausführung: Coupé und Cabriolet
Baujahr: 1949-1953 (1953-1959)
Stückzahl: 1.725 Ex (bis 1959)
Preistendenz: 1

Preisgruppe 1: 35000 - 55000
Preisgruppe 2: 50000 - 90000
Preisgruppe 3: 75000 - 155000
Preisgruppe 4: 95000 - 190000

Nach dem kurzlebigen DB 1 mit seinem Vierzylinder der erste "richtige" Aston Martin. Angetrieben von jenem legendären, von W.O.Bentley für Lagonda konstruierten Sechszylinder, gesellte sich zum 1949 vorgestellten Fixedhead Coupé im darauffolgenden Jahr das Drophead Coupé; die erste der berühmten Vantage- Varianten folgte. 1953 reifte das Modell zum DB 2/4 Mk I, 1955 zum Mk II und 1957 dann zum Mk III. Technische Modifikationen, optische Retuschen und höhere Leistung waren mit diesen Entwicklungsschritten verbunden.

Aston Martin DB 4 Serie 1 bis 5

Zylinderzahl/Bauart: 6 Zyl.
Hubraum: 3670 ccm
Leistung bei U/min: 240/5500 und 266/5750 PS
Höchstgeschwindigkeit: 225 km/h
Karosserie-/Chassisbauart: Alu-Karosserie auf Plattform-Rohrahmen (Superleggera-Bauweise)

Ausführung: Coupé und Cabriolet
Baujahr: 1958-1963
Stückzahl: 1.212 Ex. (alle Versionen)
Preistendenz: 2

Preisgruppe 1: 45000 - 65000
Preisgruppe 2: 60000 - 100000
Preisgruppe 3: 85000 - 175000
Preisgruppe 4: 140000 - 270000

1958 lancierte Aston Martin den DB 4 - und entfachte Begeisterungsstürme! Mußte wegen des hohen Preises die Liebe zu dieser Schöpfung meist platonisch bleiben, so träumten unzählige Autofans von der eleganten, von Touring in Mailand entworfenen (aber in England gebauten) Alu-Karosserie und dem neuen dohc-Sechszylinder. Heute fast unbezahlbar: die mit kürzerem Radstand versehenen GT- und Zagato-Ausführungen.

Aston Martin DB 6 Mk I und Mk II

Zylinderzahl/Bauart: 6 Zyl.
Hubraum: 3995 ccm
Leistung bei U/min: 282/5500, 314/5750 und 325/5750 PS
Höchstgeschwindigkeit: 240 km/h
Karosserie-/Chassisbauart: Alu-Karosserie auf Plattform-Rohrrahmen (Superleggera-Bauweise)

Baujahr: 1965-1970
Stückzahl: 1.755 Ex.
Preistendenz: 2 bzw. 1 (Volante)

Preisgruppe 1: 32000 - 60000
Preisgruppe 2: 50000 - 85000
Preisgruppe 3: 70000 - 125000
Preisgruppe 4: 95000 - 200000

Der Wunsch, bei höchster Leistungsfähigkeit den Komfort stärker zu betonen, trat beim DB 6 noch deutlicher hervor. So hatte man - um den Hinterbänklern mehr Platz zu bieten - die Dachlinie geändert und für ein neues Heck gesorgt, was beides leider dem Aussehen dieses noblen Autos nicht gut bekam. Auf Wunsch u.a.lieferbar: Servo-Lenkung und Klimaanlage, dazu eine verbesserte Automatik.

Aston Martin DB 5

Zylinderzahl/Bauart: 6 Zyl.
Hubraum: 3995 ccm
Leistung bei U/min: 282/5500 und 314/5750 PS
Höchstgeschwindigkeit: 235 km/h
Karosserie-/Chassisbauart: Alu-Karosserie auf Plattform-Rohrrahmen (Superleggera-Bauweise)

Ausführung: Coupé und Cabriolet
Baujahr: 1963-1965
Stückzahl: 1.063 Ex.
Preistendenz: 1

Preisgruppe 1: 40000 - 65000
Preisgruppe 2: 55000 - 100000
Preisgruppe 3: 75000 - 175000
Preisgruppe 4: 125000 - 270000

Der Schönste von allen? Vielleicht. Durch James Bond 007 weltberühmt geworden (wenngleich der Schleudersitz nicht zur Serienausstattung zählte), gab es auch von diesem herrlichen Auto wieder ein Volante genanntes Cabriolet und eine leistungsfähigere Vantage-Ausführung. Komfort wurde jetzt größer geschrieben: Wer wollte, konnte statt des ZF-Fünfgang-Getriebes eine Automatik bekommen.

Aston Martin DBS/DBS V 8

Zylinderzahl/Bauart: V 8
Hubraum: 5340 ccm
Leistung bei U/min: ca. 340 PS (vom Werk keine Leistungsangaben)
Höchstgeschwindigkeit: 245 km/h
Karosserie-/Chassisbauart: Alu-Karosserie auf Plattformrahmen

Ausführung: Coupé
Baujahr: 1969-1972
Stückzahl: 405
Preistendenz: 2

Preisgruppe 1: 25000 - 38000
Preisgruppe 2: 35000 - 65000
Preisgruppe 3: 41000 - 76000
Preisgruppe 4: 55000 - 89000

1967 gab es einen neuen Aston Martin mit der Bezeichnung DBS zu bestaunen. Neu war vor allem die von Bill Towns gestaltete Viersitzer-Karosserie, während die Technik mit dem bekannten 4 l-Sechszylinder der des parallel gebauten DB 6 entsprach. Wichtigste Ausnahme, der Neuling verfügte über eine DeDion-Hinterachse - und konnte seit 1969 mit einem brandneu konstruierten V 8 mit 2 x 2 obenliegenden Nockenwellen bestückt werden.

Audi

Mit Audi lebte Mitte der sechziger Jahre eine berühmte deutsche Automarke wieder auf. Firmenpolitischer Hintergrund: Daimler-Benz verkaufte die 1958 erworbene Auto Union GmbH 1965 an das Volkswagenwerk, wo man noch im selben Jahr den ersten, schlicht Audi genannten Wagen lancierte. Mit beachtlichem Erfolg: Audis sind aus unserem heutigen Straßenbild nicht wegzudenken.

Audi, Audi 60, 75, 80 und 90

Zylinderzahl/Bauart: 4 Zyl.
Hubraum: 1496, 1696 und 1770 ccm
Leistung bei U/min: 55/4750, 72/5000, 75/5000, 80/5000 bzw. 90/5200 PS
Höchstgeschwindigkeit: 140-165 km/h
Karosserie-/Chassisbauart: selbsttragende Karosserie

Ausführung: 2- und 4-t Lim., Kombi
Baujahr: 1965-1972
Stückzahl: insg. 416.852 Ex
Preistendenz: 2

Preisgruppe 1: 500 - 1300
Preisgruppe 2: 1000 - 3400
Preisgruppe 3: 3200 - 5500
Preisgruppe 4: 5000 - 6800

Intern wurde der Audi konsequenterweise F 103 genannt, denn es handelte sich dabei tatsächlich um eine Weiterentwicklung des DKW F 102, dem man außer einigen optischen Korrekturen endlich einen Vierzylinder-Motor verpaßt hatte. Zum ersten Audi, der noch ohne Modellbezeichnung auskommen mußte, kamen im Lauf der Zeit Versionen mit unterschiedlicher Leistung und Ausstattung hinzu. Besonders ori- ginell: der schnelle Super 90 und der dreitürige Kombi Variant.

Audi 100 Coupé S

Zylinderzahl/Bauart: 4 Zyl.
Hubraum: 1871 ccm
Leistung bei U/min: 115/5500 bzw. 112/5800 PS
Höchstgeschwindigkeit: 180 km/h
Karosserie-/Chassisbauart: selbsttragende Karosserie

Ausführung: Coupé
Baujahr: 1970-1976
Stückzahl: 30.676 Ex.
Preistendenz: 2

Preisgruppe 1: 1500 - 3000
Preisgruppe 2: 3000 - 6000
Preisgruppe 3: 6000 - 9000
Preisgruppe 4: 9000 - 12500

Auf der IAA in Frankfurt 1969 vorgestellt, kam die Serienfertigung des Audi 100 Coupé S erst im Jahr darauf zustande. Dann allerdings verkaufte sich das sportlich-elegante Auto recht zügig - immerhin bot es nicht nur vier Personen Platz, sondern wartete mit beachtlichen Fahrleistungen und - nicht zuletzt dank seiner Ähnlichkeit zum Aston Martin DBS - mit einer Menge Prestige auf.

Austin

Herbert Austin, vorher bei Wolseley tätig, gründete 1906 die Austin Motor Co.Ltd., die bis Ende 1951 auf eigenen Füßen stand, sich dann aber mit der Nuffield Group (Morris, MG, Riley und Wolseley) zur British Motor Corporation zusammenschloß. Wodurch Europas größter Autokonzern entstand. Der Typenvielfalt tat das nicht gut: Viele eigenständige Konstruktionen verschwanden mit der Zeit bzw. wurden durch "Einheitsmodelle" ersetzt.

Austin A 30/A 35

Zylinderzahl/Bauart: 4 Zyl.
Hubraum: 803 bzw. 948 ccm
Leistung bei U/min: 30/4800 bzw. 35/4750 PS
Höchstgeschwindigkeit: 105 bzw. 110 km/h
Karosserie-/Chassisbauart: selbsttragende Karosser e

Ausführung: 2- und 4-t Lim., 3-t Kombi
Baujahr: 1951-1952-1956 bzw. 1957-1959
Stückzahl: 225.000 bzw. 375.000 Ex.
Preistendenz: 2

Preisgruppe 1: 1800 - 3500
Preisgruppe 2: 3300 - 5000
Preisgruppe 3: 4800 - 6500
Preisgruppe 4: 6300 - 8500

Dieses nette kleine Auto, das sowas wie ein Austin Seven-Nachfolger sein sollte, erschien zunächst als Viertürer, bis Ende 1953 ein Zweitürer und 1955 ein dreitüriger Kombiwagen Countryman das Programm bereicherten. Als erster Austin selbsttragend ausgelegt, war der A 30 als Konkurrenz zum Morris Minor gedacht - befand sich aber plötzlich mit diesem unter einem gemeinsamen Konzern-Dach!

Austin A 40 Sports

Zylinderzahl/Bauart: 4 Zyl.
Hubraum: 1200 ccm
Leistung bei U/min: 50/4400 PS (bhp)
Höchstgeschwindigkeit: 125 km/h
Karosserie-/Chassisbauart: Alu-Karosserie auf Kastenrahmen

Ausführung: Cabrio
Baujahr: 1951-1953
Stückzahl: 3.800 Ex.
Preistendenz: Trend: 2

Preisgruppe 1: 4500 - 5500
Preisgruppe 2: 5500 - 7000
Preisgruppe 3: 7000 - 9000
Preisgruppe 4: 9000 - 11500

Keine Frage: der Austin A 40 Sports ist ein Geheimtip! Nach wie vor in England recht häufig - und dabei erstaunlich günstig - angeboten, sichert die Austin- Mechanik akzeptable Zuverlässigkeit und gute Ersatzteil-Versorgung. Selbst für die von Jensen hergestellte Alu-Karosserie soll es noch Teile geben. Einziger Nchteil: Sehr sportlich ist das Auto trotz seiner beiden Vergaser nicht.

Austin A 90 Atlantic

Zylinderzahl/Bauart: 4 Zyl.
Hubraum: 2660 ccm
Leistung bei U/min: 89/4000 PS (bhp)
Höchstgeschwindigkeit: 140 km/h
Karosserie-/Chassisbauart: Kastenrahmen

Ausführung: Coupé, Cabriolet
Baujahr: 1949-1952
Stückzahl: ca. 10.000 Ex.
Preistendenz: 2

Preisgruppe 1: 4000 - 9500
Preisgruppe 2: 7500 - 17500
Preisgruppe 3: 12000 - 20000
Preisgruppe 4: 15500 - 25000

Für Leute mit ungewöhnlichem Geschmack ist dieses Auto das richtige. Ursprünglich vor allem für den amerikanischen Markt gedacht, wurde der 1949 lancierte Atlantic dort zum Mißerfolg. Trotzdem blieb der mit einem großvolumigen ohv-Vierzylinder operierende Wagen einige Jahre im Programm, wobei er es sogar auf respektable Verkaufszahlen brachte.

Austin A 135 Princess

Zylinderzahl/Bauart: 6 Zyl.
Hubraum: 3995 ccm
Leistung bei U/min: 132/3700 PS
Höchstgeschwindigkeit: 130 km/h
Karosserie-/Chassisbauart: Kastenrahmen

Ausführung: 4-t Lim.
Baujahr: 1948-1956
Stückzahl: ca. 6.000 Ex.
Preistendenz: 3

Preisgruppe 1: 5500 - 12000
Preisgruppe 2: 12000 - 16000
Preisgruppe 3: 16000 - 20000
Preisgruppe 4: 20000 - 26000

Austin hatte den Anspruch, in jeder Klasse vertreten zu sein - also auch bei den Luxuslinern. Das war die Firma denn auch, und zwar gleich doppelt: Mit dem A 125 Sheerline und dem noch luxuriöseren A 135 Princess, die über mehrere Jahre hinweg parallel zueinander gebaut wurden. Damals das klassische Auto für Bürgermeister kleinerer Städte, deren Budget keinen Daimler oder gar Rolls-Royce erlaubte, heute wegen des fehlenden Marken-Prestiges und der hohen Unterhalts- und Restaurationskosten wenig beliebt.

Austin A 55/A 60

Zylinderzahl/Bauart: 4 Zyl.
Hubraum: 1489 bzw. 1622 ccm
Leistung bei U/min: 56/4400 bzw. 62/4500 PS
Höchstgeschwindigkeit: 125 bzw. 130 km/h
Karosserie-/Chassisbauart: selbsttragende Karosserie

Ausführung: 4-t Lim., fünftüriger Kombi
Baujahr: 1958-1961 bzw. 1961-1969
Preistendenz: 2

Preisgruppe 1: 1500 - 4500
Preisgruppe 2: 4000 - 6800
Preisgruppe 3: 6500 - 9500
Preisgruppe 4: 9000 - 12000

Mit dem 1958 vorgestellten und 1959 in Produktion genommenen A 55, der sich zwei Jahre später zum A 60 mauserte, zeigte sich Austins grundso- lide Mittelklasse im neuen, von Pininfarina kantig gezeichneten Gewand: Trapez-Linie hieß das Zauberwort. Recht edel ausgestattet (es gab beispielsweise Ledersitze) und von robuster Machart, erscheint gerade heute etwa der attraktive und in England sehr billige Kombi als interessante Alternative.

Austin 1100/1300

Zylinderzahl/Bauart: 4 Zyl.
Hubraum: 1098 bzw. 1275 ccm
Leistung bei U/min: 48/5100 bis 71/6000 PS
Höchstgeschwindigkeit: 130-155 km/h
Karosserie-/Chassisbauart: selbsttragende Karosserie

Ausführung: 2- und 4-t Lim., 3-t Kombi
Baujahr: 1961-1974
Stückzahl: ca. 1.052.000 Ex.
Preistendenz: 2

Preisgruppe 1: 1500 - 2500
Preisgruppe 2: 2000 - 4500
Preisgruppe 3: 4000 - 6000
Preisgruppe 4: 5500 - 7500

1959 hatte der revolutionäre, von Alec Issigonis konstruierte Mini sein Debut gegeben - und das Kleinwagen-Konzept der Zukunft festgelegt. Nach dem gleichen Muster gestrickt präsentierte sich der Austin 1100, der also ebenfalls mit quer zur Fahrtrichtung liegender Motor-Getriebe-Einheit und einer geräumigen Karosserie mit geringen Überhängen daherkam. In unterschiedlichen Ausführungen lieferbar, erscheint aus heutiger Sicht der 1300 GT am reizvollsten.

Austin-Healey

Donald M. Healey, Sportfahrer, Entwicklungs-Ingenieur bei Riley, Humber und Triumph, hatte schon eine Karriere als Autoproduzent hinter sich, als er 1952 auf Earls Court Motor Show den Prototyp eines hinreißend geformten, auf Austin- Mechanik basierenden Sportwagens zeigte. BMC-Chef Leonard Lord war von diesem Auto so begeistert, daß er Donald Healey sofort sämtliche Rechte an dem Projekt abkaufte und damit den Grundstein zu einer langwährenden, sehr erfolgreichen Zusammenarbeit zwischen Austin und Healey legte.

Austin-Healey 100/4

Zylinderzahl/Bauart: 4 Zyl.
Hubraum: 2660 ccm
Leistung bei U/min: 90/4000, 110/4500 und 132/4700 PS (bhp)
Höchstgeschwindigkeit: 165-195 km/h
Karosserie-/Chassisbauart: Kastenrahmen

Ausführung: Roadster
Baujahr: 1953-1956
Stückzahl: 12.853 Ex.
Preistendenz: 1

Preisgruppe 1: 10500 - 20000
Preisgruppe 2: 17000 - 29500
Preisgruppe 3: 24500 - 38000
Preisgruppe 4: 33000 - 42000

Mit diesem Auto kam Donald Healey der Idealvorstellung vom kostengünstigen (weil auf Großserien-Mechanik basierenden) und dabei doch leistungsfähigen Sportwagen mit Charisma sehr nahe. Auch wenn es anfänglich nur ein Dreigang-Getriebe (mit Overdrive) und den aus dem Austin Atlantic bekannten 2,6 l-Vierzylinder gab. Heute besonders hoch im Kurs stehen die Modelle 100 M und vor allem 100 S, von dem gerade 50 Stück entstanden.

Austin-Healey 100/6

Zylinderzahl/Bauart: 6 Zyl.
Hubraum: 2639 ccm
Leistung bei U/min: 102/4600 bzw. 117/4750 PS (bhp)
Höchstgeschwindigkeit: 170 bzw. 175 km/h
Karosserie-/Chassisbauart: Kastenrahmen

Ausführung: Roadster
Baujahr: 1956-1959
Stückzahl: 14.436 Ex.
Preistendenz: 1

Preisgruppe 1: 11500 - 18500
Preisgruppe 2: 18000 - 26000
Preisgruppe 3: 25000 - 34000
Preisgruppe 4: 33500 - 42000

Entscheidende Dinge in Sachen Healey-Entwicklung gingen 1956 über die Bühne, als der 100/6 seinen Vorgänger in Pension schickte. Und nicht nur mit einem längeren Radstand und einem etwas geräumigeren Innenraum, sondern obendrein mit dem 6-Zylinder-Triebwerk des Konzerns (BMC C-Motor genannt) sowie einem Viergang- Getriebe (samt Overdrive) aufwartete.

Austin-Healey 3000

Zylinderzahl/Bauart: 6 Zyl.
Hubraum: 2912 ccm
Leistung bei U/min: 124/4600, 132/4750, 131/4750 bzw. 148/5250 PS
Höchstgeschwindigkeit: 180-195 km/h
Karosserie-/Chassisbauart: Kastenrahmen

Ausführung: Roadster, Cabriolet
Baujahr: 1959-1967
Stückzahl: 42.917 Ex.
Preistendenz: 1

Preisgruppe 1: 13500 - 20000
Preisgruppe 2: 19000 - 28000
Preisgruppe 3: 27000 - 41000
Preisgruppe 4: 40000 - 52000

Ein Hubraum von 2912 ccm machte aus dem "Big Healey", wie er von seinen Fans liebevoll-ehrfürchtig genannt wird, den Austin Healey 3000. Daran sollte sich bis zur Produktionseinstellung nichts ändern; dafür wurden andere Dinge modifiziert: So verfügte der 3000 Mk II über drei Vergaser, seine Nachfolger aber wieder nur über zwei. Mit Einführung des (inoffiziell so genannten) Mk IIA gab es ein Klappverdeck samt Kurbel- und kleinen Ausstellscheiben, während man dem Mk III etwa ein neues Armaturenbrett spendierte.

Austin-Healey Sprite Mk I

Zylinderzahl/Bauart: 4 Zyl.
Hubraum: 948 ccm
Leistung bei U/min: 42,5/5000 PS
Höchstgeschwindigkeit: 135 km/h
Karosserie-/Chassisbauart: selbsttraqende Karosserie

Ausführung: Roadster
Baujahr: 1958-1961
Stückzahl: 38.999 Ex.
Preistendenz: 1

Preisgruppe 1: 3500 - 6500
Preisgruppe 2: 6500 - 9000
Preisgruppe 3: 9000 - 14000
Preisgruppe 4: 13000 - 19000

Offiziell hieß diese kesse Kiste Austin-Healey Sprite - nur nennen ihn Sportwagen- Liebhaber schlicht den Frosch oder das Froschauge. Und tatsächlich erinnert die Scheinwerfer-Anordnung - ein Zugeständnis an die amerikanische Gesetzgebung - an besagten Hüpfer. Heute als originell empfunden, rüsteten damals viele Sprite-Besitzer ihr Auto um: Mit einer glattflächigen Plastikhaube und in die Kotflügel-Spitzen verlegte Scheinwerfer.

Austin-Healey Sprite Mk II/III/IV

Zylinderzahl/Bauart: 4 Zyl.
Hubraum: 948, 1098 bzw. 1275 ccm
Leistung bei U/min: 46,5/5500, 55/5400 bzw. 65/6000 PS
Höchstgeschwindigkeit: 140-150 km/h
Karosserie-/Chassisbauart: selbsttragende Karosserie

Baujahr: 1961-1971
Stückzahl: 80.363 Ex.
Preistendenz: 2

Preisgruppe 1: 2500 - 5500
Preisgruppe 2: 5000 - 8000
Preisgruppe 3: 7500 - 10500
Preisgruppe 4: 10000 - 14000

Da die von Gerry Coker gezeichnete Froschaugen-Linie kontrovers aufgenommen wurde, nahmen sich die Herren Syd Enever und Les Ireland den Sprite vor und verpaßten ihm eine moderne, gradlinigere Karos- serie. Die bewährte Technik (also etwa die vom Austin A 30/35 her bekannte BMC A-Maschine) blieb zunächst erhalten, auch die Steckscheiben und das aufknöpfbare Verdeck. Später änderte sich das: Ein Klappverdeck mit Kurbelscheiben machte den Kobold (deutsch für Sprite) komfortabler, größere Motoren ihn schneller.

Autobianchi

Autobianchi, 1899 in Mailand gegründet und später in der Versenkung verschwunden, wurde 1955 durch Fiat und den Reifenhersteller Pirelli zu neuem Leben erweckt. Mit Erfolg: Die kleinen Autos - zum größten Teil Fiat-Modelle im Sonntagsanzug - verkauften sich gut, vor allem natürlich in ihrem Heimatland. Mittlerweile befindet sich Autobianchi unter Lancia-Regie.

Autobianchi A 112/A 112 Abarth

Zylinderzahl/Bauart: 4 Zyl.
Hubraum: 903 bzw. 982 ccm
Leistung bei U/min: 44/6000 bis 58/6600 PS
Höchstgeschwindigkeit: 140-150 km/h
Karosserie-/Chassisbauart: selbsttragende Karosserie

Ausführung: 2-t Lim.
Baujahr: 1969-(1986)
Preistendenz: 2

Preisgruppe 1: 500 - 2500
Preisgruppe 2: 2000 - 4500
Preisgruppe 3: 4000 - 6500
Preisgruppe 4: 6000 - 8500

Autobianchis Dauerbrenner heißt ohne Frage A 112. Das bis weit in die achtziger Jahre hinein gebaute Wägelchen (da allerdings mit z.T.anderer Motorbestückung) gehörte mit querliegendem Frontmotor, Vorderradantrieb und großer Heckklappe zu den ersten Schöpfungen, die die Botschaft des Mini verstanden und weiterentwickelt hatten. Obendrein vermittelte der A 112 - besonders natürlich in Abarth-Ausführung - eine Menge Fahrspaß.

AWS

Eigentlich keine so schlechte Idee: Ein Auto wie aus dem Stabilbaukasten. Preiswert herzustellen, praktisch und nicht zuletzt als Alternative für die alte Führerscheinklasse 4 - Klientel gedacht, verzichtete der AWS auf jegliche ästhetische Gestaltung. Da s von einem ehemaligen Borgward-Vertreter in Oberhöchstadt erdachte Minimalauto auf Goggomobil-Basis wurde zunächst als Piccolo in Oberbessingen, dann als Shopper in Berlin hergestellt.

AWS Piccolo/Shopper

Zylinderzahl/Bauart: 2 Zyl.
Hubraum: 247 ccm
Leistung bei U/min: 13,6/5400 PS
Höchstgeschwindigkeit: 80 km/h
Karosserie-/Chassisbauart: kunststoffbeschichtete Karosserie auf Zentralrohrrahmen

Ausführung: Kombi-Limousine
Baujahr: 1970-1972 bzw. 1972-1974
Stückzahl: 72 bzw. ca. 1.700 Ex.
Preistendenz: 3

Preisgruppe 1: 500 - 850
Preisgruppe 2: 850 - 1500
Preisgruppe 3: 1500 - 3000
Preisgruppe 4: 3000 - 4500

Nach nur knapp 1800 Einheiten kam für das merkwürdige Autochen bereits das Ende. Die anvisierten Zielgruppen erwarteten beim stolzen Preis von ca. DM 5.500 technisch und formal wohl doch etwas mehr als ihnen der AWS bieten konnte. Bis auf nur wenige Exemp lare ist das erst knapp 15 Jahre alte Gefährt aus unserem Straßenbild bereits verschwunden.

Bentley

Verhältnismäßig spät - nämlich 1920 - von dem begnadeten Konstrukteur Walter Owen Bentley gegründet, sorgten die nach ihrem Schöpfer benannten Autos sofort für Furore - nicht nur in der feinen Welt, sondern auch auf der Rennstrecke; allein die berühmten 24 Stunden von Le Mans wurden fünfmal gewonnen. Aber schon wenige Jahre später geriet die Firma in die Krise (mit für die Ewigkeit gebauten Autos könne man eben kein Geld verdienen, spottete die Fachwelt) und wurde 1933 von Rolls-Royce übernommen. Damit blieb Bentley den Autofreunden erhalten, verlor aber mehr und mehr das eigene Profil.

Bentley Mk VI

Zylinderzahl/Bauart: 6 Zyl.
Hubraum: 4257 bzw. 4566 ccm
Leistung bei U/min: keine Leistungsangaben
Höchstgeschwindigkeit: ca. 145 km/h
Karosserie-/Chassisbauart: Kastenrahmen

Ausführung: 4-t Lim. sowie Sonderkarosserien
Baujahr: 1946-1951 bzw. 1951-1952
Stückzahl: 5.201 Ex.
Preistendenz: Lim.: 2, Sonderkarosserien: 1

Preisgruppe 1: 20500 - 55000
Preisgruppe 2: 28500 - 80000
Preisgruppe 3: 40000 - 125000
Preisgruppe 4: 60000 - 175000

Das kurz nach dem Krieg lancierte Standard-Modell von Bentley kam mit einer von Standard Steel gefertigten, angeblich sehr rostanfälligen Viertürer-Karosserie daher - ein Bentley von der Stange sozusagen. Es ging freilich auch anders: "Coachbuilt" cars, also Autos mit Sonderkarosserien (etwa von Mulliner, Abbott, James Young oder Graber/Schweiz) standen bei der begüterten Kundschaft hoch im Kurs. Woran sich bis heute nichts geändert hat.

Bentley R-Type

Zylinderzahl/Bauart: 6 Zyl.
Hubraum: 4566 ccm
Leistung bei U/min: keine Leistungsangaben
Höchstgeschwindigkeit: ca. 150 km/h
Karosserie-/Chassisbauart: Kastenrahmen

Ausführung: 4-t Lim., Sonderkarosserien
Baujahr: 1952-1955
Stückzahl: 2.320 Ex.
Preistendenz: Lim.: 2, Sonderkarosserien: 1

Preisgruppe 1: 23000 - 58000
Preisgruppe 2: 30000 - 80000
Preisgruppe 3: 45000 - 140000
Preisgruppe 4: 62000 - 180000

Bis auf das umgestaltete Heck entsprach der R-Type seinem Vorgänger und verwöhnte wie dieser mit guter Verarbeitung und viel Luxus, bot aber nur bescheidenen Fahrleistungen: Immerhin wog ein R-Type bald 2 Tonnen. Auch hier gab es wieder pompöse Sonderaufbauten, die die ohnehin schon beträchtlichen Preise weiter in die Höhe trieben. Wer sich heute ein solches Fahrzeug zulegt, muß damit rechnen, viele Ersatzteile anfertigen zu lassen.

Bentley Continental

Technische Daten: Siehe R-Type bzw. S-Baureihe

Preisgruppe 1: 60000 - 95000
Preisgruppe 2: 95000 - 145000
Preisgruppe 3: 145000 - 200000
Preisgruppe 4: 200000 - 300000

Die schönsten Nachkriegs-Bentleys tragen den Beinamen Continental. Den Anfang dieser extravaganten Sondermodelle, die von Park Ward, Mulliner, James Young oder beispielsweise Hooper eingekleidet wurden, machte der (damals wie heute immens teure) Continental mit Fastback-Karosserie; andere Versionen - wie der hier gezeigte, von H.J.Mulliner karossierte Continental S 2 - folgten. Die meisten Continentals warteten mit potenteren Motoren auf, wenngleich der Hersteller weiterhin vornehm-zurückhaltend nur von "ausreichender" Leistung sprach.

Bentley S 1, 2, 3

Zylinderzahl/Bauart: 6 Zyl. bzw. V 8
Hubraum: 4887 ccm bzw. 6230 ccm
Leistung bei U/min: keine Leistungsangaben
Karosserie-/Chassisbauart: Kastenrahmen
Ausführung: 4-t Lim., Sonderkarosserien

Baujahr: 1955-1959, 1959-1962 bzw. 1962-1965
Stückzahl: 3.107, 1.932 bzw. 1.318 Ex.
Preistendenz: Lim.: 2, Sonderkarosserien: 1

Preisgruppe 1: 25000 - 60000
Preisgruppe 2: 35000 - 75000
Preisgruppe 3: 45000 - 125000
Preisgruppe 4: 65000 - 180000

Mit neuer Karosserie, aber bewährter Technik (also auch dem altmodischen Rolls- Royce-Motor, der über hängende Einlaß-, aber stehende Auslaßventile verfügte) ging 1955 der Bentley S 1 in Serie. Nach und nach immer komfortabler (Servo- Lenkung und Automatik schließlich serienmäßig), legte der Bentley S auch leistungsmäßig zu - wenngleich der Hersteller natürlich zu vornehm war, PS-Angaben zu machen. Seit Einführung des S 2 im Jahr 1959 mit V 8-Motor.

Bentley T Saloon

Zylinderzahl/Bauart: 8 Zyl.
Hubraum: 6230 bzw. 6.750 ccm
Leistung bei U/min: keine Leistungsangaben
Höchstgeschwindigkeit: 190 km/h
Karosserie-/Chassisbauart: selbsttragende Karosserie

Ausführung: 4-t Lim.
Baujahr: 1965-1970 bzw. 1970-1980
Stückzahl: 1.712 Ex.(bis 1976)
Preistendenz: 2

Preisgruppe 1: 20000 - 27000
Preisgruppe 2: 27000 - 36000
Preisgruppe 3: 36000 - 50000
Preisgruppe 4: 50000 - 65000

Einzug der Moderne bei Bentley: Mit selbsttragender Karosserie, Vierrad- Scheibenbremsen und Einzelradaufhängung rundum erlebte die Kundschaft des Hauses ein völlig neues Bentley-Gefühl. Der bekannte V 8 wurde offenbar auch ein bißchen stärker und da die Autos zudem gewichtsmäßig abgespeckt hatten, konnte das Werk nun eine Höchstgeschwindigkeit von 190 km/h nennen. Womit sich der neue Bentley auf der Höhe der Zeit befand.

Bentley T Twodoor/Corniche

Technische Daten: Siehe T Saloon

Preisgruppe 1: 35000 - 59000
Preisgruppe 2: 55000 - 75000
Preisgruppe 3: 70000 - 100000
Preisgruppe 4: 90000 - 150000

Die Tradition der legendären Continental sollten die Zweitürer auf Basis des T fortführen, was sie recht gut taten. 1966 als Coupé und Cabriolet eingeführt, trugen diese extravaganten Schöpfungen seit 1971 den Namen Corniche, was mit einer Leistungs-Zulage verbunden war. Bis auf das Kühlergrill und die Firmenembleme exakt mit den entsprechenden Rolls-Royce-Modellen identisch, ist die hochelegante Cabrio-Version - seit 1984 als Bentley Continental - noch heute lieferbar. Kostenpunkt: Rund DM 400.000,-.

Berkeley

Laurie (eigentlich Lawrence) Bond hieß der Konstrukteur der beim Wohnwagen- Hersteller Berkeley Coachworks gebauten kleinen Renner, die mit drei oder vier Rädern und einem ebenso intelligenten wie ungewöhnlichen Kunststoff-Aufbau daherkamen. Von Motorrad-Motoren (Anzani, Excelsior oder Royal Enfield) angetrieben, waren diese Leichtgewichte höllisch schnell und, wie ein englischer Tester vermerkte, "eine Herausforderung an den Mut und die Klugheit des Fahrers".

Berkeley B 95/B 105

Zylinderzahl/Bauart: 2 Zyl.
Hubraum: 692 ccm
Leistung bei U/min: 41/5500 bzw. 51/6250 PS
Höchstgeschwindigkeit: 150 bzw. 160 km/h
Karosserie-/Chassisbauart: selbsttragende Kunststoff-Karosserie mit integriertem Leichtmetallträgern

Ausführung: 2- und 4-sitzige Cabrios
Baujahr: 1959-1961
Preistendenz: 2

Preisgruppe 1: 3500 - 6500
Preisgruppe 2: 6000 - 9500
Preisgruppe 3: 9000 - 12500
Preisgruppe 4: 11500 - 16500

1959 umfaßte das Berkeley-Programm mehrere Baureihen, zu denen die verschiedenen B 95- bzw. B 105-Modelle zählten. Als Twosome oder Foursome mit zwei oder vier Sitzen lieferbar, brachten es die von einem Royal Enfield-Zweizylinder mit Trockensumpf- Schmierung betriebenen Kunststoff-Flitzer auf beachtliche Fahrleistungen - bei einem Minimum an Komfort. Vielleicht war dies nicht das richtige Rezept, vielleicht gab es zuwenig Fahrer mit Mut und Klugheit: Ende 1960 mußte jedenfalls die Produktion eingestellt werden.

BMW

Die Nachkriegszeit stellte sich für die Bayerischen Motorenwerke als besonders düster dar: Im April 1945 etwa war der Führerbefehl "Tilly" ergangen, der die Sprengung des Münchener Stammwerkes vorsah, kurze Zeit später wurde von der amerikanischen Besatzungsmacht die komplette Demontage des Fabrikanalgen gefordert. Beides konnte Kurt Donath, BMW-Chef in jener schweren Zeit, verhindern. Donath war es auch, der die Herstellung von Kochtöpfen verordnete und so BMW über die ersten Nachkriegsjahre hinwegrettete. Bis im April 1951 der staunenden Öffentlichkeit wieder ein Auto vorgestellt werden konnte.

BMW Isetta 250 und 300

Zylinderzahl/Bauart: 1 Zyl.
Hubraum: 245 bzw. 298 ccm
Leistung bei U/min: 12/5800 bzw. 13/5200 PS
Höchstgeschwindigkeit: 85 bzw. 95 km/h
Karosserie-/Chassisbauart: Rohrrahmen

Ausführung: Motocoupé
Baujahr: 1955-1962
Stückzahl: ca. 160.000 Ex.
Preistendenz: 2

Preisgruppe 1: 1300 - 3000
Preisgruppe 2: 2800 - 5200
Preisgruppe 3: 5000 - 7500
Preisgruppe 4: 7200 - 9500

Als das Wirtschaftswunder so richtig auf Touren kam und viele Leute vom Motorrad genug hatten, sich aber noch kein Auto leisten konnten, schlug die große Stunde der Kabinenroller (abgekürzt Karos) oder Motocoupés, wie sie auch genannt wurden. Die BMW Isetta mit ihrem Motorrad-Motor gehörte zu den erfolgreichsten dieser Gefährte. Eigentlich ein Lizenzprodukt (BMW hatte von dem italienischen Industriellen Renzo Rivolta die Rechte daran erworben), nahm die Isetta 1955 sogar an der berühmten Mille Miglia teil.

BMW 600

Zylinderzahl/Bauart: 2 Zyl. (Boxer)
Hubraum: 582 ccm
Leistung bei U/min: 19,5/4500 PS
Höchstgeschwindigkeit: 100 km/h
Karosserie-/Chassisbauart: Stahrohrrahmen

Ausführung: Motocoupé
Baujahr: 1957-1959
Stückzahl: 34.813 Ex.
Preistendenz: 3

Preisgruppe 1: 1800 - 4000
Preisgruppe 2: 4000 - 4800
Preisgruppe 3: 5800 - 8100
Preisgruppe 4: 8100 - 10500

Der BMW 600 sollte zufriedene Isetta-Kunden bei der Stange halten - eine Aufgabe, der diese "Doppel-Isetta" nur unzureichend erfüllte. Vielleicht lag es an dem hohen Preis (mit knapp DM 4.000,- war der 600 teurer als ein VW 1200 Standard), vielleicht an anderen Gründen, jedenfalls wurde die Produktion schon bald wieder eingestellt. Erfreulich aus heutiger Sicht: Nachdem die Preise eine Zeitlang in die Höhe gingen, haben sie jetzt stagniert. Außerdem läßt sich die Karosserie recht einfach und schnell vom Rahmen lösen.

BMW 700 Limousine und LS Limousine

Zylinderzahl/Bauart: 2 Zyl.(Boxer)
Hubraum: 697 ccm
Leistung bei U/min: 30/5000, 32/5000 bzw. 40/5700 PS
Höchstgeschwindigkeit: 120-140 km/h
Karosserie-/Chassisbauart: selbsttragende Karosserie

Ausführung: 2-t Lim., Coupé und Cabriolet
Baujahr: 1959-1965
Stückzahl: insg. 181.411 Ex.
Preistendenz: 2

Preisgruppe 1: 1500 - 4500
Preisgruppe 2: 4200 - 8000
Preisgruppe 3: 6000 - 11500
Preisgruppe 4: 8500 - 16000

In einer ganzen Reihe von Ausführungen sollte der 700 im Lauf der Zeit lieferbar sein, natürlich auch als zweitürige Limousine: zunächst mit kürzerem, dann, ab 1962, als LS Limousine mit längerem Radstand. Die wirklich hübschen Autos mit ihrer glattflächigen, von Giovanni Michelotti entworfenen Karosserie sollten, im Gegensatz zum glücklosen 600, die in sie gesetzen Kauferwartungen erfüllen.

BMW 700 Sport

Technische Daten: siehe BMW 700 Limousine

Preisgruppe 1: 2000 - 5000
Preisgruppe 2: 4500 - 8300
Preisgruppe 3: 7500 - 13000
Preisgruppe 4: 12000 - 17500

Mit Einführung der Baureihe im Jahr 1959 gab gleich ein adrettes Coupé seinen Einstand, das bis 1964 mit dem 30- bzw. 32-PS-Motor lieferbar sein sollte. Noch besser freilich konnten es jene Flitzer, die als 700 Sport 40 PS leisteten und sowohl als Coupé wie als besonders reizvolles Cabrio seit 1961 zu haben waren. Wegen ihrer konzeptionellen Ähnlichkeit zum Porsche 356 auch "Facharbeiter-Porsche" genannt, sind diese Versionen heute besonders gesucht. Die Ausnahme: Das 1964-1965 gebaute, langgezogene LS-Coupé.

BMW 501

Zylinderzahl/Bauart: 6 Zyl.
Hubraum: 1971 bzw. 2077 ccm
Leistung bei U/min: 65/4400, 72/4400 bzw. 72/4500 PS
Höchstgeschwindigkeit: 135 bzw. 140 km/h;
Karosserie-/Chassisbauart: Kasten-Rohrrahmen

Ausführung: 4-t Lim., 2- und 4-t Sonderkarosserien
Baujahr: 1952-1954, 1954-1955 bzw. 1955-1958
Stückzahl: 8.951 Ex.
Preistendenz: Lim.: 2, Sonderkarosserien: 1

Preisgruppe 1: 5000 - 9500
Preisgruppe 2: 8500 - 18000
Preisgruppe 3: 13000 - 29000
Preisgruppe 4: 22000 - 38500

Die Vorstellung des 501 war eine Sensation: Kaum jemand hätte von BMW so verhältnismäßig kurze Zeit nach dem Krieg ein Auto erwartet - und schon gar nicht eine Luxus-Limousine mit 6 Zylindern! Wegen seiner geschwungenen, imponierend geformter Karosserie schon bald "Barockengel" genannt, überzeugte der 501 durch seine hervorragende Konstruktion ebenso wie durch aufwendige Bauweise, die sich bald als für das Werk viel zu kostspielig erweisen sollte. Ein echter Minus- punkt: Der von Vorkriegs-Modellen abgeleitete, viel zu schwache Sechszylinder.

BMW 501 V 8, 502, 2600 und 3200

Zylinderzahl/Bauart: V 8
Hubraum: 2580 bzw. 3168 ccm
Leistung bei U/min: 95/4800, 100/4800, 110/4900, 120/4800, 140/4800, 140/5400 bzw. 160/5600 PS
Höchstgeschwindigkeit: 150-195 km/h
Karosserie-/Chassisbauart: Kasten-Rohrrahmen

Ausführung: 4-t Lim., 2- und 4-t Sonderkarosserien
Baujahr: 1954-1963
Stückzahl: ca. 13.500 Ex.
Preistendenz: Lim.: 2, Sonderkarosserien: 1

Preisgruppe 1: 6500 - 15000
Preisgruppe 2: 10000 - 28000
Preisgruppe 3: 17500 - 40000
Preisgruppe 4: 29500 - 65000

Seine richtige Reife erlangte der große BMW erst mit Einführung des V 8- Triebwerks, das zunächst mit 2,6 l Hubraum im 501, dann mit 3,2 l Hubraum im 502 ins Programm genommen wurde (später hießen die Autos schlicht BMW 2600 bzw. 3200, wobei der 3200 Super für sich in Anspruch nehmen durfte, Deutschlands schnellste Limousine zu sein). Wie schon bei den Sechszylindern gab es Sonderversionen - hauptsächlich Cabriolets -, die etwa von Baur in Stuttgart oder Authenriet auf die Räder gestellt wurden.

BMW 503

Zylinderzahl/Bauart: V 8
Hubraum: 3168 ccm
Leistung bei U/min: 140/4800 PS
Höchstgeschwindigkeit: 195 km/h
Karosserie-/Chassisbauart: Alu-Karosserie auf Kasten-Rohrrahmen

Ausführung: Coupé, Cabriolet
Baujahr: 1955-1959
Stückzahl: 413 Ex.
Preistendenz: 1

Preisgruppe 1: 29000 - 48000
Preisgruppe 2: 45000 - 67000
Preisgruppe 3: 64000 - 89000
Preisgruppe 4: 75000 - 115000

1955 bestand das BMW-Programm aus der einzylindrigen Isetta einerseits und den teuren Sechs- und Achtzylindern andererseits - weshalb der "Spiegel" spottete, die Bayern bauten Autos für Tagelöhner und Bankdirektoren. Da war was dran, jedenfalls geriet die Firma zunehmend in die roten Zahlen. Der im gleichen Jahr vorgestellte, von Graf Goertz entworfene 503 konnte daran natürlich auch nichts ändern.

BMW 507

Zylinderzahl/Bauart: V 8
Hubraum: 3168 ccm
Leistung bei U/min: 150/5000 PS
Höchstgeschwindigkeit: 220 km/h
Karosserie-/Chassisbauart: Alu-Karosserie auf Kasten-Rohrrahmen

Ausführung: Cabriolet
Baujahr: 1955-1959
Stückzahl: ca. 245 Ex.
Preistendenz: 2

Preisgruppe 1: 65000 - 95000
Preisgruppe 2: 95000 - 170000
Preisgruppe 3: 170000 - 220000
Preisgruppe 4: 220000 ->.

Vermutlich zahlte BMW auch beim 507 drauf - aber was für ein Auto! Ebenfalls von Albrecht Graf Goertz entworfen, zählt diese atemberaubende Schöpfung mit ihrem knapp geschneiderten Alu-Kleid zu den schönsten Nachkriegs-Sportwagen überhaupt und erzielt alleine schon deshalb heute Preise, die ebenso atemberaubend sind! Im Gegensatz zu seinem schärfsten Rivalen, dem 300 SL, brachte es der 507 kaum zu sportlichem Lorbeer.

BMW 3200 CS

Zylinderzahl/Bauart: V 8
Hubraum: 3168 ccm
Leistung bei U/min: 160/5600 PS
Höchstgeschwindigkeit: 200 km/h
Karosserie-/Chassisbauart: Kasten-Rohrrahmen

Ausführung: Coupé
Baujahr: 1961-1965
Stückzahl: 538 Ex.
Preistendenz: 2

Preisgruppe 1: 18000 - 24500
Preisgruppe 2: 24500 - 29000
Preisgruppe 3: 29000 - 36000
Preisgruppe 4: 36000 - 41000

Für die ruhige, fast zurückhaltende Linienführung dieses großen, fünfsitzigen Coupés, das als 503-Nachfolger gedacht war, hatte Nuccio Bertone gesorgt. Auch diesmal waren sehr kleine Stückzahlen vorprogrammiert, die allein schon aus dem hohen Preis des Wagens resultierten: Wer ihn haben wollte, wurde mit rund DM 30.000,- zur Kasse gebeten. Was natürlich Exklusivität sicherte. Besonders attraktiv: Das für BMW-Großaktionär Quandt gebaute Cabriolet.

BMW 1500

Zylinderzahl/Bauart: 4 Zyl.
Hubraum: 1499 ccm
Leistung bei U/min: 80/5700 PS
Höchstgeschwindigkeit: 150 km/h
Karosserie-/Chassisbauart: selbsttragende Karosserie

Ausführung: 4-t Lim.
Baujahr: 1961-1964
Stückzahl: 23.554 Ex.
Preistendenz: 2

Preisgruppe 1: 1000 - 2300
Preisgruppe 2: 2300 - 5000
Preisgruppe 3: 5000 - 7200
Preisgruppe 4: 7200 - 9500

Größte Bedeutung kam den BMW der "Neuen Klasse" zu: Durch ein kurioses Typenprogramm hatte sich die bayerische Nobelmarke in eine tiefe Krise manövriert, aus der sie jener Mittelklasse-Wagen, der schon seit 1959 durch die Presse geisterte, herausführen sollte. Zwei Jahre später auf der IAA wurde er endlich gezeigt, schlicht BMW 1500 genannt. Optisch elegant (die Linienführung stammte von Michelotti), überzeugte das Auto durch hochkarätige Technik und entwickelte sich tatsächlich zu dem dringend benötigten Verkaufserfolg.

BMW 1800 TI bzw. TI/SA

Zylinderzahl/Bauart: 4 Zyl.
Leistung bei U/min: 110/5800 bzw. 130/6100 PS
Höchstgeschwindigkeit: 175 bzw. 190 km/h
Karosserie-/Chassisbauart: selbsttragende Karosserie
Ausführung: 4-t Lim.

Baujahr: 1964-1966 bzw. 1964-1965
Stückzahl: 200 Ex.
Preistendenz: TI: 2, TI/SA: 1

Preisgruppe 1: 2500 - 5000
Preisgruppe 2: 4000 - 8500
Preisgruppe 3: 7000 - 13000
Preisgruppe 4: 12500 - 20000

Kontinuierlich modifiziert und durch weitere Versionen ergänzt, erhielt BMW ihrer "Neuen Klasse" geschickt Aktualität und Attraktivität. So avancierte der 1800 TI - die Abkürzung stand für "Touring Internazionale" - zum Traum leistungsorientierter Käufer, während der TI/SA (Sport-Ausführung) nur an Sportfahrer mit Lizenz abgegeben wurde. In einer Auflage von 200 Exemplaren gebaut, erzielt dieses Modell heute hohe Preise.

BMW 2000 tilux

Zylinderzahl/Bauart: 4 Zyl.
Hubraum: 1990 ccm
Leistung bei U/min: 120/5500 PS
Höchstgeschwindigkeit: 185 km/h
Karosserie-/Chassisbauart: selbsttragende Karosserie
Ausführung: 4-t Lim.
Baujahr: 1966-1970
Preistendenz: 2
Preisgruppe 1: 1800 - 3800
Preisgruppe 2: 3500 - 7000
Preisgruppe 3: 6500 - 12000
Preisgruppe 4: 10500 - 15000

Zur Abrundung der Baureihe nach oben präsentierte BMW den 2000, den es ebenfalls in mehreren Ausführungen geben sollte. Aus heutiger Sicht erscheint einmal der superschnelle tii mit 130 PS starkem Einspritzmotor reizvoll, zum anderen der 2000 tilux, ein ebenso luxuriöser wie sportlicher Viertürer, der noch dazu den Vorteil hat, daß er für kleines Geld (noch) zu haben ist. Einziges Problem: Es dürfte nicht so einfach sein, einen zu finden.

BMW 2000 C und CS

Zylinderzahl/Bauart: 4 Zyl.
Hubraum: 1990 ccm
Leistung bei U/min: 100/5500 bzw. 120/5500
Höchstgeschwindigkeit: 170 bzw. 185 km/h
Karosserie-/Chassisbauart: selbsttragende Karosserie

Ausführung: Coupé
Baujahr: 1965-1969
Stückzahl: 2.837 bzw. 8.883 Ex.
Preistendenz: 2

Preisgruppe 1: 2800 - 5500
Preisgruppe 2: 5000 - 9500
Preisgruppe 3: 9000 - 14500
Preisgruppe 4: 14000 - 19500

Wer sich mit der Technik des BMW 2000 bzw. 2000 tilux anfreunden konnte, nicht aber mit dessen Limousinen-Karosserie, der wurde vielleicht mit dem 2000er Coupé glücklich. Von BMW-Designer Wilhelm Hofmeister in Form gebracht, schockierte oder begeisterte (je nach dem!) das Coupé mit einigen sehr gewagten Stilelementen. Wer trotzdem (oder gerade deswegen) kaufte, hatte die Wahl zwischen mehr Sportlichkeit (dem CS) und mehr Komfort: Der C konnte mit Automatik geliefert werden.

BMW 1600 TI, 2002 ti und 2002 tii

Zylinderzahl/Bauart: 4 Zyl.
Hubraum: 1573 bzw. 1990 ccm
Leistung bei U/min: 105/6000, 120/5500 bzw. 130/5800 PS
Höchstgeschwindigkeit: 175-190 km/h;
Karosserie-/Chassisbauart: selbsttragende Karosserie

Ausführung: 2-t Lim.
Baujahr: 1967-1968, 1968-1971 bzw. 1971-1975
Preistendenz: 2

Preisgruppe 1: 1000 - 2500
Preisgruppe 2: 2000 - 5500
Preisgruppe 3: 5000 - 8700
Preisgruppe 4: 8500 - 11000

1966 erschien der ebenso kompakte wie sportliche 1600-2, von dem es schon bald eine schnelle TI-Version geben sollte. Auch im Renn- und Rallyesport siegreich, trugen diese Autos viel zum guten Image von BMW bei - weshalb die Münchener das bewährte Spielchen weiterspielten und 1968, als Ersatz für den 1600 TI, den 2002 ti (das "ti" wurde plötzlich klein geschrieben) lancierten. Den Höhepunkt bildete der tii mit Einspritz-Motor, der noch mehr Fahrspaß vermittelte.

BMW Touring

Zylinderzahl/Bauart: 4 Zyl.
Hubraum: 1573, 1766 bzw. 1990 ccm
Leistung bei U/min: 85/5700, 90/5250, 100/5500 bzw. 130/5800 PS
Höchstgeschwindigkeit: 160-190 km/h
Ausführung: 3-t Kombi-Lim.
Baujahr: 1971-1972 (1600 Touring) bzw. 1971-1975
Stückzahl: 30.206 Ex.
Preistendenz: 2

Preisgruppe 1: 1000 - 2500
Preisgruppe 2: 2200 - 5700
Preisgruppe 3: 5200 - 9000
Preisgruppe 4: 8700 - 12000

Für Leute mit gesteigerten Gepäckraum-Ansprüchen lancierte BMW den dreitürigen Touring, eine eigentlich fortschrittliche und dabei attraktive Kreation. Die Kundschaft freilich hielt sich zurück - vielleicht, weil das Auto recht hecklastig geworden war. So sieht man heute nur noch selten den Dreitürer, einè Tatsache, die ihn für viele Leute interessant macht.

BMW 2002 Turbo

Zylinderzahl/Bauart: 4 Zyl. mit Turbolader
Hubraum: 1990 ccm
Leistung bei U/min: 170/5800 PS
Höchstgeschwindigkeit: 210 km/h
Karosserie-/Chassisbauart: selbsttragende Karosserie

Ausführung: 2-t Lim.
Baujahr: 1973-1974
Stückzahl: 1.670 Ex.
Preistendenz: 2

Preisgruppe 1: 3500 - 6000
Preisgruppe 2: 6000 - 11500
Preisgruppe 3: 11500 - 16000
Preisgruppe 4: 16000 - 22000

Obwohl seiner Zeit voraus, war dem 2002 Turbo ein nur kurzes Autoleben beschert. Vielleicht zurecht: Die aggressive Kriegsbemalung, der - im Vergleich zum gleichzeitig lieferbaren 2002 tii - hohe Preis, der beachtliche Benzinkonsum und schließlich die bei niedrigen Drehzahlen schlappen Fahrleistungen ließen sich selbst mit dem Reiz der Turbo-Aufladung nicht ausbügeln. Heute denken die Fans anders darüber...

BMW 1600 Cabrio

Zylinderzahl/Bauart: 4 Zyl.
Hubraum: 1573 ccm
Leistung bei U/min: 85/5700 PS
Höchstgeschwindigkeit: 160 km/h
Karosserie-/Chassisbauart: selbsttragende Karosserie

Ausführung: Cabriolet
Baujahr: 1967-1971
Preistendenz: 2

Preisgruppe 1: 4000 - 7000
Preisgruppe 2: 7000 - 13000
Preisgruppe 3: 13000 - 16500
Preisgruppe 4: 16500 - 20000

Eigentlich schien der Erfolg des BMW 1600 Cabriolets vorprogrammiert: Viersitzige Vertreter dieser Gattung Auto waren selbst damals dünn gesät, außerdem versprach der offene BMW mit seiner Baur-Karosserie flotte Fahrleistungen und Frischluft- Vergnügen pur, das von keinem Targa-Bügel getrübt wurde. Leider erwies sich die Karosserie als extrem verwindungsfreudig, was einem den Spaß am 1600 Cabrio nachhaltig verdarb. Die Folge: Geringe Stückzahlen.

BMW 2002 Cabrio

Zylinderzahl/Bauart: 4 Zyl.
Hubraum: 1990 ccm
Leistung bei U/min: 100/5500 PS
Höchstgeschwindigkeit: 170 km/h
Karosserie-/Chassisbauart: selbsttragende Karosserie; Cabriolet mit Targa-Bügel

Baujahr: 1971-1975
Preistendenz: 2

Preisgruppe 1: 3500 - 5500
Preisgruppe 2: 5500 - 9500
Preisgruppe 3: 9500 - 12000
Preisgruppe 4: 12000 - 14500

Da man unbedingt einen offenen BMW anbieten wollte, verpaßte man dem alten Cabrio einen Targa-Bügel und stellte damit tatsächlich die Kritik an der bis dahin wenig stabilen Karosserie weitgehend ab. Freilich zu einem hohen Preis, denn optisch wirkte das Auto längst nicht mehr so attraktiv wie früher. Ein kleiner Trost: BMW konnte jetzt die 2 l Maschine mit 100 PS einbauen, wodurch sich natürlich die Fahrleistungen erheblich verbesserten.

BMW 2500, 2800, 3,0 und 3,3

Zylinderzahl/Bauart: 6 Zyl.
Hubraum: 2494,.2788, 2985 bzw. 3295 ccm
Leistung bei U/min: 150/6000, 170/6000, 180/6000, 200/5500 bzw. 190/5500 PS
Höchstgeschwindigkeit: 190-210 km/h
Karosserie-/Chassisbauart: selbsttragende Karosserie
Ausführung: 4-t Lim.
Baujahr: 1968-1977
Preistendenz: 2

Preisgruppe 1: 800 - 1900
Preisgruppe 2: 1800 - 5500
Preisgruppe 3: 5200 - 9500
Preisgruppe 4: 8500 - 15000

Mit dem 2500 bzw. 2800 hatte BMW ebenso formschöne wie fahraktive und sportliche Limousinen im Programm. Über einen langen Zeitraum hinweg gebaut und dabei optisch kaum verändert, trieb das Werk systematische Modellpflege und erweiterte das Angebot nach und nach; so sollten etwa besonders leistungsfähige Modelle mit 3 l Motor sowie hochluxuriöse Lang-Versionen folgen. Heute sind diese Autos noch ausgesprochen günstig zu erwerben.

BMW 2500 CS, 2800 CS, 3,0 CS, CSi und CSL

Zylinderzahl/Bauart: 6 Zyl.
Hubraum: 2494, 2788, 2985, 3003 bzw. 3153 ccm
Leistung bei U/min: 150/6000, 170/6000, 180/6000, 200/5500 bzw. 206/5600 PS
Höchstgeschwindigkeit: 200-225 km/h
Karosserie-/Chassisbauart: selbsttragende Karosserie

Ausführung: Coupé
Baujahr: 1968-1977
Preistendenz: 2, CSL: 1

Preisgruppe 1: 3500 - 11000
Preisgruppe 2: 7500 - 19500
Preisgruppe 3: 12500 - 30000
Preisgruppe 4: 22000 - 50000

Fast schon traditionell brachte BMW zu jeder Limousine ein entsprechendes Coupé; so war es auch bei der 2500/2800-Baureihe. Diese wieder CS genannten Zweitürer entsprachen von der A-Säule bis zur hinteren Stoßstange im Prinzip dem 2000 CS, wirkten dank längerer, harmonisch geformter Frontpartie aber ungleich eleganter. Kein Wunder, daß sie sich sehr gut verkauften, zumal sie sich auf der Rennstrecke als nahezu unschlagbar erwiesen.

Preisgruppe 1: 1500 - 4500
Preisgruppe 2: 4000 - 7500
Preisgruppe 3: 7000 - 9500
Preisgruppe 4: 9000 - 12000

Bond

The Name is Bond - nein, nicht James, wohl aber Laurie: Jener Mann, der für die Konstruktion der Berkeley verantwortlich zeichnete, schuf auch jene kleinen Dreiräder, die seit 1949 gebaut wurden und seinen Namen trugen. Mitte der sechziger Jahre gesellten sich "richtige" Autos mit vier Rädern dazu, die in kleinen Stückzahlen bis 1971 das Auto-Angebot bereicherten. Schon zwei Jahre früher, 1969, war die Firma von Reliant übernommen worden.

Kleine Fastback-Coupés und später dann auch Cabriolets mit Kunststoff-Karosserie (was sonst?) auf Triumph-Mechanik stellte der englische Hersteller auf die Räder: Seit 1963 mit dem 1,2- bzw. 1,3 l Vierzylinder (wie er im Herald und Spitfire zum Einsatz kam), seit 1967 zusätzlich mit dem 6-Zylinder-Motor des Vitesse. Pläne, diesen sechszylindrigen Bond auch in Deutschland anzubieten - deutschsprachige Prospekte waren sogar schon gedruckt! - zerschlugen sich allerdings.

Bond Equipe

Zylinderzahl/Bauart: 4- bzw. 6 Zyl.
Hubraum: 1147, 1296 bzw. 1998 ccm
Leistung bei U/min: 63-105 PS (bhp)
Höchstgeschwindigkeit: 150-175 km/h
Karosserie-/Chassisbauart: Zentralrohrrahmen

Ausführung: Coupé, Cabriolet
Baujahr: 1963-1971 (4 Zyl.) bzw. 1967-1971
Stückzahl: 571 bzw. 1.431 Ex.
Preistendenz: 2

Bond Bug 700 E und ES

Zylinderzahl/Bauart: 4 Zyl.
Hubraum: 701 ccm
Leistung bei U/min: 29/5000 bzw. 32/5000 PS (SAE)
Höchstgeschwindigkeit: 120 km/h
Karosserie-/Chassisbauart: Kunststoff-Karosserie auf Kastenrahmen

Ausführung: dreirädriges Coupé
Baujahr: 1970-1974
Stückzahl: 1.620 Ex.
Preistendenz: 2

Preisgruppe 1: 500 - 1500
Preisgruppe 2: 1200 - 3500
Preisgruppe 3: 3200 - 5500
Preisgruppe 4: 5200 - 7000

Die Idee vom Dreirad-Fahrzeug belebte Bond bzw. Reliant mit diesem Unikum tatsächlich neu: In schrillen Farben lackiert und von fast schon futuristischer Linienführung (für die Tom Karen gesorgt hatte), verkörperte dieser kleine Flitzer auf seine Weise Swingin' London. Ein echter Verkaufserfolg konnte er kaum werden: Dazu war er mit seiner nach oben schwingenden Dachkuppel zu unpraktisch und vielen potentiellen Käufern wohl auch zu verrückt.

Borgward

Carl F.Borgward gelang es nicht nur, sein Firmen-Imperium mit den Marken Borgward, Goliath und Lloyd über den Zweiten Weltkrieg zu retten, sondern sich obendrein die Unabhängigkeit zu erhalten. Eine geschickte Modellpolitik und unbestreitbare Qualitäten (denen zum Teil erhebliche Mängel - vor allem qualitativer Art - gegenüber-standen) konnten nicht verhindern, daß gegen Ende der 50er Jahre die Firmengruppe ins Schlingern kam. Alle Rettungsversuche sollten sich als vergeblich erweisen: Im September 1961 erfolgte der endgültige Zusammenbruch.

Borgward 1500, 1800 und 1800 Diesel

Zylinderzahl/Bauart: 4 Zyl.
Hubraum: 1498 bzw. 1758 ccm
Leistung bei U/min: 48/4000, 60/4200 bzw. 42/3700 (Diesel) PS
Höchstgeschwindigkeit: 105-135 km/h
Karosserie-/Chassisbauart: Zentralrohr-Plattform-Rahmen

Ausführung: 2- und 4-t Lim., 3-t Kombi
Baujahr: 1949-1952, 1952-1954 bzw. 1953-1954
Stückzahl: 22.504, 8.111 bzw. 3.226 Ex.
Preistendenz: 2

Preisgruppe 1: 4000 - 7000
Preisgruppe 2: 6800 - 9500
Preisgruppe 3: 9000 - 12500
Preisgruppe 4: 12000 - 16500

Dieses fortschrittliche Auto ließ bei seiner Vorstellung im Jahr 1949 die meisten seiner Konkurrenten alt aussehen - und das im wahren Sinne des Wortes! Da waren etwa die hochmoderne Pontonkarosserie, der leistungsfähige ohv-Vierzylinder und die hintere Pendelachse - Dinge, auf die sich Borgward etwas einbilden durfte. Mit hubraumstärkerem Motor, größerer Heckscheibe und einem - später vollsynchronisierten -Viergang-Getriebe aktualisiert, bereicherte 1953 sogar eine Diesel-Ausfürhung das Programm!

Borgward Hansa 2400

Zylinderzahl/Bauart: 6 Zyl.
Hubraum: 2337 bzw. 2240 ccm
Leistung bei U/min: 82/4500,100/k.A. bzw. 100/5000 PS
Höchstgeschwindigkeit: 145-155 km/h
Karosserie-/Chassisbauart: selbsttragende Karosserie

Ausführung: 4-t Lim.
Baujahr: 1952-1955 bzw. 1955-1958
Stückzahl: 1.032 bzw. 356 Ex.
Preistendenz: 2

Preisgruppe 1: 7500 - 10000
Preisgruppe 2: 10000 - 12500
Preisgruppe 3: 12500 - 15000
Preisgruppe 4: 15000 - 18000

Optisch am Borgward Hansa bzw. später dann an der Isabella orientiert, gelang es dem großen Borgward nicht, den Konkurrenten Opel Kapitän oder Mercedes 220 Paroli zu bieten. Dabei konnte die attraktive Fastback-Limousine, zu der sich 1953 der sog. Pullman mit längerem Radstand und Stufenheck gesellte, auch technisch einiges bieten - wie etwa das auf Wunsch lieferbare automatische Strömungs-Getriebe. Nicht mal die Tatsache, daß 2400-Fahrer Heinz Rühmann dafür warb, konnte den Verkauf dauerhaft ankurbeln nicht.

Borgward Isabella Coupé und Isabella TS Coupé

Technische Daten: siehe Isabella/Isabella TS

Preisgruppe 1: 4500 - 8500
Preisgruppe 2: 8200 - 15000
Preisgruppe 3: 15000 - 19500
Preisgruppe 4: 18500 - 25000

In vielen Publikationen als eines der schönsten deutschen Autos gepriesen, machte das Isabella Coupé mit seiner ebenso verspielten wie eleganten Linienführung eine wirklich gute Figur. Von 1957 bis 1961 in Produktion, wandte sich dieses Schmuckstück an Leute, die einen komfortablen und sportlichen Reisewagen suchten. Den bekamen sie, wenn auch für eine Menge Geld: Um die DM 11.000.- mußten dafür berappt werden.

Borgward Isabella, TS, TS de luxe

Zylinderzahl/Bauart: 4 Zyl.
Hubraum: 1493 ccm
Leistung bei U/min: 60/4700 bzw. 75/5200 PS
Höchstgeschwindigkeit: 135 bzw. 150 km/h
Karosserie-/Chassisbauart: selbsttragende Karosserie

Ausführung: 2-t Lim., 3-t Kombi
Baujahr: 1954-1961 bzw. 1955-1961
Stückzahl: 202.862 Ex.
Preistendenz: 2

Preisgruppe 1: 2000 - 4500
Preisgruppe 2: 4200 - 9500
Preisgruppe 3: 9000 - 13500
Preisgruppe 4: 13000 - 17500

Der große Wurf gelang Dr.Carl F.Borgward mit der bildhübschen Isabella, an deren Entwicklung er selbst intensiv mitgearbeitet hatte. Die schöne Dame verdrehte auf Anhieb nicht nur den Männern den Kopf, sondern bestach obendrein durch hervorragende Fahreigenschaften wie Fahrleistungen. 1955 bereicherte die Isabella TS (Touren- Sport) das Programm, von der es seit 1957 eine noch besser ausgestattete de luxe- Ausführung geben sollte.

Borgward Isabella Cabrio und Cabrio TS

Technische Daten: siehe Isabella und Isabella TS

Preisgruppe 1: 7000 - 13500
Preisgruppe 2: 13000 - 19500
Preisgruppe 3: 19000 - 26500
Preisgruppe 4: 25000 - 32000

Borgward –

Für einen zwischen DM 2.500,- und DM 4.500,- schwankenden Aufpreis verwandelte Cabrio-Spezialist Deutsch in Köln die Isabella in ein offenes Auto - eine Operation, die hervorragende Resultate brachte, egal, ob nun die Limousine oder das Coupé "aufgemacht" wurden. Für in Cabrios umgebaute Coupés hielt das Werk sogar ein Stahl-Hardtop parat, das in freilich noch geringerer Stückzahl verkauft wurde als das entsprechende Auto.

Borgward P 100

Zylinderzahl/Bauart: 6 Zyl.
Hubraum: 2240 ccm
Leistung bei U/min: 100/5000 PS
Höchstgeschwindigkeit: 160 km/h
Karosserie-/Chassisbauart: selbsttragende Karosserie

Ausführung: 4-t Lim.
Baujahr: 1959-1961
Stückzahl: 2.587 Ex.
Preistendenz: 2

Preisgruppe 1: 4500 - 9000
Preisgruppe 2: 9000 - 14500
Preisgruppe 3: 14500 - 18000
Preisgruppe 4: 18000 - 23500

Carl F.Borgward wollte in der automobilen Oberklasse vertreten sein, trotz des Mißerfolgs, den ihm der Hansa 2400 beschert hatte. Also lancierte er 1969 den P 100 oder Borgward 2,3 l, ein äußerlich modernes, von US-Einflüssen geprägtes Auto, das mit dem schon vom großen Hansa 2400 her bekannten Sechszylinder aufwartete und auf Wunsch mit avantgardistischer Luftfederung ausgerüstet werden konnte. Nach dem Borgward-Konkurs sollte das Auto in Brasilien gebaut werden.

Bristol

Wie eine ganze Menge Flugzeugwerke stieg auch die Bristol Aeroplane Co. ins Autogeschäft ein und lancierte 1947 die erste eigene Schöpfung. Die Autos aus Bristol zielten stets auf eine kleine, begüterte Käuferschicht, die für Leistung, Luxus und Exklusivität zu zahlen bereit war. Die auch im Renngeschehen aktive und erfolgreiche Firma wurde 1960 an Bristol-Direktor George White und den Rennfahrer Tony Crook verkauft, der noch heute die Geschicke der Firma lenkt.

Bristol 400

Zylinderzahl/Bauart: 6 Zyl.
Hubraum: 1971 ccm
Leistung bei U/min: 81/4200 bzw. 86/4500 PS
Höchstgeschwindigkeit: 140 km/h
Karosserie-/Chassisbauart: Plattformrahmen mit Kastenträger

Ausführung: 2-t Lim.
Baujahr: 1947-1950
Stückzahl: 700 Ex.
Preistendenz: 1

Preisgruppe 1: 9000 - 14500
Preisgruppe 2: 14500 - 21000
Preisgruppe 3: 21000 - 30500
Preisgruppe 4: 29500 - 40000

Die auffallende Ähnlichkeit zum Vorkriegs-BMW 327 kam nicht von ungefähr: Frazer- Nash baute dieses Modell damals in Lizenz. Nach 1945 trat Bristol an diesen englischen Hersteller heran und einigte sich mit ihm, das Auto als Bristol 400 in modifizierter Form auferstehen zu lassen. So kam der bekannte dohc-Sechszylinder von BMW nicht nur im AC zu neuen Ehren.

Bristol 401, 403

Zylinderzahl/Bauart: 6 Zyl.
Hubraum: 1971 ccm
Leistung bei U/min: 86/4500, 100/5000 bzw. 107/5000 PS
Höchstgeschwindigkeit: 165 km/h
Karosserie-/Chassisbauart: Alu-Karosserie auf Rohrrahmen

Ausführung: 2-t Lim.
Baujahr: 1949-1953 bzw. 1953-1955
Stückzahl: 650 bzw. 300 Ex.
Preistendenz: 1

Preisgruppe 1: 9500 - 14500
Preisgruppe 2: 14000 - 20000
Preisgruppe 3: 19000 - 27000
Preisgruppe 4: 26000 - 35000

Technisch noch immer eng mit dem Vorkriegs-BMW verwandt, gab sich der 401 zumindest äußerlich eigenständiger: Mit eleganter Alu-Karosserie von Touring, die auf einem Rohrrahmen ruhte. 1953 kam der 403, der mehr Leistung, bessere Bremsen und ein überarbeitetes Fahrwerk bot. Vom 401 gab es übrigens eine 402 genannte Cabrio-Version, von der gerade 25 Stück gefertigt wurden.

Bristol 405 Cabriolet

Technische Daten: siehe Bristol 405 Saloon

Preisgruppe 1: 14000 - 19500
Preisgruppe 2: 19500 - 27000
Preisgruppe 3: 27000 - 36000
Preisgruppe 4: 36000 - 44000

Noch wesentlich exklusiver und kostspieliger gab sich das 405 Drophead Coupé, ein Zweitürer mit etwas unproportioniert wirkender Linienführung. Zwischen 1954 und 1965 von Abbott gebaut, brachte es das viersitzige Cabriolet in diesem Zeitraum auf 43 Exemplare. Selbst für Bristol-Verhältnisse war das eine geringe Stückzahl. Wer heute eins haben will, wird lange suchen müssen!

Bristol 405 Saloon

Zylinderzahl/Bauart: 6 Zyl.
Hubraum: 1971 ccm
Leistung bei U/min: 107/5000 PS
Höchstgeschwindigkeit: 160 km/h
Karosserie-/Chassisbauart: Alu-Stahlkarosserie auf Plattformrahmen

Ausführung: 4-t Lim.
Baujahr: 1954-1958
Stückzahl: 297 Ex.
Preistendenz: 1

Preisgruppe 1: 9500 - 14500
Preisgruppe 2: 14500 - 20000
Preisgruppe 3: 19000 - 27000
Preisgruppe 4: 26000 - 35000

Der erste und bis heute einzige Versuch der Firma, mit einer viertürigen Limousine erfolgreich zu sein. Attraktiv geformt und luxuriös ausgestattet - im Innenraum dominierten Leder und Edelholz -, entsprach das Auto bester Bristol- Tradition. Der sehr hohe Preis machte da keine Ausnahme: 1957 kostete ein 405 in der Schweiz 32.000,- Franken, während es einen Jaguar 2.4 für nicht mal 19.000,- Franken gab!

Bristol 406

Zylinderzahl/Bauart: 6 Zyl.
Hubraum: 2216 ccm
Leistung bei U/min: 107/4700 PS
Höchstgeschwindigkeit: 160 km/h
Karosserie-/Chassisbauart: Alu-Karosserie auf Plattformrahmen

Ausführung: 2-t Lim.
Baujahr: 1958-1961
Stückzahl: 292 Ex.
Preistendenz: 1

Preisgruppe 1: 10000 - 15000
Preisgruppe 2: 15000 - 21000
Preisgruppe 3: 21000 - 28000
Preisgruppe 4: 28000 - 36000

1958 debütierte dieser formal völlig neugestaltete Bristol, konsequenterweise 406 genannt. Mechanisch gab es nur wenig Neuerungen: Am wichtigsten vielleicht die Tatsache, daß der altbekannte Reihen-Sechszylinder nun über 2,2 l Hubraum (bei gleichgebliebener PS-Leistung) verfügte und vier Scheibenbremsen für angemessene Verzögerung sorgten. Wem das Auto nicht exklusiv genug war: Beutler in der Schweiz und Zagato in Italien stellten Sonderversionen her.

Bristol 407

Zylinderzahl/Bauart: V 8
Hubraum: 5130 ccm
Leistung bei U/min: 250/4400 PS
Höchstgeschwindigkeit: 200 km/h
Karosserie-/Chassisbauart: Alu-Karosserie auf Plattformrahmen

Ausführung: 2-t Lim.
Baujahr: 1961-1963
Stückzahl: 300 Ex.
Preistendenz: 2

Preisgruppe 1: 9000 - 13000
Preisgruppe 2: 13000 - 18500
Preisgruppe 3: 18500 - 25500
Preisgruppe 4: 25500 - 32000

Optisch kaum, technisch dagegen erheblich anders als das Vorgängermodell, der 406: Den 2,2 l Sechszylinder hatte man ausrangiert und stattdessen einen bärenstarken V 8 von Chrysler unter die vordere Haube gepflanzt. Was nicht ohne Fahrwerks-Modifikationen bewerkstelligt werden konnte: Anstelle der unteren Querfeder verfügte die Vorderachse nun über Schraubenfedern, wodurch sich das Fahrverhalten deutlich verbesserte.

Buick

Die 1903 von David Buick gegründete Firma gehörte seit 1908 zu General Motors, zählte also zu den "Gründungsmitgliedern" des Konzerns. Mit in einigen Punkten fortschrittlichen Merkmalen - Buick hatte sich etwa den ohv-Motoren verschrieben - rangierten die Autos aus Flint/Michigan preislich direkt unter Cadillac, der Nobelmarke von GM. Und verkauften sich dafür sehr gut, was nicht zuletzt am sehr treuen Kundenstamm der Firma lag.

Buick Skylark Convertible Coupé

Zylinderzahl/Bauart: V 8
Hubraum: 5276 ccm
Leistung bei U/min: 188/4000 bzw. 200/4100 PS
Höchstgeschwindigkeit: 165 km/h
Karosserie-/Chassisbauart: Kastenrahmen

Ausführung: Cabriolet
Baujahr: 1953 bzw. 1954
Stückzahl: 1.690 bzw. 836 Ex.
Preistendenz: 1

Preisgruppe 1: 15000 - 19500
Preisgruppe 2: 19000 - 28500
Preisgruppe 3: 28000 - 40000
Preisgruppe 4: 39000 - 55000

Keine Frage: Buicks Liebhaberwagen Nr.1 der 50er Jahre heißt Skylark Convertible Coupé. Kürzer und flacher als die übrigen Buick Cabrios, offerierte der von GM- Designer Harley Earl initiierte Skylark so ungewöhnliche Details wie (echte!) Speichenräder - freilich zum stattlichen Preis von US-Dollar 5.000,-. Nur 1953 und 1954 gebaut (die 54er Version war längst nicht mehr so attraktiv), vollzog Buick in diesem Zeitraum endgültig den Übergang vom Reihen- zum V 8-Motor.

Buick Riviera

Zylinderzahl/Bauart: V 8
Hubraum: 6569 ccm bzw. 6970 ccm
Leistung bei U/min: 325/4400, 345/4400 bzw. 365/4400 PS (SAE)
Höchstgeschwindigkeit: 180-190 km/h
Karosserie-/Chassisbauart: Kastenrahmen

Ausführung: 2-t Hardtop-Coupé
Baujahr: 1963-1965
Stückzahl: 40.000, 37.658 bzw. 34.586 Ex.
Preistendenz: 2

Preisgruppe 1: 13500 - 17500
Preisgruppe 2: 17000 - 26500
Preisgruppe 3: 26000 - 38000
Preisgruppe 4: 36500 - 44000

Bill Mitchell, der Harley Earl als Design-Boß von GM ablöste, entwarf die aufregende Form des Riviera - und zählte nach seiner Pensionierung dieses Buick Coupé stets zu seinen besten Entwürfen. Nach 1965 verwässert, wurde erst das 1971er Modell wieder für den Sammler interessant: Ein langgezogenes Fastback - auch Boattail genannt - gab dem Riviera eine markante Linienführung.

Cadillac

Cadillac, bei General Motors zuständig für die Luxuswagen, hatte gegenüber Lincoln und Imperial (den Nobelmarken von Ford bzw. Chrysler) in Sachen Käufergunst stets die Nase vorn. Daran änderte nicht mal die Tatsache etwas, daß die US-Präsidenten Lincoln fuhren. Warum das so war, läßt sich kaum ermitteln; fest steht dagegen, daß Cadillac immer wieder mit ungewöhnlichen Autos an die Öffentlichkeit trat.

Cadillac Eldorado Convertible Coupé

Zylinderzahl/Bauart: V 8
Hubraum: 5424 ccm
Leistung bei U/min: 210/4000 PS (SAE)
Höchstgeschwindigkeit: 170 km/h
Karosserie-/Chassisbauart: Kastenrahmen

Ausführung: Cabriolet
Baujahr: 1953
Stückzahl: 532 Ex.
Preistendenz: 1

Preisgruppe 1: 39000 - 52000
Preisgruppe 2: 52000 - 79000
Preisgruppe 3: 79000 - 98000
Preisgruppe 4: 98000 - 145000

Exklusiver geht es kaum: Nur ein Jahr lang im Programm, wurde das Eldorado Convertible Coupé in dieser Zeit exakt 532 mal gebaut! Ausgesprochen luxuriös ausgerüstet, kostete dieses Caddy Cabrio US-Dollar 7.750,- , annähernd doppelt so viel wie das gleichzeitig gebaute Serie 62 Cabrio. Wer heute eines sucht, muß viel Geduld und, wenn fündig geworden, noch mehr Geld aufbringen!

Cadillac Eldorado Brougham 1957/58

Zylinderzahl/Bauart: V 8
Hubraum: 5972 ccm
Leistung bei U/min: 330/4800 bzw. 310/4800 PS (SAE)
Höchstgeschwindigkeit: 190 km/h
Ausführung: 4-t Hardtop-Lim.

Baujahr: 1957 bzw. 1958
Stückzahl: 400 bzw. 304 Ex.
Preistendenz: 1

Preisgruppe 1: 38000 - 50000
Preisgruppe 2: 48000 - 75000
Preisgruppe 3: 72000 - 89000
Preisgruppe 4: 86000 - 97000

Der teuerste Cadillac der Nachkriegszeit wurde 1956 vorgestellt und kurz darauf in Produktion genommen. Voller ungewöhnlicher Merkmale - da gab es etwa ein unlackiertes Edelstahl-Dach, eine hochkomplizierte Luftfederung und Doppel- Scheinwerfer -, kostete das Auto mit gut US-Dollar 13.000,- ein kleines Vermögen. Formal weniger originell, wurden die 1959er und 1960er Modelle bei Pininfarina in Italien montiert!

Fleetwood Eldorado Hardtop Coupé 67-70

Zylinderzahl/Bauart: V 8
Hubraum: 7025, 7729 bzw. 8194 ccm
Leistung bei U/min: 345/4600, 380/4400 bzw. 406/4400 PS (SAE)
Höchstgeschwindigkeit: 185-195 km/h
Karosserie-/Chassisbauart: Kastenrahmen

Ausführung: 2-t Hardtop-Coupé
Baujahr: 1967-1970
Stückzahl: 17.930, 24.528, 23.333 bzw. 28.842 Ex.
Preistendenz: 3

Preisgruppe 1: 16000 - 21000
Preisgruppe 2: 21000 - 27000
Preisgruppe 3: 25000 - 31000
Preisgruppe 4: 29000 - 36000

Oldsmobile machte mit dem Toronado den Anfang, Cadillac zog mit dem Eldorado Hardtop nach und setzte bei diesem Modell ebenfalls auf den Frontantrieb. Das war ein gewagtes Unternehmen: Einmal galt dieses Bauprinzip bei großen Autos als problematisch, zum anderen wußte man nicht, wie König Kunde reagieren würde. Aber das Experiment gelang, und die Autos verkauften sich gut - und entwickelten sich im Lauf der Zeit zu wahren Monstren mit 8,2 l Hubraum.

Cadillac Series 62 Convertible und Biarritz Conver

Zylinderzahl/Bauart: V 8
Hubraum: 6384 ccm
Leistung bei U/min: 309/4600 bzw. 350/4800 PS (SAE)
Höchstgeschwindigkeit: 175 bzw. 185 km/h
Karosserie-/Chassisbauart: Kastenrahmen

Ausführung: Cabriolet
Baujahr: 1959
Stückzahl: 11.130 bzw. 1.320 Ex.
Preistendenz: 2 bzw. 1

Preisgruppe 1: 32000 - 46000
Preisgruppe 2: 43000 - 70000
Preisgruppe 3: 68000 - 82000
Preisgruppe 4: 79000 - 91000

Egal, ob es sich um das Cabrio der 62er Serie oder um das 50 Prozent 40% teurere Biarritz-Modell handelt: Jeder offene 59er Caddy kostet heute einen Haufen Geld - nicht nur in den USA, sondern auch bei uns. Woran das liegt? Einzig an den riesigen Flossen, die sich nie aggressiver in den Himmel reckten als bei diesem Jahrgang.

Checker

Checker, in Kalamazoo/Michigan ansässig, baute Autos, die sich radikal von allen übrigen Produkten der amerikanischen Autoproduktion unterschieden: Statt Chrom, Flossen und schnellem Modellwechsel setzte man bei Checker auf Langlebigkeit, größtmögliche Alltagstauglichkeit und einen geräumigen Innenraum. Dagegen legte man auf ein modisches Blechkleid kaum wert. Der Grund für diese ungewöhnliche Firmenpolitik: Checker baute über Jahrzehnte hinweg ausschließlich Taxis und lancierte erst 1960 den ersten "zivilen" Personenwagen. Leider mußte die Firma in den frühen 80er Jahren die Produktion einstellen.

Checker Marathon

Zylinderzahl/Bauart: 6 Zyl. bzw. V 8
Hubraum: 3703-5210 ccm
Leistung bei U/min: 95/3600-250/4400 PS (SAE)
Höchstgeschwindigkeit: 135-165 km/h;
Karosserie-/Chassisbauart: Kastenrahmen

Ausführung: 4-t Lim.
Baujahr: 1960-1983
Preistendenz: 2

Preisgruppe 1: 11000 - 15000
Preisgruppe 2: 14000 - 19500
Preisgruppe 3: 18000 - 23500
Preisgruppe 4: 22500 - 27000

Wer die USA als Tourist besucht hat, ist vermutlich schon mal Checker gefahren: Viele der berühmten Yellow Cabs waren (und sind) Fahrzeuge aus Kalamazoo/Michigan. Für höchste Beanspruchung gebaut, konnten seit Ende 1959 auch Privatkunden von den Qualitäten eines Checker profitieren - was leider nur wenige taten: In den USA wurde "Keep on Styling" gerade groß geschrieben und da hatten die eher klobig wirkenden Viertürer keine Chance..

Checker Marathon Station Wagon

Technische Daten: siehe Marathon

Preisgruppe 1: 10000 - 14000
Preisgruppe 2: 13000 - 17500
Preisgruppe 3: 15500 - 19500
Preisgruppe 4: 18500 - 24500

1961 umfaßte das Lieferprogramm den Superba (dessen Fertigung kurz darauf eingestellt wurde) und den Marathon, der sich tatsächlich zum Dauerläufer entwickeln und zwei Jahrzehnte lieferbar bleiben sollte. Von diesem Modell gab es natürlich auch einen fünftürigen Kombi, der technisch der Limousine entsprach, also ebenfalls 1963 den Übergang von den betagten Continental-Maschinen (zum Teil noch Seitenventiler!) zu Chevrolet-Sechs- und -Achtzylindern vollzog. Ein Geheimtip für US-Reisende!

Chevrolet

Seit einem halben Jahrhundert liegt Chevrolet mit Ford in erbittertem Kampf um Platz 1 der jährlichen Zulassungsstatistik - ein Kampf, aus dem fast immer Chevrolet als Sieger hervorgeht. Das 1911 gegründete und sechs Jahre später von General Motors übernommene Unternehmen fertigt innerhalb des Konzerns die preisgünstigsten "Brot-und-Butter"-Autos, was freilich nicht heißt, daß nicht immer wieder bemerkenswerte Kreationen darunter waren. Immerhin kommt Amerikas Sportwagen Nr.1, die Corvette, von Chevrolet!

Chevrolet Bel Air Nomad

Zylinderzahl/Bauart: 6 Zyl. bzw. V 8
Hubraum: 3859-4342 ccm
Leistung bei U/min: 121/3800-182/4600 PS (SAE)
Höchstgeschwindigkeit: 135-165 km/h
Karosserie-/Chassisbauart: Kastenrahmen

Ausführung: 2-t Hardtop-Kombi
Baujahr: 1955
Stückzahl: 8.386 Ex.
Preistendenz: 1

Preisgruppe 1: 16500 - 21000
Preisgruppe 2: 20000 - 26500
Preisgruppe 3: 24000 - 30000
Preisgruppe 4: 28500 - 34000

Es gab zweitürige Hardtops und es gab zweitürige Kombis - eine Mischung aus beidem aber war neu! Auf ein Showcar aus dem Jahr 1954 zurückgehend, gab ein Jahr später der erste serienmäßige Nomad seinen Einstand - ein höchst originelles, von Carl Renner inspiriertes Automobil, das in dieser Form nur bis 1957 im Programm bleiben sollte. In gewisser Weise der Vorläufer von Autos wie dem Reliant Scimitar GTE oder dem Volvo 1800 ES.

Chevrolet Bel Air Convertible Coupé

Zylinderzahl/Bauart: 6 Zyl.bzw. V 8
Hubraum: 3859-4637 ccm
Leistung bei U/min: 138/4200-274//6000 PS (SAE)
Höchstgeschwindigkeit: 140-170 km/h
Karosserie-/Chassisbauart: Kastenrahmen

Ausführung: 2-t Cabriolet
Baujahr: 1957
Stückzahl: 47.562 Ex.
Preistendenz: 2

Preisgruppe 1: 18500 - 24000
Preisgruppe 2: 23000 - 29000
Preisgruppe 3: 28000 - 34000
Preisgruppe 4: 32000 - 39000

Die Wege des Sammlers sind unergründlich: Obwohl weder besonders selten noch besonders außergewöhnlich, erfreuen sich die Chevy-Modelle der Baujahre 1955, 1956 und 1957 - auch Tri-Chevy genannt - besonderer Beliebtheit in den USA. Einer der Spitzenreiter neben dem erwähnten Nomad: das 1957er Chevy Bel Air Cabriolet, das trotz einer stattlichen Anzahl gebauter Exemplare hohe Preise erzielt.

Chevrolet Corvette 1953-1955

Zylinderzahl/Bauart: 6 Zyl.
Hubraum: 3859 bzw. 4342 ccm
Leistung bei U/min: 150/4200 bzw. 195/5000 PS (SAE)
Höchstgeschwindigkeit: 165 bzw. 175 km/h
Karosserie-/Chassisbauart: Kunststoff-Karosserie auf Kastenrahmen

Ausführung: Roadster
Baujahr: 1953-1955
Stückzahl: 4.640 Ex.
Preistendenz: 1

Preisgruppe 1: 26000 - 38500
Preisgruppe 2: 37500 - 53000
Preisgruppe 3: 52000 - 69000
Preisgruppe 4: 67000 - 79000

Chevrolets Antwort auf kleine englische Roadster à la MG TC hieß Corvette und präsentierte sich als abenteuerliche Mischung europäischer und amerikanischer Einflüsse: Einem dünnen Verdeck und Steckfenster standen Panorama-Scheibe und ein Armaturenbrett im Jukebox-Stil gegenüber. Da weder das Fahrverhalten noch die Motorisierung stimmten, erwiesen sich die anfänglich nur in weiß gelieferten Roadster als totaler Flop.

Chevrolet Corvette 1956-1962

Zylinderzahl/Bauart: V 8
Hubraum: 4342-5359 ccm
Leistung bei U/min: 225/5200-360/6000 PS (SAE)
Höchstgeschwindigkeit: 185-230 km/h
Karosserie-/Chassisbauart: ; Kunststoffkarosserie auf Kastenrahmen

Ausführung: Cabriolet
Baujahr: 1956-1962
Stückzahl: 64.375 Ex.
Preistendenz: 1

Preisgruppe 1: 24500 - 37000
Preisgruppe 2: 35000 - 51000
Preisgruppe 3: 49000 - 64000
Preisgruppe 4: 61000 - 70000

Vielleicht hätte Chervolet die unglückliche Corvette ersatzlos gestrichen, hätte Erzrivale Ford nicht den Thunderbird lanciert und damit sofort blendende Verkaufszahlen erzielt und wäre nicht Zora Arkus Duntov bei Chevrolet aufgetaucht. Der Mann, heute Mr.Corvette genannt, möbelte das zweisitzige Sorgenkind richtig auf, sorgte vor allem für angemessene Fahrleistungen und ein akzeptables Fahrwerk und legte damit den Grundstein zum späteren Erfolg der Baureihe.

Chevrolet Corvette Sting Ray 1963-1967

Zylinderzahl/Bauart: V 8
Hubraum: 5359-6997 ccm
Leistung bei U/min: 250/4400-435/5800 PS (SAE)
Höchstgeschwindigkeit: 190-240 km/h
Karosserie-/Chassisbauart: Kunststoffkarosserie auf Kastenrahmen

Ausführung: Coupé, Cabriolet
Baujahr: 1963-1967
Stückzahl: 45.546 Ex. (Coupés), 72.418 Ex. (Cabriolets)
Preistendenz: 1

Preisgruppe 1: 25500 - 38000
Preisgruppe 2: 37000 - 52000
Preisgruppe 3: 50000 - 67000
Preisgruppe 4: 63000 - 78000

Waren alle bisherigen Corvettes das stilistische Werk von Harley Earl, so sorgte Bill Mitchell für die aufregend-aggressive Linienführung des neuen Jahrgangs, der die Zusatzbezeichnung Sting Ray bekommen hatte. Erstmals als Coupé lieferbar, hatten die Chevrolet-Techniker ihrer Schöpfung sogar eine unabhängige Hinterradaufhängung spendiert. Heute sehr gesucht: das Split-Window Coupé von 1963, das es nur in diesem einen Modelljahr gab.

Chevrolet Corvette 1967-1974

Zylinderzahl/Bauart: V 8
Hubraum: 5359-7440 ccm
Leistung bei U/min: 300/4800-465/5200 PS (SAE)
Höchstgeschwindigkeit: 200-250 km/h
Karosserie-/Chassisbauart: Kunststoffkarosserie auf Kastenrahmen

Ausführung: Coupé (T-Top), Cabriolet
Baujahr: 1967-1974
Stückzahl: ca. 150.000 Ex.
Preistendenz: 2

Preisgruppe 1: 20000 - 27500
Preisgruppe 2: 26000 - 33000
Preisgruppe 3: 32000 - 41000
Preisgruppe 4: 36000 - 49000

Neues Spiel, neues Glück: Die Ablösung für den Sting Ray hieß nur noch Corvette und überraschte im "Coke-Bottle-Shape". Weiterhin in offener und geschlossener Ausführung lieferbar, präsentierte sich das Coupé mit zwei herausnehmbaren Dachhälften als echte Targa-Konstruktion - zu einer Zeit, als die Amerikaner den Begriff "Kraft-Wagen" neu definierten; Chevrolet definierte mit und hielt gegen Aufpreis einen 7,4 l Giganten mit 465 PS parat!

Chevrolet Corvair

Zylinderzahl/Bauart: 6 Zyl.(Boxer)
Hubraum: 2287, 2371 bzw. 2688 ccm
Leistung bei U/min: 80/4400-150/4000 PS (SAE)
Höchstgeschwindigkeit: 140-175 km/h
Karosserie-/Chassisbauart: selbsttragende Karosserie

Ausführung: 2- und 4-t Lim., 5-t Kombi, Cabriolet
Baujahr: 1959-1964
Stückzahl: 1.271.099 Ex.
Preistendenz: 2, Monza Spider: 1

Preisgruppe 1: 8000 - 12500
Preisgruppe 2: 11500 - 19000
Preisgruppe 3: 18000 - 24500
Preisgruppe 4: 22000 - 29500

Die Adaption des VW Käfer-Konzeptes: luftgekühlter 6 Zyl.-Boxer in Heckmotor- Bauweise, dazu eine selbsttragend ausgelegte, völlig glattflächige und nüchterne Karosserie, deren wirksamstes Stilmerkmal - die umlaufende Chromleiste - sogar europäische Stylisten nachahmten. Aus heutiger Sicht erscheint besonders der Monza Spyder interessant, dessen Motor durch einen (damals so genannten) "Saug- Kompressor" - es handelte sich dabei um den ersten serienmäßig eingebauten Turbo- Lader - auf 150 PS gebracht wurde.

Chevrolet Corvair

Zylinderzahl/Bauart: 6 Zyl. (Boxer)
Hubraum: 2688 ccm
Leistung bei U/min: 95/3600-180/4400 PS (SAE)
Höchstgeschwindigkeit: 145-185 km/h
Karosserie-/Chassisbauart: selbsttragende Karosserie

Ausführung: 2- und 4-t Lim., Cabriolet
Baujahr: 1965-1969
Stückzahl: 387.923 Ex.
Preistendenz: 2 (1)

Preisgruppe 1: 8500 - 13000
Preisgruppe 2: 12000 - 19500
Preisgruppe 3: 18500 - 25000
Preisgruppe 4: 25500 - 30000

Äußerlich retuschiert, gab 1965 die zweite Corvair-Generation ihren Einstand. Der Motor mit dem Abgas-Turbolader leistete jetzt 180 PS, den Kombiwagen hatte man aus dem Programm gestrichen und allen Modellen ein überarbeitetes Fahrwerk verpaßt. Zu spät: Ein junger Rechtsanwalt namens Ralph Nader hatte im gleichen Jahr ein Buch mit dem Titel "Unsafe at any Speed" veröffentlicht und war darin hart mit dem - seiner Meinung nach unfallträchtigen - Corvair umgegangen. Die Öffentlichkeit horchte auf, es kam zu einer Prozeßwelle - und die Verkaufszahlen der Baureihe sackten in den Keller.

Chevrolet Camaro

Zylinderzahl/Bauart: 6 Zyl. bzw. V 8
Hubraum: 3769-6489 ccm
Leistung bei U/min: 142/4200-330/4800 PS (SAE)
Höchstgeschwindigkeit: 145-210 km/h;
Karosserie-/Chassisbauart: selbsttragende Karosserie

Ausführung: 2-t Hardtop-Coupé, Cabriolet
Baujahr: 1967-1969
Preistendenz: 2

Preisgruppe 1: 15000 - 20500
Preisgruppe 2: 18000 - 24000
Preisgruppe 3: 23000 - 29000
Preisgruppe 4: 27000 - 34500

Ford hatte 1964 den Mustang auf den Markt gebracht und damit überragenden Erfolg erzielt. Keine Frage: Chevrolet mußte nachziehen - und tat dies mit dem Camaro, den sich der Kunde dank umfangreichen Zubehörs ganz individuell ausrüsten lassen konnte. Heute erzielen vor allem die SS (Super Sport)- und RS (Rallye Sport)-Versionen hohe Preise, wobei natürlich die offenen Versionen höher dotiert werden als die geschlossenen.

Chrysler

Vor einigen Jahren befand sich Chrysler in einer so schweren Krise, daß das Weiterbestehen des Konzerns zumindest fraglich erschien. In den fünfziger und sechziger Jahren war das anders. Da lag die Chrysler Corporation mit den Marken Chrysler, DeSoto, Dodge, Imperial und Plymouth gut im Geschäft, wobei Plymouth - als direkte Konkurrenz zu Chevrolet und Ford - sich meist auf Platz 3 der Zulassungsstatistik befand. Was nicht zuletzt ein Verdienst der ungewöhnlichen Autos war, die sich im Programm befanden.

Chrysler Town & Country

Zylinderzahl/Bauart: 6 bzw. 8 Zyl. (Reihe)
Hubraum: 4106-5332 ccm
Leistung bei U/min: 117/3600-137/3200 PS (SAE)
Höchstgeschwindigkeit: 120-135 km/h;
Karosserie-/Chassisbauart: Stahl-Holzaufbau auf Kastenrahmen

Ausführung: 2- u. 4-t Lim., 5-t Kombi, Cabriolet
Baujahr: 1946-1950
Stückzahl: 18.353 Ex.
Preistendenz: 1

Preisgruppe 1: 25000 - 38000
Preisgruppe 2: 32000 - 50000
Preisgruppe 3: 44000 - 64000
Preisgruppe 4: 58000 - 74000

Ihren Ursprung hatten diese imposanten Autos in der Rohstoffknappheit des Krieges: Als Blech immer rarer (und damit kostspieliger) wurde, ersetzte man große Partien des Aufbaus durch Holz und brachte diesen ersten "Woodie" (wie diese Art von Autos später genannt wurde) 1941 auf den Markt. Noch in den ersten Nachkriegsjahren hielt man an dieser Bauweise fest, wobei die Town & Countries auf den aktuellen Baureihen (etwa Saratoga und New Yorker) basierten.

Chrysler Imperial Crown Southampton 1961

Zylinderzahl/Bauart: V 8
Hubraum: 6768 ccm
Leistung bei U/min: 350/4600 PS (SAE)
Höchstgeschwindigkeit: 180 km/h
Karosserie-/Chassisbauart: Kastenrahmen

Ausführung: 4-t Lim., Coupé, Cabrio
Baujahr: 1961
Stückzahl: insg. 12.258 Ex.
Preistendenz: 2

Preisgruppe 1: 16000 - 25000
Preisgruppe 2: 22000 - 34000
Preisgruppe 3: 31000 - 40000
Preisgruppe 4: 36000 - 48000

Top-Modell von Chrysler war der Imperial, der später aus der Chrysler Division herausgelöst und als eigenständige Marke geführt wurde. Der Grund hierfür: Die hochluxuriösen Autos sollten sich besser von den übrigen, eher sportlichen Chrysler-Modellen abheben. Einer der originellsten Imperial-Jahrgänge ist der von 1961, als die von Star-Designer Virgil Exner entworfenen Blech-Riesen mit freistehenden Lampen und ähnlichen Details auf Nostalgie-Look getrimmt wurde.

Chrysler 300 Hardtop Coupé 1955

Zylinderzahl/Bauart: V 8
Hubraum: 5426 ccm
Leistung bei U/min: 306/5200 PS (SAE)
Höchstgeschwindigkeit: 200 km/h
Karosserie-/Chassisbauart: Kastenrahmen

Ausführung: 2-t Hardtop-Coupé
Baujahr: 1955
Stückzahl: 1.725 Ex.
Preistendenz: 2

Preisgruppe 1: 20000 - 26500
Preisgruppe 2: 26500 - 34000
Preisgruppe 3: 34000 - 49000
Preisgruppe 4: 49000 - 58000

Gerade in den frühen 50er Jahren tat sich viel auf dem Motorensektor: V 8- Maschinen lösten die bis dahin üblichen Reihen-Achtzylinder ab, außerdem schraubte man die PS-Leistung immer höher. Hier hatte Chrysler mit seinem berühmten "Hemi" (so genannt wegen der hemisphärischen, also halbkugelförmigen Brennräume) ein besonders heißes Eisen im Feuer. Im 1955 vorgestellten Chrysler 300 leistet dieses Aggregat über 300 PS - US-Rekord!

Citroen

André Citroen gründete 1919 die Marke, die mit dem Doppel-Winkel im Firmen-Emblem auf ihre Vergangenheit als Getriebe-Hersteller hinwies. Die gut durchkonstruierten Fahrzeuge fanden rasch Anklang, ohne dabei technische Leckerbissen zu bieten. Das änderte sich 1934 mit Einführung des legendären Traction Avant, der den Frontantrieb salonfähig machte. André Citroen war da schon nicht mehr Chef der von ihm gegründeten Firma: Mißmanagement hatte zu einer schweren Krise geführt, die aus eigener Kraft nicht gelöst werden konnte. Die Lösung: Reifenhersteller Michelin übernahm Citroen.

Ausführung: 4-t Lim.
Baujahr: 1938-1955
Stückzahl: 50.602 Ex.
Preistendenz: 2

Preisgruppe 1: 3500 - 7000
Preisgruppe 2: 6500 - 15000
Preisgruppe 3: 14000 - 22000
Preisgruppe 4: 21000 - 28500

Der legendäre Traction Avant mit 2,8 l großem Sechszylinder-Motor. Obwohl es dieses Modell natürlich längst nicht auf die Stückzahlen der Vierzylinder brachte (wegen des recht hohen Preises auch nicht bringen konnte), blieb es fast 20 Jahre in Produktion und erhielt noch fast am Ende seiner Laufbahn die brandneue hydro-pneumatische Federung an der Hinterachse. Dank des großen Radstands und des laufruhigen Triebwerks nach wie vor ein guter Langstreckenwagen.

Citroen 11 CV

Zylinderzahl/Bauart: 4 Zyl.
Hubraum: 1911 ccm
Leistung bei U/min: 46/3800 - 59/4000 PS
Höchstgeschwindigkeit: 115-122 km/h
Karosserie-/Chassisbauart: selbsttragende Karosserie

Ausführung: 4-t Lim.
Baujahr: 1934-1957
Stückzahl: 530.315 Ex.
Preistendenz: 2-3

Preisgruppe 1: 2000 - 4500
Preisgruppe 2: 4000 - 8500
Preisgruppe 3: 8000 - 12500
Preisgruppe 4: 11500 - 16500

Obwohl diese geniale Konstruktion schon 1934 auf den Markt kam, wurde sie - nahezu unverändert - bis 1957 weitergebaut. Und das nicht etwa, weil es keinen Nachfolger gegeben hätte, sondern einfach, weil eine ebenso große wie treue Anhängerschaft auf dieses Auto schwor! Als Gangster-Citroen in die Geschichte eingegangen (schauen Sie sich mal alte Maigret-Filme an, dann wissen Sie, warum), waren diese Autos vor allem in den siebziger Jahren sehr populär.

Citroen 15 CV

Zylinderzahl/Bauart: 6 Zyl.
Hubraum: 2867 ccm
Leistung bei U/min: 77/3800 bzw. 80/4000 PS
Höchstgeschwindigkeit: 135 km/h
Karosserie-/Chassisbauart: selbsttragende Karosserie

Citroen 2 CV A

Zylinderzahl/Bauart: 2 Zyl.(Boxer)
Hubraum: 375 ccm
Leistung bei U/min: 9/3500 PS
Höchstgeschwindigkeit: 60 km/h
Karosserie-/Chassisbauart: Plattformrahmen

Ausführung: 4-t Lim., 3-t Kombi
Baujahr: 1948-1954
Preistendenz: 2

Preisgruppe 1: 1200 - 2500
Preisgruppe 2: 2500 - 3500
Preisgruppe 3: 3500 - 5500
Preisgruppe 4: 5500 - 7500

In ihren Grundzügen schon in den dreißiger Jahren konstruiert, erfuhr der 2 CV - liebevoll-spöttisch die Ente oder Döschewo genannt) während der vierziger Jahre noch wesentliche Modifikationen. Von daher ist es gerechtfertigt, sein eigentliches Debut mit dem 6. Oktober 1948 anzugeben - dem Tag, als das Auto auf dem Pariser Salon für Verwirrung sorgte. Obwohl über einen Zeitraum von 40 Jahren hinweg kontinuierlich weiterentwickelt, ist der unverwechselbare Charakter dieser einmaligen Konstruktion erhalten geblieben.

Citroen 2 CV Sahara

Zylinderzahl/Bauart: 2 x 2 Zyl. (Boxer-Motoren)
Hubraum: 2 x 425 ccm
Leistung bei U/min: 2 x 12, 12,5 bzw. 16,5 PS
Höchstgeschwindigkeit: 100 bzw. 105 km/h
Karosserie-/Chassisbauart: Plattformrahmen

Ausführung: 4-t Lim.
Baujahr: 1958-1967
Preistendenz: 1

Preisgruppe 1: 2000 - 5000
Preisgruppe 2: 4500 - 8800
Preisgruppe 3: 8500 - 12500
Preisgruppe 4: 12000 - 16500

Gibt es solch ein Auto tatsächlich? Aber ja! Wem der normale 2 CV schon als skurriles Gefährt vorkommt, den muß der Sahara vollends sprachlos machen: In seinem Heck werkelt eine zweite Motor-Getriebe-Einheit, die die hintere Achse antreibt. Geschaltet wird mit einem gemeinsamen Schalthebel und gefahren entweder mit beiden Motoren (die übrigens mechanisch nicht verbunden sind) oder mit einem (welchem, bestimmt der Fahrer)!

Citroen Méhari

Zylinderzahl/Bauart: 2 Zyl.
Hubraum: 602 ccm
Leistung bei U/min: 28,5/5750-32/5750 PS
Höchstgeschwindigkeit: 105-115 km/h
Karosserie-/Chassisbauart: Kunststoff-Karosserie auf Plattformrahmen

Ausführung: offenes Mehrzweck-Fahrzeug
Baujahr: 1968-1988
Preistendenz: 3

Preisgruppe 1: 1000 - 2500
Preisgruppe 2: 2500 - 4000
Preisgruppe 3: 4000 - 6000
Preisgruppe 4: 6000 - 8000

Wegen seiner - angeblich leicht brennbaren - Kunststoff-Karosserie nicht (offiziell) in die Bundesrepublik importiert, war und ist der Méhari vor allem im Süden seiner französischen Heimat häufig anzutreffen. Was verständlich ist: Diese abenteuerliche Mischung aus Jeep, Buggy und Pritschenwagen vermittelt nicht nur Fahrspaß (vor allem wegen des abnehmbaren Verdecks), sondern kann obendrein mit einem hohen Maß an Zweckmäßigkeit aufwarten.

Citroen Dyane

Technische Daten: siehe Méhari

Preisgruppe 1: 500 - 1000
Preisgruppe 2: 800 - 2000
Preisgruppe 3: 1800 - 3500
Preisgruppe 4: 3200 - 4500

Als "Ente der Zukunft" 1967 ins Programm genommen, sollte die Dyane mit glattflächigerer, eigentlich "schönerer" Karosserie und besseren Fahrleistungen tendenziell das Urmodell ablösen. Aber daraus wurde nichts: Die riesige Anhängerschar des Entlein hielt seinem Favoriten die Treue - und so wurde die Dyane früher in Pension geschickt als das Modell, das sie ersetzen sollte.

Citroen DS 19

Zylinderzahl/Bauart: 4 Zyl.
Hubraum: 1911 bzw. 1985 ccm
Leistung bei U/min: 75/4500-84/5250 PS
Höchstgeschwindigkeit: 150 km/h
Karosserie-/Chassisbauart: Plattformrahmen

Ausführung: 4-t Lim.
Baujahr: 1955-1968
Stückzahl: 1.415.719 Ex. (alle ID-, DS- und D-Modelle)
Preistendenz: 2 bzw. 1 (Cabrio)

Preisgruppe 1: 1000 - 3500
Preisgruppe 2: 3200 - 6500
Preisgruppe 3: 6200 - 9500
Preisgruppe 4: 9200 - 13500

Mit der Präsentation des DS 19 im Oktober 1955 gab das vielleicht sensationellste Auto der Nachkriegszeit sein Debut: Anders als alles, was man bisher gesehen hatte, wirkte die "Göttin" (DS, gesprochen déesse, bedeutet auf Französisch Göttin) neben anderen zeitgenössischen Autos wie von einem anderen Stern - nicht nur formal, sondern auch technisch: Da war die von F. Bertoni entworfene absolut futuristische Außenhaut, da war das völlig neue Luft-Gas-Federungssystem, das hydraulische Getriebe, der Bremsknopf... Als die Fertigung des DS bzw. seiner Nachfolger rund 20 Jahre später auslief, war der Entwurf immer noch modern!

Citroen Ami 6

Zylinderzahl/Bauart: 2 Zyl. (Boxer)
Hubraum: 602 ccm
Leistung bei U/min: 22, 24,5 bzw. 32 PS
Höchstgeschwindigkeit: 105-120 km/h
Karosserie-/Chassisbauart: Plattformrahmen

Ausführung: 4-t Lim., 5-t Kombi
Baujahr: 1961-1969 bzw. 1970
Stückzahl: 1.840.159 Ex. (inkl. Ami 8)
Preistendenz: 2

Preisgruppe 1: 700 - 1200
Preisgruppe 2: 1000 - 2300
Preisgruppe 3: 2000 - 3800
Preisgruppe 4: 3500 - 5000

Eigentlich eine Ente in Luxus-Ausführung, entsprach der Ami 6 nicht nur in seiner technischen Auslegung, sondern in der gesamten Philosophie, die sich hinter seiner Konstruktion verbarg, dem 2 CV. So erfolgreich wie sein eine Nummer kleineres Vorbild sollte er freilich nicht werden, trotzdem bescherten er und sein Nachfolger, der Ami 8, Citroen beachtliche Verkaufszahlen. Reizvoll aus heutiger Sicht: Selbst die mittlerweile recht seltene Ami 6 Limousine ist noch spottbillig zu haben.

Preisgruppe 1: 18000 - 24500
Preisgruppe 2: 23000 - 29000
Preisgruppe 3: 27000 - 36000
Preisgruppe 4: 34000 - 48000

Ebenso ungewöhnliche wie attraktive Sonderkarosserien auf Basis des großen Citroen gab es schon früher, aber erst seit 1961 serienmäßig. Hergestellt vom Karosseriewerk Chapron, kosteten diese Autos rund doppelt soviel wie die entsprechende viertürige Limousine, ohne sich deswegen leistungsmäßig von ihnen zu unterscheiden. Das kleinere ID-Cabriolet ließ man nach einiger Zeit fallen, während sich der offene DS 19 schließlich zum DS 21 entwickelte.

Citroen ID 19

Zylinderzahl/Bauart: 4 Zyl.
Hubraum: 1911 bzw. 1985 ccm
Leistung bei U/min: 62/4000-84/5250 PS
Höchstgeschwindigkeit: 135-160 km/h
Karosserie-/Chassisbauart: Plattformrahmen

Ausführung: 4-t Lim., 5-t Kombi, Cabriolet
Baujahr: 1957-1969
Stückzahl: siehe DS 19
Preistendenz: 2

Preisgruppe 1: 800 - 2500
Preisgruppe 2: 2000 - 5500
Preisgruppe 3: 5000 - 8500
Preisgruppe 4: 8300 - 11500

1957 erschien die "Idee" als viertürige Limousine, ein Jahr später als Kombiwagen Commerciale und Break. Äußerlich mit dem DS fast identisch, gab sich die Technik des Neulings weniger avantgardistisch, begnügte sich beispielsweise mit einem manuellen Viergang-Getriebe und einem herkömmlichen Bremspedal. 1967 stand die einzige nennenswerte formale Korrektur an: Eine neue Leuchteinheit mit zwei "mitlenkenden" Scheinwerfern sorgte für ein leicht verändertes Erscheinungsbild.

Citroen DS und ID 19 Cabriolet

Technische Daten: siehe DS bzw. ID 19

Citroen SM

Zylinderzahl/Bauart: V 6
Hubraum: 2670 ccm
Leistung bei U/min: 170/5500 bzw. 178/5500 PS
Höchstgeschwindigkeit: 225 km/h
Karosserie-/Chassisbauart: Plattformrahmen

Ausführung: Coupé
Baujahr: 1970-1975
Stückzahl: 12.920 Ex.
Preistendenz: 1

Preisgruppe 1: 5500 - 9000
Preisgruppe 2: 8500 - 17500
Preisgruppe 3: 17000 - 27000
Preisgruppe 4: 26000 - 33000

Wie schon 15 Jahre vorher der DS 19, so sorgte der SM ("Sa Majesté", seine Majestät) für Furore. Bei dieser atemberaubende Synthese von Luxus und Sportlichkeit, angereichert durch geballte Technik, handelte es sich um ein französisch-italienisches Gemeinschaftsprodukt: Citroen hatte Ende der 60er Jahre die Anteilsmehrheit von Maserati übernommen und dort das SM-Triebwerk - ein mit 2 x 2 obenliegenden Nockenwellen operierender V 6 - entwerfen lassen, während die übrigen Zutaten die Franzosen selbst stellten.

Daf

Nach dem Zweiten Weltkrieg leistete die Van Doorne's Automobielfabriek NV (Daf) Hollands einzigen erwähnenswerten Beitrag zur Autoproduktion. Vielleicht fühlte man sich bei Daf deshalb verpflichtet, etwas Originelles auf die Räder zu stellen - ein Anspruch, den man durchaus erfüllte. Mochte das Wägelchen auf den ersten Blick wie ein normaler Kleinwagen mit vorne (allerdings quer) liegendem Zweizylinder-Viertakt-Boxermotor und Hinterradantrieb wirken, so enthüllte es bei näherem Hinsehen ein wirklich bemerkenswertes Konstruktionsdetail...

Daf 600, 750 und 33

Zylinderzahl/Bauart: 2 Zyl.(Boxer)
Hubraum: 590 bzw. 746 ccm
Leistung bei U/min: 19/4000, 26/4000 bzw. 28/4200 PS
Höchstgeschwindigkeit: 95-110 km/h
Karosserie-/Chassisbauart: selbsttragende Karosserie

Ausführung: 2-t Lim., 3-t Kombi
Baujahr: 1959-1965
Stückzahl: 312.367 Ex.
Preistendenz: 2

Preisgruppe 1: 500 - 1000
Preisgruppe 2: 800 - 2000
Preisgruppe 3: 1800 - 3500
Preisgruppe 4: 3200 - 4500

Der Hit, den dieser Winzling zu bieten hatte, verbarg sich hinter der geheimnisvollen Bezeichnung Variomatik: Ein von Johan van der Brugghen ausgetüfteltes System einer vollautomatischen Kraftübertragung mit stufenlos veränderlichen, "variablen" (daher der Name) Übersetzungs-verhältnissen, bei dem die Einheit von Fliehkraft-Kupplung, Keilriemen-Getriebe und Riemenscheibe gleichzeitig als Differential wirkte. Zu den Typen 750 und 33 weiterentwickelt, blieb das Auto bis 1975 in Produktion.

Daf 44

Zylinderzahl/Bauart: 2 Zyl.(Boxer)
Leistung bei U/min: 34/45 PS
Höchstgeschwindigkeit: 125 km/h
Karosserie-/Chassisbauart: selbsttragende Karosserie
Ausführung: 2-t Lim., 3-t Kombi
Baujahr: 1966-1975
Stückzahl: 167.905 Ex.
Preistendenz: 3

Preisgruppe 1: 400 - 800
Preisgruppe 2: 800 - 1800
Preisgruppe 3: 1800 - 3200
Preisgruppe 4: 3200 - 4000

Neue Karosserie und mehr Leistung, ansonsten aber noch die altbekannte Technik mit dem luftgekühlten Zweizylinder-Boxer-Viertakter - so präsentierte sich der Daf 44. Giovanni Michelotti zeichnete für das größere, neugestaltete Blechkleid verantwortlich, das bei Daf-Fahrern offenbar gut ankam. Neu außerdem der vordere und hintere Hilfsrahmen.

Daf 55 und 66

Zylinderzahl/Bauart: 4 Zyl.
Hubraum: 1108 bzw. 1289 ccm
Leistung bei U/min: 45/5000-57/5200 PS
Höchstgeschwindigkeit: 135-145 km/h
Karosserie-/Chassisbauart: selbsttragende Karosserie

Ausführung: 2-t Lim., 3-t Kombi und Coupé
Baujahr: 1967-72 bzw. 1971-1975
Stückzahl: 164.231 bzw. 146.297 Ex.
Preistendenz: 2

Preisgruppe 1: 500 - 1200
Preisgruppe 2: 1000 - 2200
Preisgruppe 3: 2000 - 4000
Preisgruppe 4: 3500 - 4800

Optisch unverändert, machte ein Vierzylinder von Renault aus dem Daf 44 den Daf 55. Diese Aufwertung bekam dem Auto gut, das dadurch viel von seinem Kleinwagen- Image verlor, zumal schon bald ein adrettes Coupé das Angebot bereicherte. Alles noch besser konnte der 66, für den es später sogar ein 1,3 l Triebwerk gab (das allerdings bestimmten Modellen vorbehalten blieb). 1975 wurde die holländische Firma plötzlich von Volvo geschluckt.

Daimler

Dieses alte, ehrwürdige Unternehmen - 1893 als Daimler Motor Syndicate mit dem Ziel gegründet, Motoren nach Patent von Gottlieb Daimler in Lizenz zu bauen - überraschte immer wieder durch fortschrittliche Konstruktionen: Beispielsweise führte man schon 1931 die hydraulische Kupplung ein. Trotzdem gab man sich natürlich traditionsbewußt und stieg in den dreißiger Jahren mit bemerkenswerten Automobilen in die absolute Luxusklasse auf, wurde sogar zum alleinigen Hoflieferanten ernannt. Leider lief es nach dem Zweiten Weltkrieg nicht mehr so gut: Die Firma sackte in die roten Zahlen und wurde 1960 von Jaguar übernommen.

Daimler Majestic Major

Zylinderzahl/Bauart: V 8
Hubraum: 4561 ccm
Leistung bei U/min: 223/5500 PS (bhp)
Höchstgeschwindigkeit: 185 km/h
Karosserie-/Chassisbauart: Kastenrahmen
Ausführung: 4-t Lim.
Baujahr: 1960-1968
Stückzahl: 1.180 Ex.
Preistendenz: 2
Preisgruppe 1: 12500 - 18000
Preisgruppe 2: 18000 - 22000
Preisgruppe 3: 22000 - 26000
Preisgruppe 4: 26000 - 30000

Im Prinzip ein Majestic, konnte es der Majestic Major in allen Punkten ein bißchen besser: Rund 20 cm länger (bei gleichgebliebenem Radstand) und vor allem erheblich stärker, wurde der Major jetzt von einem hauseigenen Achtzylinder V-Motor angetrieben, welcher der schwergewichtigen Limousine zu fast schon sportlichen Fahrleistungen verhalf. Und für hohe Unterhaltskosten sorgte, woran sich bis heute nichts geändert hat.

Daimler Majestic

Zylinderzahl/Bauart: 6 Zyl.
Hubraum: 3794 ccm
Leistung bei U/min: 147/4400 PS (bhp)
Höchstgeschwindigkeit: 160 km/h
Karosserie-/Chassisbauart: Kastenrahmen

Ausführung: 4-t Lim.
Baujahr: 1958-1962
Stückzahl: 940 Ex.
Preistendenz: 2

Preisgruppe 1: 11000 - 16500
Preisgruppe 2: 16500 - 20000
Preisgruppe 3: 20000 - 24000
Preisgruppe 4: 24000 - 28000

Zurecht genoß Daimler einen guten Ruf: Wie alle Produkte des Hauses galt auch der Majestic als ebenso luxuriöser wie gediegener Reisewagen, der geschickt Tradition mit Fortschritt paarte. So präsentierte sich die große, fast 5 m lange Limousine mit Scheibenbremsen an allen vier Rädern! Weitere Ausstattungsmerkmale: automatisches Getriebe von Borg-Warner und ein Innenraum, in dem Leder und Edelholz vorherrschten. Heute sind diese Autos sehr günstig zu bekommen.

Daimler SP 250

Zylinderzahl/Bauart: V 8
Hubraum: 2548 ccm
Leistung bei U/min: 140/5800 PS (bhp)
Höchstgeschwindigkeit: 195 km/h
Karosserie-/Chassisbauart: Kunststoff-Karosserie auf Kastenrahmen

Ausführung: Cabriolet
Baujahr: 1959-1964
Stückzahl: 2.648 Ex.
Preistendenz: 2

Preisgruppe 1: 14000 - 19000
Preisgruppe 2: 19000 - 25000
Preisgruppe 3: 25000 - 29000
Preisgruppe 4: 29000 - 34000

Als der SP 250 im Frühjahr 1959 der Öffentlichkeit vorgestellt wurde, herrschte allseitige Verblüffung: Das Auto unterschied sich radikal von allen bisher bei Daimler gebauten Fahrzeugen. So wirkte die Karosserie nicht nur abenteuerlich- bizarr, sondern bestand obendrein noch aus Kunststoff! Daß der ehrwürdige englische Hersteller mit diesem Material keine Erfahrung hatte, zeigte die miserable Verarbeitung: Vor allem bei Fahrzeugen der 1. Serie gehörten während der Fahrt auffliegende Türen zum gewohnten Bild.

Daimler 250 V 8 Saloon

Zylinderzahl/Bauart: V 8
Hubraum: 2548 ccm
Leistung bei U/min: 140 PS (bhp)
Höchstgeschwindigkeit: 185 km/h
Karosserie-/Chassisbauart: selbsttragende Karosserie

Ausführung: 4-t Lim.
Baujahr: 1962-1969
Stückzahl: 17.620 Ex.
Preistendenz: 2

Preisgruppe 1: 9000 - 14000
Preisgruppe 2: 14000 - 19000
Preisgruppe 3: 19000 - 24000
Preisgruppe 4: 24000 - 30000

Die 1960 erfolgte Übernahme von Daimler durch Jaguar sollte viele Folgen haben. Eine hieß Daimler 250 V 8 und war die naheliegende Kombination des altbekannten Jaguar Mk II mit dem wunderbaren, von Edward Turner konstruierten Achtzylinder V- Motor. Zunächst nur mit Automatik lieferbar, sicherte das Daimler-Triebwerk diesem sportlichen Saloon ein gewisses Maß an Eigenständigkeit; bei späteren Daimler- Modellen handelte es sich nur noch um besser ausgestattete Jaguars.

Daimler Limousine DS 420

Zylinderzahl/Bauart: 6 Zyl.
Hubraum: 4235 ccm
Leistung bei U/min: 164 bzw. 178 PS
Höchstgeschwindigkeit: 170 km/h
Karosserie-/Chassisbauart: selbsttragende Karosserie

Ausführung: 4-t Lim.
Baujahr: 1968-heute
Preistendenz: 3

Preisgruppe 1: 7500 - 11000
Preisgruppe 2: 11000 - 15000
Preisgruppe 3: 15000 - 19000
Preisgruppe 4: 19000 - 23000

Obwohl vor über 20 Jahren vorgestellt, ist der dicke Daimler nach wie vor lieferbar - und allen London-Besuchern ein vertrauter Anblick. Wer die technisch auf dem 4,2 l Jaguar (Mk X bzw. 420 G) basierende Limousine neu kaufen will, muß sich allerdings beeilen: Das Werk hat angekündigt, demnächst die Produktion auslaufen zu lassen. Wie sich das auf die Preise auswirken wird, kann man nicht sagen; noch jedenfalls bekommt man diese Autos sehr billig.

Datsun

Die zu Nissan gehörende japanische Firma Datsun, deren Anfänge auf das Jahr 1912 zurückgehen (zeitweise hieß das Unternehmen DAT und dann DATSON), tat sich - wie viele japanische Auto-Hersteller - zunächst schwer in Europa. Das lag an vielen Dingen, hauptsächlich aber an dem oftmals wenig ansehnlichen Styling der Autos, das sich allzu kritiklos an amerikanischen Vorbildern orientierte. Aber die Japaner zeigten, daß sie umdenken konnten - und leiteten mit adretten Sportwagen die Wende ein.

Datsun 240 Z

Zylinderzahl/Bauart: 4 Zyl.
Hubraum: 2393 ccm
Leistung bei U/min: 130/5600 PS
Höchstgeschwindigkeit: 190 km/h
Karosserie-/Chassisbauart: selbsttragende Karosserie

Ausführung: Coupé
Baujahr: 1969-1974
Stückzahl: 150.076 Ex.
Preistendenz: 2

Preisgruppe 1: 4000 - 6500
Preisgruppe 2: 6500 - 8500
Preisgruppe 3: 8500 - 12000
Preisgruppe 4: 12000 - 17000

Mit diesem Auto schaffte Datsun den endgültigen Durchbruch auf den Exportmärkten, vor allem in den Vereinigten Staaten, aber auch bei uns. Mit seiner von Albrecht Graf Goertz entworfenen Karosserie ebnete der Z (und seine Nachfolger) nicht nur anderen japanischen Autos den Weg, sondern leitete vielmehr einen Umdenkprozeß bei Sportwagen-Käufern ein: Statt des bretthaften Roadsters durfte es jetzt ein ebenso leistungsfähiges wie durchaus komfortables Coupé sein... Für MG und Co. eine verhängnisvolle Entwicklung.

Datsun Sports

Zylinderzahl/Bauart: 4 Zyl.
Hubraum: 1488, 1595 bzw. 1982 ccm
Leistung bei U/min: 85-150 PS (SAE)
Höchstgeschwindigkeit: 155-195 km/h
Karosserie-/Chassisbauart: selbsttragende Karosserie

Ausführung: Cabriolet
Baujahr: 1961-1969
Preistendenz: 1

Preisgruppe 1: 5500 - 7500
Preisgruppe 2: 7500 - 9500
Preisgruppe 3: 9500 - 11500
Preisgruppe 4: 11500 - 14000

Mit dem zeitweise auch Fairlady genannten Sports erzielte Datsun die ersten Achtungserfolge auf fremden Märkten, vor allem in den Roadster-besessenen USA (wo das Auto immer noch erstaunlich oft angeboten wird). Tatsächlich konnte dieses Cabrio im Stil eines Fiat 1500 Spider oder MGB technisch wie formal überzeugen - und wird von unternehmungslustigen Amerika-Besuchern hin und wieder nach Europa - und nach Deutschland - gebracht.

Delage

Die von Louis Delage 1905 gegründete Firma hatte sich ebenso teuren wie sportlich- luxuriösen Fahrzeugen verschrieben. Obwohl im Rennsport erfolgreich und von Prominenten gefahren - wie dem Art Déco-Künstler Emile-Jacques Ruhlmann - florierten die Geschäfte nicht: Delage wurde 1935 von Delahaye übernommen. Nach dem Zweiten Weltkrieg kam das endgültige Aus: Der Siegeszug der selbsttragenden Karosserien raubte kleinen Exklusiv-Herstellern ihre Existenzgrundlage, die unsinnige französische Luxussteuer tat ein übriges: 1954 mußte man aufgeben.

Delage 3 Litres (D6)

Zylinderzahl/Bauart: 6 Zyl.
Hubraum: 2988 ccm
Leistung bei U/min: 82/4000 - 100/4500 PS
Höchstgeschwindigkeit: 130-145 km/h
Karosserie-/Chassisbauart: Kastenrahmen (verschiedene Aufbauten)

Baujahr: 1946-1954
Stückzahl: ca. 250 Ex.
Preistendenz: 2 bzw. 1

Preisgruppe 1: 55000 - 69000
Preisgruppe 2: 65000 - 82000
Preisgruppe 3: 80000 - 93000
Preisgruppe 4: 91000 - 125000

Als letzten Versuch, an große Zeiten anzuknüpfen, erschien 1946 das Modell 3 Litres oder D6. Wie bei Fahrzeugen dieser Klasse üblich, kaufte der Kunde das Chassis und ließ es bei einem Karosserie-Schneider seiner Wahl einkleiden oder er bestellte "Maß-Konfektion" ab Werk, etwa eine viertürige Limousine mit Guilloré- Karosserie. In jedem Fall ein teures Vergnügen - auch wenn die Autos es wert gewesen sind.

Delahaye 135 M und MS

Zylinderzahl/Bauart: 6 Zyl.
Hubraum: 3557 ccm
Leistung bei U/min: 95/3200 - 130/4000 PS
Höchstgeschwindigkeit: 140-155 km/h
Karosserie-/Chassisbauart: Kastenrahmen (verschiedene Aufbauten)

Baujahr: 1946-1954
Preistendenz: 2 bzw. 1

Preisgruppe 1: 65000 - 78000
Preisgruppe 2: 75000 - 91000
Preisgruppe 3: 86000 - 115000
Preisgruppe 4: 110000 ->

Diese eleganten, mit einem elektromagnetischen Cotal-Getriebe ausgerüsteten Autos stellten die am häufigsten verkauften Modelle innerhalb des breitgefächerten Delahaye-Programms dar. Mit 1 oder 3 Vergasern (135 MS) bestückt, erreichten diese stattlichen Vorkriegskonstruktionen - allein das fahrfertige Chassis wog knapp eine Tonne - gute Fahrleistungen. Und sind noch heute ohne große Mühe zu finden.

Delahaye

Die in Paris ansässige Firma Delahaye fertigte Autos vom gleichen Zuschnitt wie Delage: sportlich-luxuriös und teuer. Gedacht als Konkurrenz zu den Bugatti aus dem eigenen Land, den Maybach und Horch aus Deutschland oder den Invicta, Bentley und Alvis aus England (um nur einige zu nennen), behauptete sich Delahaye lange Zeit recht gut. Aber die Zeit dieser großen Marke (und damit auch die von Delage) lief unerbittlich aus: 1954 wurde sie von Hotchkiss übernommen.

De Soto

Wie Plymouth oder Dodge zählte die De Soto Division zur Chrysler Corporation, allerdings orientierte man sich bei De Soto stets optisch wie technisch an den teureren Chrysler-Typen. Wer sich in den fünfziger Jahren einen De Soto kaufte - die Firma war 1928 von Walter Chrysler gegründet worden -, spielte mit dem Feuer, das in den meisten Typenbezeichnungen vorkam: Firesweep, Fireflite oder Firedome. Der Verkauf dagegen war alles andere als feurig - und so verschwand die De Soto Division 1961 vom Markt.

De Soto De Luxe Four Door Sedan 1946-1948

Zylinderzahl/Bauart: 6 Zyl.
Hubraum: 3858 ccm
Leistung bei U/min: 109/3600 PS (SAE)
Höchstgeschwindigkeit: 125 km/h
Karosserie-/Chassisbauart: Kastenrahmen

Ausführung: 2- und 4-t Lim.
Baujahr: 1946-1948
Preistendenz: 2

Preisgruppe 1: 15000 - 19000
Preisgruppe 2: 19000 - 24000
Preisgruppe 3: 24000 - 29000
Preisgruppe 4: 29000 - 33000

Hatte das Vorgängermodell noch versenkte Scheinwerfer ("out of sight - except of night"), so gab sich die 1946er Serie konventioneller: Aus Kostengründen entsprachen - bis auf das Kühlergrill - alle Fahrzeuge der Firma optisch jetzt den entsprechenden Chrysler-Typen. Da sie aber billiger waren, entschieden sich viele gewerbliche Nutzer für einen qualitativ als gut geltenden De Soto. Der 1949er Jahrgang wurde formal völlig umgekrempelt.

De Soto Fireflite Sportsman 1957

Zylinderzahl/Bauart: V 8
Hubraum: 5328, 5594 bzw. 5652 ccm
Leistung bei U/min: 248/4400 - 299/4600 PS (SAE)
Höchstgeschwindigkeit: 155-180 km/h
Karosserie-/Chassisbauart: Kastenrahmen

Ausführung: 2- u. 4-t Lim., Hardtop-Coupé, Cabriolet, Kombi
Baujahr: 1957
Stückzahl: 28.430 Ex. (alle Fireflite-Modelle)
Preistendenz: 2

Preisgruppe 1: 13000 - 18000
Preisgruppe 2: 15000 - 23000
Preisgruppe 3: 20000 - 28000
Preisgruppe 4: 26000 - 31000

Daß De Soto auf eine noblere Kundschaft abzielte, machte schon die Motorisierung deutlich: Es gab ausschließlich V 8-Triebwerke, darunter den berühmten "Hemi", der es auf rund 300 PS brachte. Innerhalb des De Soto-Programms rangierte der Fireflite oberhalb von Firesweep und Firedome und knapp unterhalb des Spitzen- Modells Adventurer. Kostenpunkt damals in den USA: Zwischen US-Dollar 3.600,- und 4.100,- .

De Tomaso

Alejandro De Tomaso, ein vermögender argentinischer Rennfahrer, hatte Mitte der sechziger Jahre die Automobili De Tomaso in Modena/Italien gegründet. Eng mit der renommierten Carrozzeria Ghia verbunden, fertigte das junge Unternehmen zunächst kleine vierzylindrige Rennsportwagen, um sich dann auf den Bau von Hochleistungsfahrzeugen mit großvolumigen amerikanischen V 8-Motoren von Ford zu spezialisieren. Heute ist De Tomaso mit Maserati - und dadurch mit Chrysler - liiert.

De Tomaso Mangusta

Zylinderzahl/Bauart: V 8
Hubraum: 4778 ccm
Leistung bei U/min: 305/6000 PS
Höchstgeschwindigkeit: 240 km/h
Karosserie-/Chassisbauart: Mittelträger-Chassis

Ausführung: Coupé
Baujahr: 1966-1972
Stückzahl: ca. 400 Ex.
Preistendenz: 1

De Tomaso –

Preisgruppe 1: 40000 - 55000
Preisgruppe 2: 55000 - 75000
Preisgruppe 3: 75000 - 95000
Preisgruppe 4: 95000 - 120000

Der erste De Tomaso, bei dem man von einer Serienfertigung sprechen konnte. Auf dem Turiner Salon im Herbst 1966 vorgestellt, erregte das flache Coupé sofort Aufsehen - einmal wegen der von Giorgio Giugiaro entworfenen Karosserie (der heute weltberühmte Designer stand damals in Ghia-Diensten), zum anderen wegen der (Mitte der sechziger Jahre noch ungewöhnlichen) Mittelmotor-Bauweise. Allerdings: Die Reputation eines Lamborghini Miura oder Ferrari erreichte das Auto nie.

De Tomaso Pantera, Pantera L und GTS

Zylinderzahl/Bauart: V 8
Hubraum: 5796 ccm
Leistung bei U/min: 241/5000 - 330/6000 PS
Höchstgeschwindigkeit: 235-275 km/h
Karosserie-/Chassisbauart: selbsttragende Karosserie

Ausführung: Coupé
Baujahr: 1969-heute
Stückzahl: 6.714 (bis Ende 1979)
Preistendenz: 2

Preisgruppe 1: 30000 - 45000
Preisgruppe 2: 40000 - 60000
Preisgruppe 3: 55000 - 75000
Preisgruppe 4: 70000 - 85000

Der Dauerbrenner von De Tomaso - nach fast 20jähriger Produktion ist das Auto heute noch lieferbar - erfüllte seine Aufgabe als Mangusta-Nachfolger prächtig: Selbsttragend ausgelegt (der ehemalige Lamborghini-Mann Dallara zeichnete dafür verantwortlich), hatte Tom Tjaarda die ungewöhnliche Karosserie des Mittelmotor- Coupés entworfen. Ursprünglich eher zurückhaltend im Erscheinungsbild, wurde der Pantera im Lauf der Zeit immer breiter und mit immer knalligeren Kriegsbemalungen versehen - aber eben auch immer stärker.

De Tomaso Longchamp, Longchamp GTS und Cabriolet

Zylinderzahl/Bauart: V 8
Hubraum: 5796 ccm
Leistung bei U/min: 270/5600 - 330/5400 PS
Höchstgeschwindigkeit: 220-240 km/h
Karosserie-/Chassisbauart: selbsttragende Karosserie;

Ausführung: Coupé, Cabriolet
Baujahr: 1972-heute
Stückzahl: 302 Ex.(bis Ende 1979)
Preistendenz: 2

Preisgruppe 1: 20000 - 35000
Preisgruppe 2: 25000 - 45000
Preisgruppe 3: 35000 - 50000
Preisgruppe 4: 45000 - 70000

Für die italienischen Hersteller von Hochleistungsfahrzeugen schien es zum guten Ton zu gehören, ein viersitziges Coupé im Programm zu haben. De Tomaso mochte da keine Ausnahme machen und lancierte folglich den Longchamp, ein fast schon schlicht anmutendes Auto, das wiederum mit dem bewährten Ford V 8 (allerdings unter der Fronthaube installiert) und wahlweise einem ZF-Fünfganggetriebe oder einer Automatik ausgerüstet wurde. Seit 1980 auch als Cabrio zu haben.

De Tomaso Deauville

Technische Daten: siehe Longchamp

Preisgruppe 1: 15000 - 20000
Preisgruppe 2: 18000 - 27000
Preisgruppe 3: 25000 - 32000
Preisgruppe 4: 28000 - 37000

Mit dem Deauville konnte De Tomaso eine der wenigen viertürigen Hochleistungs- Limousinen anbieten, auch wenn offenbar kaum Käufer von dieser Offerte Gebrauch machten: Bis Ende 1979 fertigte man gerade 208 Exemplare. Die auffallend an einen Jaguar XJ 6 erinnernde Limousine ist, wie Pantera und Longchamp, ebenfalls heute noch neu zu bekommen - weshalb gebrauchte Fahrzeuge zu niedrigen Preisen angeboten werden.

DKW/Auto Union

Zwischen den beiden Weltkriegen lag DKW mit dem Bau und Verkauf kleiner, qualitativ hochwertiger Autos gut im Geschäft und hätte auch nach 1945 vermutlich recht schnell wieder mit der Produktion beginnen können, hätten nicht die alten Fertigungsanlagen in Thüringen und damit in der Sowjetisch Besetzten Zone gelegen. So konnte erst im Januar 1949 die Auto Union GmbH ins Handelsregister von Ingolstadt eingetragen und ein Jahr später die ersten Autos in einem Werk in Düsseldorf gebaut werden. Nur acht Jahre später - 1958 - übernahm Daimler-Benz die Aktienmehrheit, verkaufte aber 1965 wieder an VW (siehe Audi).

DKW Meisterklasse (F 89)

Zylinderzahl/Bauart: 2-Zyl.(Zweitakt)
Hubraum: 684 ccm
Leistung bei U/min: 23/4200 PS
Höchstgeschwindigkeit: 100 km/h
Karosserie-/Chassisbauart: Kastenrahmen
Ausführung: 2-t Lim., Coupé, Cabriolet
Baujahr: 1950-1954
Stückzahl: 59.475 Ex.
Preistendenz: Limousine 2, Cabrio/Coupé: 1

Preisgruppe 1: 3000 - 4200
Preisgruppe 2: 4200 - 5500
Preisgruppe 3: 5500 - 7000
Preisgruppe 4: 7000 - 9500

DKWs Startschuß in die Nachkriegszeit hieß Meisterklasse. Mit "strom- linienförmigem" Blechkleid, aber noch dem alten Zweizylinder-Zweitakter - man hatte zwar schon vor dem Krieg die Konzeption eines neuen Dreizylinders weitgehend abgeschlossen, nur lagen eben sämtliche Ausarbeitungen in der DDR - befand sich das Auto nur halbwegs auf der Höhe seiner Zeit. Was eingefleischte DKW-Fahrer kaum übelnahmen.

DKW Meisterklasse Universal

Technische Daten: siehe Limousine

Preisgruppe 1: 4000 - 6000
Preisgruppe 2: 6000 - 8000
Preisgruppe 3: 8000 - 12500
Preisgruppe 4: 12500 - 16000

Ähnlich wie die amerikanischen Woodies präsentierte sich der von 1951 bis 1954 gebaute Kombiwagen Universal anfänglich mit einer Stahl-Holz-Karosserie. Erst 1953 ging DKW zur Ganzstahl-Bauweise über, was auf den Preis keinen Einfluß hatte. Von diesem ebenso praktischen wie originellen dreitürigen Wagen wurden insgesamt 6.415 Exemplare gebaut. Hiervon sind heute diejenigen mit Holzbeplankung natürlich sehr gesucht.

Ausführung: 2-t Lim., Hardtop, Kombi
Baujahr: 1953-1955 (Kombi: bis 1957)
Stückzahl: 55.857 Ex.
Preistendenz: 2

Preisgruppe 1: 2500 - 4000
Preisgruppe 2: 4000 - 6500
Preisgruppe 3: 6200 - 9500
Preisgruppe 4: 9200 - 12500

1953 war es endlich soweit: DKW lancierte den langersehnten Dreizylinder-Motor. Allerdings ließ man es nicht bei dieser Neuerung bewenden, sondern brachte obendrein das ebenso originelle wie attraktive Luxus-Coupé: Eine zweitürige Limousine mit vollversenkbaren Seitenscheiben und Panorama-Heckfenster. In einfacherer Ausführung sollte diese Karosserieform (allerdings ohne versenkbare Seitenscheiben) 1954 die alte Limousine ersetzen.

DKW Meisterklasse Coupé und Cabriolet

Technische Daten: siehe Limousine

Preisgruppe 1: 6000 - 9500
Preisgruppe 2: 9000 - 13500
Preisgruppe 3: 13000 - 17500
Preisgruppe 4: 15500 - 21000

Zweizylinder-Zweitakt-Freuden in gesteigertem Maße vermittelten die wunderhübschen Spezialkarosserien, die es auf DKW-Basis gab: Karmann in Osnabrück sorgte für ein viersitziges Cabriolet, während Hebmüller in Wülfrath für offene und geschlossene 2 + 2-sitzige Versionen zuständig war. In geringer Stückzahl gebaut, kosteten diese technisch der Limousine entsprechenden Sondermodelle damals wie heute eine Menge Geld.

DKW Sonderklasse Luxus-Coupé (F 91)

Zylinderzahl/Bauart: 3 Zyl.(Zweitakt)
Hubraum: 896 ccm
Leistung bei U/min: 34/4000 PS
Höchstgeschwindigkeit: 115 km/h
Karosserie-/Chassisbauart: Kastenrahmen

DKW Sonderklasse Cabriolet

Technische Daten: siehe Luxus-Coupé

Preisgruppe 1: 7500 - 10000
Preisgruppe 2: 10000 - 14000
Preisgruppe 3: 14000 - 18000
Preisgruppe 4: 18000 - 23000

Seit ein Großbrand die gesamten Fertigungsanlagen von Hebmüller vernichtet und das Familienunternehmen damit ruiniert hatte, kümmerte sich ausschließlich Karmann in Osnabrück um die Spezialkarosserien, also um das 2 + 2-sitzige Cabrio ebenso wie um das viersitzige (das allerdings von DKW selbst in Düsseldorf gebaut wurde); aus dem Angebot verschwunden war das Coupé mit den beiden Notsitzen.

DKW 3=6 "Großer DKW" (F 93/94)

Zylinderzahl/Bauart: 3 Zyl. (Zweitakt)
Hubraum: 896 ccm
Leistung bei U/min: 38/4200 bzw. 40/4250 PS
Höchstgeschwindigkeit: 120 bzw. 125 km/h
Karosserie-/Chassisbauart: Kastenrahmen

Ausführung: 2- und 4-t Lim.; Hardtop; Kombi, Cabriolet
Baujahr: 1955-1957 bzw. 1957-1959
Preistendenz: 2

Preisgruppe 1: 1500 - 8500
Preisgruppe 2: 4000 - 12000
Preisgruppe 3: 7500 - 17000
Preisgruppe 4: 11500 - 22000

Mit mehr PS, verfeinerter Ausstattung und vor allem einer um 10 cm breiteren Karosserie erschien 1955 der "Große DKW". Nach wie vor gab es ein Cabriolet, den bekannten Kombi Universal sowie das zweitürige Limousinen- bzw. Hardtop-Modell (Luxus-Coupé genannt). Neu ins Programm aufgenommen wurde die viertürige Limousine, die über den um 10 cm längeren Radstand des Kombi verfügte und wie dieser die sogenannten "Selbstmörder-Türen" auch nach 1957 behielt, als die übrigen Modelle vorne angeschlagene Türen bekamen.

DKW 1000 und 1000 S

Zylinderzahl/Bauart: 3 Zyl.(Zweitakt)
Hubraum: 981 ccm
Leistung bei U/min: 44/4500 bzw. 50/4500 PS
Höchstgeschwindigkeit: 130 bzw. 135 km/h
Karosserie-/Chassisbauart: Kastenrahmen

Ausführung: 2- und 4-t Lim., Hardtop; Kombi
Baujahr: 1958-1963
Stückzahl: 171.008 Ex.
Preistendenz: 2

Preisgruppe 1: 1500 - 4500
Preisgruppe 2: 4200 - 7500
Preisgruppe 3: 7200 - 10000
Preisgruppe 4: 9500 - 12500

Der DKW AU 1000 - später auch Auto Union 1000 genannt - stellte eine Weiterentwicklung des 3=6 dar, verfügte also über gleiche Technik und (fast) gleiches Aussehen wie dieser - abgesehen von dem auf knapp 1000 ccm aufgebohrten Motor, der beim 1959 lancierten 1000 S immerhin 50 PS leistete. Die Einführung dieses Modells bescherte den Zweitürern außerdem eine Panorama-Frontscheibe sowie einen Tacho mit "Fieberthermometer"-Skala. Zur IAA 1961 kamen Scheibenbremsen an den Vorderrädern und die sogenannte Frischöl-Automatik dazu.

DKW Monza

Zylinderzahl/Bauart: 3 Zyl.(Zweitakt)
Hubraum: 896 bzw. 981 ccm
Leistung bei U/min: 38/4200, 40/4250 bzw. 44/4500 PS
Höchstgeschwindigkeit: 145-155 km/h
Karosserie-/Chassisbauart: Kunststoffkarosserie auf Kastenrahmen

Ausführung: Coupé
Baujahr: 1955-1958
Stückzahl: 155 Ex.
Preistendenz: 1

Preisgruppe 1: 7500 - 12000
Preisgruppe 2: 12000 - 16000
Preisgruppe 3: 16000 - 20000
Preisgruppe 4: 20000 - 24500

Der Initiator des Monza hieß Günther Ahrens und war ein Sportfahrer aus Karlsruhe, dem ein sportliches Coupé auf DKW-Fahrgestell vorschwebte. Durch Vermittlung wurde der Kontakt zum Stuttgarter Karosseriebauer Dannenhauer & Stauss hergestellt, wo die Fertigung der nach Ahrens' Vorstellungen gestalteten Kunststoff-Karosserie und die Montage des Wagens erfolgte. Leider brachte Dannenhauer und Stauss nur 15 Autos zustande, dann übernahmen Massholder (ca. 90 Autos) und schließlich Wenk (ca. 50 Autos) die Produktion.

DKW Junior und Junior de luxe

Zylinderzahl/Bauart: 3 Zyl.
Hubraum: 741 bzw. 796 ccm
Leistung bei U/min: 34/4300 PS
Höchstgeschwindigkeit: 115 km/h
Karosserie-/Chassisbauart: Kastenrahmen

Ausführung: 2-t Lim.
Baujahr: 1959-1962 bzw. 1961-1963
Stückzahl: 118.986 bzw. 118.619 Ex.
Preistendenz: 2

Preisgruppe 1: 800 - 1800
Preisgruppe 2: 1500 - 4000
Preisgruppe 3: 3700 - 6000
Preisgruppe 4: 5500 - 7000

Nachdem der "kleine DKW" schon lange durch die Presse gegeistert war (1957 hatte man sogar einen Prototyp mit Zweizylinder-Motor gezeigt), erschien 1959 endlich die Serienausführung - und gab sich als adretter kleiner Wagen, der auf Anhieb gut ankam. Zwei Jahre später wertete DKW (mittlerweile im Besitz von Daimler-Benz) das Auto in wesentlichen Punkten auf und gab ihm die Zusatzbezeichnung de luxe.

DKW AU 1000 Sp

Zylinderzahl/Bauart: 3 Zyl. (Zweitakt)
Hubraum: 981 ccm
Leistung bei U/min: 55/4500 PS
Höchstgeschwindigkeit: 140 km/h
Karosserie-/Chassisbauart: Kastenrahmen

Ausführung: Coupé, Cabriolet
Baujahr: 1958-1965
Stückzahl: 6.640 Ex.
Preistendenz: 2

Preisgruppe 1: 3000 - 5500
Preisgruppe 2: 5000 - 9500
Preisgruppe 3: 9000 - 16500
Preisgruppe 4: 15000 - 22000

Für viele Leute stand fest, daß es sich beim 1000 Sp um einen der schönsten Wagen seiner Zeit handelte. Modern - um nicht zu sagen: modisch - war er auf alle Fälle: Mit der herumgezogenen Frontscheibe und den kecken Heckflossen sah er aus wie ein kleiner Ford Thunderbird und erregte Aufsehen, wo er auftauchte. Anfänglich nur als Coupé lieferbar, gab es den Sp seit 1961 als "Roadster" genannte Offen-Version.

DKW F 11, F 12 und F 12 Roadster

Zylinderzahl/Bauart: 3 Zyl.
Hubraum: 796 bzw. 889 ccm
Leistung bei U/min: 34/4300, 40/4300 bzw. 45/4500 PS
Höchstgeschwindigkeit: 120-130 km/h
Karosserie-/Chassisbauart: Kastenrahmen

Ausführung: 2-t Lim, Cabriolet
Baujahr: 1963-1965
Stückzahl: 30.738 bzw. 82.506 (inkl. Roadster) Ex.
Preistendenz: 2

Preisgruppe 1: 800 - 4500
Preisgruppe 2: 1500 - 8000
Preisgruppe 3: 4000 - 13000
Preisgruppe 4: 6500 - 17500

Als Nachfolger für den Junior de luxe gedacht, erschien zunächst der DKW F 12, dann der einfacher ausgestattete und schwächere F 11, bis 1964 der F 12 Roadster als Höhepunkt der Baureihe sein Debut gab. Dieses reizvolle Auto, für dessen Verdeck-Mechanismus Karosserie Baur in Stuttgart verantwortlich zeichnete, sollte sich als ernsthafte, "hausgemachte" Konkurrenz zum wesentlich teureren AU 1000 Sp erweisen.

DKW F 102

Zylinderzahl/Bauart: 3 Zyl.
Hubraum: 1175 ccm
Leistung bei U/min: 60/4500 PS
Höchstgeschwindigkeit: 135 km/h
Karosserie-/Chassisbauart: selbsttragende Karosserie

Ausführung: 2- und 4-t Lim.
Baujahr: 1964-1966
Stückzahl: 52.753 Ex.
Preistendenz: 2

Preisgruppe 1: 800 - 1500
Preisgruppe 2: 1500 - 3500
Preisgruppe 3: 3500 - 5500
Preisgruppe 4: 5500 - 7000

Mit völlig neuer, selbsttragend ausgelegter Ponton-Karosserie trat der altbekannte Dreizylinder-Zweitakter zu seiner letzten Runde an. Der F 102, den es zunächst nur als zwei-, später auch als viertürige Limousine gab, sollte allerdings eine zweite Karriere starten: Optisch leicht, technisch dagegen erheblich verändert (vor allem mit einem Viertakter bestückt), mauserte sich das Auto zum neuen Audi.

Dodge

Dodge, innerhalb des Chrysler-Konzerns zwischen Plymouth nud De Soto angesiedelt, überraschte eigentlich nur zu Beginn der fünfziger Jahre mit spektakulären Konstruktionen, als Star-Designer Virgil Exner einige ungewöhnliche Showcars - wie den Dodge Firearrow - entwarf und bei Ghia in Turin einkleiden ließ. Ansonsten gab man sich eher bieder und versuchte, mit der jeweiligen Moderichtung Schritt zu halten. Immerhin ging man 1960 - früh für amerikanische Verhältnisse - auf zur selbsttragenden Bauweise über.

Dodge Wayfarer Sportabout Roadster

Zylinderzahl/Bauart: 6 Zyl.
Hubraum: 3770 ccm
Leistung bei U/min: 108/3600 PS (SAE)
Höchstgeschwindigkeit: 135 km/h
Karosserie-/Chassisbauart: Kastenrahmen

Ausführung: Cabriolet
Baujahr: 1949-1951
Stückzahl: 9.325 Ex.
Preistendenz: 2

Preisgruppe 1: 14000 - 17500
Preisgruppe 2: 17500 - 20500
Preisgruppe 3: 20500 - 24000
Preisgruppe 4: 24000 - 28000

1949 wurde die Wayfarer-Baureihe eingeführt, von der es außer einem Twodoor Sedan und einem Coupé noch eine sehr originelle, "Sportabout Roadster" genannte Offen- Version gab. Diese sportlich angehauchten Autos (freilich bezog sich die Sportlichkeit nur auf das äußere Erscheinungsbild!) erfreuten sich auch auf Exportmärkten (etwa der Schweiz oder Schweden) einer gewissen Beliebtheit, weswegen sie selbst heute noch in unseren Breitengraden angeboten werden.

Die Coronet-Baureihe rangierte unterhalb der luxuriöseren Royal und Custom Royal, die ausschließlich mit V 8-Triebwerken geliefert wurden. Besonders reizvoll sind hier einmal natürlich das Cabrio, zum anderen die mächtigen Kombiwagen - wie der hier abgebildete Sierra Wagon. Ebenso geräumig wie auffällig, sind diese Autos (wie die meisten US-Kombis) nach wie vor ein Geheimtip. Mit Flossen und Doppelschein-werfern allerdings konnte das 1956er Modell noch nicht dienen; die gab's erst seit 1957.

Edsel

Noch heute, 30 Jahre später, dürfte man bei Ford in Dearborn mit Entsetzen an den Edsel zurückdenken. 1957 unter enormen Kosten aus der Taufe gehoben - allein für Entwicklung und Produktionsvorbereitung hatte man 250 Millionen Dollar investiert! -, sollte die nach einem Sohn von Henry Ford benannte neue Marke dem Konzern zusätzliche Käuferschichten erschließen und für mehr Markentreue sorgen. Stattdessen entwickelte sich der Edsel zum vermutlich größten Reinfall in der Geschichte des Automobils: Nach gut 110.000 gebauten Autos stellte man im November 1959 seine Produktion wieder ein.

Dodge Coronet Sierra Wagon 1955

Zylinderzahl/Bauart: 6 Zyl. bzw. V 8
Hubraum: 3770-5166 ccm
Leistung bei U/min: 131/4000 - 260/4400 PS (SAE)
Höchstgeschwindigkeit: 145-165 km/h
Karosserie-/Chassisbauart: Kastenrahmen

Ausführung: 2- u. 4-t Lim., 2- u. 4-t Hardtops, 3- u. 5-t Kombis, Cabriolet
Baujahr: 1955
Preistendenz: 2

Preisgruppe 1: 8000 - 16000
Preisgruppe 2: 10500 - 19000
Preisgruppe 3: 14000 - 22000
Preisgruppe 4: 18000 - 26000

Edsel Ranger 1958

Zylinderzahl/Bauart: V 8
Hubraum: 5440 bzw. 6710 ccm
Leistung bei U/min: 303/4600 bzw. 345/4600 PS (SAE)
Höchstgeschwindigkeit: 180-195 km/h
Karosserie-/Chassisbauart: Kastenrahmen

Ausführung: 2- u. 4-t Lim., 2- u. 4-t Hardtop; 3-t Kombi
Baujahr: 1958
Stückzahl: 24.049 Ex.
Preistendenz: 2

Preisgruppe 1: 10000 - 14000
Preisgruppe 2: 13000 - 19000
Preisgruppe 3: 17000 - 22000
Preisgruppe 4: 22000 - 27000

Von den vier Baureihen, mit denen die Marke gestartet wurde (Ranger, Pacer, Corsair und Citation), befand sich der Ranger am unteren Ende der Skala, trotzdem gab es ihn nur mit - selbst für amerikanische Verhältnisse - riesigen V 8 Motoren. Vielleicht waren sie zu groß, vielleicht stieß das ungewöhnliche Styling mit dem merkwürdigen Kühlergrill (gegen das amerikanische Frauenverbände Sturm liefen) auf Unverständnis - das Auto entwickelte sich jedenfalls zum Flop.

Facel Vega

Nur zehn Jahre lang - von 1954 bis 1964 - stellte Jean Daninos Autos her - aber was für welche! Mit fetten V 8-Triebwerken amerikanischer Herkunft zählten die ebenso exklusiven wie bärenstarken Nobelautos zum Schnellsten, was man kaufen konnte. Trotzdem ging es mit Facel (die Abkürzung steht für "Forges et Ateliers de Construction et d'Eure et Loire") bergab - ironischerweise durch jenen kleinen Facel Vega, mit dem sich Daninos neue Käuferschichten erschließen wollte. Übrigens hatte die Firma schon zu Beginn der fünfziger Jahre Karosserien etwa für Simca gefertigt.

Facel Vega HK 500

Zylinderzahl/Bauart: V 8
Hubraum: 5907 ccm
Leistung bei U/min: 360/5200 PS
Höchstgeschwindigkeit: 230 km/h
Karosserie-/Chassisbauart: Rohrrahmen

Ausführung: Coupé
Baujahr: 1958-1961
Stückzahl: 548 Ex.
Preistendenz: 1

Preisgruppe 1: 27000 - 40000
Preisgruppe 2: 40000 - 59000
Preisgruppe 3: 59000 - 71000
Preisgruppe 4: 71000 - 85000

Als Weiterentwicklung der vorherigen, in geringer Stückzahl gebauten Modelle avancierte der HK 500 zum bestverkauften Achtzylinder-Facel. Wahlweise mit manuellem Viergang- oder automatischem Getriebe lieferbar, wußten Zeitungsleser spätestens seit 1960, daß Prominente Facel fuhren: Albert Camus, Philosoph und Schriftsteller, verunglückte in einem HK 500 tödlich.

Facel Vega Excellence

Zylinderzahl/Bauart: V 8
Hubraum: 5907 bzw. 6430 ccm
Leistung bei U/min: 335/4600 bzw. 360/5200 PS
Höchstgeschwindigkeit: 210 bzw. 220 km/h
Karosserie-/Chassisbauart: Rohrrahmen

Ausführung: 4-t Hardtop
Baujahr: 1958-1963
Stückzahl: 152 Ex.
Preistendenz: 1

Preisgruppe 1: 22000 - 35000
Preisgruppe 2: 35000 - 50000
Preisgruppe 3: 50000 - 65000
Preisgruppe 4: 65000 - 80000

Die wohl extravaganteste Limousine der späten fünfziger Jahre hieß Excellence, lag preislich dicht am Rolls-Royce und vereinte üppigen Luxus mit atemberaubenden Fahrleistungen. Anfänglich mit, dann ohne vordere Panoramascheibe geliefert, verfügte der französische Luxusliner über an der C-Säule angeschlagene hintere "Selbstmörder"-Türen. Ihre Besonderheit: Auf einen Mittelpfosten (also die B- Säule) hatte man verzichtet und stattdessen die Schließmechanismen in die Türböden bzw. Schweller gelegt.

Ausführung: Coupé 2 + 2- u. 4-sitzig, Cabriolet, 1960-1962
Stückzahl: 1258 Ex.
Preistendenz: 2

Preisgruppe 1: 10000 - 14500
Preisgruppe 2: 13000 - 19000
Preisgruppe 3: 16500 - 23000
Preisgruppe 4: 21000 - 26500

1959, als die Geschäfte eigentlich recht gut gingen, brachte Jean Daninos einen kleineren Vierzylinder-Facel Vega auf den Markt. An sich war das eine gute Idee - und doch sollte diese Facellia der Firma zum Verhängnis werden: Daninos Ehrgeiz war es nämlich, ein rein französisches Auto zu bauen. Also ließ er das Doppelnockenwellen-Aggregat bei Pont à Mousson konstruieren und herstellen. Mit fatalen Folgen: Reihenweise Motorschäden ruinierten den Ruf so nachhaltig, daß selbst überarbeitete Motoren den Abwärtstrend nicht stoppen konnten.

Facel II

Zylinderzahl/Bauart: V 8
Hubraum: 6270 ccm
Leistung bei U/min: 390/5500 PS
Höchstgeschwindigkeit: 245 km/h
Karosserie-/Chassisbauart: Rohrrahmen
Ausführung: Coupé
Baujahr: 1961-1964
Stückzahl: 184 Ex.
Preistendenz: 1
Preisgruppe 1: 32000 - 45000
Preisgruppe 2: 45000 - 60000
Preisgruppe 3: 60000 - 75000
Preisgruppe 4: 75000 - 90000

Wie sein Vorgänger, der HK 500, war der Facel II mit einem riesigen Chrysler-Motor ausgerüstet, der nochmals ein paar PS zugelegt hatte. Obwohl das Auto äußerlich straffer und weniger verspielt - und damit erheblich attraktiver - wirkte, verkaufte es sich nicht mehr so gut wie der HK 500: Mit Autos wie dem Jensen C V 8, dem Iso Rivolta oder dem Ferrari 250 GT 2 + 2 machten sich plötzlich Nachahmer breit, die dem großen Facel kräftig Kunden wegnahmen.

Facel Facellia

Zylinderzahl/Bauart: 4 Zyl.
Hubraum: 1647 ccm
Leistung bei U/min: 115/6400 bzw. 126/6400 PS
Höchstgeschwindigkeit: 180 bzw. 190 km/h
Karosserie-/Chassisbauart: Rohrrahmen

Facel III

Zylinderzahl/Bauart: 4 Zyl.
Hubraum: 1780 ccm
Leistung bei U/min: 108/6000 PS
Höchstgeschwindigkeit: 175 km/h
Karosserie-/Chassisbauart: Rohrrahmen

Ausführung: Coupé, Cabriolet
Baujahr: 1963-1964
Stückzahl: ca. 400 Ex.
Preistendenz: 2

Preisgruppe 1: 13000 - 19000
Preisgruppe 2: 16000 - 27000
Preisgruppe 3: 25000 - 35000
Preisgruppe 4: 32000 - 44000

Selbst als die französischen Techniker dem Facellia-Motor seine Tücken abgewöhnt hatten, blieb die Kundschaft weg. Also entschloß sich der Patron zu einem schweren Schritt: Statt des unglücklichen Pont à Mousson-Vierzylinders kam künftig Volvos B 18-Motor zum Einsatz - und damit einer der robustesten Motoren überhaupt; außerdem wurde das Auto in Facel III umbenannt. Zu spät! Nicht mal der 3 l-Austin Healey- Sechszylinder, der 1964 aus dem Auto den Facel 6 machte, erhöhte den Verkauf.

Ferrari

Daß es faszinierende Autos auf der Welt gibt, wird niemand leugnen; daß Ferrari dazuzählt, erst recht nicht. Woher aber diese fast schon an Hysterie grenzende Begeisterung kommt, die in sich überschlagenden Preisen für die edlen vierrädrigen Geschöpfe aus Maranello am deutlichsten wird, hat bisher niemand ergründet. Alleine an der schillernden Persönlichkeit Enzo Ferraris kann es nicht liegen, ebensowenig an den unzähligen Weltmeisterschaften und Rennsiegen, die man einheimste, oder am V 12-Motor (den längst nicht mehr alle Ferraris haben). Auch hier macht es die Mischung aus vielen Faktoren, die den Mythos Ferrari bedingt.

Ferrari 166 Inter

Zylinderzahl/Bauart: V 12
Hubraum: 1995 ccm
Leistung bei U/min: 90/5600 - 140/7000 PS
Höchstgeschwindigkeit: 160-210 km/h
Karosserie-/Chassisbauart: Rohrrahmen

Ausführung: verschiedene Aufbauten
Baujahr: 1948-1951
Stückzahl: ca. 150 Ex.
Preistendenz: 1

Preisgruppe 1: n.a.
Preisgruppe 2: n.a.
Preisgruppe 3: n.a.
Preisgruppe 4: n.a.

Zu den begehrtesten frühen Ferraris zählen die 166-Modelle - nicht nur wegen ihrer beachtlichen Rennerfolge, sondern wegen ihrer wundervollen Aufbauten, unter denen die von Touring herausragen. Dieses Turiner Atelier sorgte für besonders attraktive Berlinetta- und Barchetta-Karosserien, die in verhältnismäßig großen Stückzahlen (gemessen an Ferrari-Dimensionen) hergestellt wurden. Ähnliche Blech- und Alu-Kleider fanden sich an anderen Ferrari-Modellen.

Ferrari 250 GT

Zylinderzahl/Bauart: V 12
Hubraum: 2953 ccm
Leistung bei U/min: 240/7000 PS
Höchstgeschwindigkeit: 210-235 km/h (je nach Übersetzung)
Karosserie-/Chassisbauart: Rohrrahmen

Ausführung: Coupé
Baujahr: 1958-1960
Stückzahl: ca. 350 Ex.
Preistendenz: 1

Preisgruppe 1: n.a.
Preisgruppe 2: n.a.
Preisgruppe 3: n.a.
Preisgruppe 4: n.a.

Mochten auch die anderen, früheren Ferraris erfolgreich sein: Mit der 250 GT- Baureihe legte Commendatore Enzo Ferrari den Grundstein zur Legende, zum Mythos. Mit dem von Colombo meisterhaft konstruierten "kurzen" 3 l-V 12 (es gab auch einen "langen", von Lampredi entwor-fenen) hielt sich der 250 GT an die damals gängige Nomenklatur: Die Zahl in der Typbezeichnung benannte den Inhalt eines Zylinders, woraus sich bei diesem Modell ein Hubraum von 3 l ergibt.

Preisgruppe 1: n.a.
Preisgruppe 2: n.a.
Preisgruppe 3: n.a.
Preisgruppe 4: n.a.

Zunächst mit langem Radstand gebaut, gab es den California Spider schließlich mit dem verkürzten Fahrgestell der swb-Berlinetta. Auch die PS-Leistung und die Verwendung sowohl von Stahl- wie Alu-Karosserien stimmte bei beiden Modellen überein und machte deutlich, daß auch die Offen-Version durchaus rennsportlichen Anforderungen genügte (und früher tatsächlich bei Rennen recht erfolgreich eingesetzt wurde).

Ferrari 250 GT Berlinetta swb

Zylinderzahl/Bauart: V 12
Hubraum: 2953 ccm
Leistung bei U/min: 280/7000 PS
Höchstgeschwindigkeit: 210-270 km/h (je nach Übersetzung)
Karosserie-/Chassisbauart: Alu- (bzw. Stahl-) Karosserie auf Rohrrahmen

Baujahr: 1959-1962
Stückzahl: 175 Ex.
Preistendenz: 1

Preisgruppe 1: n.a.
Preisgruppe 2: n.a.
Preisgruppe 3: n.a.
Preisgruppe 4: n.a.

Mit kürzerem Radstand und mehr Leistung als die Touren-Modelle versehen, lehrte die Short-Wheelbase Berlinetta (abgekürzt swb) der Konkurrenz das Fürchten. Ihre hinreißend geformte Karosserie (je nach Verwendungszweck wahlweise in Stahl oder Alu lieferbar) hatte Pininfarina entworfen (der längst zu Ferraris Hausschneider avanciert war) und Scaglietti gebaut. Noch heute sind diese Autos bei Oldtimer- Rennen aktiv.

Ferrari 250 GT California Spider

Technische Daten: siehe Berlinetta swb

Ferrari 275 GTB und GTB/4

Zylinderzahl/Bauart: V 12
Hubraum: 3285 ccm
Leistung bei U/min: 280/7600 bzw. 300/8000 PS
Höchstgeschwindigkeit: 245-270 km/h
Karosserie-/Chassisbauart: Alu- (bzw. Stahl-) Karosserie auf Rohrrahmen

Ausführung: Coupé
Baujahr: 1964-1966 bzw. 1966-1968
Stückzahl: 465 bzw. 280 Ex.
Preistendenz: 1

Preisgruppe 1: n.a.
Preisgruppe 2: n.a.
Preisgruppe 3: n.a.
Preisgruppe 4: n.a.

Als Ersatz für den 250 GT Lusso gedacht, wirkte der 275 GTB (das "B" stand für Berlinetta; einen Spider gab es - werksseitig - ebenfalls) erheblich sportlicher als sein Vorgänger. In "short-" und "long-nose"-Version gebaut, erfuhr das Modell 1966 eine erhebliche Aufwertung, als es zum GTB/4 mit 2 x 2 obenliegenden Nockenwellen, 6 Weber-Vergasern und Trockensumpf-Schmierung weiterentwickelt wurde. Neben dem (optisch anders aussehenden) Serien-Spider stellte US-Importeur Luigi Chinetti auf Basis des 275 GTB den sogenannten NART-Spider auf die Räder.

Ferrari 365 GTB 4 und GTS

Zylinderzahl/Bauart: V 12
Hubraum: 4390 ccm
Leistung bei U/min: 352/7500 PS
Höchstgeschwindigkeit: 275 km/h
Karosserie-/Chassisbauart: Rohrrahmen

Ausführung: Coupé, Cabriolet
Baujahr: 1968-1973
Stückzahl: 1005 Ex. (davon 122 Spider)
Preistendenz: 1

Preisgruppe 1: n.a.
Preisgruppe 2: n.a.
Preisgruppe 3: n.a.
Preisgruppe 4: n.a.

Für viele der schönste jemals gebaute Ferrari - einer der teuersten (in offener Ausführung jedenfalls) mit Sicherheit. Nach bewährtem Rezept gebaut - für die wundervolle Karosserie zeichnete Pininfarina verantwortlich, der vom 275 GTB/4 her bekannte Motor war größer, kräftiger und doch kultivierter geworden -, repräsentierte der Daytona (wie er auch genannt wurde) den letzten Zweisitzer- Ferrari mit Frontmotor.

Ferrari 500 Superfast

Zylinderzahl/Bauart: V 12
Hubraum: 4962 ccm
Leistung bei U/min: 400/6500 PS
Höchstgeschwindigkeit: 280 km/h
Karosserie-/Chassisbauart: Rohrrahmen

Ausführung: Coupé
Baujahr: 1964-1966
Stückzahl: 37 Ex.
Preistendenz: 1

Preisgruppe 1: n.a.
Preisgruppe 2: n.a.
Preisgruppe 3: n.a.
Preisgruppe 4: n.a.

Für Leute, die sich mit einem "normalen" Ferrari nicht zufriedengeben wollten, hatte der Commendatore noch einige besondere Schöpfungen parat - etwa den 500 Superfast, der wie die vorher gebauten Superamerica so etwas wie einen Super- Ferrari darstellte. Wer heute einen Superfast im Sinn hat, sollte einen aus der (noch selteneren) 2.Serie suchen: Mit Fünfgang-Getriebe ausgerüstet, entstanden von diesem Modell gerade 12 Exemplare.

Ferrari 330 GT 2 + 2

Zylinderzahl/Bauart: V 12
Hubraum: 3967 ccm
Leistung bei U/min: 300/6600 PS
Höchstgeschwindigkeit: 245 km/h
Karosserie-/Chassisbauart: Rohrrahmen

Ausführung: Coupé
Baujahr: 1963-1967
Stückzahl: 2.086 Ex.
Preistendenz: 1

Preisgruppe 1: 75000 - 115000
Preisgruppe 2: 115000 - 180000
Preisgruppe 3: 180000 - 220000
Preisgruppe 4: 220000 - 260000

Als Ablösung für den 250 GT 2 + 2 gab 1963 der 330 GT 2 + 2 seinen Einstand. Wie schon sein Vorgänger wandte sich dieser Ferrari an zufriedene Kunden, die mittlerweile Familie bekommen hatten und diese im Renntempo durch die Gegend befördern wollten. Recht lange gebaut, nahm das Werk 1965 einige technische Modifikationen vor - und trennte sich gleichzeitig von den bis dahin verwandten Doppelscheinwerfern.

Ferrari Dino 206 GT und 246 GT

Zylinderzahl/Bauart: V 6
Hubraum: 1987 bzw. 2418 ccm
Leistung bei U/min: 180/8000 bzw. 195/7500 PS
Höchstgeschwindigkeit: 230-240 km/h
Karosserie-/Chassisbauart: Alu- (bzw. Stahl-) Karosserie auf Rohrrahmen

Ausführung: Coupé
Baujahr: 1969 bzw. 1969-1973
Stückzahl: 100 bzw. 3.912 Ex.
Preistendenz: 1

Preisgruppe 1: 70000 - 125000
Preisgruppe 2: 95000 - 190000
Preisgruppe 3: 140000 - 240000
Preisgruppe 4: 175000 - 300000

Keine Frage: Der kleine Ferrari war ein Trend-Setter! Obwohl der Name Ferrari nirgendwo an seiner Karosserie auftauchte (ebensowenig der berühmte schwarze Hengst), offerierte das Auto Mittelmotor, eine neue, heute noch gültige Nomenklatur (die Ziffern in der Typenbezeichnung benennen Hubraum und Zylinderzahl) und schließlich jene Karosserie-form, von der die Außenhaut vieler nachfolgender Modelle abgeleitet wurde. Zunächst mit 2,0, dann mit 2,4 l Hubraum versehen, erschien 1972 der Spider (eigentlich eine Targa-Konstruktion) auf dem Markt.

Fiat

Fiat, der im italienischen Turin ansässige Auto-Gigant, verkaufte seine Produkte auch bei uns hervorragend. Lange Zeit durch seinen deutschen Ableger NSU-Fiat vertreten (einige Modelle wurden bei NSU-Fiat in Neckarsulm bzw. Heilbronn sogar montiert), versuchte die "Fabbrica Italiana Automobili Torino" (denn dafür steht Fiat) in allen Klassen präsent zu sein. Das gelang, allerdings zeigte sich, daß die Italiener stets in der mittleren und vor allem kleinen Klasse am erfolgreichsten waren. Woran sich bis heute nicht geändert hat.

Fiat 500 B

Zylinderzahl/Bauart: 4 Zyl.
Hubraum: 569 ccm
Leistung bei U/min: 16,5/4400 PS
Höchstgeschwindigkeit: 90 km/h
Karosserie-/Chassisbauart: Kastenrahmen

Ausführung: 2-t Cabrio-Lim., 3-t Kombi
Baujahr: 1948-1949
Preistendenz: 2

Preisgruppe 1: 2500 - 5500
Preisgruppe 2: 5000 - 9200
Preisgruppe 3: 9000 - 14000
Preisgruppe 4: 13500 - 18000

Von Dr. Dante Giacosa noch vor dem Krieg konstruiert, debütierte der Topolino (wie der vierrädrige Zwerg genannt wurde) noch vor dem Zweiten Weltkrieg. Von der Idee her ein verkleinertes "großes" Auto (daher etwa auch der Vierzylinder-Frontmotor), nahm man 1948 mit dem 500 B die Produktion wieder auf - mit einem Modell also, das sich weder technisch noch optisch wesentlich vom Vorkriegs-500 unterschied.

Fiat 500 C

Technische Daten: siehe Fiat 500 B

Preisgruppe 1: 1800 - 4500
Preisgruppe 2: 4000 - 8500
Preisgruppe 3: 8000 - 12000
Preisgruppe 4: 11000 - 16000

Bekannte Technik im überarbeiteten Kleid: 1949 reifte der 500 B zum 500 C, bei dem für eine neue, moderner wirkende Frontpartie und einen geräumigeren Kofferraum gesorgt worden war. Immerhin fand das damals schon recht antiquierte Auto - VW Käfer und Renault 4 CV hatten das Kleinwagen-Konzept der Zukunft vorgegeben - bis 1955 noch 376.368 Käufer.

Fiat 600

Zylinderzahl/Bauart: 4 Zyl.
Hubraum: 633 bzw. 767 ccm
Leistung bei U/min: 19/4600 - 25/4800 PS
Höchstgeschwindigkeit: 95-110 km/h
Karosserie-/Chassisbauart: selbsttragende Karosserie

Ausführung: 2-t Lim.
Baujahr: 1955-1973
Stückzahl: ca. 2,5 Mill.Ex.
Preistendenz: 2

Preisgruppe 1: 500 - 1500
Preisgruppe 2: 1300 - 3500
Preisgruppe 3: 3200 - 5000
Preisgruppe 4: 4800 - 6000

Als Nachfolger für den Topolino erschien Mitte der fünfziger Jahre der Fiat 600, der mit seiner selbsttragenden Karosserie und dem Heckmotor eine andere, neue Kleinwagen-Philosophie vertrat. Fast 20 Jahre in Produktion, machte dieser sympathische kleine Kerl während seines langen Autolebens eine beträchtliche Reihe von Modifikationen durch und wurde zum Schluß in Spanien bei Seat gefertigt (und in der Bundesrepublik als 770 S verkauft).

Fiat 500

Zylinderzahl/Bauart: 2 Zyl.
Hubraum: 479, 499 bzw. 594 ccm
Leistung bei U/min: 13/4000 - 20/4500 PS
Höchstgeschwindigkeit: 85-100 km/h
Karosserie-/Chassisbauart: selbsttragende Karosserie

Ausführung: 2-t Lim.; 3-t Kombi
Baujahr: 1957-1975
Stückzahl: ca. 3,4 Mill. Ex.
Preistendenz: 2

Preisgruppe 1: 500 - 1500
Preisgruppe 2: 1300 - 3700
Preisgruppe 3: 3500 - 5500
Preisgruppe 4: 5000 - 6500

Stilistisch und formal eng mit dem 600 verwandt, sorgte beim 500 ein Zweizylinder- Motörchen für Vortrieb. Das tat es offenbar sehr gut, wie sich bundesdeutsche Italien-Urlauber angesichts mit fünf Personen und Gepäck vollgestopfter 500er immer wieder überzeugen konnten. Für die Nehmerqualitäten der Konstruktion spricht außerdem, daß heute noch, 15 Jahre nach Produktionseinstellung, reichlich Fiat 500 auf italienischen Straßen im Einsatz sind.

Fiat 1200

Zylinderzahl/Bauart: 4 Zyl.
Hubraum: 1221 ccm
Leistung bei U/min: 52/5300 bzw. 55/5300 PS
Höchstgeschwindigkeit: 135 km/h
Karosserie-/Chassisbauart: selbsttragende Karosserie

Ausführung: 4-t Lim.
Baujahr: 1957-1960
Stückzahl: 400.066 Ex.
Preistendenz: 2

Preisgruppe 1: 1000 - 2500
Preisgruppe 2: 2200 - 3500
Preisgruppe 3: 3200 - 5500
Preisgruppe 4: 5500 - 8000

Käufer von italienischen Mittelklasse-Autos, denen ein Fiat 1100 zu profan und ein Alfa Romeo oder Lancia zu teuer war, dürften am Fiat 1200 ihre Freude gehabt haben. Das in ebenso auffälliger wie geschmackvoller Zweifarben-Lackierung lieferbare Auto hatte nicht nur leistungsmäßig einiges zu bieten (und hielt hier mit der erwähnten Konkurrenz von Alfa oder Lancia gut mit), sondern überzeugte obendrein durch seine robuste Unverwüstlichkeit.

Fiat 1100

Zylinderzahl/Bauart: 4 Zyl.
Hubraum: 1089 bzw. 1221 ccm
Leistung bei U/min: 34/4400 - 53/5200 PS
Höchstgeschwindigkeit: 115-135 km/h
Karosserie-/Chassisbauart: selbsttragende Karosserie

Ausführung: 4-t Lim., 5-t Kombi
Baujahr: 1953-1969
Stückzahl: ca. 1,7 Mill. Ex.
Preistendenz: 2

Preisgruppe 1: 1000 - 2500
Preisgruppe 2: 2200 - 3500
Preisgruppe 3: 3200 - 5500
Preisgruppe 4: 5500 - 7000

Im Gegensatz zum alten 1100 nannten die Italiener dieses Modell den "Nuova Millecento" - und das war er wirklich: Bis auf den Motor und einige konzeptionelle Details hatte er nichts mit dem Vorgänger gemeinsam. Bis 1969 gebaut, machte der Viertürer in diesem Zeitraum etliche Modifikationen durch, erhielt immer mehr PS, darunter 1962 einen auf 1,2 l vergrößerten Motor, der vier Jahre später wieder zugusten des kleineren Triebwerks aufgegeben wurde.

Karosserie-/Chassisbauart: Cabriolet
Baujahr: 1955-1957 bzw. 1957-1959
Stückzahl: 1030 bzw. 2363 Ex.
Preistendenz: 2

Preisgruppe 1: 4500 - 6500
Preisgruppe 2: 6500 - 8500
Preisgruppe 3: 8500 - 12000
Preisgruppe 4: 12000 - 14500

Leider war der "Nuovo Millecento" eine Limousine - eine Tatsache, die die zahlreichen italienischen Karosserie-Künstler nicht schlafen ließ. Also machten sie sich an die Arbeit und zeigten massenweise kleine Sportwagen auf 1100er Basis - was das Stammwerk veranlaßte, selbst für ein solches kleines Auto zu sorgen. Es hieß offiziell Fiat 1100-103 E Trasformabile, wurde von jedem 1100 Spider (manchmal mit "Y" geschrieben) genannt und kam mit einer putzigen, etwas zerklüfteten Karosserie daher.

Fiat 1400

Zylinderzahl/Bauart: 4 Zyl. Benzin- oder Dieselmotor
Hubraum: 1395 (Benzin) oder 1901 ccm (Diesel)
Leistung bei U/min: 44/4400, 50/4600 bzw. 54/4600 (Benzin) oder 40/3200 bzw. 43/4200 (Diesel) PS
Karosserie-/Chassisbauart: selbsttragende Karosserie
Ausführung: 4-t Lim., Sonderaufbauten

Baujahr: 1950-1958 (Benzin), 1953-1956 (Diesel)
Preistendenz: 3 bzw. 2

Preisgruppe 1: 2500 - 4500
Preisgruppe 2: 4300 - 7000
Preisgruppe 3: 6800 - 9200
Preisgruppe 4: 9000 - 11500

Beim Fiat 1400 handelte es sich nicht nur um die erste Neukonstruktion des italienischen Herstellers nach dem Krieg, sondern gleichzeitig um den ersten Fiat mit selbsttragender Karosserie. Seit 1952 auch mit besserer Ausstattung und einem auf 1,9 l vergrößerten Motor als Fiat 1900 lieferbar, sind diese etwas behäbig wirkenden Autos heute sehr selten geworden. Besonders beliebt sind sie ebenfalls nicht: Allenfalls die eleganten Zweitürer sind wirklich gesucht.

Fiat 1100 und 1200 Spyder

Zylinderzahl/Bauart: 4 Zyl.
Hubraum: 1089 bzw. 1221 ccm
Leistung bei U/min: 50/5400, 53/5200 bzw. 55/5300 PS
Höchstgeschwindigkeit: 135-140 km/h
Karosserie-/Chassisbauart: selbsttragende Karosserie

Fiat 1200 und 1500 Spider

Zylinderzahl/Bauart: 4 Zyl.
Hubraum: 1221 bzw. 1481 ccm
Leistung bei U/min: 58/5300 bzw. 67/5200 und 75/5400 PS
Höchstgeschwindigkeit: 140-165 km/h
Ausführung: Cabriolet, Coupé

Baujahr: 1959-1963 bzw. 1963-1966
Stückzahl: 11.851 bzw. 22.630 Ex. (inkl.1500 S)
Preistendenz: 2

Preisgruppe 1: 5000 - 7000
Preisgruppe 2: 7000 - 10000
Preisgruppe 3: 10000 - 13000
Preisgruppe 4: 13000 - 16000

Der Nachfolger des Trasformabile hieß Fiat 1200 Spider und präsentierte sich mit sehr harmonisch geformter Pininfarina-Karosserie. Für Leute, die einen harten Sportwagen suchten, war dieses Cabrio nicht gedacht: Spielerisch leicht zu fahren und mit einer eher komfortablen Federung ausgerüstet, lud dieser Beau (aus dem später ein 1500er wurde) eher zum beschaulichen Reisen denn zum Rasen ein.

Fiat 1800, 2100 und 2300

Zylinderzahl/Bauart: 6 Zyl.
Hubraum: 1795, 2954 bzw. 2280 ccm
Leistung bei U/min: 75/5000 - 105/5300 PS
Höchstgeschwindigkeit: 140-160 km/h
Karosserie-/Chassisbauart: selbsttragende Karosserie

Ausführung: 4-t Lim., 5-t Kombi
Baujahr: 1959-1968
Stückzahl: ca. 185.000 Ex.
Preistendenz: 2

Preisgruppe 1: 2500 - 5000
Preisgruppe 2: 4800 - 7500
Preisgruppe 3: 7200 - 10500
Preisgruppe 4: 10000 - 14000

Dieser große Fiat präsentierte sich mit einer von Pininfarina entworfenen Karosserie im kantigen "Trapezlinien-Stil", befand sich also auf der Höhe seiner Zeit. Das konnte man auch vom weich laufenden Sechszylinder (einer Lampredi- Konstruktion), nicht aber vom Fahrwerk behaupten, wo Besserung erst 1961 eintrat. Wer sich heute ein solches Modell zulegen möchte, sollte entweder nach dem Kombiwagen oder der längeren Special-Limousine Ausschau halten.

Fiat 1500 S, 1600 S

Zylinderzahl/Bauart: 4 Zyl.
Hubraum: 1491 bzw. 1568 ccm
Leistung bei U/min: 75/6000-90/6500 PS
Höchstgeschwindigkeit: 165-175 km/h
Karosserie-/Chassisbauart: selbsttragende Karosserie

Ausführung: Cabriolet, Coupé
Baujahr: 1959-1962 bzw. 1963-1966
Stückzahl: 3.089 Ex.(1600 S)
Preistendenz: 1

Preisgruppe 1: 7500 - 10000
Preisgruppe 2: 10000 - 14500
Preisgruppe 3: 14500 - 18500
Preisgruppe 4: 18500 - 25000

Im Gegensatz zu den Modellen 1200 und 1500 Spider, die mehr als sportliche Tourenwagen gedacht waren, sollten 1500 S (der, die Fiat-Nomenklatur war manchmal verwirrend, von 1959 bis 1962 nur 1500 hieß) und 1600 S echten Sportwagen-Fahrern eine Alternative sein. Voraussetzung dafür bot jenes von Osca für den Eigengebrauch konstruierte Doppelnockenwellen-Triebwerk, das über speziell geformte Brennräume und eine fünffach gelagerte Kurbelwelle verfügte. Im 1600 S gab es sogar ein Fünfgang-Getriebe.

Fiat 2300 und 2300 S Coupé

Zylinderzahl/Bauart: 6 Zyl.
Hubraum: 2279 ccm
Leistung bei U/min: 105/5300 bzw. 136/5600 PS
Höchstgeschwindigkeit: 175 bzw. 190 km/h
Karosserie-/Chassisbauart: selbsttragende Karosserie

Ausführung: Coupé
Baujahr: 1961-1964 bzw. 1961-1968
Preistendenz: 1

Preisgruppe 1: 4000 - 7500
Preisgruppe 2: 7200 - 11500
Preisgruppe 3: 11000 - 16500
Preisgruppe 4: 16000 - 22000

Wer sich heute eine 2300 Coupé zulegen möchte, sollte sich beeilen: Noch sind diese hocheleganten und dabei doch sportlichen Autos nämlich sehr günstig zu bekommen. Dabei hat das Coupé nicht nur wunderschöne, von Ghia gezeichnete Karosserienlinien zu bieten, sondern obendrein ansprechende Fahrleistungen (erst recht in S-Version) und ein nobles Interieur, das vier Personen Platz bietet. Allerdings: Die Versorgung mit Karosserieteilen könnte problematisch werden.

Fiat 850 Spider

Zylinderzahl/Bauart: 4 Zyl.
Hubraum: 843 bzw. 903 ccm
Leistung bei U/min: 49/6400 bzw. 52/6400 PS
Höchstgeschwindigkeit: 142 bzw. 145 km/h
Karosserie-/Chassisbauart: selbsttragende Karosserie
Ausführung: Cabriolet
Baujahr: 1965-1968 bzw. 1968-1973
Stückzahl: 124.660 Ex.
Preistendenz: 2
Preisgruppe 1: 2500 - 4200
Preisgruppe 2: 4000 - 6800
Preisgruppe 3: 6500 - 9000
Preisgruppe 4: 8700 - 11000
Auch beim Fiat 850 steht heute die offene Version wesentlich höher im Kurs als die geschlossene - was früher genau umgekehrt war. Da entschieden sich mehr Käufer für das Coupé, obwohl der Spider nicht nur eine attraktive Bertone-Karosserie zu bieten hatte, sondern (in der 1.Serie) noch zwei zusätzliche PS. 1968, als der größere Motor eingeführt wurde, herrschte dann Parität. Auf Wunsch gab's ein Hardtop für die kleine Heckschleuder.

Fiat 850 Coupé

Zylinderzahl/Bauart: 4 Zyl.
Hubraum: 843 bzw. 903 ccm
Leistung bei U/min: 47/6200 bzw. 52/6400 PS
Höchstgeschwindigkeit: 140 bzw. 145 km/h
Karosserie-/Chassisbauart: selbsttragende Karosserie

Ausführung: Coupé
Baujahr: 1965-1968 bzw. 1968-1973
Stückzahl: 342.873 Ex.
Preistendenz: 2

Preisgruppe 1: 800 - 2000
Preisgruppe 2: 2000 - 4500
Preisgruppe 3: 4000 - 5700
Preisgruppe 4: 5500 - 7000

Dieses nette kleine Auto mußte ein Erfolg werden: Mit seiner bildhübschen, "hausgemachten" Karosserie, den guten Fahrleistungen und der sportlichen Innenausstattung präsentierte es sich als verlockendes Angebot für Leute, die ein richtiges kleines Sportcoupé für wenig Geld suchten. Das ist heute nicht anders: Noch immer besticht das Auto durch seinen Charme - was potentielle Käufer nicht davon abhalten sollte, diese kleinen Rostbeulen ordentlich unter die Lupe zu nehmen.

Fiat 124 Spider und Coupé 1966-1970

Zylinderzahl/Bauart: 4 Zyl.
Hubraum: 1483, 1592 bzw. 1758 ccm
Leistung bei U/min: 90/6600, 110/6000 bzw. 118/6000 PS
Baujahr: 1966 (1967)-1978
Stückzahl: 129.441 bzw. 279.672 Ex. (alle Coupés)

Preistendenz: Coupé: 3, Spider: 2

Preisgruppe 1: 1300 - 4500
Preisgruppe 2: 2500 - 7500
Preisgruppe 3: 5500 - 12000
Preisgruppe 4: 8500 - 17500

Der Konkurrenz tränten die Augen: Jener Fiat 124 Spider, den der Auto-Gigant im Herbst 1966 vorstellte, bot neben einer knackigen Pininfarina-Karosserie mit geräumigem Cockpit und genialem Verdeck-Mechanismus einen Motor mit 2 obenliegenden Nockenwellen, Fünfgang-Getriebe und Scheibenbremsen an allen vier Rädern - und war trotzdem billiger als alle Vergleichsmodelle! Kein Wunder, daß die Kunden Schlange standen. Sogar das später lancierte Coupé verkaufte sich gut, auch wenn sich heute kaum mehr jemand an dieses Auto erinnert.

Fiat Dino Coupé

Zylinderzahl/Bauart: V 6
Hubraum: 1987 bzw. 2418 ccm
Leistung bei U/min: 160/7200 bzw. 180/6600 PS
Höchstgeschwindigkeit: 200 bzw. 210 km/h
Karosserie-/Chassisbauart: selbsttragende Karosserie

Ausführung: Coupé
Baujahr: 1967-1969 bzw. 1969-1972
Stückzahl: 3.670 bzw. 2.398 Ex.
Preistendenz: 1

Preisgruppe 1: 8500 - 14000
Preisgruppe 2: 13000 - 20000
Preisgruppe 3: 19500 - 28000
Preisgruppe 4: 27000 - 36000

Aus der Not eine Tugend machten Fiat und Ferrari Mitte der sechziger Jahre: Um den Anforderungen der neuen Formel 2, die 1967 eingeführt werden sollte, zu genügen (die Internationale Sport-Kommission CSI hatte dafür die Regeln erlassen), beschlossen die beiden italienischen Hersteller, gemeinsam einen Hochleistungsmotor in Angriff zu nehmen. Von Franco Rocchi in Modena entwickelt und bei Ferrari gebaut, kam das Triebwerk sowohl im Ferrari Dino als im Fiat Dino zum Einsatz.

Fiat 130 Coupé

Zylinderzahl/Bauart: V 6
Hubraum: 3235 ccm
Leistung bei U/min: 165/5600 PS
Höchstgeschwindigkeit: 195 km/h
Karosserie-/Chassisbauart: selbsttragende Karosserie

Ausführung: Coupé
Baujahr: 1971-1976
Stückzahl: ca. 4.600 Ex.
Preistendenz: 2

Preisgruppe 1: 3500 - 7500
Preisgruppe 2: 7500 - 13500
Preisgruppe 3: 13500 - 19000
Preisgruppe 4: 19000 - 25000

Mit betont glattflächigem Pininfarina-Kleid und einer plüschigen Innenausstattung sollte das 130 Coupé zum Ruhme der Marke in der großen Klasse beitragen. Der Versuch mißlang: Das wahlweise mit ZF-Fünfgang-Getriebe oder Automatik ausgerüstete Auto wurde 1976 ersatzlos aus dem Programm gestrichen. Das offensichtlich für Luxusautos nicht ausreichende Marken-Prestige führt noch heute dazu, daß diese Autos sehr billig angeboten werden.

Fiat Dino Spider

Technische Daten: siehe Fiat Dino Coupé

Preisgruppe 1: 18500 - 26000
Preisgruppe 2: 25000 - 33000
Preisgruppe 3: 31500 - 40000
Preisgruppe 4: 39000 - 55000

Fiat zeichnete für die gesamte Konstruktion des Autos - bis eben auf das Triebwerk - verantwortlich und beauftragte Pininfarina, ein zweisitziges Cabrio und Bertone ein viersitziges Coupé zu entwerfen. Beide Designer erledigten ihre Arbeit hervorragend: Während sich das Coupé von ruhiger Eleganz präsentierte, wirkte der Spider sehr sportlich und aggressiv. Trotzdem wurden zwischen 1966 und 1969 nur 1.163 2,0 l - und zwischen 1969 und 1973 420 2,4 l-Spider verkauft.

Ford (D)

Wie mancher große Konzern ließ auch die mächtige Ford Motor Company einige ihrer Produkte in Deutschland fertigen: So entstand seit 1925 das berühmte Ford Modell T in Berlin. Aber die Amerikaner wollten eine eigenständige Fabrikation. Also reiste Auto-König Henry Ford, der nicht nur durch seine Autos, sondern auch durch seine wirtschaftspolitischen Theorien weltberühmt geworden war, höchstpersönlich nach Köln-Niehl, um dort am 2. Oktober 1930 gemeinsam mit Oberbürgermeister Dr. Konrad Adenauer den Grundstein für die neuen Ford-Werke zu legen. Schon kurze Zeit später rollten die ersten Autos vom Band.

Ford Taunus 1948-1952

Zylinderzahl/Bauart: 4 Zyl.
Hubraum: 1172 ccm
Leistung bei U/min: 34/4250 PS
Höchstgeschwindigkeit: 105 km/h
Karosserie-/Chassisbauart: Plattformrahmen

Ausführung: 2-t Lim., 3-t Kombi, Sonder-Aufbauten
Baujahr: 1948-1952
Stückzahl: 74.128 Ex.
Preistendenz: 2

Preisgruppe 1: 3500 - 9000
Preisgruppe 2: 5500 - 14000
Preisgruppe 3: 8000 - 19000
Preisgruppe 4: 13500 - 28000

Eigentlich eine Vorkriegs-Konstruktion, hatte der Taunus den Eifel im Frühsommer 1939 abgelöst. Seine eigentliche Karriere aber begann 1948, als Besucher das Auto auf der Hannover-Messe bewundern konnten. Mit der Auslieferung dieses im Volksmund "Buckel-Taunus" genannten Wagen mit der stromlinienförmigen Zweitürer-Karosserie - es gab außerdem noch einen dreitürigen Kombi und zahlreiche Sonder-Aufbauten, darunter wunderschöne Cabriolets von Deutsch - wurde noch im selben Jahr begonnen. 1950 bescherte man der Spezial-Limousine ein face-lifting.

Ford 12 M 1952-1962

Zylinderzahl/Bauart: 4 Zyl.
Hubraum: 1172 bzw. 1498 ccm
Leistung bei U/min: 38/4250 bzw. 55/4250 PS
Höchstgeschwindigkeit: 110 bzw. 130 km/h
Karosserie-/Chassisbauart: selbsttragende Karosserie

Ausführung: 2-t Lim., 3-t Kombi, Cabriolet
Baujahr: 1952-1962 bzw. 1959-1962
Stückzahl: 430.736 Ex.
Preistendenz: 2

Preisgruppe 1: 2000 - 7800
Preisgruppe 2: 5000 - 11000
Preisgruppe 3: 7500 - 16500
Preisgruppe 4: 9500 - 19500

Der intern G 13 gecodete Buckel-Nachfolger kam mit neuer Ponton-Karosserie und vorderer Einzelradaufhängung (der Vorgänger hatte noch Starrachsen!) daher, verfügte aber nach wie vor über den alten seiten-gesteuerten Vierzylinder. Das hinderte Ford nicht daran, den Wagen 1959 äußerlich mit mehr Chrom und einer zeittypischen Zweifarben-Lackierung aufzuwerten. Wer das betagte und dazu schwachbrüstige 1,2-l Triebwerk nicht mochte, konnte von da an gegen Aufpreis einen moderneren 1,5 l ohv-Motor ordern.

Ausführung: 2- u. 4-t Lim., 3-t Kombi, Cabriolet
Baujahr: 1957-1960
Stückzahl: 239.978 Ex.
Preistendenz: 2

Preisgruppe 1: 2000 - 8000
Preisgruppe 2: 5000 - 11500
Preisgruppe 3: 7500 - 16000
Preisgruppe 4: 9500 - 19500

Das kommt dabei heraus, wenn man amerikanische Stilelemente auf deutsche Autos überträgt. Trotzdem: Mochte der Volksmund über den "Gelsenkirchener Barock" auch spotten: Die Autos verkauften sich recht gut, auch wenn sie mit dem Olympia Rekord vom Erzrivalen Opel längst nicht mithalten konnten. Heute erscheinen diese P 2- Modelle (wie sie intern hießen) sehr reizvoll - nicht nur als Auto, sondern als Zeitdokument.

Ford 15 M

Technische Daten: siehe Ford 12 M 1,5 l

Preisgruppe 1: 2200 - 8000
Preisgruppe 2: 5200 - 11500
Preisgruppe 3: 7800 - 16000
Preisgruppe 4: 9800 - 19500

Beim 15 M handelte es sich im Prinzip um einen 12 M mit aufgewerteter Ausstattung und vor allem einem modernen, kurzhubig ausgelegten ohv-Triebwerk, das für damalige Verhältnisse beachtliche 55 PS leistete. So genoß das zwischen Ende 1954 und 1958 in einer Stückzahl von 134.127 Exemplaren gebaute Auto eine Menge Prestige. Angeboten als zweitürige Limousine oder dreitüriger Kombi, fertigte die Karosseriefirma Deutsch diesmal gleich zwei Offen-Versionen - wahlweise mit zwei oder vier Sitzen.

Ford 17 M P 2

Zylinderzahl/Bauart: 4 Zyl.
Hubraum: 1498 ccm
Leistung bei U/min: 55/4250 PS
Höchstgeschwindigkeit: 130 km/h
Karosserie-/Chassisbauart: selbsttragende Karosserie

Ford 17 M und 17 M TS P 3

Zylinderzahl/Bauart: 4 Zyl.
Hubraum: 1498, 1698 bzw. 1758 ccm
Leistung bei U/min: 55/4250, 60/4250, 65/4250, 70/4500 bzw. 75/4500 PS
Höchstgeschwindigkeit: 135-155 km/h
Karosserie-/Chassisbauart: selbsttragende Karosserie

Ausführung: 2- u. 4-t Lim., 3-t Kombi, Cabriolet
Baujahr: 1960-1964
Stückzahl: 669.731 Ex.
Preistendenz: 2

Preisgruppe 1: 1500 - 8000
Preisgruppe 2: 4000 - 11500
Preisgruppe 3: 6000 - 16000
Preisgruppe 4: 9000 - 19500

Auf "Gelsenkirchener Barock" folgte die "Linie der Vernunft". Und die kam (was einen für die Menschheit hoffen läßt) sehr gut an, zumal die ungewöhnlich geformten Autos tatsächlich unaufdringlich und sehr elegant.wirkten. Ein geschickter Schachzug war die Einführung der TS abgekürzten "Touren-Sport"- Version, die über mehr PS und eine sportlichere Innenausstattung verfügte. Mit anfänglich 70 und dann 75 PS, liefen diese Autos über 150 km/h.

Ford 17 M, 20 M und 20 M TS P 5

Zylinderzahl/Bauart: V 4- bzw. V 6.
Hubraum: 1498, 1699 bzw. 1998 ccm
Leistung bei U/min: 60/4500, 65/4500, 70/4500, 85/5000 bzw. 90/5000 PS
Höchstgeschwindigkeit: 135-163 km/h
Karosserie-/Chassisbauart: selbsttragende Karosserie

Ausführung: 2- u. 4-t Lim., 2-t Hardtop, 2- u. 4-t Kombi, Cabriolet
Baujahr: 1964-1967
Stückzahl: 710.059 Ex.
Preistendenz: 2

Preisgruppe 1: 800 - 7000
Preisgruppe 2: 3000 - 10000
Preisgruppe 3: 5500 - 14000
Preisgruppe 4: 7500 - 17000

Noch immer die "Linie der Vernunft", nur etwas aufgeblähter - so präsentierte sich der 17 M P 5. Offensichtlich traf er genau den Publikumsgeschmack, denn die Baureihe verkaufte sich blendend. Was vielleicht daran lag, daß Ford tief in die Tasche gegriffen und eine Reihe von Neuerungen spendiert hatte: Statt der bisherigen Reihen- gab es jetzt V-Motoren, und zwar mit vier - oder sechs Zylindern, letztere im neuen 20 M. Ebenfalls neu eingeführt hatte man ein zweitüriges Hardtop und einen fünftürigen Kombiwagen, der nach alter Ford-Sitte Turnier hieß.

Ford 12 M und 12 M TS (P 4)

Zylinderzahl/Bauart: V 4
Hubraum: 1183 bzw. 1498 ccm
Leistung bei U/min: 40/4500, 50/4500, 55/4500 bzw. 65/4500 PS
Höchstgeschwindigkeit: 125-145 km/h
Karosserie-/Chassisbauart: selbsttragende Karosserie

Ausführung: 2- u. 4-t Lim., 3-t Kombi, Coupé, Cabriolet
Baujahr: 1962-1966
Stückzahl: 672.695 Ex.
Preistendenz: 2

Preisgruppe 1: 800 - 5000
Preisgruppe 2: 2000 - 9000
Preisgruppe 3: 5000 - 13000
Preisgruppe 4: 7000 - 16000

Als vollständige Neukonstruktion brach der Taunus 12 M P 4 mit vielen Traditionen und setzte beispielsweise auf Vorderradantrieb. Seine (konzeptionelle) Wiege stand bei Ford/Dearborn, denn eigentlich war er für den amerikanischen Markt bestimmt, wo er als "Cardinal" kleinen Importwagen Konkurrenz machen sollte. Aber dann kam Lee Iacocca (heute Chrysler-Boß) bei Ford ans Ruder - und der schickte den Cardinal in die Verbannung - nämlich nach Europa, wo er auch entwickelt wurde.

Ford 12 M, 15 M TS und RS (P 6)

Zylinderzahl/Bauart: V 4
Hubraum: 1183, 1288, 1498 und 1699 ccm
Leistung bei U/min: 45/4500 - 75/5000 PS
Höchstgeschwindigkeit: 125-160 km/h
Karosserie-/Chassisbauart: selbsttragende Karosserie

Ausführung: 2- u. 4-t Lim., 3-t Kombi, Coupé
Baujahr: 1966-1970
Stückzahl: 668.187 Ex.
Preistendenz: 2

Preisgruppe 1: 500 - 1200
Preisgruppe 2: 1000 - 3500
Preisgruppe 3: 3200 - 5200
Preisgruppe 4: 5000 - 7000

Die Nachfolger des P 4 adaptierten dessen Karosserielinie (leider nicht zu ihrem Vorteil) und warteten mit überarbeiteter Technik auf. Grund-sätzliche Unterschiede zwischen 12 - und 15 M gab es nicht (sieht man von der veränderten Front- bzw. Heckpartie ab), dafür war das größere Modell in sportlicher TS- oder RS- Ausführung (mit auffälliger Kriegs-bemalung, aber recht guter Ausstattung) erhältlich. Cabriolets von Deutsch (bis dahin von jeder Baureihe erhältlich) sind nicht bekannt.

Ford 17 M, 20 M, TS und RS (P 7)

Zylinderzahl/Bauart: V 4 bzw. V 6
Hubraum: 1498, 1699, 1998 und 2293 ccm
Leistung bei U/min: 60/4800 - 108/5100 PS
Höchstgeschwindigkeit: 135-170 km/h
Karosserie-/Chassisbauart: selbsttragende Karosserie

Ausführung: 2- u. 4-t Lim., 3- u. 5-t Kombi, 2-t Hardtop, Cabriolet
Baujahr: 1967-1968
Stückzahl: 155.780 Ex.
Preistendenz: 2

Preisgruppe 1: 500 - 5000
Preisgruppe 2: 1500 - 9000
Preisgruppe 3: 3500 - 13000
Preisgruppe 4: 5000 - 16000

Als die Hüftschwung-Welle schwappte, mochte Ford nicht abseits stehen - und präsentierte den P 7. Nicht für lange: Zögernde Resonanz bei den Käufern führte dazu, daß man die Baureihe schon ein knappes Jahr später total umkrempelte. Unter diesem Aspekt ist heute besonders der grelle RS interessant, der nur rund vier Monate geliefert wurde. Dabei sorgte der neu eingeführte 2,3 l 108 PS-Motor für ausgezeichnete Fahrleistungen.

Ford 17 M, 20 M, 26 M, RS (1968-1971)

Zylinderzahl/Bauart: V 4 bzw. V 6
Hubraum: 1498, 1699, 1797, 1998, 2293 bzw. 2550 ccm
Leistung bei U/min: 60/4800 - 125/5300 PS
Höchstgeschwindigkeit: 135-180 km/h
Karosserie-/Chassisbauart: selbsttragende Karosserie

Ausführung: 2- u. 4-t Lim., 3- u. 5-t Kombi, 2-t Hardtop, Cabriolet
Baujahr: 1968 (1969)-1971
Stückzahl: 567.842 Ex.
Preistendenz: 2

Preisgruppe 1: 500 - 5000
Preisgruppe 2: 1500 - 9000
Preisgruppe 3: 3500 - 13000
Preisgruppe 4: 5000 - 16000

Auf den P 7 folgte - falsch!: nochmals der P 7. Was sich Ford dabei dachte, ist nicht überliefert, jedenfalls überraschte die neue Auto-Generation durch ruhige, an den P 3 und P 5 erinnernde Linienführung. Zum Topmodell avancierte der 1969 eingeführte 26 M, der - üppig motorisiert und ausgestattet - nur als viertürige Limousine und zweitüriges Hardtop-Coupé angeboten wurde. Und heute zu den gesuchteren Modellen zählt.

Ford OSI

Zylinderzahl/Bauart: V 6
Hubraum: 1998 bzw. 2293 ccm
Leistung bei U/min: 90/5000 bzw. 108/5100 PS
Höchstgeschwindigkeit: 165 bzw. 180 km/h
Karosserie-/Chassisbauart: selbsttragende Karosserie

Ausführung: Coupé
Baujahr: 1967-1968
Stückzahl: ca. 3.500 Ex.
Preistendenz: 2

Preisgruppe 1: 2000 - 4500
Preisgruppe 2: 4200 - 9000
Preisgruppe 3: 8700 - 12500
Preisgruppe 4: 12200 - 17500

Als Studie 1966 auf dem Genfer Salon gezeigt, ließ Ford den OSI zwischen 1967 und 1968 tatsächlich bauen. Das von der "Officine Stampaggi Industriali" (OSI) entworfene und schließlich auch gefertigte Blechkleid wurde auf die Bodengruppe des 20 M gestülpt und erregte größtes Aufsehen: Wer das über die Ford-Händler vertriebene Auto sah, konnte es durchaus für einen Ferrari halten. Vielleicht pflegten es deshalb seine Besitzer besonders gut, jedenfalls wird das schicke Coupé heute noch recht häufig angeboten.

Ford Capri I

Zylinderzahl/Bauart: V 4, 4 Zyl. Reihe bzw. V 6
Hubraum: 1293-2993 ccm
Leistung bei U/min: 50/5000 - 150/5300 PS
Höchstgeschwindigkeit: 135-205 km/h
Karosserie-/Chassisbauart: selbsttragende Karosserie

Ausführung: Coupé, Cabriolet
Baujahr: 1969-1973
Stückzahl: ca. 784.000 Ex.
Preistendenz: 2

Preisgruppe 1: 900 - 7500
Preisgruppe 2: 2000 - 12500
Preisgruppe 3: 4000 - 18000
Preisgruppe 4: 6500 - 25000

Mit langer Schnauze, Stummelheck und vier Sitzplätzen nach Ford Mustang-Rezept gemixt, sorgte dieser Beau de Cologne in der Alten Welt für Furore. In einer kaum überschaubaren Menge von Motoren und Ausstattungen lieferbar, konnte sich jeder "seinen" Capri individuell zusammenstellen - von behäbig-bieder bis aufregend-sportlich. Die Krönung der Baureihe hieß 2600 RS und erwies sich als extrem konkurrenzfähiges Renn- und Rallye-Auto. 1972 wurden die V 4-Motoren zugunsten von Reihen-Vierzylindern ausrangiert.

Ford Escort RS 2000

Zylinderzahl/Bauart: 4 Zyl.
Hubraum: 1993 ccm
Leistung bei U/min: 100/5700 PS
Höchstgeschwindigkeit: 175 km/h
Karosserie-/Chassisbauart: selbsttragende Karosserie

Ausführung: 2-t Lim.
Baujahr: 1973-1974
Stückzahl: ca. 3.500 Ex.
Preistendenz: 2

Preisgruppe 1: 1400 - 3000
Preisgruppe 2: 3000 - 5000
Preisgruppe 3: 5000 - 7500
Preisgruppe 4: 7500 - 9500

Entwickelt bei Ford in England, kam der Escort auch bei uns auf den Markt - hauptsächlich als Konkurrenz etwa zum Opel Kadett. Der RS freilich hatte Haare auf den Zähnen: Er sollte die gerade von Ford eingeleitete Offensive in Sachen Rennsport unterstützen - und tat das hervorragend. Obendrein bot (und bietet) er Understatement par excellence: Abgesehen von den breiteren Reifen, der auffälligen Lackierung und kleinen anderen Details unterscheidet er sich nicht von seinen biederen Brüdern.

Ford (GB)

Ähnlich wie in Deutschland besaß die amerikanische Ford Motor Company ein englisches Montagewerk, wo zwischen 1911 und 1932 die US-Modelle des Konzerns entstanden - mit Rechtslenkung, sonst aber (bis auf den Typ AF) technisch unverändert. Erst als 1932 ein neues Werk in Dagenham eingerichtet wurde, entwickelte sich ein eigenständiges Programm. Erstaunlicherweise gingen die deutschen und die englischen Ford-Werke lange Zeit getrennte Wege, boten also in ihren Ländern eine eigenständige Angebotspalette.

Ford Anglia

Zylinderzahl/Bauart: 4 Zyl.
Hubraum: 933 ccm
Leistung bei U/min: 24/4000 PS
Höchstgeschwindigkeit: 90 km/h
Karosserie-/Chassisbauart: Kastenrahmen

Ausführung: 2-t Lim.
Baujahr: 1940-1948 bzw. 1949-1953
Stückzahl: 166.864 (inkl. Vorkrieg)
Preistendenz: 2

Preisgruppe 1: 1800 - 2800
Preisgruppe 2: 2500 - 4500
Preisgruppe 3: 4200 - 6000
Preisgruppe 4: 5500 - 7500

"Sit up and beg", nennen die Engländer dieses Auto - was soviel wie "Männchenmachen" bedeutet. Der Vergleich ist nicht schlecht: Hoch und so schmal, daß er in Kurven eigentlich umkippen muß, ist der Anglia tatsächlich eine putzige Erscheinung. Dabei gilt sein alter Seitenventil-Motor, der mit einem Dreigang- Getriebe kombiniert ist, als unverwüstlich. Wer heute einen Anglia haben will, sollte sich in England umschauen.

Ford Anglia 105E

Zylinderzahl/Bauart: 4 Zyl.
Hubraum: 997 ccm
Leistung bei U/min: 40/5000 PS
Höchstgeschwindigkeit: 120 km/h
Karosserie-/Chassisbauart: selbsttragende Karosserie

Ausführung: 2-t Lim., 3-t Kombi
Baujahr: 1960-1967
Stückzahl: 945.713 Ex.
Preistendenz: 2

Preisgruppe 1: 500 - 1800
Preisgruppe 2: 1500 - 3500
Preisgruppe 3: 3200 - 4500
Preisgruppe 4: 4200 - 5500

Bei uns nahezu unbekannt, erfreute sich dieser Anglia nicht nur in seiner Heimat, sondern etwa auch in skandinavischen Ländern großer Beliebtheit. Zu recht: In die attraktive, sehr modische Karosserie mit ihrer rückwärts geneigten Heckscheibe hatte man endlich ein ohv-Triebwerk samt Viergang-Getriebe gepflanzt. Da dieser kleine Vierzylinder extrem kurzhubig ausgelegt war, erfreute er sich bei zahlreichen englischen Tunern großer Beliebtheit und kam so sogar zu rennsportlichen Ehren.

Ford Pilot

Zylinderzahl/Bauart: V 8
Hubraum: 2535 bzw. 3622 ccm
Leistung bei U/min: 67/4000 bzw. 86/3500 PS
Höchstgeschwindigkeit: 120 bzw. 130 km/h
Karosserie-/Chassisbauart: Kastenrahmen

Ausführung: 4-t Lim., 5-t Kombi
Baujahr: 1947-1950
Stückzahl: 22.189 Ex.
Preistendenz: 2

Preisgruppe 1: 6000 - 9500
Preisgruppe 2: 9500 - 13500
Preisgruppe 3: 13500 - 17000
Preisgruppe 4: 17000 - 21000

Eigentlich ein Auto aus der Vorkriegszeit, verfügte der Pilot über einen massiven Kastenrahmen, eine traditionell geformte Karosserie aus dickem Blech und einen betagten V 8-Seitenventiler. Obwohl nur verhältnismäßig kurz gebaut, sind Ersatzteile heute noch recht gut zu bekommen - und die Autos selbst in England das, was so schön "under-valued", also unterbewertet, heißt.

Ford Zephyr

Zylinderzahl/Bauart: 6 Zyl.
Hubraum: 2262 ccm
Leistung bei U/min: 69/4000 PS
Höchstgeschwindigkeit: 130 km/h
Karosserie-/Chassisbauart: selbsttragende Karosserie

Ausführung: 4-t Lim., Cabriolet
Baujahr: 1950-1956
Stückzahl: ca. 180.000 Ex.
Preistendenz: 2

Preisgruppe 1: 2000 - 4500
Preisgruppe 2: 4000 - 9000
Preisgruppe 3: 6500 - 13500
Preisgruppe 4: 8500 - 19500

1950 vorgestellt, galt der Zephyr (es gab noch einen optisch nahezu identischen, aber nur vierzylindrigen Consul) als Sensation: Da war die hochmoderne Ponton- Karosserie, die auf ein separates Fahrgestell verzichtete, ein weich laufender Sechszylinder ohv-Motor und vordere Einzelradaufhängung. Neben der viertürigen Limousine konnte man ein adrettes fünfsitziges Cabrio oder, als Sonderanfertigung, einen von Abbott gebauten Kombi bekommen.

Ford Zephyr und Zodiac Mk II

Zylinderzahl/Bauart: 6 Zyl.
Hubraum: 2553 ccm
Leistung bei U/min: 87/4200 bzw. 90/4200 PS
Höchstgeschwindigkeit: 140 km/h
Karosserie-/Chassisbauart: selbsttragende Karosserie

Ausführung: 4-t Lim., 5-t Kombi, Cabriolet
Baujahr: 1956-1962
Stückzahl: 350.244 Ex
Preistendenz: 2

Preisgruppe 1: 1800 - 5000
Preisgruppe 2: 3800 - 10000
Preisgruppe 3: 6200 - 15000
Preisgruppe 4: 8200 - 21000

Vollständig neu eingekleidet präsentierte sich die Consul-Zephyr-Zodiac-Baureihe seit 1956 in bewährter Manier: Bei gleicher Grundkarosserie mußte sich der billigere Consul mit einem Vierzylinder-Triebwerk begnügen, während Zephyr und Zodiac (die Luxusausführung des Zephyr) ihre Passagiere mit einem Sechszylinder verwöhnten. Nach wie vor gab es ein wunderschönes "3-Position-Drophead-Coupé", das fünf Personen Platz bot.

Ford Zephyr und Zodiac Mk III

Zylinderzahl/Bauart: 4 bzw. 6 Zyl.
Hubraum: 1703 bzw. 2553 ccm
Leistung bei U/min: 65/4700, 93/4500 bzw. 107/4750 PS
Höchstgeschwindigkeit: 140-160 km/h
Karosserie-/Chassisbauart: selbsttragende Karosserie

Ausführung: 4-t Lim., Kombi
Baujahr: 1962-1966
Stückzahl: insg. 292.117 Ex.
Preistendenz: 2

Preisgruppe 1: 1000 - 3500
Preisgruppe 2: 3200 - 4800
Preisgruppe 3: 4500 - 6900
Preisgruppe 4: 6000 - 8500

Wie sich das in der Auto-Industrie gehört, war die Zephyr/Zodiac Mk III-Generation gegenüber ihren Vorgängern ein ganzes Stück größer geworden: Mit Heckflossen und Doppelscheinwerfern (Zodiac) folgten sie (erheblich verspätet) amerikanischem Stilempfinden. Cabrios gab's keine mehr, auch die Bezeichnung Consul war verschwunden, dafür konnte der Kunde nun zwischen dem Zephyr 4 oder 6 (Sie erraten es: Die Ziffer benannte die Zylinderzahl) wählen. Wer sich für den Zodiac entschied, bekam u.a. ein drittes Seitenfenster dazu.

Lotus Cortina

Zylinderzahl/Bauart: 4 Zyl.
Hubraum: 1558 bzw. 1594 ccm
Leistung bei U/min: 106/6000 bzw. 140/6500 PS
Höchstgeschwindigkeit: 175 bzw. 190 km/h
Karosserie-/Chassisbauart: selbsttragende Karosserie
Ausführung: 2-t Lim.
Baujahr: 1963-1966
Stückzahl: 4.012 Ex.
Preistendenz: 1
Preisgruppe 1: 5000 - 9500
Preisgruppe 2: 9500 - 16000
Preisgruppe 3: 16000 - 22000
Preisgruppe 4: 22000 - 30000
Was den Deutschen der 12 M, war den Engländern der Cortina: eine biedere Familienkutsche ohne sportliche Ambitionen. Aber es gab Ausnahmen von der Regel: So pflanzte man einen dohc-Motor von Lotus in eine Cortina-Karosse, sorgte für ein überarbeitetes Fahrwerk (neben anderen "goodies"), lackierte das Ganze weiß mit keckem grünen Streifen - und hatte ein Sportgerät, das den Alfa, BMW und Volvo erfolgreich den Kampf ansagte.

Lotus Cortina Mk II

Technische Daten: siehe Lotus Cortina

Preisgruppe 1: 2000 - 4500
Preisgruppe 2: 4500 - 7000
Preisgruppe 3: 7000 - 9500
Preisgruppe 4: 9500 - 13000

Lange nicht so erfolgreich und darum auch lange nicht so gesucht, trat der Lotus Cortina Mk II technisch in die Fußstapfen seines berühmten Vorgängers. Ab 1969 Twin Cam genannt, offerierte dieses Auto dabei beachtliche Fahrleistungen und eine Menge Fahrspaß - und kostet natürlich wesentlich weniger als das Ur-Modell. Wer in England also auf eines der 4.000 gebauten Exemplare stößt, sollte zugreifen!

Ford (USA)

1903 gründete Henry Ford die nach ihm benannte Motor Company - und lancierte 1909 jenes Modell, das ihn und sein Werk auf der ganzen Welt berühmt machen sollte: den Ford T. Während seiner 18-jährigen Produktionszeit wurde dieses Auto 15 Millionen mal hergestellt (erst der VW Käfer sollte diesen Weltrekord brechen), war also so etwas wie das erste "Volks"-Auto überhaupt. Schon damals stand Ford in scharfer Konkurrenz zu Chevrolet (bzw. zu General Motors) - eine Rivalität, die nicht nur auf dem amerikanischen Markt bis heute anhält.

Ford Fordor Sedan 1949

Zylinderzahl/Bauart: 6 Zyl. bzw. V 8
Hubraum: 3702 bzw. 3917 ccm
Leistung bei U/min: 95/3800 bzw. 100/3600 PS (SAE)
Höchstgeschwindigkeit: 135 bzw. 138 km/h
Karosserie-/Chassisbauart: Kastenrahmen

Ausführung: 4-t Lim.
Baujahr: 1949
Stückzahl: 44.563 bzw. 248.176 Ex.
Preistendenz: 2

Preisgruppe 1: 4000 - 7500
Preisgruppe 2: 7000 - 12000
Preisgruppe 3: 11000 - 16000
Preisgruppe 4: 15000 - 19500

1949 überraschte Ford mit einer optisch neugestalteten Modellreihe, die als erste Nachkriegsentwicklung in die Geschichte eingehen sollte. Offenbar trafen die Ford- Leute damit den Publikumsgeschmack, denn das Unternehmen verkaufte in diesem Jahr mehr Autos als Erzrivale Chevrolet. Die ebenso modern wie elegant geformten Autos waren als Standard (mit 6 Zyl.-Motor) oder - ungewöhnlich für die damalige Zeit - als Custom (mit V 8) lieferbar. Hier die Fordor genannte viertürige Limousine (der Zweitürer hieß Tudor).

Ford Fairlane Skyliner Retractable

Zylinderzahl/Bauart: V 8
Hubraum: 4457-5766 ccm
Leistung bei U/min: 193/4500 - 304/4600 PS (SAE)
Höchstgeschwindigkeit: 155-175 km/h
Karosserie-/Chassisbauart: Kastenrahmen

Ausführung: Cabriolet mit Blechdach
Baujahr: 1957-1959
Stückzahl: 48.394 Ex.
Preistendenz: 1

Preisgruppe 1: 5000 - 10500
Preisgruppe 2: 9000 - 17500
Preisgruppe 3: 16000 - 25000
Preisgruppe 4: 19000 - 33500

Die Idee, ein Cabriolet mit den Vorteilen eines Hardtops auszustatten und ihm deshalb ein Belchdach zu verpassen, war eigentlich nicht schlecht. Ford jedenfalls hatte den Mut, sie 1957, 1958 und 1959 in die Tat umzusetzen und für einen ausgeklügelten Mechanismus zu sorgen, der das Dach per Knopfdruck im Kofferaum verschwinden ließ (oder es hervorzauberte, ganz nach Bedarf). Aber das alles war kompliziert, reparaturanfällig und teuer - weshalb man schon bald wieder die Produktion des Retractable einstellte.

Ford Thunderbird 1955, 1956 und 1957

Zylinderzahl/Bauart: V 8
Hubraum: 4780 bzw. 5113 ccm
Leistung bei U/min: 193/4400 - 300/ - PS (SAE)
Höchstgeschwindigkeit: 185-210 km/h
Karosserie-/Chassisbauart: Kastenrahmen

Ausführung: Cabriolet
Baujahr: 1955-1957
Stückzahl: 16.155, 15.631 bzw. 21.380 Ex.
Preistendenz: 1

Preisgruppe 1: 27000 - 43000
Preisgruppe 2: 40000 - 59000
Preisgruppe 3: 57000 - 72000
Preisgruppe 4: 70000 - 88000

Als Antwort auf die Corvette von Chevrolet präsentierte Ford den Thunderbird. Und der verkaufte sich - im Gegensatz zur Konkurrenz mit den schwülstigen Formen und dem Kunststoff-Kleid - von Anfang an hervorragend. Heute sind besonders die zweisitzigen, nur drei Jahre lang gebauten Modelle gesucht, von denen die Ausführungen mit Kompressor wiederum die begehrtesten sind. Beim 1957er Modell waren einige Detail-Retuschen - technischer wie optischer Art - vorgenommen worden.

Ford Thunderbird 1958-1960

Zylinderzahl/Bauart: V 8
Hubraum: 5766 bzw. 7056 ccm
Leistung bei U/min: 304/4600 bzw. 355/4400 PS (SAE)
Höchstgeschwindigkeit: 180 bzw. 200 km/h
Karosserie-/Chassisbauart: selbsttragende Karosserie

Ausführung: Cabriolet, Hardtop
Baujahr: 1958-1960
Stückzahl: 198.191 Ex.
Preistendenz: 2

Preisgruppe 1: 20000 - 31000
Preisgruppe 2: 30000 - 42000
Preisgruppe 3: 40000 - 48000
Preisgruppe 4: 44000 - 52000

Nach dem 1957er Modell bedeutete der neue T-Bird (wie seine Fans ihn nannten) eine kleine Sensation: Die Karosserie war nun selbsttragend ausgelegt, es war erstmals ein Hardtop lieferbar und außerdem präsentierte sich der Neuling nicht nur mit vollständig neuer Linienführung ("Squarebird"), sondern außerdem mit vier Sitzplätzen. Marketing-Strategen hatten ermittelt, daß durch diese Maßnahme der Verkauf sprunghaft ansteigen würde - was auch tatsächlich geschah.

Ford Thunderbird 1961-1963

Zylinderzahl/Bauart: V 8
Hubraum: 6384 ccm
Leistung bei U/min: 304/4400 bzw. 344/4600 PS (SAE)
Höchstgeschwindigkeit: 180-200 km/h
Karosserie-/Chassisbauart: selbsttragende Karosserie

Ausführung: Cabriolet, Hardtop
Baujahr: 1961-1963
Stückzahl: 214.375 Ex.
Preistendenz: 2

Preisgruppe 1: 14000 - 19000
Preisgruppe 2: 18000 - 29000
Preisgruppe 3: 26000 - 37000
Preisgruppe 4: 34000 - 43000

1961 erschien eine neue T-Bird Generation, deren interessante Linienführung als "Cigar Shape" bezeichnet wurde. Zu Hardtop und Convertible gesellten sich das luxuriöse Landau Hardtop (für dessen Innenausstattung reichlich Holzfurnier verwendet wurde) und der Roadster. Dieser Roadster gab sich zweisitzig, war aber in Wirklichkeit ein viersitziges Cabrio, dem man eine sehr sportlich aussehende Glasfiber-Abdeckung über der Rückbank verpaßt hatte. Initiator dieser Idee: der unermüdliche Lee Iacocca.

Ford Thunderbird 1964-1966

Zylinderzahl/Bauart: V 8
Hubraum: 6284 bzw. 6997 ccm
Leistung bei U/min: 304/4400 - 350/4600 PS (SAE)
Höchstgeschwindigkeit: 180-200 km/h
Karosserie-/Chassisbauart: selbsttragende Karosserie

Ausführung: Cabriolet, Hardtop
Baujahr: 1964-1966
Stückzahl: 236.613 Ex.
Preistendenz: 2

Preisgruppe 1: 12000 - 17000
Preisgruppe 2: 15000 - 24000
Preisgruppe 3: 22000 - 35000
Preisgruppe 4: 32000 - 38000

Bekannte Technik (wenngleich ein neuer, noch größerer und noch stärkerer Motor auf Wunsch lieferbar wurde) und eine neugestylte Karosserie zeichneten die zwischen 1964 und 1966 gebaute "Donnervögel" aus. Den Roadster hatte man fallengelassen - und ähnliches würde man mit dem Cabriolet vermutlich auch bald tun: Die Verkaufszahlen der Offen-Version hinkten stark hinterher. Allein daran, daß es rund 10 Prozent teurer als die normale Hardtop-Version war, konnte es nicht liegen.

Ford Thunderbird Landau Fourdoor Sedan

Zylinderzahl/Bauart: V 8
Hubraum: 6384 bzw. 7026 ccm
Leistung bei U/min: 304/4400 bzw. 365/4600 PS (SAE)
Höchstgeschwindigkeit: 180-205 km/h
Karosserie-/Chassisbauart: selbsttragende Karosserie

Ausführung: 4-t Lim.
Baujahr: 1967-1970
Stückzahl: 70.988 Ex.
Preistendenz: 2

Preisgruppe 1: 10000 - 15000
Preisgruppe 2: 14000 - 22000
Preisgruppe 3: 20000 - 29000
Preisgruppe 4: 25000 - 32000

Eine Rarität besonderer Art: der einzige viertürige Thunderbird, den es je gab. Von der allgemeinen Tendenz her war das zu erwarten, denn mit jeder neuen Generation wurde der einst so sportliche Wagen größer und verquollener. 1967 kam das Aus für das Convertible, dessen Stelle quasi der Landau-Viertürer einnahm (die zweitürige Hardtop-Version gab es weiterhin. Der Viertürer verkaufte sich anfänglich gut, dann aber sackten die Zahlen: Von 24.967 Exemplaren im Jahr 1967 auf 8.401 (1970). Die Konsequenz: Die Produktion wurde eingestellt.

Ford Mustang 1964-1973

Zylinderzahl/Bauart: 6 Zyl. bzw. V 8
Hubraum: 2781-6964 ccm
Leistung bei U/min: 101/4400 - 390/5400 PS
Höchstgeschwindigkeit: 150-215 km/h
Karosserie-/Chassisbauart: selbsttragende Karosserie

Ausführung: Hardtop, Fastback, Cabriolet
Baujahr: 1964-1973
Preistendenz: 2

Preisgruppe 1: 7000 - 13500
Preisgruppe 2: 11000 - 18000
Preisgruppe 3: 16500 - 24000
Preisgruppe 4: 21000 - 38000

Es schien genau das Auto zu sein, auf das die Amerikaner gewartet hatten: Zwischen April 1964 und Januar 1966 wurden 680.989 Stück verkauft - Weltrekord! Dieses geistige Kind von Ford-Boß Lee Iacocca entwickelte sich aber nicht nur zum überragenden Verkaufserfolg, sondern auch zum Trend-Setter, der die Epoche der sogenannten "Pony Cars" (Merkmale: Lange Schnauze, Stummelheck, Platz für vier Personen und jede Menge PS) einleitete.

Fuldamobil

Wie viele unternehmungslustige Herren versuchte auch Norbert Stevenson, Anfang der 50er Jahre mit einem Kleinstwagen ins Geschäft zu kommen. Das gelang dem Konstrukteur auch, allerdings mit nur bescheidenem Erfolg: Die erst drei-, dann vierrädrigen Wägelchen wurden zunächst ausschließlich beim Elektromaschinenbau Fulda, später gleichzeitig noch bei NWF (Nordwestdeutscher Fahrzeugbau) in Wilhelmshaven gefertigt. Ohne freilich große Stückzahlen zu erreichen. Daran änderte auch York Nobel nichts, der das Auto in England in Lizenz baute.

Fuldamobil S 7

Zylinderzahl/Bauart: 1 Zylinder (Zweitakt)
Hubraum: 191 ccm
Leistung bei U/min: 10/5200 PS
Höchstgeschwindigkeit: 60 km/h
Karosserie-/Chassisbauart: Kunststoff-Karosserie auf Rohrrahmen

Ausführung: 4-sitziges Moto-Coupé
Baujahr: 1957-1969
Stückzahl: ca. 440 Ex.
Preistendenz: 2

Preisgruppe 1: 2500 - 4500
Preisgruppe 2: 4500 - 7500
Preisgruppe 3: 7500 - 10500
Preisgruppe 4: 10500 - 15000

Statt der bisher verwandten Alu-Außenhaut kam beim S 7 nun Kunststoff zum Einsatz. Obwohl sich dieses für vier Personen ausgelegte Gefährt eigentlich recht modern und gefällig gab, entwickelte sich der Verkauf nur zögernd. Um so erstaunlicher, daß der S 7 allein bis 1969 bei uns gebaut wurde. Noch länger gab es Lizenz- Versionen in Griechenland, wo das Fuldamobil unter der Bezeichnung Attica bis weit in die siebziger Jahre hinein (angeblich) entstand.

Glas

Es war eine Karriere wie aus dem Wirtschaftswunder-Bilderbuch: Innerhalb von wenigen Jahren hatte sich die in Dingolfing gelegene Hans Glas GmbH vom Landmaschinen-Hersteller zum angesehenen Autoproduzenten gemausert. Der Weitblick von Seniorchef Hans Glas machte es möglich: Ihm war klar, daß in der jungen Bundesrepublik die Nachfrage nach Motorrollern und Kleinwagen sprunghaft steigen würde - also bot man die entsprechenden Fahrzeuge an. Und hatte großen Erfolg. Der Versuch freilich, in der Mittel- oder gar Luxusklasse Fuß zu fassen, scheiterte: Ende 1966 wurde die Firma von BMW übernommen.

Goggomobil 250, 300 und 400 Limousine

Zylinderzahl/Bauart: 2 Zyl.(Zweitakt)
Hubraum: 247, 296 bzw. 395 ccm
Leistung bei U/min: 13,6/5400, 14,8/5000 bzw. 20/5000 PS
Höchstgeschwindigkeit: 75-90 km/h
Karosserie-/Chassisbauart: mittragende Karosserie

Ausführung: 2-t Lim.
Baujahr: 1954-1969 (250)
Stückzahl: 214.228 Ex.
Preistendenz: 2

Preisgruppe 1: 500 - 2000
Preisgruppe 2: 1500 - 3500
Preisgruppe 3: 2800 - 4500
Preisgruppe 4: 4100 - 6100

Der Einstieg des Familienbetriebs aus Niederbayern ins Autogeschäft erfolgte mit dem Goggomobil - benannt nach Enkel Andreas, der den Spitznamen "Goggo" hatte. Die kleine Limousine, die 1954 vorgestellt und seit 1955 serienmäßig gebaut wurde, stellte sowas wie die Minimal-Motorisierung mit vier Rädern dar - und erfreute sich dennoch großer Beliebtheit, denn sie bot vier Personen ein Dach über'm Kopf und erwies sich als ausgesprochen robust.

Goggomobil 250, 300 und 400 Coupé

Technische Daten: siehe Limousine

Preisgruppe 1: 800 - 2500
Preisgruppe 2: 2500 - 4000
Preisgruppe 3: 4000 - 5500
Preisgruppe 4: 5500 - 7000

Technisch unverändert, bereicherte seit 1957 das Coupé die Modellpalette. Wie die Limousine bis 1969 gebaut, entwickelte man das adrette und auch innen wesentlich wohnlichere Coupé nur in bescheidenem Rahmen weiter. Warum auch? Der Kundschaft kam es hauptsächlich auf günstige Unterhaltskosten und einen geringen Einstandspreis an - und beides konnte der kleine Zweitürer bieten. Insgesamt verließen 66.511 Coupés die Fertigungshallen.

Glas Isar 600 und 700

Zylinderzahl/Bauart: 2 Zyl.Boxer (Viertakt)
Hubraum: 584 bzw. 688 ccm
Leistung bei U/min: 20/5000, 19/4800 bzw. 30/4900 PS
Höchstgeschwindigkeit: 95-105 km/h
Karosserie-/Chassisbauart: selbsttragende Karosserie

Ausführung: 2-t Lim., 3-t Kombi
Baujahr: 1958-1965
Stückzahl: ca. 88.560 Ex.
Preistendenz: 2

Preisgruppe 1: 1300 - 3000
Preisgruppe 2: 3000 - 4700
Preisgruppe 3: 4700 - 6400
Preisgruppe 4: 6400 - 8100

Es war eigentlich eine kluge und konsequente Entscheidung, dieses kleine Automobil zu lancieren und dadurch Kunden, die Aufstiegsmöglichkeiten suchten, bedienen zu können. Trotzdem entsprach der Erfolg des 600/700 in keiner Weise den Erwartungen. Obwohl mit einem neukonstruierten Viertaktmotor sowie einer sehr modischen Karosserie versehen, hielt sich das Kaufinteresse in Grenzen. Neben Fertigungs- mängeln war das mit dem Namen Goggomobil verbundene Kleinwagen-Image ein Hauptgrund - weshalb man das Auto in Glas Isar umbenannte.

Glas 1004, 1004 TS und 1004 CL

Zylinderzahl/Bauart: 4 Zyl.
Hubraum: 992 ccm
Leistung bei U/min: 42/5000, 40/4800 bzw. 64/6000 PS
Höchstgeschwindigkeit: 130-150 km/h
Karosserie-/Chassisbauart: selbsttragende Karosserie

Ausführung: 2-t Lim., 3-t Fastback-Lim., Coupé, Cabriolet
Baujahr: 1961-1967
Stückzahl: insg. 9.346 Ex.
Preistendenz: 2, Cabrio: 1

Preisgruppe 1: 800 - 3000
Preisgruppe 2: 1000 - 7500
Preisgruppe 3: 3500 - 12000
Preisgruppe 4: 6000 - 16000

Zu den Sensationen der IAA von 1961 zählte ohne Frage der brandneue Glas 1004 - nicht nur, weil es das erste "ausgewachsene" Auto der Firma war, sondern weil es obendrein einen technischen Leckerbissen zu bieten hatte: Die obenliegende Nockenwelle wurde - erstmalig bei einem Serienauto überhaupt - mittels Zahnriemen angetrieben! Geliefert wurde der Neuling aus dem Hause Glas als Coupé und preisgünstiges Cabriolet, eine ausgesprochen scharfe TS-Version folgte. 1965 kamen ein zweitürige Limousine sowie ein dreitüriges "Kombi-Coupé" dazu.

Glas 1304, 1304 TS und CL

Zylinderzahl/Bauart: 4 Zyl.
Hubraum: 1290 ccm
Leistung bei U/min: 60/5000, 75/5500 bzw. 85/5800 PS
Höchstgeschwindigkeit: 140-170 km/h
Karosserie-/Chassisbauart: selbsttragende Karosserie

Ausführung: 2-t Lim., 3-t Fastback-Lim., Cabriolet
Baujahr: 1965-1968
Stückzahl: insg. 12.259 Ex.
Preistendenz: 2, Cabrio: 1

Preisgruppe 1: 1000 - 4000
Preisgruppe 2: 2000 - 7500
Preisgruppe 3: 4000 - 12000
Preisgruppe 4: 6500 - 18000

Als Ablösung für den 1204 nahm man den 1304 ins Programm - und schuf damit die Krönung der gesamten Baureihe: In seiner stärksten Ausführung leisteten diese kleinen Geschosse immerhin 85 PS - womit sie nicht nur im normalen Straßenverkehr, sondern auch auf Renn- und Rallyepisten für Verblüffung sorgten. Die Cabriolet- Version allerdings wurde mit diesem Triebwerk nicht ausgerüstet.

Glas 1204 und 1204 TS

Zylinderzahl/Bauart: 4 Zyl.
Hubraum: 1189 ccm
Leistung bei U/min: 53/5100 bzw. 70/5750 PS
Höchstgeschwindigkeit: 140-160 km/h
Karosserie-/Chassisbauart: selbsttragende Karosserie

Ausführung: 2-t Lim., Coupé, Cabriolet
Baujahr: 1963-1965
Stückzahl: insg. 16.902 Ex.
Preistendenz: 2, Cabrio: 1

Preisgruppe 1: 1000 - 3500
Preisgruppe 2: 1500 - 8000
Preisgruppe 3: 3700 - 11000
Preisgruppe 4: 6200 - 17500

Die 1,2 l Version ergänzte 1963 die 04-Baureihe und wandte sich vor allem an Leute, denen das sehr drehfreudige 992 ccm-Triebwerk zu nervös und zu drehmomentschwach war. Sonst gab es keine technischen Veränderungen, ebensowenig wie die Karosserielinie retuschiert wurde. Wer sich für den 1204 entschied, mußte DM 300,- (rund 5 Prozent) mehr dafür ausgeben als für den kleineren Bruder.

Glas 1300 GT

Zylinderzahl/Bauart: 4 Zyl.
Hubraum: 1290 ccm
Leistung bei U/min: 75/5500 bzw. 85/5800 PS
Höchstgeschwindigkeit: 170-175 km/h
Karosserie-/Chassisbauart: selbsttragende Karosserie

Ausführung: Coupé, Cabriolet
Baujahr: 1964-1967
Stückzahl: 3.760 Ex.
Preistendenz: Coupé: 2, Cabrio: 1

Preisgruppe 1: 2500 - 4500
Preisgruppe 2: 4500 - 7500
Preisgruppe 3: 7500 - 12000
Preisgruppe 4: 12000 - 18000

Technisch basierte der 1300 GT auf der 04-Baureihe, während Pietro Frua für das wirklich attraktive Blechkleid gesorgt hatte. Aber leider: Obwohl das Auto, das zunächst als Coupé, dann als Cabriolet (auf Wunsch mit Werks-Hardtop) geliefert werden konnte, auch leistungsmäßig überzeugte, blieb der erwartete Verkaufserfolg aus. Vielleicht nicht mal überraschend, denn gegen starke Konkurrenz (vor allem aus England) tat man sich erstaunlicherweise auch preislich schwer.

Glas 1700 GT

Zylinderzahl/Bauart: 4 Zyl.
Hubraum: 1682 ccm
Leistung bei U/min: 100/5500 PS
Höchstgeschwindigkeit: 185 km/h
Karosserie-/Chassisbauart: selbsttragende Karosserie

Ausführung: Coupé, Cabriolet
Baujahr: 1965-1967
Stückzahl: 1802 Ex.
Preistendenz: Coupé: 2; Cabrio: 1

Preisgruppe 1: 2500 - 6000
Preisgruppe 2: 6000 - 9000
Preisgruppe 3: 9000 - 14000
Preisgruppe 4: 14000 - 20000

Dank vergrößerten Hubraums konnte die Leistung des damit 1700 GT genannten Autos auf 100 PS gesteigert werden - womit Käufer nun einen wirklich schnellen Sportwagen bekamen, der einem MGB oder Triumph TR 4 mühelos davonfuhr. Allerdings machten nur wenige Liebhaber von diesem Angebot Gebrauch. So sind diese Autos heute recht gesucht - natürlich erst recht in Cabriolet-Ausführung, von der gerade 122 Exemplare (vom 1300 GT Cabrio waren es 234) gefertigt wurden.

Glas (BMW 1600 GT)

Zylinderzahl/Bauart: 4 Zyl.
Hubraum: 1573 ccm
Leistung bei U/min: 105/6000 PS
Höchstgeschwindigkeit: 185 km/h
Karosserie-/Chassisbauart: selbsttragende Karosserie

Ausführung: Coupé
Baujahr: 1967-1968
Stückzahl: 1002 Ex.
Preistendenz: 2

Preisgruppe 1: 2500 - 5000
Preisgruppe 2: 5000 - 7500
Preisgruppe 3: 7500 - 12000
Preisgruppe 4: 12000 - 18500

Der beste Glas GT war ein halber BMW: Nachdem die Übernahme durch die Bayerischen Motoren Werke über die Bühne gegangen war, fielen die meisten Glas-Modelle dem Rotstift der neuen Herren zum Opfer. Der GT überlebte, allerdings stark modifiziert: Das Cabrio war ganz verschwunden und dem GT hatte man außer seiner Vorderachse und der Karosserie eigentlich nichts gelassen, denn Motor, Getriebe und Hinterachse stammten nun vom BMW 1600 TI.

Glas 1700 und 1700 TS

Zylinderzahl/Bauart: 4 Zyl.
Hubraum: 1682 ccm
Leistung bei U/min: 80/4800, 85/4900 bzw. 100/5500 PS
Höchstgeschwindigkeit: 150-160 km/h
Karosserie-/Chassisbauart: selbsttragende Karosserie

Ausführung: 4-t Lim.
Stückzahl: 13.789 Ex.
Preistendenz: 2

Preisgruppe 1: 1000 - 2500
Preisgruppe 2: 2500 - 4500
Preisgruppe 3: 4500 - 7000
Preisgruppe 4: 7000 - 9000

Als weiteren Triumph des Baukastensystems erschien diese viertürige Limousine, die mit der von anderen Modellen her bekannten Technik und einer bei Frua im italienischen Turin entworfenen Karosserie aufwartete. Von ihrem Leistungsvermögen her zählte sie zu den sportlichen Autos, lag also mit Limousinen wie dem BMW 1800/2000 oder dem Volvo Amazon in Konkurrenz. Eine schwierige Ausgangsposition für das Auto, dessen Außenhaut Frua schon Ende der 50er Jahre ersonnen hatte.

Glas (BMW) V 8

Zylinderzahl/Bauart: V 8
Hubraum: 2580 bzw. 2982 ccm
Leistung bei U/min: 150/5600 bzw. 160/5100 PS
Höchstgeschwindigkeit: 190-200 km/h
Karosserie-/Chassisbauart: selbsttragende Karosserie

Ausführung: Coupé
Baujahr: 1966-1968
Stückzahl: ca. 370 Ex.
Preistendenz: 2

Preisgruppe 1: 5500 - 8500
Preisgruppe 2: 8500 - 15000
Preisgruppe 3: 15000 - 25000
Preisgruppe 4: 25000 - 32000

Es war der Griff nach den Sternen - im wahren Sinne des Wortes: Mit diesem viersitzigen Luxuscoupé grenzte die Hans Glas GmbH ihre ohnehin schon fast unüberschaubare Modellpalette nach oben ab und ging damit auf Konfrontationskurs zu BMW und Mercedes. Ebenfalls von Frua eingekleidet (und wegen seiner auffallenden Ähnlichkeit zu einigen Maserati-Modellen vom Volksmund "Glaserati" genannt), wurde dieses Auto nach der Übernahme durch BMW noch einige Monate weitergebaut.

Goliath

Die zum Borgward-Konzern gehörende Goliath-Werk GmbH wurde von Carl F. Borgward 1948 gegründet - die Ursprünge der Marke gehen freilich auf das Jahr 1914 zurück, als die Hansa-Lloyd-Werke entstanden. Diese Firma schloß sich 1931 wiederum mit Goliath zu den Hansa-Lloyd & Goliath-Werken zusammen, aus denen nach dem Kriege Borgward, Lloyd und eben Goliath hervorgehen sollten. In den fünfziger Jahren rangierte die Marke zwischen Lloyd und Borgward und verschwand wie diese nach der Borgward-Pleite von der Bildfläche.

Goliath GP 700 und 700 E

Zylinderzahl/Bauart: 2 Zyl.(Zweitakt)
Hubraum: 688 ccm
Leistung bei U/min: 24/400, 25,5/4000 bzw. 29/4500 PS
Höchstgeschwindigkeit: 95-105 km/h
Karosserie-/Chassisbauart: Zentralrohrrahmen

Ausführung: 2-t Lim., 3-t Kombi, Cabrio-Limousine, Cabriolet
Baujahr: 1950-1957
Stückzahl: 36.270 Ex.
Preistendenz: 2; Cabrio: 1

Preisgruppe 1: 1500 - 3500
Preisgruppe 2: 2500 - 5000
Preisgruppe 3: 3800 - 7500
Preisgruppe 4: 5200 - 12000

1950 wurde die Pkw-Produktion mit dem GP 700 aufgenommen, der über eine sehr moderne Ponton-Karosserie und eher betagte Technik - Zentralrohrrahmen, Zweitakt- Motor mit Thermosyphon-Kühlung - verfügte. Ein weiteres wichtiges Merkmal war der Frontantrieb, von dem man bis zum Auslaufen der Produktion nicht abkam. Dafür wurde die Leistung des Zweizylinders während seiner siebenjährigen Produktionszeit mehrmals erhöht - etwa durch den Einbau einer Benzin-Einspritzung!

Goliath GP 700 Sport

Zylinderzahl/Bauart: 2 Zyl.(Zweitakt)
Hubraum: 845 ccm
Leistung bei U/min: 32/4000 PS
Höchstgeschwindigkeit: 125 km/h
Karosserie-/Chassisbauart: Alu-Karosserie auf Zentralrohrrahmen

Ausführung: Coupé
Baujahr: 1951-1952
Preistendenz: 1

Preisgruppe 1: 3500 - 5000
Preisgruppe 2: 5000 - 8500
Preisgruppe 3: 8500 - 12000
Preisgruppe 4: 12000 - 18000

Der Traum eines jeden Goliath-Liebhabers hört auf die irreführende Bezeichnung 700 Sport, denn das rassige Coupé wartete mit einem auf 850 ccm vergrößerten Triebwerk und - erstmalig bei Goliath - mit Benzin-Einspritzung auf. In nur ganz wenigen Exemplaren bei Rometsch (Berlin) gebaut - angeblich soll Rupflin in München ebenfalls ein Coupé gefertigt haben -, stellt dieses Auto heute eine absolute Rarität dar.

Goliath bzw. Hansa 1100

Zylinderzahl/Bauart: 4 Zyl.(Boxer)
Hubraum: 1093 ccm
Leistung bei U/min: 40/4200 bzw. 55/5000 PS
Höchstgeschwindigkeit: 125-135 km/h
Karosserie-/Chassisbauart: Zentralrohrrahmen

Ausführung: 2-t Lim., Cabrio-Lim., 3-t Kombi
Baujahr: 1957-1958 bzw. 1958-1961
Stückzahl: 14.908 bzw. 27.751 Ex.
Preistendenz: 2

Preisgruppe 1: 1000 - 2500
Preisgruppe 2: 2500 - 4000
Preisgruppe 3: 4000 - 5500
Preisgruppe 4: 5500 - 7500

Als Nachfolger für den (auch mit 900 ccm-Motor gebauten) GP 700 machte der Goliath 1100 seine Aufwartung. Auch optisch durch kleine Retuschen auf den neuesten Stand gebracht, hatte dieses Modell dank völlig neukonstruiertem Viertakt-Boxer-Motor und einer überarbeiteten Vorderachse deutlich dazugewonnen. Seit 1958 hieß es Hansa 1100, zu erkennen an den kleinen Heckflossen. Sogar nach dem Konzern- Zusammenbruch montierte man noch ein paar hundert Fahrzeuge - aus vorhandenen Ersatzteilen.

Hansa 1100 Coupé

Technische Daten: siehe Goliath 1100

Preisgruppe 1: 1500 - 3000
Preisgruppe 2: 3000 - 4500
Preisgruppe 3: 4500 - 6000
Preisgruppe 4: 6000 - 8000

Was für VW der Karmann-Ghia, war für Goliath/Hansa das Coupé: Ein attraktiver 2 + 2-Sitzer, der hauptsächlich von seiner Linienführung lebte. Während aber der Konkurrent aus Wolfsburg mit einem italienischen Maßanzug kokettierte, mußte sich das Goliath Coupé mit einer verkürzten Dachpartie begnügen, konnte dafür aber mit einem 55 PS-Motor auftrumpfen, der für wirklich sportliche Fahrleistungen sorgte.

Gordon-Keeble

Das Auto mit dem wohlklingenden Namen Gordon-Keeble war das Werk zweier tatendurstiger Herren aus England: John Gordon (mit der gleichnamigen Gin-Marke hat er nichts zu tun) und Jim Keeble. John und Jim (sie hatten bereits einschlägige Erfahrungen in der Autoindustrie sammeln können) beschlossen nun, ein weiteres viersitziges Hochleistungs-Coupé auf den Markt zu bringen - und damit zu Jensen und Bristol, Iso und Facel, Ferrari und Maserati (um die wichtigsten zu nennen) in Konkurrenz zu treten. Leider mit nur mäßigem Erfolg...

Gordon-Keeble GK I

Zylinderzahl/Bauart: V 8
Hubraum: 5355 ccm
Leistung bei U/min: 280/5200 PS
Höchstgeschwindigkeit: 235 km/h
Karosserie-/Chassisbauart: Kunststoff-Karosserie auf Rohrrahmen

Ausführung: Coupé
Baujahr: 1964-1967
Stückzahl: 99 Ex.
Preistendenz: 1

Preisgruppe 1: 20000 - 28000
Preisgruppe 2: 28000 - 36000
Preisgruppe 3: 36000 - 45000
Preisgruppe 4: 45000 - 60000

Obwohl nicht mal 100 Stück gebaut wurden, findet man in den entsprechenden englischen Zeitschriften häufig einen Gordon-Keeble angeboten - meist zu sehr moderaten Preisen. Tatsächlich bieten diese sportlich-eleganten Autos eine Menge: Einen großvolumigen Chevy-Motor, eine DeDion-Hinterachse, vier Scheibenbremsen und nicht zuletzt eine von Bertone entworfene Kunststoff-Karosserie. Leider gab's im Innenraum serienmäßig Plastik statt Leder.

Gutbrod

Der noch heute sehr erfolgreiche Hersteller von Gartengeräten konnte auf eine gewisse Tradition als Autoproduzent zurückblicken: Schon in den dreißiger Jahren fertigte man in der Nähe Stuttgarts Autos, die unter der Bezeichnung Standard auf den Markt kamen. Nach dem Zweiten Weltkrieg knüpfte man an diese Zeit an - mit fortschrittlichen Produkten, für deren Konstruktion etwa Hans Scherenberg (später bei Mercedes-Benz) und Adolf Schnürle (der Erfinder der Umkehrspülung) verantwortlich zeichneten.

Gutbrod Superior

Zylinderzahl/Bauart: 2 Zyl.(Zweitakt)
Hubraum: 593 bzw. 658 ccm
Leistung bei U/min: 20/3500 - 30/4300 PS
Höchstgeschwindigkeit: 95-115 km/h
Karosserie-/Chassisbauart: Zentralrohrrahmen

Ausführung: 2-t Cabrio-Lim., 3-t Kombi
Baujahr: 1950-1954
Stückzahl: 7.726 Ex.
Preistendenz: 2

Preisgruppe 1: 1000 - 2500
Preisgruppe 2: 2500 - 4000
Preisgruppe 3: 4000 - 5500
Preisgruppe 4: 5500 - 7500

Als Walter Gutbrod sich 1949 mit dem Gedanken anfreundete, in die Fußstapfen seines im Jahr zuvor verstorbenen Vaters zu treten und einen kleinen Personenwagen auf den Markt zu bringen, stand eines für ihn fest: Das Auto mußte komfortabel sein! Und das war der Superior auch. Anders als bei vielen zeitgenössischen Kleinwagen-Konstruktionen hatten die Gutbrod-Techniker für ein aufwendiges Fahrwerk gesorgt, außerdem galten die Produkte aus Schwaben als qualitativ hochwertig. Trotzdem entschloß man sich, die Pkw-Produktion Mitte der fünfziger Jahre einzustellen.

Preisgruppe 1: 1000 - 2500
Preisgruppe 2: 1500 - 4000
Preisgruppe 3: 3500 - 6500
Preisgruppe 4: 6500 - 9500

Zierlicher und auch wesentlich leichter als die BMW Isetta (245 statt 345 kg), bot die Heinkel Kabine bei etwa gleichem Innenraum obendrein die bessere Aerodynamik. Trotzdem reichte das anfänglich mit drei Rädern gebaute Wägelchen in Sachen Verkauf nie an den Erzrivalen aus München heran - weshalb man schon 1958 die Fertigung aufgab. In Deutschland jedenfalls: Erst in Irland, dann in England startete die Kabine unter der Bezeichnung Trojan eine zweite Karriere (die bis 1965 dauerte).

Heinkel

Wie viele deutsche Flugzeug-Konstrukteure, die nach dem Zweiten Weltkrieg zunächst arbeitslos waren (die Alliierten hatten den Deutschen jede Betätigung auf dem Gebiet der Luftfahrtindustrie untersagt), versuchte sich auch Professor Ernst Heinkel mit einem von ihm konstruierten und gebauten Kabinenroller. Das Erstaunliche daran: Obwohl seine Kabine (wie sie offiziell hieß) formal, aber auch in technischen Details der Isetta ähnelte, legte BMW gegen den Bau dieses kleinen Fahrzeugs kein Veto ein.

Heinkel Kabine

Zylinderzahl/Bauart: 1 Zyl.
Hubraum: 174, 204 bzw. 198 ccm
Leistung bei U/min: 9,2/5500 bzw. 10/5500 PS
Höchstgeschwindigkeit: 85 km/h
Karosserie-/Chassisbauart: selbsttragende Karosserie

Ausführung: 1-t Kabinenroller
Baujahr: 1956-1958
Stückzahl: 6.436 Ex.
Preistendenz: 2

Hillman

Back to the roots: Die Wurzeln von Hillman reichen bis ins Jahr 1907 zurück, als die Herren William Hillman und Louis Coatalen die Hillman-Coatalen Motor Car Co. Ltd. in Coventry gründeten. 21 Jahre später wurde die Firma dem Konzern der Brüder William und Reginald Rootes einverleibt, wo sie bis 1976 blieb. Dann verschwand die Marke, nachdem 1964 Chrysler die Mehrheitsanteile von Rootes erworben hatte. Was von der einst kerngesunden Rootes-Firmengruppe übrig blieb, wechselte 1979 erneut den Besitzer: Chrysler verkaufte an Peugeot.

Hillman Minx Phase VIII

Zylinderzahl/Bauart: 4 Zyl.
Hubraum: 1390 ccm
Leistung bei U/min: 43/4400 PS
Höchstgeschwindigkeit: 125 km/h
Karosserie-/Chassisbauart: selbsttragende Karosserie

Ausführung: 4-t Lim., 5-t Kombi, Hardtop-Coupé, Cabriolet
Baujahr: 1955-1956
Preistendenz: 2

Preisgruppe 1: 1500 - 3000
Preisgruppe 2: 2000 - 6000
Preisgruppe 3: 4000 - 9000
Preisgruppe 4: 6000 - 11500

Hillman, innerhalb der Rootes-Gruppe stets für die Brot-und-Butter-Autos zuständig, hatte mit dem Minx und seinen Abwandlungen den Verkaufsschlager im Programm. Das 1955er Modell, das sich optisch kaum von seinem Vorgänger unterschied, war gerade ein Stückchen aktueller geworden: Statt des betagten Seitenventilers kam von nun an ein moderner ohv-Vierzylinder zum Einsatz, der für deutlich bessere Fahrleistungen sorgte.

Hillman Minx Series I-VI

Zylinderzahl/Bauart: 4 Zyl.
Hubraum: 1390, 1494 bzw. 1592 ccm
Leistung bei U/min: 42/4400 - 53/4100 PS
Höchstgeschwindigkeit: 125-135 km/h
Karosserie-/Chassisbauart: selbsttragende Karosserie

Ausführung: 4-t Lim., 5-t Kombi, Cabriolet
Baujahr: 1956-1967
Preistendenz: 2

Preisgruppe 1: 1000 - 2500
Preisgruppe 2: 2000 - 4500
Preisgruppe 3: 4000 - 7500
Preisgruppe 4: 6000 - 10500

Eine modernere Karosserie spendierte das Werk 1956 und hielt, mit kleinen Heckflossen und anderen Retuschen aktualisiert, an diesem Blechkleid bis 1967 fest. Das galt auch für den ohv-Vierzylinder, der im Lauf der Zeit allerdings an Hubraum und Leistung zulegte. Wem das immer noch nicht reichte, der konnte einen Alexander-Tuningsatz ordern und sogar werksseitig einbauen lassen. Heute sind vor allem die hübschen Viersitzer-Cabrios gesucht.

Hillman Super Minx Series I-IV

Zylinderzahl/Bauart: 4 Zyl.
Hubraum: 1592 bzw. 1725 ccm
Leistung bei U/min: 59/4400 bzw. 65/4500 PS
Höchstgeschwindigkeit: 135-140 km/h
Karosserie-/Chassisbauart: selbsttragende Karosserie

Ausführung: 4-t Lim., 5-t Kombi, Cabriolet
Baujahr: 1962-1966
Preistendenz: 2

Preisgruppe 1: 1500 - 3000
Preisgruppe 2: 2500 - 5000
Preisgruppe 3: 4500 - 8000
Preisgruppe 4: 6500 - 11000

Mit recht verspielt wirkender Karosserie grenzte der Super Minx die Modellpalette nach oben ab. Technisch mit dem kleineren (und billigeren) Minx weitgehend identisch, hatte Hillman die schöne Sitte, neben Limousine und Kombi auch ein viersitziges Cabrio anzubieten, beibehalten, diese Ausführung Mitte 1964 dann aber doch aus dem Programm gestrichen. Wer heute einen Super Minx sucht, sollte nach diesem Drophead Coupé Ausschau halten.

Hillman Imp

Zylinderzahl/Bauart: 4 Zyl.
Hubraum: 875 ccm
Leistung bei U/min: 37/4800 bzw. 39/5000 PS
Höchstgeschwindigkeit: 130 km/h
Karosserie-/Chassisbauart: selbsttragende Karosserie

Ausführung: 2-t Lim.
Baujahr: 1963-1976
Stückzahl: 440.032 Ex.
Preistendenz: 2

Preisgruppe 1: 1000 - 2000
Preisgruppe 2: 2000 - 3000
Preisgruppe 3: 3000 - 5000
Preisgruppe 4: 5000 - 6500

Das als Mini-Konkurrent gedachte Teufelchen (so die deutsche Übersetzung für Imp) wurde in einer eigens für ihn errichteten Fabrik im schottischen Linwood montiert - und überraschte durch den im Heck angeordneten und von Coventry-Climax konstruierten Vierzylinder, der ebenso wie die Getriebeglocke aus Aluminium-Druckguß bestand und nur 77 kg wog. Aber das Heckmotor-Prinzip war schon damals überholt (der Mini hatte die Marschrichtung für die nächsten 30 Jahre bestimmt), was das Teufelchen nicht hinderte, lange in Produktion zu bleiben.

Honda

Soichiro Honda hatte mit dem Bau von Motorrädern ein Weltunternehmen geschaffen, als er sich 1962 entschloß, in die Autoproduktion einzusteigen. Er fing das sehr geschickt an, denn etwa gleichzeitig mit dem Beginn der Serienfertigung ließ Honda Formel 1-Rennwagen, die von V 12-Triebwerken angetrieben wurden, an den Start gehen. Das sorgte natürlich gleich für das richtige Image, auch wenn die ganz großen Triumphe den Formel-Wagen versagt blieben.

Honda N 360 und N 600

Zylinderzahl/Bauart: 2 Zyl.
Hubraum: 354 bzw. 599 ccm
Leistung bei U/min: 27/8000 bzw. 42/6600 PS
Höchstgeschwindigkeit: 115 bzw. 135 km/h
Karosserie-/Chassisbauart: selbsttragende Karosserie

Ausführung: 2-t Lim.
Baujahr: 1966-1973
Preistendenz: 2

Preisgruppe 1: 800 - 1500
Preisgruppe 2: 1500 - 2500
Preisgruppe 3: 2500 - 4000
Preisgruppe 4: 4000 - 5500

Wer einen rabiaten Kleinwagen sucht, ist mit diesem Angebot aus Japan allerbestens bedient: Ein Motörchen, das aus dem Motorrad stammt und mit atemberaubenden Drehzahlen aufwartet, eine Klauenkupplung (!) sowie ein aufwendiges Fahrwerk garantieren eine ganz besondere Mischung! Daß der 600er auf Wunsch mit dem automatischen Getriebe Hondamatic zu haben war, mag man kaum glauben.

Honda Z

Technische Daten: siehe Honda N 360 und N 600

Preisgruppe 1: 800 - 1500
Preisgruppe 2: 1500 - 2500
Preisgruppe 3: 2500 - 4000
Preisgruppe 4: 4000 - 5500

Quasi als Nachfolger für den N (auch wenn beide Modelle eine Reihe von Jahren parallel zueinander gebaut wurden) debütierte 1970 der Z. Die Besonderheit der ebenso pfiffig wie ungewöhnlich gezeichneten Karosserie war das aufklappbare Heckfenster dieser ansonsten mit dem N technisch identischen kleinen Limousine. Bei uns spielte der Z keine Rolle; anders in den USA, wo man in ganzseitigen Anzeigen für ihn warb.

Honda S 600

Zylinderzahl/Bauart: 4 Zyl.
Hubraum: 606 ccm
Leistung bei U/min: 57/8700 PS
Höchstgeschwindigkeit: 155 km/h
Karosserie-/Chassisbauart: Kastenrahmen

Ausführung: Coupé, Cabriolet
Baujahr: 1964-1966
Stückzahl: 13.084 Ex.
Preistendenz: 1

Preisgruppe 1: 2500 - 5000
Preisgruppe 2: 4000 - 8000
Preisgruppe 3: 7000 - 11000
Preisgruppe 4: 9000 - 16000

Seinen Einstieg ins Autogeschäft vollzog Soichiro Honda mit Sportwagen im Westentaschenformat, deren technische Auslegung der europäischen Konkurrenz schlaflose Nächte bereiten mußte, die aber ihre Herkunft - sie stammten ja aus einer Motorradfabrik - anfangs nicht verleugnen konnten. So wartete der S 600 nicht mit einer Kardanwelle auf, sondern mit zwei Ketten, die die Kraft an die Hinterräder transportierten.

Honda S 800

Zylinderzahl/Bauart: 4 Zyl.
Hubraum: 791 ccm
Leistung bei U/min: 67/7570 PS
Höchstgeschwindigkeit: 165 km/h
Karosserie-/Chassisbauart: Kastenrahmen

Ausführung: Coupé, Cabriolet
Baujahr: 1966-1970
Stückzahl: 11.406 Ex.
Preistendenz: 2

Preisgruppe 1: 3500 - 6000
Preisgruppe 2: 5000 - 9000
Preisgruppe 3: 7500 - 14000
Preisgruppe 4: 12000 - 18000

Das Auto, mit dem sich Honda auch in der Bundesrepublik den Weg ebnete, hieß S 800 und war technisch wie optisch eng mit dem S 600 verwandt. Trotzdem gab es wichtige Unterschiede: Statt mit Ketten erfolgte der Antrieb nun über eine Kardanwelle, außerdem kam ein 800 ccm-Vierzylinder zum Einbau, der aber nach wie vor über zwei obenliegende Nockenwellen, eine nadelgelagerte Kurbelwelle und gleich vier Vergaser verfügte.

Hudson

Die Hudson Car Company in Detroit/Michigan baute stets ebenso anspruchsvolle wie gut durchkonstruierte Automobile und erfreute sich eines hervorragenden Rufs. Nach dem Zweiten Weltkrieg allerdings, als der Kampf um die Käufergunst immer härter und der Zwang zu rationeller Produktionsweise immer notwendiger wurde, mußte die unabhängige Firma aufgeben: 1955 schlossen sich Hudson und Nash zu American Motors zusammen, die Hudson-Produktion wurde nach Kenosha/Wisconsin verlegt. 1957 war endgültig Schluß: Die einst so noble Marke verschwand vom Markt.

Hudson 1948-1953

Zylinderzahl/Bauart: 6 bzw. 8 Zyl.
Hubraum: 3298 bzw. 5053 ccm
Leistung bei U/min: 105/4000 - 172/4000 PS (SAE)
Höchstgeschwindigkeit: 140-160 km/h
Karosserie-/Chassisbauart: selbsttragende Karosserie

Ausführung: 2- u. 4-t Lim., 2-t Hardtop, Cabriolet
Baujahr: 1948-1953
Preistendenz: 1

Preisgruppe 1: 4500 - 8500
Preisgruppe 2: 7000 - 12500
Preisgruppe 3: 10000 - 16000
Preisgruppe 4: 14000 - 23000

Die elegantesten Nachkriegsautos der Firma gab es zwischen 1948 und 1953, als eine völlig neue Karosserie eingeführt wurde. Deren besonderes Merkmal: Sie war selbsttragend ausgelegt, ein für damalige Verhältnisse sensationelles "feature". Die Autos, die bei den so populären Stock Car-Rennen hervorragend abschnitten (aber sich auch bei der Carrera Panamericana auszeichneten), konnten wahlweise mit Sechs- oder Achtzylinder-Motoren (in jedem Fall Reihen-Triebwerke) geliefert werden.

Hudson 1956/1957

Zylinderzahl/Bauart: 6 Zyl.bzw. V 8
Hubraum: 3205-5773 ccm
Leistung bei U/min: 91/3800 - 223/4600 PS (SAE)
Höchstgeschwindigkeit: 130-165 km/h
Karosserie-/Chassisbauart: selbsttragende Karosserie

Ausführung: 4-t Lim., 2-t Hardtop, 5-t Kombi
Baujahr: 1956-1957
Preistendenz: 2

Preisgruppe 1: 4000 - 8000
Preisgruppe 2: 6500 - 12000
Preisgruppe 3: 9000 - 15000
Preisgruppe 4: 13000 - 18000

Die Nash-Einflüsse ließen sich an diesem Jahrgang mühelos ablesen: V 8-Motoren und selbsttragende Karosserien hießen die wichtigsten Neuerungen. Das Styling dagegen konnte durch die neue Verbindung nicht profitieren, im Gegenteil: Beim Anblick des hier abgebildeten Hornet V 8 Hardtop von 1956 fragt man sich bestürzt, wer dieses verquollene, protzig wirkende Monster kaufen sollte. Heute weiß man, daß es kaum jemand tat.

Humber

Humber, 1908 gegründet und 1930 von Rootes übernommen, stellte die Spitzenmarke innerhalb des Konzerns dar und führte in den fünfziger und sechziger Jahren ebenso gediegene wie luxuriöse Autos im Programm. Besondere Ansprüche hinsichtlich fortschrittlicher Konstruktion oder gar Sportlichkeit konnte kein Humber erfüllen, aber das erwartete die Kundschaft auch nicht. Wenn es aber um solide Bauweise und um Zuverlässigkeit ging, hatte Humber einiges zu bieten. Leider gibt es auch diese traditionsreiche englische Marke heute nicht mehr.

Humber Hawk Mk V

Zylinderzahl/Bauart: 4 Zyl.
Hubraum: 2267 ccm
Leistung bei U/min: 71/4000 bzw. 73/4400 PS (SAE)
Höchstgeschwindigkeit: 125 km/h
Karosserie-/Chassisbauart: Kastenrahmen

Humber–

Ausführung: 4-t Lim., 5-t Kombi
Baujahr: 1954-1957
Preistendenz: 2

Preisgruppe 1: 3000 - 5500
Preisgruppe 2: 5500 - 8500
Preisgruppe 3: 8500 - 11000
Preisgruppe 4: 11000 - 14000

1954 erhielt die bestens eingeführte Hawk-Baureihe eine etwas andere Karosserie und vor allem einen ohv-Motor (vorher waren nur sv-Maschinen lieferbar). Weder an seinem Charakter noch an seinem Temperament änderten diese Maßnahmen viel: Der Hawk blieb ein großes, behäbiges Auto, das seinen Insassen beschauliches Reisen in luxuriöser Atmosphäre bot. Seit 1955 bereicherte ein gelungener Kombi - von den Engländern Stationcar oder Estate genannt - das Programm.

1957 brachen neue Zeiten bei Humber an: Die Baureihen Hawk und Super Snipe erhielten recht moderne Karosserien (mit vorderer Panorama-Scheibe), wobei traditionell der größere und teurere Super Snipe über ein paar Zentimeter mehr Karosserielänge und eine reichhaltigere Ausstattung verfügte. Außerdem wurde dieses Modell von einem geschmeidig laufenden Sechszylinder angetrieben, der ansprechende Fahrleistungen lieferte.

Innocenti

Die in Mailand ansässige Firma Innocenti Società Generale per l'Industria Metallurgica e Meccanica war durch die Produktion der berühmten Lambretta-Roller schon bestens bekannt, als sie sich auch auf dem Automobilsektor engagierte. Ein Auto komplett selber bauen wollte und konnte man nicht, brauchte man auch nicht, da man mit der British Motor Corporation (BMC) vertraglich verbunden war. Also fertigte man einige der Produkte dieser englischen Firmengruppe, drückte ihnen aber den eigenen Stempel auf. So entstanden etwa der Mini, der Austin 1100 und, als Startschuß sozusagen, ein wunderhübscher kleiner Sportwagen bei Innocenti.

Humber Super Snipe 1957-1967

Zylinderzahl/Bauart: 6 Zyl.
Hubraum: 2655 bzw. 2965 ccm
Leistung bei U/min: 113/5000 - 128/5000 PS
Höchstgeschwindigkeit: 150-160 km/h
Karosserie-/Chassisbauart: selbsttragende Karosserie

Ausführung: 4-t Lim., 5-t Kombi
Baujahr: 1957-1967
Preistendenz: 2

Preisgruppe 1: 3000 - 5500
Preisgruppe 2: 5500 - 8500
Preisgruppe 3: 8500 - 12000
Preisgruppe 4: 12000 - 16000

Innocenti 950 Spider und Coupé

Zylinderzahl/Bauart: 4 Zyl.
Hubraum: 948 bzw. 1098 ccm
Leistung bei U/min: 42,5/5000, 46,5/5500 bzw. 55/5400 PS
Höchstgeschwindigkeit: 135-145 km/h
Karosserie-/Chassisbauart: selbsttragende Karosserie

Ausführung: Cabriolet, Coupé
Baujahr: 1961-1970
Stückzahl: ca. 10.000 Ex.
Preistendenz: 1

Preisgruppe 1: 2000 - 4000
Preisgruppe 2: 3000 - 5000
Preisgruppe 3: 4000 - 8000
Preisgruppe 4: 7000 - 11000

Das kommt dabei heraus, wenn man einem Austin Healey Sprite ein italienisches Kleid anzieht! Dieser nette kleine Sportwagen basierte auf der komplett fahrfertigen Bodengruppe des Sprite, verfügte aber über eine von Ghia bzw. Tom Tjaarda (der damals in Ghia-Diensten stand) entworfene Karosserie. Das Auto, das technisch mit seinem englischen Verwandten identisch war, wurde bis 1967 als Spider, danach nur als Coupé geliefert. Kostenpunkt der Offen-Version bei uns: Knapp DM 10.000,- .

Intermeccanica

Construzione Automobili Intermeccanica, ein nahe Turin gelegenes kleines Unternehmen (1970 beschäftigte man 22 Mitarbeiter), hatte sich auf Konstruktion und Bau von Kleinserien spezialisiert. Dabei verfügte man über erstaunlich gute Kontakte zu den Vereinigten Staaten, fertigte etwa für das ehrgeizige Apollo- Sportwagenprojekt in den frühen sechziger Jahren die Aluminium-Karosserien. Später stellte man Hochleistungs-Sportwagen in eigener Regie her, die zunächst von Ford- dann von General Motors-Triebwerken beflügelt wurden.

Intermeccanica Italia

Zylinderzahl/Bauart: V 8
Hubraum: 5766 ccm
Leistung bei U/min: 310/4800 PS (SAE)
Höchstgeschwindigkeit: 225 km/h
Karosserie-/Chassisbauart: selbsttragende Karosserie

Ausführung: Coupé, Cabriolet
Baujahr: 1968-1970
Stückzahl: ca. 1.000 Ex.
Preistendenz: Coupé: 2, Cabrio: 1

Preisgruppe 1: 9000 - 11000
Preisgruppe 2: 11000 - 18000
Preisgruppe 3: 18000 - 24000
Preisgruppe 4: 24000 - 32000

Dieser direkte Nachfahre des Apollo GT adaptierte nicht nur dessen Konzept (großvolumiger V 8 von Ford, vorne eingebaut), sondern auch dessen Karosserie: Franco Scaglione, der frühere Chefdesigner von Bertone, sorgte für die fließende Linienführung dieses Italo-Amerikaners. Auch in der Bundesrepublik angeboten, offerierte der Italia beachtliche Fahrleistungen und eine "sorglose Verarbeitung", wie ein zeitgenössischer Test sich ausdrückte.

Intermeccanica Indra

Zylinderzahl/Bauart: 6 Zyl. bzw. V 8
Hubraum: 2784, 5354 bzw. 5733 ccm
Leistung bei U/min: 165/5600, 230/5000 bzw. 280/5600 PS
Höchstgeschwindigkeit: 210-235 km/h
Karosserie-/Chassisbauart: halb-selbsttragende Karosserie

Ausführung: Cabriolet, Coupé, Fastback-Coupé
Baujahr: 1971-1975
Preistendenz: 2

Preisgruppe 1: 10000 - 15000
Preisgruppe 2: 15000 - 22000
Preisgruppe 3: 22000 - 30000
Preisgruppe 4: 30000 - 45000

Auf Italia folgte Indra, der nun mit kantigerer Karosserie und - weil man mittlerweile eng mit General Motors verbunden war - Opel Diplomat-Technik aufwartete. Stets bot man ein Cabriolet und ein Coupé an, allerdings sollten im Lauf der Zeit zwei Ausführungen mit festem Dach lieferbar sein: eine mit Stufenheck, die andere mit Fastback. Dank der Verwendung von Großserien-Teilen stellen diese Autos heute noch einen risikolosen Kauf dar - sofern die Karosseriestruktur gesund ist.

Iso

Commendatore Renzo Rivolta, Inhaber von Iso S.p.A. Autoveicoli, Bresso/Milano, hatte sein finanzielles Glück u.a. mit jenem kleinen Moto-Coupé gemacht, das 1953 auf dem Markt erschien und später als BMW Isetta von sich Reden machen sollte. Prestigeträchtiger freilich waren jene Autos, die er seit den frühen sechziger Jahren unter dem Markennamen Iso lancierte und die, preislich wie leistungsmäßig, zur absoluten Nobelklasse zählten. 1966 starb Commendatore Rivolta - und von da an ging es bergab.

Iso Grifo und Grifo 7 litri

Zylinderzahl/Bauart: V 8
Hubraum: 5354 bzw. 6996 ccm
Leistung bei U/min: 304/5000 - 406/5200 PS (SAE)
Höchstgeschwindigkeit: 240-270 km/h
Karosserie-/Chassisbauart: halb-selbsttragende Karosserie

Ausführung: Coupé, Cabrio, Targa
Baujahr: 1963-1974 bzw. 1969-1974
Stückzahl: 414 bzw. 90 Ex.
Preistendenz: 1

Preisgruppe 1: 35000 - 45000
Preisgruppe 2: 45000 - 65000
Preisgruppe 3: 65000 - 90000
Preisgruppe 4: 90000 - 150000

Rivoltas zweiter Streich hieß Grifo und überraschte mit einer aggressiv geformten, auf dem verkürzten Fahrgestell des Iso Rivolta ruhenden Bertone-Karosserie. Wer den seit 1969 lieferbaren 7 l Motor orderte, erhielt eines der brutalsten Autos seiner Zeit, mit dem Iso leistungsmäßig Anschluß etwa an den Ferrari Daytona oder Lamborghini Miura halten wollte. Außer in Coupé-Version gab es den Grifo als Targa (ganz selten) und sogar als Cabriolet (noch seltener).

Iso Rivolta

Zylinderzahl/Bauart: V 8
Hubraum: 5354 ccm
Leistung bei U/min: 304/5000 - 400/6000 PS (SAE)
Höchstgeschwindigkeit: 210-250 km/h
Karosserie-/Chassisbauart: halb-selbsttragende Karosserie

Ausführung: Coupé
Baujahr: 1961-1970
Stückzahl: 797 Ex.
Preistendenz: 1

Preisgruppe 1: 20000 - 25000
Preisgruppe 2: 25000 - 36000
Preisgruppe 3: 36000 - 45000
Preisgruppe 4: 45000 - 55000

Furioser Auftakt: Mit dem nach ihm benannten Iso Rivolta schaffte Renzo Rivolta einen vielbeachteten Einstieg in den Markt der Luxusfahrzeuge. Die Konstruktion dieses Viersitzers stammte von Dr. Giotto Bizzarrini (ihre Merkmale: DeDion- Hinterachse, mit dem Aufbau verschweißte Bodengruppe, Scheibenbremsen an allen vier Rädern sowie mechanisches oder automatisches Getriebe) und die hinreißende Karosserie von Bertone.

Iso Fidia S 4

Technische Daten: siehe Iso Rivolta

Preisgruppe 1: 25000 - 32000
Preisgruppe 2: 32000 - 39000
Preisgruppe 3: 39000 - 47000
Preisgruppe 4: 47000 - 58000

Eine der schnellsten viertürigen Limousinen der Welt hieß Iso Fidia (oder Iso Rivolta S 4) und beeindruckte durch eine von Giorgio Giugiaro entworfene und bei Ghia gebaute Karosserie. Erstaunlicherweise lag - wie alle anderen Iso-Modelle - auch der Fidia preislich auf Ferrari-Niveau, trotz der reichlichen Verwendung von Großserienteilen. Gebaut wurde der Fidia zwischen 1968 und 1974 - in einer Auflage von 192 Stück.

Iso Lele

Zylinderzahl/Bauart: V 8
Hubraum: 5733 ccm
Leistung bei U/min: 304/4800 bzw. 355/5000 PS (SAE)
Höchstgeschwindigkeit: 235-245 km/h
Karosserie-/Chassisbauart: halb-selbsttragende Karosserie

Ausführung: Coupé
Baujahr: 1969-1974
Stückzahl: 317 Ex.
Preistendenz: 2

Preisgruppe 1: 25000 - 35000
Preisgruppe 2: 35000 - 45000
Preisgruppe 3: 45000 - 58000
Preisgruppe 4: 58000 - 68000

Löste den Rivolta ab, ohne freilich an dessen Erfolge anknüpfen zu können. Wieder mit einer von Bertone entworfenen und auch gebauten Karosserie bestückt, kam jetzt ein etwas größerer Motor und eine moderne Getriebe-Automatik zum Einsatz (wenn nicht das serienmäßige Fünfgang-Getriebe bestellt wurde). Leider gingen die Iso- Geschäfte Anfang der siebziger Jahre schlecht - so schlecht, daß die neuen Besitzer, die das Unternehmen 1973 erworben hatten, schon im Jahr darauf die Produktion einstellen mußten.

Jaguar

Die britische Nobelmarke Jaguar - von Sir William Lyons in den dreißiger Jahren gegründet - firmierte anfangs unter dem Kürzel S.S. (Swallow Sidecar). Erst nach 1945 avancierte die Typenbezeichnung Jaguar zum Markennamen - aus dem einfachen Grund, weil jede Erinnerung an die Hitlersche SS vermieden werden sollte. Lyons hatte sofort Erfolg mit seinen wundervoll geformten, schnellen und dabei relativ preisgünstigen Automobilen - vor allem in den USA, dem neuen gelobten Sportwagen-Land.

Jaguar 1,5, 2,5 und 3,5 l

Zylinderzahl/Bauart: 4 bzw. 6 Zyl.
Hubraum: 1776, 2664 bzw. 3485 ccm
Leistung bei U/min: 66/4500, 104/4500 bzw. 126/4250 PS
Höchstgeschwindigkeit: 120-155 km/h
Karosserie-/Chassisbauart: Kastenrahmen

Ausführung: 4-t Lim., Cabriolet
Baujahr: 1938-1948
Stückzahl: 12.713, 7.222 bzw. 5.424 Ex.
Preistendenz: 2, Cabrio: 1

Preisgruppe 1: 10000 - 19000
Preisgruppe 2: 17000 - 35000
Preisgruppe 3: 24000 - 45000
Preisgruppe 4: 40000 - 60000

Wie so viele Firmen nahm Jaguar nach 1945 die Produktion mit einem Vorkriegsmodell auf, wobei sich die Kunden des Anderthalbliters mit einem Vierzylinder begnügen mußten. Immerhin handelte es sich bei allen Motoren bereits um ohv-Konstruktionen, damals durchaus keine Selbstverständlichkeit. Dafür wartete die gesamte Baureihe mit Starrachsen vorne und hinten auf und lieferte damit einen deutlichen Hinweis auf ihre Entstehungszeit.

Nächste Seite: Ob das Salzwasser dem Mini so gut tat? Zeitgenössisches Werbefoto. ▶

Jaguar Mk V 2.5 und 3.5

Technische Daten: siehe Jaguar 1,5, 2,5 und 3,5 l

Preisgruppe 1: 15000 - 27000
Preisgruppe 2: 27000 - 38000
Preisgruppe 3: 38000 - 50000
Preisgruppe 4: 50000 - 65000

Mit veränderter Technik und leicht modifizierter Karosserie debütierte 1949 der Mk V, ein Auto, dem mit seiner nur zweijährigen Bauzeit die Rolle eines Zwischenmodells zufiel. Immerhin fand der nur mit dem 2,5- bzw. 3,5 l großen Sechszylinder-Motor lieferbare Wagen in diesem Zeitraum 10.466 Käufer - eine stolze Zahl für ein so nobles Auto. Vielleicht lag's an der Tatsache, daß der Komfort ebenso wie die Sicherheit durch die Verwendung unabhängig aufgehängter Vorderräder erheblich gewonnen hatte.

Jaguar Mk VII, VIIM und VIII

Zylinderzahl/Bauart: 6 Zyl.
Hubraum: 3442 ccm
Leistung bei U/min: 162/5200, 192/5500 bzw. 213/5750 PS (SAE)
Höchstgeschwindigkeit: 160-180 km/h
Karosserie-/Chassisbauart: Kastenrahmen

Ausführung: 4-t Lim.
Baujahr: 1950-1954, 1955-1957 bzw. 1957-1958
Stückzahl: 20.908, 10.061 bzw. 6.212 Ex.
Preistendenz: 2

Preisgruppe 1: 10000 - 25000
Preisgruppe 2: 18000 - 30000
Preisgruppe 3: 28000 - 38000
Preisgruppe 4: 35000 - 50000

Den Anfang dieser völlig neuen Generation von Jaguar-Limousinen machte 1950 der Mk VII (einen Mk VI gab es nicht), der mit hocheleganter Karosserie und dem imponierenden Doppelnockenwellen-Sechszylinder von sich Reden machte. Exquisit ausgestattet - im Innenraum dominierten Holz und Leder -, wartete der Mk VII mit sportwagen-ähnlichen Fahrleistungen auf und zählte zu den schnellsten Viertürern seiner Zeit.

Jaguar Mk IX

Zylinderzahl/Bauart: 6 Zyl.
Hubraum: 3781 ccm
Leistung bei U/min: 223/5500 PS (SAE)
Höchstgeschwindigkeit: 190 km/h
Karosserie-/Chassisbauart: Kastenrahmen

Ausführung: 4-t Lim.
Baujahr: 1959-1961
Stückzahl: 10.009 Ex.
Preistendenz: 2

Preisgruppe 1: 15000 - 23000
Preisgruppe 2: 23000 - 28500
Preisgruppe 3: 28500 - 37000
Preisgruppe 4: 37000 - 50000

Obwohl ein sehr großes Auto, verband der Mk IX Sportlichkeit mit Luxus. Optisch nur durch wenige Details etwa vom Mk VII zu unterscheiden (wie der einteiligen Windschutzscheibe beispielsweise), verwöhnte diese letzte Jaguar-Limousine mit separatem Chassis ihren Fahrer mit Scheibenbremsen rundum und servo-unterstützter Lenkung - Zutaten, die bei einem Auto dieses Kalibers hochwillkommen waren. Nach wie vor konnte zwischen manuellem und automatischem Getriebe gewählt werden.

Jaguar Mk X und 420 G

Zylinderzahl/Bauart: 6 Zyl.
Hubraum: 3781 bzw. 4235 ccm
Leistung bei U/min: 265/5500 PS (SAE)
Höchstgeschwindigkeit: 200 km/h
Karosserie-/Chassisbauart: selbsttragende Karosserie

Baujahr: 1961-1966, 1967-1970
Stückzahl: 18.519 bzw. 5.763 Ex.
Preistendenz: 2

Preisgruppe 1: 5000 - 12000
Preisgruppe 2: 12000 - 17500
Preisgruppe 3: 17500 - 21000
Preisgruppe 4: 21000 - 27000

Die große Jaguar-Limousine im New Look: Eine Karosserie, die geschickt traditionelle und moderne Stilelemente verband, dazu die bekannte Technik, zu der sich etwa unabhängig aufgehängte Hinterräder gesellt hatten. Seit 1965 kam ein auf 4,2 l Hubraum vergrößertes Aggregat zum Einsatz, während 1967 aus dem Mk X der - kaum veränderte - 420 G wurde.

Jaguar 2.4 und 3.4 Litre (Mk I)

Zylinderzahl/Bauart: 6 Zyl.
Hubraum: 2483 bzw. 3442 ccm
Leistung bei U/min: 114/5750 bzw. 213/5500 PS (SAE)
Höchstgeschwindigkeit: 160-190 km/h
Karosserie-/Chassisbauart: selbsttragende Karosserie
Ausführung: 4-t Lim.
Baujahr: 1955-1959 bzw. 1957-1959
Stückzahl: 19.400 bzw. 17.340 Ex.
Preistendenz: 2

Preisgruppe 1: 4000 - 10500
Preisgruppe 2: 10500 - 18000
Preisgruppe 3: 18000 - 25000
Preisgruppe 4: 25000 - 35000

Kleine Revolution bei Jaguar: Das 1955 präsentierte 2.4 Litre-Modell überraschte durch eine kompakte, selbsttragend ausgelegte Karosserie und gab damit die Richtung künftiger Entwicklungen an. Ebenfalls neu war der entsprechend verkleinerte dohc-Sechszylinder-Motor, dem 1957 allerdings das bekannte größere Aggregat zur Seite gestellt wurde. Damit bestückt, verdiente der 3.4 Litre (Mk I wurden diese Autos erst rückwirkend nach der Vorstellung des Mk II genannt) die Bezeichnung Sport-Limousine.

Jaguar Mk II (240 und 340)

Zylinderzahl/Bauart: 6 Zyl.
Hubraum: 2483, 3442 bzw. 3781 ccm
Leistung bei U/min: 120/5750, 133/5500, 213/5500 bzw. 223/5500 PS (SAE)
Höchstgeschwindigkeit: 160-200 km/h

Karosserie-/Chassisbauart: selbsttragende Karosserie
Ausführung: 4-t Lim.
Baujahr: 1959-1969
Stückzahl: 29.280, 31.290 bzw. 30.070 Ex.
Preistendenz: 1

Preisgruppe 1: 4000 - 14000
Preisgruppe 2: 12000 - 20000
Preisgruppe 3: 18000 - 30000
Preisgruppe 4: 28000 - 45000

Der (offiziell so bezeichnete) Mk II, der aus seinem Vorgänger den Mk I machte, bestach durch seine hochattraktive Karosserie und - in der 3,8 l- Version - durch seine noch höhere Leistung. Eine erlesene Ausstattung - die Rückenlehnen der Vordersitze beherbergten Picknicktische - entwickelte sich die Baureihe zum Verkaufsschlager. Leider wurde 1968 der große Motor gestrichen und die Ausstattung der beiden anderen, nun 240 und 340 genannten Modelle bescheidener.

Damals nicht mehr konkurrenzfähig, heute begehrt: PV 544.

Mit Aluminiumfelgen gegen das Kombi-Image: 2000 tii Touring mit Rallye-Paket

Wheels
Magazine
Motoren, Customs, Oldies, US Cars. Starkes Stück. Nicht nur für Männer.
HARLEY-DAVIDSON
Ja, schicken Sie mir kostenlos ein Probeheft
vom Wheels Magazine zu. Wenn es mir gefällt, brauche ich nichts weiter zu tun. Dann erhalte ich Wheels Magazine 12× per Post für nur DM 66,– frei Haus (im Ausland zzgl. postüblicher Versandkosten).
Name/Vorname
Straße/Nr.
PLZ/Ort
Datum/Unterschrift
Einsenden an: Verlagsgesellschaft Grütter · Wheels Magazine Postfach 91 07 08 · D-3000 Hannover 91
Diese Vereinbarung kann ich binnen einer Frist von 14 Tagen nach Erhalt des Probeheftes schriftlich widerrufen. Es genügt die rechtzeitige Absendung.
Datum/Unterschrift

Jaguar S (3,4 u. 3,8 l)

Technische Daten: siehe Jaguar Mk II

Preisgruppe 1: 4000 - 12000
Preisgruppe 2: 10000 - 18000
Preisgruppe 3: 16000 - 24000
Preisgruppe 4: 22000 - 30000

So gut der Mk II auch ankam: Tester und Besitzer beklagten sich über einen kleinen Kofferraum, über die begrenzte Bein- und Kopffreiheit und schließlich über die starre Hinterachse. Also reagierte man bei Jaguar - nicht, indem man den Mk II modifizierte, sondern indem man im Herbst 1963 den S präsentierte. Nur mit dem 3,4- und 3,8 l-Motor lieferbar, brachte es dieses stark verbesserte Modell bis 1968 auf 24.900 Einheiten.

Jaguar 420 bzw. Daimler Sovereign

Zylinderzahl/Bauart: 6 Zyl.
Hubraum: 4235 ccm
Leistung bei U/min: 245/5500 PS
Höchstgeschwindigkeit: 185 km/h
Karosserie-/Chassisbauart: selbsttragende Karosserie

Ausführung: 4-t Lim.
Baujahr: 1966-1968 bzw. 1966-1969
Stückzahl: 9.801 bzw. 5.831 Ex.
Preistendenz: 2

Preisgruppe 1: 3000 - 8000
Preisgruppe 2: 8000 - 12000
Preisgruppe 3: 12000 - 18000
Preisgruppe 4: 18000 - 22000

Auf den ersten Blick schien der Jaguar 420, der seinen Platz zwischen S und 420 G fand, als überflüssiges Modell. Bei näherem Hinsehen freilich konnte er Pluspunkte verbuchen: Eine ausgereifte Borg-Warner-Automatik kam auf Wunsch ebenso zum Einbau wie die neue Marles Variamatic-Servolenkung, zu deren Besonderheiten die variable Übersetzung zählte. Trotzdem ist der 420 gerade heute sehr unbeliebt - und deshalb preisgünstig zu haben. Übrigens hieß die etwas länger gebaute luxuriösere Ausführung Daimler Sovereign.

Jaguar XJ 6 C und XJ 12 C

Zylinderzahl/Bauart: 6 Zyl.bzw. V 12
Hubraum: 4235 bzw. 5343 ccm
Leistung bei U/min: 171/4750 bzw. 287/5750 PS
Höchstgeschwindigkeit: 195 bzw. 225 km/h
Karosserie-/Chassisbauart: selbsttragende Karosserie

Ausführung: 2-t Hardtop
Baujahr: 1975-1978
Stückzahl: 6.505 bzw. 1.873 Ex.
Preistendenz: 1

Preisgruppe 1: 5000 - 13000
Preisgruppe 2: 11000 - 20000
Preisgruppe 3: 18000 - 27000
Preisgruppe 4: 22000 - 30000

Es hieß Coupé und war - strenggenommen - ein Hardtop: Jener wunderschöne, von der ebenso eleganten XJ 6 Limousine abgeleitete Zweitürer. Leider machten die pfostenlosen Seitenscheiben anfangs Probleme - weshalb das schon 1973 gezeigte Auto erst 1975 in Serie ging. Wahlweise mit dem bekannten Sechszylinder oder einem seidenweichen (und sehr gefräßigen) V 12 lieferbar, werden die Preise dieses "Sleepers" in absehbarer Zeit deutlich steigen.

Jaguar XK 120

Zylinderzahl/Bauart: 6 Zyl.
Hubraum: 3442 ccm
Leistung bei U/min: 160/5000 bzw. 180/5300 PS
Höchstgeschwindigkeit: 190-200 km/h
Karosserie-/Chassisbauart: Kastenrahmen

Ausführung: Coupé, Roadster, Cabriolet (Drophead-Coupé)
Baujahr: 1948-1954
Stückzahl: 12.087 Ex.
Preistendenz: 1

Preisgruppe 1: 16000 - 23000
Preisgruppe 2: 23000 - 37000
Preisgruppe 3: 37000 - 55000
Preisgruppe 4: 55000 - 80000

Die Autosensation des Jahres 1948 hieß Jaguar XK 120 und faszinierte Publikum wie Fachwelt vom ersten Augenblick an: Da war die hinreißend geformte Roadster- Karosserie (später kamen das Coupé und das hier gezeigte komfortablere Drophead- Coupé hinzu) und da war die ebenso atemberaubende Technik, für die Jaguar- Chefingenieur Bill Heynes verantwortlich zeichnete. 120 Meilen schnell (daher die Bezeichnung!), kam hier erstmals das berühmte dohc-Triebwerk zum Einsatz. Heute sind die frühen, mit einer Alu-Karosserie versehenen Roadster besonders gesucht - und entsprechend teuer.

GG-DE 499

Jaguar XK 140

Zylinderzahl/Bauart: 6 Zyl.
Hubraum: 3442 ccm
Leistung bei U/min: 190/5500 bzw. 213/5750 PS
Höchstgeschwindigkeit: 195-205 km/h
Karosserie-/Chassisbauart: Kastenrahmen

Ausführung: Coupé, Roadster, Cabriolet (Drophead-Coupé)
Baujahr: 1954-1957
Stückzahl: 8.884 Ex.
Preistendenz: 2

Preisgruppe 1: 18000 - 25000
Preisgruppe 2: 25000 - 39000
Preisgruppe 3: 39000 - 58000
Preisgruppe 4: 58000 - 75000

Eine leicht retuschierte Karosserie und ein paar PS mehr führten zum XK 140. Wie schon bei seinem Vorgänger gab es auch diesmal wieder eine "Special Equipment" (S.E.)-Version, die nochmals eine kräftige Leistungszulage erhalten hatte. Das störrische Moss-Viergang-Getriebe konnte nun mit einem Overdrive gekoppelt werden, dazu gab es - als Konzession an den amerikanischen Markt - seit 1956 eine Automatik.

Jaguar XK 150 und XK 150 S

Zylinderzahl/Bauart: 6 Zyl.
Hubraum: 3442 bzw. 3781 ccm
Leistung bei U/min: 190/5500, 210/5500, 220/5500, 250/5500 bzw. 265/5500 PS (SAE)
Höchstgeschwindigkeit: 200-230 km/h
Karosserie-/Chassisbauart: Kastenrahmen

Ausführung: Coupé, Roadster, Cabriolet (Drophead-Coupé)
Baujahr: 1957-1961
Stückzahl: 9.395 Ex.
Preistendenz: 2 bzw. 1.

Preisgruppe 1: 18000 - 25000
Preisgruppe 2: 25000 - 38000
Preisgruppe 3: 38000 - 58000
Preisgruppe 4: 58000 - 80000

Neben einem Großfeuer, das ein Drittel der Werksanlagen vernichtete, brachte das Jahr 1957 die Vorstellung des XK 150, vorerst nur als Drophead- und Fixedhead- Coupé, später dann auch als Roadster (speziell für den amerikanischen Markt). Technisch hatte der Neuling gewonnen (es gab jetzt Vierrad-Scheibenbremsen), optisch dagegen nicht unbedingt: Durch die hochgezogene Seitenlinie wirkte die Karosserie schwerfälliger. Dafür wuchs die Leistung im Lauf der Zeit erheblich.

Jaguar XKSS

Zylinderzahl/Bauart: 6 Zyl.
Hubraum: 3442 ccm
Leistung bei U/min: 250/6000 PS
Höchstgeschwindigkeit: 275 km/h
Karosserie-/Chassisbauart: Rohrrahmen

Ausführung: Roadster
Baujahr: 1957
Stückzahl: 16 Ex.
Preistendenz: 1

Preisgruppe 1: 70000 - 90000
Preisgruppe 2: 90000 - 150000
Preisgruppe 3: 150000 - 250000
Preisgruppe 4: 250000 ->.

◄ Da ging die Post ab: Rallye-Kadett mit 1900 ccm und 90 PS.

Eigentlich ein Rennwagen, den man notdürftig für den Straßenverkehr präpariert hatte. Wesentliche Teile - Karosserie, Rohrrahmen, Motor mit Trockensumpfschmierung - stammten vom legendären D-Type, einem Renner, der bei vielen Wettbewerben dominierte. So selten wie Goldstaub und noch unbezahlbarer, dürfte dieses Modell selbst Sammlern, die (fast) alles haben, schlaflose Nächte bereiten.

Jaguar E-Type 3,8 l Serie 1

Zylinderzahl/Bauart: 6 Zyl.
Hubraum: 3781 ccm
Leistung bei U/min: 265/5500 PS (SAE)
Höchstgeschwindigkeit: 240 km/h
Karosserie-/Chassisbauart: selbsttragend mit Hilfsrahmen

Ausführung: Roadster, Coupé
Baujahr: 1961-1964
Stückzahl: 7.827 bzw. 7.669 Ex.
Preistendenz: 1

Preisgruppe 1: 9000 - 20000
Preisgruppe 2: 17000 - 32000
Preisgruppe 3: 30000 - 52000
Preisgruppe 4: 53000 - 72000

Genfer Salon, Frühjahr 1961: Auf dem Jaguar-Stand wird ein Kasten, der an einen riesigen Schuhkarton erinnert, gelüftet - und gibt den Blick auf einen ultraflachen Sportwagen mit atemberaubender Linienführung frei. Die Anwesenden - Pressevertreter und einige handverlesene Gäste - brechen spontan in begeisterten Beifall aus! Was sie sahen, war der neue, schlicht E-Type genannte Jaguar-Sportwagen, der nicht nur wegen seiner Fahrleistungen und seines Preises faszinierte, sondern vor allem wegen seiner aggressiven, von Malcolm Sayer entworfenen Karosserie.

Jaguar E-Type 4,2 l Serie 1 (und 1 1/2)

Zylinderzahl/Bauart: 6 Zyl.
Hubraum: 4235 ccm
Leistung bei U/min: 265/5400 PS (SAE)
Höchstgeschwindigkeit: 240 km/h
Karosserie-/Chassisbauart: selbsttragend mit Hilfsrahmen

Ausführung: Roadster, Coupé, Coupé 2 + 2
Baujahr: 1964-1968
Stückzahl: 9.550, 7.770. 5.600 Ex.
Preistendenz: 1

Preisgruppe 1: 9200 - 21000
Preisgruppe 2: 17500 - 34000
Preisgruppe 3: 32000 - 55000
Preisgruppe 4: 52000 - 70000

Wie nicht anders zu erwarten, wurde der E-Type ein Riesen-Erfolg: In Sachen Fahrleistungen und luxuriöser Ausstattung konnte diese Flunder mit Supercars à la Aston Martin, Ferrari und Maserati mithalten, kostete aber nur die Hälfte. Außerdem wurde er kontinuierlich verbessert. So tauschte man etwa das ruppige Moss-Viergang-Getriebe gegen ein System eigener Fertigung und stattete das Auto mit dem gründlich überarbeiteten 4,2 l Motor aus. Eine 2 + 2-Version kam 1966 dazu und Ende 1967 mauserte sich der E-Type zur sog. Serie 1 1/2.

Jaguar E-Type Serie 2

Technische Daten siehe Jaguar E-Type 4,2 l

Jaguar E Typ Serie 1.

Jaguar E Typ Serie 1 mit Aluminiumbeschlägen und Kippschaltern.

Ein Jaguar Mark 2 – von 1959 bis 1967 gebaut.

Ein Jaguar 420 G im typischen Jaguar-Grün.

Preisgruppe 1: 8000 - 18000
Preisgruppe 2: 16000 - 30000
Preisgruppe 3: 30000 - 51000
Preisgruppe 4: 49000 - 61000

Zwischen 1968 und 1971 wurde der E-Type Serie 2 (Auflage: Roadster: 8.630, Coupé: 4.860, 2 + 2: 5.330 Ex.) geliefert. Kleinere optische Retuschen hatten die Jaguar- Techniker mit technischen Modifikationen verbunden - und sich dabei vor allem von den amerikanischen Abgas- und Sicherheitsbestimmungen leiten lassen. So waren die hübschen Kippschalter verschwunden und die Autos insgesamt sanfter geworden - amerikanische Kunden beispielsweise mußten sich mit 2 Vergasern (und natürlich erheblich weniger Leistung) begnügen.

Jensen

Richard und Allan Jensen, Gründer und Eigentümer von Jensen Motor Ltd. in West Bromwich, England, begannen ihre Laufbahn mit der Fertigung von Sonderkarosserien, befor sie Ende der dreißiger Jahre ihr erstes Auto lancierten: Ein sportlich- elegantes Fahrzeug, bestückt mit einem 3,6 l-Ford-V 8-Motor und mit einer Columbia-Hinterachse, die über zwei Übersetzungsverhältnisse verfügte und so, kombiniert mit einem Dreigang-Getriebe, sechs Gänge lieferte! Nach dem Krieg baute man Autos gleichen Stils, mußte 1976 aber wegen finanzieller Probleme schließen - um sieben Jahre später wundersame Auferstehung zu feiern!

Jaguar E-Type Serie 3 V 12

Zylinderzahl/Bauart: V 12
Hubraum: 5343 ccm
Leistung bei U/min: 276/5850 PS
Höchstgeschwindigkeit: 240 km/h
Karosserie-/Chassisbauart: selbsttragend mit Hilfsrahmen

Ausführung: Roadster, 2 + 2-Coupé
Baujahr: 1971-1975
Stückzahl: 7.990 bzw. 7.297 Ex.
Preistendenz: Roadster: 1, Coupé: 2

Preisgruppe 1: 10000 - 25000
Preisgruppe 2: 23000 - 38000
Preisgruppe 3: 36000 - 62000
Preisgruppe 4: 58000 - 80000

Ziemlich genau zehn Jahre nach seiner Präsentation trat der E-Type zu seiner letzten Runde an - und sorgte nochmals für gehörige Aufregung, denn unter seiner langen Motorhaube werkelte nun ein seidenweicher Zwölfzylinder-V-Motor! Damit entsprachen Leistung und Prestige erneut Spitzenniveau, zu einem noch immer günstigen Preis. Weitere Merkmale des Neulings: Neben einer überarbeiteten Karosserie verfügte nun auch der Roadster über den längeren Radstand des 2 + 2- Coupés, während man den geschlossenen Zweisitzer aus dem Programm gestrichen hatte.

Jensen 541, 541 R und S

Zylinderzahl/Bauart: 6 Zyl.
Hubraum: 3993 ccm
Leistung bei U/min: 135/3700 - 152/4100 PS
Höchstgeschwindigkeit: 170-185 km/h
Karosserie-/Chassisbauart: Kunststoff-Karosserie auf Kastenrahmen

Ausführung: Coupé
Baujahr: 1953-1963
Stückzahl: ca. 535 Ex.
Preistendenz: 2

Preisgruppe 1: 14000 - 21000
Preisgruppe 2: 18000 - 27000
Preisgruppe 3: 24500 - 33000
Preisgruppe 4: 29000 - 38000

Dieses ebenso luxuriös ausgestattete wie elegant geformte Auto debütierte 1953 und entsprach dem Stil des Hauses: Solide gebaut, leistungsfähig und recht teuer, kam es nur für einen kleinen Kundenkreis in Frage. Angetrieben vom großen Austin- Sechszylinder, trieb man kontinuierlich Modellpflege, sorgte (seit 1956) für Scheibenbremsen und auf Wunsch für Automatik oder Overdrive. 1961 kam der geräumigere 541 S, der auf das charakteristische, klappbare Kühlergrill verzichtete.

Ausführung: Coupé
Baujahr: 1967-1976
Stückzahl: ca. 4.500 Ex.
Preistendenz: 2, FF: 1

Preisgruppe 1: 17000 - 25000
Preisgruppe 2: 24000 - 33000
Preisgruppe 3: 29000 - 40000
Preisgruppe 4: 40000 - 58000

Statt der eigenartig aussehendęn Kunststoff-Karosserie setzte das neue Jensen- Modell auf ein attraktives, von Vignale gestyltes Viersitzer-Blechkleid, das nicht nur gut aussah, sondern durch seine große gläserne Heckklappe erstaunlich praktisch war. Wieder gab es den längeren vierrad-getriebenen FF (System Ferguson), der obendrein mit Dunlop-"Maxaret"-Bremsen (Anti-Blockier-System-Vorläufer) daherkam. Ein sehr fortschrittliches Auto also, das stets nach einer großen Brieftasche verlangte - damals wie heute.

Jensen CV 8 und CV 8 FF

Zylinderzahl/Bauart: V 8
Hubraum: 5916 bzw. 6276 ccm
Leistung bei U/min: 305/4600 bzw. 335/4600 PS (SAE)
Höchstgeschwindigkeit: 225 km/h
Karosserie-/Chassisbauart: Kunststoff-Karosserie auf Kastenrahmen

Ausführung: Coupé
Baujahr: 1962-1966
Stückzahl: ca. 460 Ex.
Preistendenz: 2, FF: 1

Preisgruppe 1: 17000 - 24000
Preisgruppe 2: 24000 - 29000
Preisgruppe 3: 29000 - 37000
Preisgruppe 4: 37000 - 45000

Die besonderen Merkmale dieser Schöpfung: Eine bizarr geformte und vier Personen Platz bietende Kunststoff-Karosserie, ein üppig dimensionierter Kastenrahmen und ein bärenstarker Chrysler-V 8-Motor, der diesem interessanten Auto zu hervorragenden Leistungen verhalf. Als technischen Leckerbissen hielt die Firma den vierrad-getriebenen FF bereit, der zudem über einen längeren Radstand verfügte und für sich in Anspruch nehmen darf, der erste Serien-Personenwagen mit diesem Antriebssystem gewesen zu sein.

Jensen Interceptor, FF und SP

Zylinderzahl/Bauart: V 8
Hubraum: 6276 bzw. 7212 ccm
Leistung bei U/min: 335/4600 PS (SAE) bzw. 284 PS (DIN)
Höchstgeschwindigkeit: 220 km/h
Karosserie-/Chassisbauart: Rohrrahmen

Jensen Interceptor Cabriolet und Hardtop-Coupé

Technische Daten: siehe Jensen Interceptor

Preisgruppe 1: 17000 - 27000
Preisgruppe 2: 25000 - 36000
Preisgruppe 3: 30000 - 48000
Preisgruppe 4: 45000 - 68000

Wer ein viersitziges Cabriolet der höchsten Klasse suchte, sich aber nicht mit einem Bentley oder RR Corniche anfreunden mochte, konnte mit dem zwischen 1974 und 1976 gelieferten Interceptor Convertible vielleicht glücklich werden. Extrem teuer und luxuriös, war die Verwandlung von geschlossen in offen gut gelungen. Leider probierten es die Jensen-Stylisten auch andersherum und verpaßten der Cabrio- Karosserie ein sehr merkwürdig wirkendes, verschweißtes Coupédach. Die Stückzahlen: Nur 267 Cabrios und 60 Hardtop-Coupés wurden gebaut.

Jensen Healey, Healey GT

Zylinderzahl/Bauart: 4 Zyl.
Hubraum: 1973 ccm
Leistung bei U/min: 142/6500 PS
Höchstgeschwindigkeit: 200 km/h
Karosserie-/Chassisbauart: selbsttragende Karosserie

Ausführung: Roadster, Kombi-Coupé
Baujahr: 1972-1976
Stückzahl: 10.926 Ex.
Preistendenz: 2

Preisgruppe 1: 8000 - 11000
Preisgruppe 2: 11000 - 16000
Preisgruppe 3: 16000 - 21000
Preisgruppe 4: 21000 - 27000

Kjell Qvale, Chef der British Car Distributors in den USA, suchte nach einem Austin-Healey-Nachfolger. Er gewann Donald Healey für seine Pläne (der an einem entsprechenden Projekt arbeitete), sicherte sich kurzerhand die Anteilsmehrheit von Jensen - und ließ die Produktion anlaufen. Das Ergebnis: Ein auf den klangvollen Namen Jensen Healey hörender Roadster (eine Art Sport-Kombi sollte folgen), der von einem Lotus dohc-Vierzylinder angetrieben wurde. Leider vermochte das recht bieder wirkende Auto nicht den erhofften Verkaufserfolg zu erzielen, obwohl es mit sicheren Fahreigenschaften und flottem Temperament aufwartete.

Kleinschnittger F 125

Zylinderzahl/Bauart: 1 Zyl.(Zweitakt)
Hubraum: 123 ccm
Leistung bei U/min: 4,5/5000 PS
Höchstgeschwindigkeit: 70 km/h
Karosserie-/Chassisbauart: Alu-Karosserie auf Zentralrohrrahmen

Ausführung: Roadster
Baujahr: 1950-1957
Stückzahl: 2.980 Ex.
Preistendenz: 1

Preisgruppe 1: 4000 - 6000
Preisgruppe 2: 6000 - 8500
Preisgruppe 3: 8500 - 11000
Preisgruppe 4: 11000 - 16000

Dieser rassige Westentaschen-Roadster wartete mit so originellen Zutaten wie einer Alu-Karosserie und einer Gummiband-Federung auf und verzichtete im übrigen auf alles, was Gewicht und Kosten verursachen konnte - wie Rückwärtsgang, Differential, Starter und Batterie. Für die Besatzung bedeutete dies Muskelarbeit: Statt rückwärts zu fahren, mußte das Heck hochgehoben und das Auto per Hand "gewendet" werden, zum Starten gab's einen Seilzug à la Rasenmäher. Dafür galt der kleine Ilo- Motor wie überhaupt die ganze Konstruktion als sehr robust.

Kleinschnittger

Der kürzlich verstorbene Paul Kleinschnittger, einer der ideenreichsten Konstrukteure der Nachkriegszeit, sorgte für einige bemerkenswerte Schöpfungen, als der Roller- und Kleinwagen-Boom so richtig auf Touren kam - etwa für einen Motorroller, für den es gegen Aufpreis eine zweigeteilte Luftmatraze gab, mittels der - rechts und links am Fahrzeug befestigt - sogar der Betrieb zu Wasser möglich sein sollte! Ob es jemand versuchte, ist nicht überliefert.

Lagonda

Nachdem Walter Owen Bentley mit seiner eigenen, nach ihm benannten Marke gescheitert war - für Kenner der Materie mußte das so kommen: Die Autos waren einfach zu gut, als daß man mit ihnen hätte viel verdienen können -, trat er als Chefkonstrukteur bei La gonda ein. Diese schon 1906 vom Amerikaner Wilbur Gunn im englischen Staines gegründete Nobelmarke fertigte, erlesene Automobile technisch aufwendig und sehr teuer. 1947 geriet die Firma in finanzielle Schwierigkeiten und wurde von Aston-Martin-Besitzer D avid Brown aufgekauft.

Ausführung: 2- u. 4-t Lim., Cabriolet
Baujahr: 1953-1957
Stückzahl: ca. 430 Ex.
Preistendenz: 2

Preisgruppe 1: 17000 - 27000
Preisgruppe 2: 25000 - 33000
Preisgruppe 3: 29000 - 40000
Preisgruppe 4: 38000 - 45000

Mit neuer Karosserie und dem bekannten, auf 3 l Hubraum erweiterten dohc-Sechszylinder gab der neue Lagonda seinen Einstand. Zunächst als zweitürige Sport-Limousine und als imposantes 3-Position-Drophead-Coupé geliefert, folgte der Viertürer einige Monate später. Das größte Manko dieses Autos: Es kostete erheblich mehr als ein ähnlich luxuriöser, aber viel schnellerer Jaguar - weshalb Lagonda bei der 2. Serie die Preise drastisch senkte.

Lagonda 2,6 l

Zylinderzahl/Bauart: 6 Zyl.
Hubraum: 2580 ccm
Leistung bei U/min: 105/5000 bzw. 125/5000 PS (bhp)
Höchstgeschwindigkeit: 145-155 km/h
Karosserie-/Chassisbauart: X-Träger-Rahmen aus T-Profilen

Ausführung: 4-t Lim., Cabriolet
Baujahr: 1948-1953
Stückzahl: ca. 550 Ex.
Preistendenz: 2

Preisgruppe 1: 17000 - 25500
Preisgruppe 2: 23000 - 31000
Preisgruppe 3: 27000 - 38500
Preisgruppe 4: 36000 - 43000

Angetrieben wurde diese luxuriöse Limousine von einem von W. O. Bentley konstruierten dohc-Sechszylinder, der mit halbkugelförmigen Brennräumen und v-förmig angeordneten Ventilen aufwartete. Ein sehr, sportliches Triebwerk also, daß sich freilich mit der schwergewichtigen Limousine etwas abmühte. Das wurde etwas besser, als der Mk II vorgestellt wurde, der serienmäßig mit hydraulischen Wagenhebern und - auf Wunsch - 125 PS zu haben war.

Lagonda 3 l

Zylinderzahl/Bauart: 6 Zyl.
Hubraum: 2922 ccm
Leistung bei U/min: 140/5000 PS (bhp)
Höchstgeschwindigkeit: 165 km/h
Karosserie-/Chassisbauart: X-Träger-Rahmen mit T-Profilen

Lagonda Rapide

Zylinderzahl/Bauart: 6 Zyl.
Hubraum: 3995 ccm
Leistung bei U/min: 236/5000 PS (bhp)
Höchstgeschwindigkeit: 200 km/h
Karosserie-/Chassisbauart: Alu-Karosserie auf Plattform-Rahmen

Ausführung: 4-t Lim.
Baujahr: 1961-1964
Stückzahl: 55 Ex.
Preistendenz: 1

Preisgruppe 1: 20000 - 30000
Preisgruppe 2: 30000 - 38000
Preisgruppe 3: 38000 - 47000
Preisgruppe 4: 47000 - 62000

Wie lange bleibt dieses Auto noch ein Geheimtip, den es zu recht günstigen Preisen gibt ? Wie schon seine Vorgänger, so wird auch der, Rapide von einem dohc-Sechszylinder beschleunigt - allerdings stammt dieses Aggregat aus einer neuen, von Tadek Marek ko nstruierten Motorengeneration. Die Karosserie wurde von Touring in Form gebracht und bestand aus Aluminium, Scheibenbremsen rundum und eine DeDion-Hinterachse mit Torsionsstab-Federung waren die weiteren Merkmale dieses sportlichen Luxusliners.

Lamborghini

Ferruccio Lamborghini, ein begüterter Industrieller aus Oberitalien, war von sämtlichen Hochleistungs-Sportwagen, die er sich im Lauf der Zeit zulegte, wenig angetan - so wenig, daß er beschloß, es besser zu machen. Also stampfte er in Sant'Agata Bologn ese eine supermoderne Autofabrik, aus dem Boden, heuerte namhafte Konstrukteure an - Giotto Bizzarrini etwa, der sich von Ferrari im Zorn getrennt hatte, oder Giampaolo (mit "m" bitte!) Dallara - und ließ die Produktion anlaufen. Das Ergebnis: faszinieren de Automobile der höchsten Klasse!

Lamborghini 350 GT

Zylinderzahl/Bauart: V 12
Hubraum: 3464 ccm
Leistung bei U/min: 270/6500 bzw. 280/6500 PS
Höchstgeschwindigkeit: 250 km/h
Karosserie-/Chassisbauart: Rohrrahmen mit halb-selbsttragender Karosserie (Superleggera-Bauweise)

Ausführung: Coupé, Spider
Baujahr: 1963-1966
Stückzahl: 129 Ex.
Preistendenz: 1

Preisgruppe 1: 50000 - 70000
Preisgruppe 2: 65000 - 85000
Preisgruppe 3: 82000 - 110000
Preisgruppe 4: 95000 - 180000

Das erste Auto mit dem angreifenden Stier im Firmenemblem zeigten seine Schöpfer erstmals 1963, freilich erforderte es noch einige Arbeit, ehe dieser 350 GT 1964 in Serie gehen konnte. Anfänglich nur als Coupé mit 280 PS (einige Quellen sprechen von 270) geliefert, gab es später einige, ganz wenige Spider (deren Karosserie ebenso von Touring stammte wie die der Coupés). Und für Leute, denen die gebotenen PS noch nicht reichten, soll es eine GTV genannte 320 PS starke Version gegeben haben...

Lamborghini 400 GT

Zylinderzahl/Bauart: V 12
Hubraum: 3929 ccm
Leistung bei U/min: 320/6500 PS
Höchstgeschwindigkeit: 260 km/h
Karosserie-/Chassisbauart: Rohrrahmen, mit halb-selbsttragender Karosserie (Superleggera-Bauweise)

Ausführung: Coupé, Spider
Baujahr: 1965-1968
Stückzahl: ca. 260 Ex.
Preistendenz: 1

Preisgruppe 1: 60000 - 74000
Preisgruppe 2: 72000 - 90000
Preisgruppe 3: 86000 - 115000
Preisgruppe 4: 110000 - 190000

Variation des bekannten Themas: Kleinere formale Retuschen - eine veränderte Heckpartie, Doppelscheinwerfer - vor allem aber, ein auf 4 l Hubraum vergrößerter Motor (wieder mit 2 obenliegenden Nockenwellen je Zylinderreihe) ließen den 400 GT entstehen, vo n dem es neben dem Coupé (2 + 2-Sitzer) wieder einen Spider (in kleiner Stückzahl) gegeben haben soll. Sogar von einem Zwischenmodell - die 350er Karosse mit dem 400er Motor - ist die Rede.

Lamborghini Espada

Zylinderzahl/Bauart: V 12
Hubraum: 3929 ccm
Leistung bei U/min: 325/6500 bzw. 350/6500 PS
Höchstgeschwindigkeit: 250 km/h
Karosserie-/Chassisbauart: selbsttragende Karosserie

Ausführung: Coupé
Baujahr: 1968-1978
Stückzahl: 1.217 Ex.
Preistendenz: 1

Preisgruppe 1: 40000 - 60000
Preisgruppe 2: 60000 - 70000
Preisgruppe 3: 70000 - 82000
Preisgruppe 4: 82000 - 95000

Wer vier Leute mit Tempo 250 befördern und dies außerdem in einem Auto extravagantester Linienführung erledigen wollte, fand im Espada das gesuchte. Wie die anderen Lamborghinis nach einem Kampfstier benannt, hatte Karosserieschneider Bertone bei der Gestaltung der Espada-Außenhaut deutliche Anleihen bei seiner futuristischen Marzal-Studie gemacht. Den Leuten gefiel's: Obwohl einer der teuersten Lambos, entwickelte sich der Espada zu einem der meistverkauften.

Lamborghini Islero und Islero S

Zylinderzahl/Bauart: V 12
Hubraum: 3929 ccm
Leistung bei U/min: 320/6500 bzw. 350/7500 PS
Höchstgeschwindigkeit: 260-265 km/h
Karosserie-/Chassisbauart: Rohrrahmen

Ausführung: Coupé
Baujahr: 1968-1969
Stückzahl: 225 Ex.
Preistendenz: 1

Preisgruppe 1: 45000 - 62000
Preisgruppe 2: 60000 - 78000
Preisgruppe 3: 75000 - 95000
Preisgruppe 4: 95000 - 135000

Zugeschnitten für Leute mit Neigung zum vornehmen Understatement, wartete der 2 + 2-sitzige Islero mit dezenter Linienführung, aber furioser Leistung auf. Das galt vor allem für den Islero S von 1969, der neben optischen Veränderungen eine kräftige Leistungsspritze erhalten hatte. Keine Frage, daß die Zweikreis-Bremsanlage (vorne und hinten Scheiben) und das aufwendige Fahrwerk dringend benötigt wurden!

Lamborghini Jarama und Jarama S

Zylinderzahl/Bauart: V 12
Hubraum: 3929 ccm
Leistung bei U/min: 350/7500 bzw. 365/7500 PS
Höchstgeschwindigkeit: 255 km/h
Karosserie-/Chassisbauart: selbsttragende Karosserie

Ausführung: Coupé
Baujahr: 1970-1978
Stückzahl: 327 Ex.
Preistendenz: 1

Endmontage bei Opel 1963 – im modernsten Autowerk Europas.

Wirtschaftswundertraum: eigenes Auto und Haus.

Leider gelang es dem BMW 1600 GT nicht, auf dem Coupé-Markt so viel Staub aufzuwirbeln wie auf diesem Bild.

Preisgruppe 1: 40000 - 62000
Preisgruppe 2: 60000 - 75000
Preisgruppe 3: 73000 - 92000
Preisgruppe 4: 90000 - 115000

Die Ablösung für den Islero hieß Jarama und blieb, im Gegensatz zu seinem Vorgänger, recht lange in Produktion, ohne deswegen sehr viel bessere Verkaufszahlen zu erreichen. Für die Linienführung der bei Marazzi gebauten Karosserie zeichnete wiederum Bertone verantwortlich. Seit 1973 als Jarama S angeboten, leistete der wundervolle Alu- V 12-Motor hier 365 PS - womit der Jarama zu den stärksten Serien-Sportwagen der Welt zählte.

Lamborghini P 400 Miura, Miura S und SV

Zylinderzahl/Bauart: V 12
Hubraum: 3929 ccm
Leistung bei U/min: 350/7000, 370/7700 bzw. 385/7850 PS
Höchstgeschwindigkeit: 280-295 km/h
Karosserie-/Chassisbauart: gelochter Kastenrahmen mit halb-selbsttragender Alu-Karosserie

Ausführung: Coupé
Baujahr: 1967-1969, 1969-1971 bzw. 1971-1973
Stückzahl: 474, 140 bzw. 150 Ex.
Preistendenz: 1

Preisgruppe 1: 80000 - 100000
Preisgruppe 2: 95000 - 145000
Preisgruppe 3: 130000 - 210000
Preisgruppe 4: 200000 ->.

Mit dem Miura schuf Lamborghini einen der faszinierendsten Nachkriegs-Sportwagen überhaupt - ein Auto, das bei seiner Vorstellung für Furore sorgte: Da war die atemberaubende Karosserie, mit der Bertone eines seiner Meisterstücke abgeliefert hatte und die, streng funktional, mit einer Fülle ungewöhnlicher Details überraschte (so gab es kein Rückfenster aus Glas, sondern stattdessen eine schwarze Jalousie!). Ebenso beeindruckend die Technik: Intern P 400 genannt, verfügte das Auto über einen quereingebauten Mittelmotor (P = posteriore).

Lamborghini Countach LP 400

Zylinderzahl/Bauart: V 12
Hubraum: 3929 ccm
Leistung bei U/min: 385/8000 PS
Höchstgeschwindigkeit: 300 km/h
Karosserie-/Chassisbauart: Alu-Stahl-Karosserie auf Rohrrahmen

Ausführung: Coupé
Baujahr: 1971-1982
Preistendenz: 1

Preisgruppe 1: 50000 - 75000
Preisgruppe 2: 75000 - 100000
Preisgruppe 3: 100000 - 140000
Preisgruppe 4: 140000 - 180000

Noch aggressiver als der Miura, den er ablöste, wirkte der Countach, dessen von Bertone gestylte Außenhaut nun vollends an eine rollende Skulptur erinnerte. Der bekannte V 12-Motor ruhte wieder als Mittelmotor vor der Hinterachse, war diesmal allerdings längs zur Fahrtrichtung installiert (LP = longitudinale posteriore). Als weiterer Unterschied zum Miura kam nun ein Rohrrahmen zum Einsatz.

Lamborghini Urraco P 250 und 300

Zylinderzahl/Bauart: V 8
Hubraum: 2463 bzw. 2996 ccm
Leistung bei U/min: 220/7500 bzw. 265/7500 PS
Höchstgeschwindigkeit: 240-260 km/h
Karosserie-/Chassisbauart: selbsttragende Karosserie

Ausführung: Coupé
Baujahr: 1970-1979
Stückzahl: insg. 776 Ex.
Preistendenz: 1

Preisgruppe 1: 28000 - 37000
Preisgruppe 2: 35000 - 55000
Preisgruppe 3: 52000 - 76000
Preisgruppe 4: 73000 - 90000

Statt mit 12 mußte sich der Lamborghini Urraco mit 8 Zylindern begnügen, war also als Konkurrent zum Dino von Ferrari gedacht. Ob die sehr keilförmige Bertone- Karosserie jedermanns Geschmack traf, scheint fraglich - ebenso wie man bezweifeln darf, daß sich vier Personen (wie vom Hersteller versprochen) darin über eine längere Strecke unterbringen ließen. Speziell für den italienischen Markt gab es in ganz geringer Auflage eine leistungsmäßig abgemagerte 2 l Version.

Lancia

Vincenzo Lancia gründete 1906 die Fabbrica Automobili Lancia e Cia in Turin, ein Unternehmen, das sich vor allem mit dem Anfang der zwanziger Jahre gezeigten Lambda einen Namen machen sollte. Bereits mit selbsttragender Karosserie und Vierradbremse ausgerüstet, wartete dieses Modell mit einer Reihe von Merkmalen auf, die lange Jahre typisch für diese hochwertigen Autos sein sollten: vertikal angebrachte vordere Schraubenfedern etwa und ein V-Motor mit kleinem Zylinderwinkel. 1969 kam Lancia unter Fiat-Fittiche.

Lancia Appia Serie 1, 2 und 3

Zylinderzahl/Bauart: V 4
Hubraum: 1090 ccm
Leistung bei U/min: 38/4800, 44/4800 bzw. 48/4800 PS (CUNA)
Höchstgeschwindigkeit: 120-130 km/h
Karosserie-/Chassisbauart: halb-selbsttragende Karosserie

Ausführung: 4-t Lim., 3-t Kombi (Serie 3)
Baujahr: 1953-1956, 1956-1959 bzw. 1959-1963
Stückzahl: 20.005, 22.424 bzw. 55.577 Ex.
Preistendenz: 2

Preisgruppe 1: 3500 - 4500
Preisgruppe 2: 4200 - 9500
Preisgruppe 3: 9000 - 12500
Preisgruppe 4: 12000 - 16000

Hintere "Selbstmörder-Türen" und ein hochinteressanter Vierzylinder-V-Motor (Winkel 10,14 Grad, zwei untenliegende Nockenwellen, halbkugelförmige Brennräume und eine zweifach gelagerte Kurbelwelle) sind die Merkmale dieses ungewöhnlichen und sehr teuren kleinen Viertürers, der sich an Leute wandte, denen ein Fiat 1100 zu gewöhnlich und eine Giulietta Berlina von Alfa Romeo zu sportlich war. Nicht nur leistungsmäßig, sondern auch optisch ließen sich die drei gebauten Serien gut voneinander unterscheiden.

Lancia Appia Cabriolet

Zylinderzahl/Bauart: V 4
Hubraum: 1090 ccm
Leistung bei U/min: 53/5200 - 60/5400 PS (CUNA)
Höchstgeschwindigkeit: 135-150 km/h
Karosserie-/Chassisbauart: Plattform-Rahmen

Ausführung: Sonderaufbauten verschiedener Hersteller
Baujahr: 1957-1963
Stückzahl: insg. 5.161 Ex.
Preistendenz: 1

Preisgruppe 1: 5000 - 8000
Preisgruppe 2: 8000 - 12000
Preisgruppe 3: 12000 - 17000
Preisgruppe 4: 17000 - 22000

Die Frontpartie der Corvette bekam aus Modegründen Doppelscheinwerfer und reichlich Chrom.

Ein tadellos verchromter Luftfilter ist der Stolz jedes Sting-Ray-V-8-Motors.

Ein früher Aston Martin DB 2.

Innenraum eines gut restaurierten Aston Martin DB 2.

Wie sich das im klassischen Land der Sonderkarosserien gehört, gab es vom Appia ausgesprochen appetitliche Zweitürer: Ein eher elegantes Coupé von Pininfarina und ein sehr sportliches von Zagato (mit Alu-Karosserie), dazu das hier abgebildete Vignale-Cabriolet. Diese kleinen Kostbarkeiten hatten leistungsmäßig der Limousine einiges voraus und sind in Italien immer noch recht günstig zu bekommen - fragt sich nur, wie lange noch!

Lancia Aurelia GT

Zylinderzahl/Bauart: V 6
Hubraum: 1991 bzw. 2451 ccm
Leistung bei U/min: 80/5000, 110/5300 bzw. 115,5/5200 PS
Karosserie-/Chassisbauart: selbsttragende Karosserie
Ausführung: Coupé

Baujahr: 1953-1957
Stückzahl: 3.870 Ex.
Preistendenz: 1

Preisgruppe 1: 17000 - 22000
Preisgruppe 2: 20000 - 35000
Preisgruppe 3: 30500 - 42000
Preisgruppe 4: 40000 - 85000

Gianni Lancia, Sohn des damals schon verstorbenen Vincenzo, stand mittlerweile als Generaldirektor an der Spitze des Unternehmens und initiierte den Aurelia GT, ein von Pininfarina wundervoll geformtes 2 + 2-sitziges Coupé, das trotz seiner Sportlichkeit viel Komfort bot. Häufig bei Wettbewerben eingesetzt, erwies sich dieses Modell als sehr erfolgreich - und führte dazu, daß man sich bei Lancia engagiert dem Motorsport widmete. Reizvolle Offen-Versionen sollten die Baureihe 1955 ergänzen.

Lancia Aurelia

Zylinderzahl/Bauart: V 6
Hubraum: 1754, 1991 bzw. 2266 ccm
Leistung bei U/min: 57/4700, 64/4800, 69,5/4800, 80/5000 bzw. 84,5/4800 PS
Karosserie-/Chassisbauart: selbsttragende Karosserie
Ausführung: 4-t Lim.

Baujahr: 1950-1957
Stückzahl: 12.784 Ex.
Preistendenz: 2

Preisgruppe 1: 9000 - 13000
Preisgruppe 2: 11500 - 17000
Preisgruppe 3: 16000 - 23000
Preisgruppe 4: 21500 - 28000

Der berühmte Vittorio Jano entwarf den Motor des Lancia Aurelia, der 1950 debütierte und als weitere Besonderheit über eine DeDion-Hinterachse mit verblocktem Getriebe und Differential sowie innenliegenden Trommelbremsen verfügte. Obwohl mehr auf Komfort denn auf Sportlichkeit ausgelegt, wurde die Aurelia-Limousine recht erfolgreich bei Wettbewerbs-Veranstaltungen eingesetzt.

Lancia Flaminia

Zylinderzahl/Bauart: V 6
Hubraum: 2451 bzw. 2775 ccm
Leistung bei U/min: 100/4600, 110/5200 bzw. 125/5200 PS
Höchstgeschwindigkeit: 155-165 km/h
Karosserie-/Chassisbauart: halb-selbsttragende Karosserie

Ausführung: 4-t Lim.
Baujahr: 1957-1970
Stückzahl: 3.943 Ex.
Preistendenz: 2

Preisgruppe 1: 9000 - 14000
Preisgruppe 2: 14000 - 18000
Preisgruppe 3: 18000 - 22000
Preisgruppe 4: 22000 - 27000

Sechs Personen fanden in dieser großen Limousine Platz - dank vorderer Sitzbank, einem bei vielen italienischen Autos dieser Hubraumklasse anzutreffenden Merkmal. Technisch in vielen Punkten mit dem Vorgängermodell, der Aurelia, identisch, hatte Lancia sein neues Spitzenmodell wieder nach einer römischen Heerstraße benannt. Seit 1963 mit einem 2,8 l-Motor angeboten, blieb dieser Viertürer bis 1970 im Programm. Sein hoher Preis verhinderte allerdings, daß er allzu oft gekauft wurde.

Lancia Flaminia GT

Zylinderzahl/Bauart: V 6
Leistung bei U/min: 119/5100, 140/5600 bzw. 146/5400 PS
Höchstgeschwindigkeit: 170-190 km/h
Karosserie-/Chassisbauart: Alu-Karosserie mit vorderem Hilfsrahmen
Ausführung: Coupé, Coupé 2 + 2, Cabriolet

Baujahr: 1959-1965
Stückzahl: 2.866 Ex.
Preistendenz: 1

Preisgruppe 1: 13000 - 23000
Preisgruppe 2: 16000 - 28000
Preisgruppe 3: 24000 - 36000
Preisgruppe 4: 33000 - 50000

Neben der viertürigen Limousine gab es auch von der Flaminia wieder Zagato-Modelle mit leichtgewichtiger Alu-Karosserie (vornehmlich für den rennsportlichen Einsatz gedacht), ein vier- bis fünfsitziges Pininfarina-Coupé und schließlich sehr attraktive Touring-Versionen mit offenem oder geschlossenem Aufbau. Leistungsstärker als die Limousine (vor allem seit statt des einen Solex- drei Weber-Vergaser verwendet wurden), können vor allem die Zweisitzer formal überzeugen, während das 2 + 2-sitzige Coupé etwas unproportioniert wirkt.

Lancia Flavia Serie 1

Zylinderzahl/Bauart: 4 Zyl.(Boxer)
Hubraum: 1488, 1500 bzw. 1800 ccm
Leistung bei U/min: 75/5600 - 102/5800 PS
Höchstgeschwindigkeit: 150-170 km/h
Karosserie-/Chassisbauart: selbsttragende Karosserie mit vorderem Hilfsrahmen

Ausführung: 4-t Lim
Baujahr: 1960-1967
Stückzahl: 41.114 Ex.
Preistendenz: 2

Preisgruppe 1: 4000 - 6000
Preisgruppe 2: 6000 - 8000
Preisgruppe 3: 8000 - 10000
Preisgruppe 4: 10000 - 12000

Als Mittelklasse-Auto erlesenster Machart präsentierte sich 1960 der nagelneue Flavia. Prof. Antonio Fessia hatte für einen Boxermotor aus Leichtmetall, Vorderradantrieb und vier Scheibenbremsen gesorgt (und so mit einigen traditionellen Lancia-Eigenheiten gebrochen). Leider konnte die Karosserieform nicht überzeugen. Dafür gab es bald schon einen 1,8 l-Motor und seit 1965 Benzineinspritzung, die den Flavia in ein sehr temperamentvolles Auto verwandelte.

Lancia Flavia Zagato

Zylinderzahl/Bauart: 4 Zyl.(Boxer)
Hubraum: 1800 ccm
Leistung bei U/min: 100/5200 bzw. 105/5200 PS (CUNA)
Höchstgeschwindigkeit: 180 km/h
Karosserie-/Chassisbauart: Alu-Karosserie auf Bodengruppe

Ausführung: Coupé
Baujahr: 1963-1965
Preistendenz: 1

Preisgruppe 1: 6000 - 8000
Preisgruppe 2: 8000 - 11500
Preisgruppe 3: 11500 - 17000
Preisgruppe 4: 17000 - 25000

Passend zur merkwürdig geformten Limousine gesellte sich 1963 das von Zagato noch bizarrer gestaltete Coupé dazu. Im Gegensatz zu den beiden anderen Flavia- Zweitürern - ein Vignale-Cabrio und ein Pininfarina-Coupé - sollte die Flavia hauptsächlich von Leuten gekauft werden, die es rennmäßig einsetzten - und damit beachtliche Erfolge erzielten. Einen Schönheitspreis allerdings wird damit niemand gewonnen haben.

Lancia Fulvia Coupé

Zylinderzahl/Bauart: V 4
Hubraum: 1216, 1298 bzw. 1584 ccm
Leistung bei U/min: 80/6200 - 114/6500 PS
Höchstgeschwindigkeit: 160-180 km/h
Karosserie-/Chassisbauart: selbsttragende Karosserie mit vorderem Hilfsrahmen

Ausführung: Coupé
Baujahr: 1964-1972
Stückzahl: 140.409 Ex.
Preistendenz: 3

Preisgruppe 1: 3000 - 5000
Preisgruppe 2: 4500 - 7000
Preisgruppe 3: 6800 - 9500
Preisgruppe 4: 9000 - 14500

1963 hatte die frontgetriebene Fulvia-Baureihe debütiert - mit einer viertürigen Limousine, der das hier gezeigte, sehr adrette Coupé folgte. Obwohl der Motor an den des Appia erinnerte, handelte es sich um ein vollständig anderes Triebwerk mit 2 obenliegenden Nockenwellen. Im Sport lange Zeit unschlagbar, gab es eine Vielzahl von Motoren und Ausführungen, die im Moment bei uns allesamt Preiseinbußen hinzunehmen haben, weil diese Autos in großen Mengen aus Italien eingeführt werden. Und sehr teuer zu restaurieren sind...

Lancia Fulvia Sport (Zagato)

Tehnische Daten: siehe Fulvia Coupé

Preisgruppe 1: 4500 - 7000
Preisgruppe 2: 6500 - 9000
Preisgruppe 3: 8500 - 13000
Preisgruppe 4: 12500 - 17500

Anders als bei der Flavia gab sich die von Zagato gestylte Fulvia Sport als ausgesprochen originelle und dabei attraktive Kreation. Das anfangs noch mit einer Leichtmetall-Karosserie gelieferte Auto besaß eine Heckklappe, die sich allerdings nur einen spaltbreit öffnen ließ (dies allerdings per Knopfdruck), um so für bessere Belüftung zu sorgen. Mechanisch entsprach der Zagato dem Coupé, mit dem er auch in Sachen Leistung mithielt.

Lancia Stratos

Zylinderzahl/Bauart: V 6
Hubraum: 2418 ccm
Leistung bei U/min: 190/7000 PS
Höchstgeschwindigkeit: 230 km/h
Karosserie-/Chassisbauart: Rohrrahmen

Ausführung: Coupé
Baujahr: 1973-1974
Stückzahl: 492 Ex.
Preistendenz: 1

Preisgruppe 1: 60000 - 80000
Preisgruppe 2: 80000 - 110000
Preisgruppe 3: 110000 - 190000
Preisgruppe 4: 190000 - 250000

Als reines Renn- und Rallye-Fahrzeug entwickelt, wurde der Stratos nur deshalb als Sportwagen mit Straßenzulassung angeboten, um die zur Homologation nötige Stückzahl zu erreichen. Folglich konnte dieser Bolide mit der ebenso abenteuerlichen wie faszinierenden Bertone-Karosserie seine eigentliche Bestimmung nie verleugnen: Mittelmotor-Bauweise, extrem kurzer Radstand, ein aufwendiges Fahrwerk und der vom Ferrari Dino her bekannte Sechszylinder ließen einiges erwarten...

Lincoln

Henry M. Leland kam von Cadillac, als er 1921 eine eigene Konstruktion unter der Bezeichnung Lincoln lancierte. Leider ging das Experiment nicht gut aus, denn das in Detroit/Michigan ansässige Unternehmen geriet sofort in Bedrängnis und wurde schon 1922 von der Ford Motor Co. geschluckt. Fortan sorgte Lincoln für die Luxusfahrzeuge des Konzerns (etwa durch großartige V 12-Modelle), mit einer Ausnahme: 1956 hatte man ein Continental genanntes Luxus-Coupé geschaffen und zur eigenen Marke - der Continental Division - erhoben.

Lincoln Continental V 12

Zylinderzahl/Bauart: V 12
Hubraum: 4990 ccm
Leistung bei U/min: 130/3600 PS (SAE)
Höchstgeschwindigkeit: 150 km/h
Karosserie-/Chassisbauart: Kastenrahmen

Ausführung: 4-t Lim., Coupé, Cabriolet
Baujahr: 1946-1948
Preistendenz: 1

Preisgruppe 1: 35000 - 55000
Preisgruppe 2: 45000 - 85000
Preisgruppe 3: 55000 - 100000
Preisgruppe 4: 95000 - 170000

Eigentlich handelte es sich bei diesen eindrucksvollen und solide gebauten Autos um Überbleibsel aus der Vorkriegszeit, weshalb sie weitgehend dem 1942er Modell entsprachen. Leider hielt der aus einem zeitgenössischen Ford V 8- Triebwerk entwickelte Zwölfzylinder nicht ganz, was er versprach - und so verschwand er 1949 aus dem Programm, ebenso wie die bis dahin gültige, von John Tjaarda gestylte Karosserie.

Lincoln Continental Convertible

Zylinderzahl/Bauart: V 8
Hubraum: 7.045 bzw. 7.560 ccm
Leistung bei U/min: 320/4600 bzw. 365/4600 PS (SAE)
Karosserie-/Chassisbauart: selbsttragende Karosserie
Ausführung: 4-t Cabriolet

Baujahr: 1961-1967
Stückzahl: 21.347 Ex.
Preistendenz: 1

Preisgruppe 1: 23000 - 32000
Preisgruppe 2: 32000 - 37000
Preisgruppe 3: 37000 - 45000
Preisgruppe 4: 45000 - 50000

1961 erschien eine völlig neugestaltete Lincoln-Baureihe, die sich in vielen Punkten von der amerikanischen Konkurrenz unterschied. So bestach ihre selbsttragend ausgelegte, von Elwood Engle entworfene Karosserie durch ruhige, elegante Linienführung und wurde sogar vom "Industrial Designers Institute" mit einem Preis für hervorragendes Industrie-Design bedacht. Sorgsam verarbeitet und vor der Auslieferung gründlich getestet, bot Lincoln neben einer geschlossenen Ausführung das einzige serienmäßig gebaute viertürige Cabriolet der Welt an.

Lincoln Continental Mk II

Zylinderzahl/Bauart: V 8
Hubraum: 6031 ccm
Leistung bei U/min: 304/4800 PS
Höchstgeschwindigkeit: 180 km/h
Karosserie-/Chassisbauart: Kastenrahmen

Ausführung: Hardtop-Coupé, Cabriolet
Baujahr: 1956-1957
Stückzahl: 1.769 Ex.
Preistendenz: 1

Preisgruppe 1: 23000 - 48000
Preisgruppe 2: 38000 - 79000
Preisgruppe 3: 50000 - 81000
Preisgruppe 4: 76000 - 92000

Mit dem Continental Mk II schuf Lincoln ein Auto von hervorragender Qualität und wirklich gelungener Linienführung. So wählte man etwa nur besonders leistungsfähige Motoren aus, die dann noch speziell getestet wurden. Dazu gab es ein automatisches Getriebe und ein luxuriöses Cockpit - Dinge, die ihren Preis hatten: Mit knapp US-Dollar 10.000,- geriet der Continental dann auch zum teuersten US-Fahrzeug seiner Zeit (das sechsmal soviel kostete wie der billigste Chevy). 1960 ging die Continental Division wieder in Lincoln auf.

Lloyd

Es waren durchaus fortschrittliche kleine Autos, die die zur Borgward-Gruppe gehörenden Lloyd Motoren Werke GmbH in Bremen herstellten. Robust und solide gebaut, dazu nett anzuschauen, erfreuten sie sich zurecht großer Beliebtheit. Allerdings: Das unvermeidliche Kleinwagen-Image sollte sich als immer größerer Hemmschuh erweisen, wie die Arabella deutlich zeigte. 1961 mußte man die Produktion einstellen: Die Borgward-Pleite riß natürlich auch Lloyd mit in die Tiefe.

Lloyd 300

Zylinderzahl/Bauart: 2 Zyl.(Zweitakt)
Hubraum: 293 ccm
Leistung bei U/min: 10/4000 PS
Höchstgeschwindigkeit: 75 km/h
Karosserie-/Chassisbauart: Zentralrohr-Rahmen

Ausführung: 2-t Lim., 3-t Kombi, Coupé
Baujahr: 1950-1952
Stückzahl: 18.087 Ex.
Preistendenz: 1

Preisgruppe 1: 1200 - 3000
Preisgruppe 2: 2500 - 6500
Preisgruppe 3: 5000 - 9000
Preisgruppe 4: 7500 - 15000

Als Blech teuer und rationiert war und man mit Plastik noch nicht umgehen konnte, schlug die Stunde der mit Kunstleder bezogenen Sperrholz-Karosserie. Dem Lloyd 300 brachte das den Spitznamen "Leukoplastbomber" ein, was seinem zügigen Verkauf freilich nicht schadete. Heute werden diese Autos langsam selten (das gilt vor allem für das kleine Coupé) und erfordern Geschick bei der Restauration.

Lloyd 400

Zylinderzahl/Bauart: 2 Zyl.(Zweitakt)
Hubraum: 386 ccm
Leistung bei U/min: 13/3750 PS
Höchstgeschwindigkeit: 85 km/h
Karosserie-/Chassisbauart: Zentralrohr-Rahmen

Ausführung: 2-t Lim., Cabrio-Lim., 3-t Kombi
Baujahr: 1952-1957
Stückzahl: 109.878 Ex.
Preistendenz: 2, Cabrio-Lim.: 1

Preisgruppe 1: 1000 - 2500
Preisgruppe 2: 2300 - 6000
Preisgruppe 3: 4500 - 8500
Preisgruppe 4: 8000 - 12500

Mit dem Lloyd 400 taten die Bremer einen wichtigen Schritt in Sachen Weiterentwicklung: Nicht nur, daß durch Erweiterung der Bohrung Hubraum und PS- Leistung stiegen (letztere um exakt 30 Prozent!), vielmehr vollzog man in mehreren Etappen die Umstellung auf eine reine Stahl-Karosserie. Auch typologisch tat sich was: Das 2-sitzige Coupé verschwand aus dem Programm, dafür machte die heute so gesuchte Cabrio-Limousine ihre Aufwartung.

Lloyd 600 und Alexander

Zylinderzahl/Bauart: 2 Zyl.(Viertakt)
Hubraum: 596 ccm
Leistung bei U/min: 19/4500 PS
Höchstgeschwindigkeit: 100 km/h
Karosserie-/Chassisbauart: Zentralrohr-Rahmen

Ausführung: 2-t Lim., Cabrio-Lim., 3-t Kombi
Baujahr: 1955-1961 bzw. 1957-1961
Stückzahl: 176.524 Ex.
Preistendenz: 2, Cabrio-Lim.: 1

Preisgruppe 1: 1000 - 3500
Preisgruppe 2: 2500 - 6500
Preisgruppe 3: 4700 - 9500
Preisgruppe 4: 8500 - 13500

Nachdem die Lloyd-Techniker mit dem 400 den Sprung zur Stahl-Karosserie vollzogen hatten, verfeinerten sie die Konstruktion weiter, indem sie das Triebwerk nicht nur auf 600 ccm aufstockten, sondern einen Viertakter daraus machten. 1957 kam der - technisch unveränderte - Alexander hinzu, der über eine erheblich bessere Ausstattung verfügte (etwa Kurbel- und vordere Ausstellfenster), aber leider nicht mehr als Cabrio-Limousine geliefert wurde.

Fotomontage: Der SL vor der nächtlichen Kulisse des Colosseums in Rom.

Auch in Fernost beliebt: der 190 SL

Lloyd Alexander TS

Zylinderzahl/Bauart: 2 Zyl.(Viertakt)
Hubraum: 596 ccm
Leistung bei U/min: 25/5000 PS
Höchstgeschwindigkeit: 110 km/h
Karosserie-/Chassisbauart: Zentralrohr-Rahmen

Ausführung: 2-t Lim., 3-t Kombi
Baujahr: 1958-1961
Stückzahl: siehe 600, Alexander
Preistendenz: 2

Preisgruppe 1: 800 - 2300
Preisgruppe 2: 2000 - 4800
Preisgruppe 3: 4500 - 6500
Preisgruppe 4: 6000 - 8700

Der fortschrittliche kleine Viertakt-Motor mit seinen v-förmig hängenden Ventilen und der obenliegenden Nockenwelle leistete im "Touren-Sport" (denn dafür stand die Abkürzung) 25 PS, die bei sportwagenmäßigen 5000 Touren anfielen. Dieser Leistungsexplosion angepaßt hatte man das (vorher kritisierte) Fahrwerk, dessen Hinterachse nun an Längslenkern und Schraubenfedern geführt wurde.

Lloyd Alexander TS Frua

Technische Daten: siehe Lloyd Alexander TS

Preisgruppe 1: 5000 - 8000
Preisgruppe 2: 8000 - 12000
Preisgruppe 3: 12000 - 18000
Preisgruppe 4: 18000 - 22000

Der italienische Star-Designer Pietro Frua bekam von Carl F. Borgward den Auftrag, den sportlichen Alexander TS in ein rassiges kleines Coupé zu verwandeln - was Frua gekonnt erledigte: Er stellte eine sehr verspielte Schöpfung auf die Räder, die nur 1958 angeboten und in diesem Jahr exakt 49 mal gebaut wurde. In jedem Fall feuerrot lackiert und erlesen ausgestattet (es gab Drehzahlmesser und Holzlenkrad), muß dies für viele Lloyd-Liebhaber der absolute Wunschtraum sein!

Lloyd Arabella und Arabella de luxe

Zylinderzahl/Bauart: 4 Zyl.(Boxer)
Hubraum: 897 ccm
Leistung bei U/min: 34/4700, 38/4800 bzw. 45/5300 PS
Höchstgeschwindigkeit: 120-130 km/h
Karosserie-/Chassisbauart: Zentralrohr-Rahmen

Ausführung: 2-t Lim.
Baujahr: 1959-1963 bzw. 1960-1963
Stückzahl: 45.549 (zzgl.1.493) Ex.
Preistendenz: 2

Preisgruppe 1: 800 - 3500
Preisgruppe 2: 3200 - 3600
Preisgruppe 3: 5800 - 7500
Preisgruppe 4: 7200 - 9500

Kleiner Lloyd für kleine Leut' - eine Gleichung, die in den fünfziger Jahren, als die Ansprüche noch bescheiden waren, gut aufging. Mit wirtschaftswunderlichem Wohlstand aber wuchsen die Bedürfnisse - und mancher zufriedene Lloyd-Fahrer suchte Aufstiegsmöglichkeiten. Die sollte die sehr moderne Arabella bieten. Das tat sie recht gut, auch wenn das Auto - u.a. aus Image-Gründen - gegen Ende seiner Produktion als Borgward angeboten wurde. Noch nach dem Firmenzusammenbruch entstanden rund 1.500 Autos aus noch vorhandenen Ersatzteilen.

Lotus

Der Name Lotus ist untrennbar mit Colin Chapman verbunden, dem 1983 plötzlich verstorbenen Firmengründer und Konstrukteur. Chapman hatte als 19jähriger Student der Technischen Universität London sein erstes Auto, einen Gelände-Sportwagen, gebaut und dieses Gefährt im Lauf der Zeit so perfektioniert, daß seine damalige Freundin Hazel (die spätere Mrs. Chapman) anregte, eine kleine Serienfertigung davon anlaufen zu lassen. Chapman ließ sich überzeugen und gründete 1952 die "Lotus Engineering Company". Mit überwältigendem Erfolg, wie etwa Formel 1- Weltmeisterschaften und hochkarätige Sportwagen belegen.

Lotus Seven S 4

Technische Daten: siehe S 3

Preisgruppe 1: 9000 - 14000
Preisgruppe 2: 12000 - 19000
Preisgruppe 3: 17000 - 26000
Preisgruppe 4: 24000 - 30000

Als Lotus 1969 den neuen S 4 vorstellte, hatte sich das Unternehmen längst den Ruf erworben, zu den führenden Sportwagen-Marken der Welt zu gehören - eine Entwicklung, an der nicht zuletzt spektakuläre Formel 1-Erfolge ihren Anteil trugen. Umso gespannter wartete man auf den Neuling - und war enttäuscht. Mochte der S 4 doch in vielen technischen Details erheblich dazugewonnen haben, so schockte die Plastik-Karosse gleichermaßen Kritiker wie Käufer. Also baute man das Auto nur bis 1972 und gab das Seven-Projekt dann an Caterham Cars ab.

Lotus Super Seven S 3

Zylinderzahl/Bauart: 4 Zyl.
Hubraum: 1340, 1498, 1558 bzw. 1598 ccm
Leistung bei U/min: 66/4600 - 126/6500 PS
Höchstgeschwindigkeit: 155-175 km/h
Karosserie-/Chassisbauart: Alu-Karosserie auf Gitterrohr-Rahmen

Ausführung: Roadster
Baujahr: 1968-1969
Preistendenz: 2

Preisgruppe 1: 11000 - 16000
Preisgruppe 2: 14000 - 21000
Preisgruppe 3: 19000 - 28000
Preisgruppe 4: 26000 - 40000

Mit dem Lotus VI startete Chapman seine Produktion, die jedoch mit dem Seven und Super Seven erst richtig auf Touren kam. Das Rezept war einfach: Türlose Roadster, die sich ausstattungsmäßig auf das Allernötigste beschränkten, wurden angeboten - zunächst nur als Bausatz, um die 33prozentige Kaufsteuer zu umgehen. Hinsichtlich der Motorbestückung (meist von Ford, aber auch von BMC oder Coventry Climax) hatte der Kunde die Wahl. Noch heute ist der S 3 von Caterham Cars zu haben, sowohl fertig montiert wie auch als Kit.

Lotus Elite

Zylinderzahl/Bauart: 4 Zyl.
Hubraum: 1216 ccm
Leistung bei U/min: 76/6100 - 105/7250 PS
Höchstgeschwindigkeit: 180-210 km/h
Karosserie-/Chassisbauart: selbsttragende Kunststoff-Karosserie

Ein Caterham Seven mit den typischen langgezogenen Kotflügeln beim Clubtreffen.

Austin Healey 3000 Mk II auf dem Nürburgring

Oben und unten: Der 300 SL bleibt ein unvergänglicher Cabrio-Traum.

Ausführung: Coupé
Baujahr: 1958-1963
Stückzahl: 988 Ex.
Preistendenz: 1

Preisgruppe 1: 15000 - 22000
Preisgruppe 2: 22000 - 30000
Preisgruppe 3: 30000 - 42000
Preisgruppe 4: 42000 - 55000

Viele Leute sind der Meinung, beim Lotus Elite handele es sich um eines der schönsten englischen Autos der Nachkriegszeit. Um eines der technisch interessantesten auf alle Fälle. Auch diesmal wieder in verschiedenen Leistungsstufen angeboten, überraschte das von einem Coventry-Climax-Motor angetriebene Coupé durch seine selbsttragende Kunststoff-Karosserie (!) und eine neuartige, von Chapman entwickelte Hinterrad-Aufhängung. Dank konsequenten Leichtbaus erreichte der Elite hervorragende Fahrleistungen.

Lotus Elan

Zylinderzahl/Bauart: 4 Zyl.
Hubraum: 1558 ccm
Leistung bei U/min: 106/5500 - 137/6000 PS
Höchstgeschwindigkeit: 185-210 km/h
Karosserie-/Chassisbauart: Kunststoff-Karosserie auf Zentralträger-Rahmen

Ausführung: Roadster, Coupé
Baujahr: 1962-1973
Stückzahl: 12.224 Ex.
Preistendenz: 1

Preisgruppe 1: 10000 - 16000
Preisgruppe 2: 14000 - 22000
Preisgruppe 3: 18000 - 27000
Preisgruppe 4: 25000 - 38000

Kräftig angezogen haben in letzter Zeit die Preise des Elan, der als Elite- Nachfolger wieder mit Kunststoff-Karosserie, aber einem ebenso leichten wie steifen Zentralträger-Rahmen daherkam. Anfänglich in Kit-Form und nur als Roadster lieferbar, machte Mrs. Emma Peel aus "Schirm, Charme und Melone" den im Lauf der Zeit kontinuierlich verbesserten Elan auch in unseren Wohnzimmern heimisch. Zwischen 1971 und 1973 gab es eine Sprint-Version in knalliger Kriegsbemalung.

Lotus Elan +2, +2 S und 130

Technische Daten: siehe Lotus Elan

Preisgruppe 1: 10000 - 14000
Preisgruppe 2: 13000 - 20000
Preisgruppe 3: 17000 - 25000
Preisgruppe 4: 23000 - 32000

Zwischen 1967 und 1974 konnten Lotus-Freunde mit Anhang den Elan +2 kaufen, der technisch in allen wesentlichen Punkten dem Zweisitzer entsprach, es aber auf mindestens 118/6250 PS brachte. Das mit verlängertem Radstand und stark veränderter Karosserie daherkommende Kunststoff-Coupé versetzt noch heute durch den Anblick seines prachtvollen Holzarmaturenbretts jeden Betrachter in Entzücken.

Lotus Europa

Zylinderzahl/Bauart: 4 Zyl.
Hubraum: 1470, 1558 bzw. 1565 ccm
Leistung bei U/min: 78/6000 - 126/6500 PS
Höchstgeschwindigkeit: 175-200 km/h
Karosserie-/Chassisbauart: Kunststoff-Karosserie auf Zentralträger-Rahmen

Ausführung: Coupé
Baujahr: 1967-1975
Stückzahl: 9.230 Ex.
Preistendenz: 2

Preisgruppe 1: 7000 - 10000
Preisgruppe 2: 9000 - 14000
Preisgruppe 3: 13000 - 19000
Preisgruppe 4: 18000 - 25000

Wie schon die Modelle Elite und Elan, so war auch die etwas eigenartig anmutende Karosserie des Europa das Werk von Lotus-Designer Ron Hickman. Dieses Modell stellte den Versuch dar, mit einem technisch aufwendigen Mittelmotor-Coupé in volkstümlichere Preisregionen vorzustoßen - weshalb das Auto zunächst von einem eher schwachbrüstigen Renault-Vierzylinder angetrieben wurde. Aber auf die Dauer hilft eben nur Power - und deshalb gab es später sogar den 126 PS starken dohc- Motor von Ford.

Marcos

Als die englische Kaufsteuer alle fertig montierten Autos mit einem Aufschlag von 33 Prozent belegte, kamen findige Herrschaften auf die Idee, ihre Produkte in "component form", als Bausatz also, anzubieten. Die Folge war, daß kleine Automarken in Großbritannien förmlich aus dem Boden schossen. Nur ein paar von ihnen haben überlebt - wie Lotus, TVR und Marcos. Von Jem MARsh und Frank COStin (daher der Name!) ins Leben gerufen, haben sich die einstigen Partner nicht nur längst entzweit, vielmehr mußte die Firma im Dezember 1971 Konkurs anmelden und schließen - um ein paar Jahre später ihre Wiedergeburt zu feiern!

Marcos 1800 GT

Zylinderzahl/Bauart: 4 Zyl.
Hubraum: 1778 ccm
Leistung bei U/min: 103/5800 PS
Höchstgeschwindigkeit: 170 km/h
Karosserie-/Chassisbauart: Kunststoff-Karosserie auf Sperrholz-Chassis

Ausführung: Coupé
Baujahr: 1964-1966
Stückzahl: 99 Ex.
Preistendenz: 1

Preisgruppe 1: 10000 - 15000
Preisgruppe 2: 15000 - 19000
Preisgruppe 3: 19000 - 23000
Preisgruppe 4: 23000 - 27000

Nachdem die Firma 1959 mit abenteuerlichen Modellen ins Autogeschäft eingestiegen war, lancierte sie 1964 den 1800 GT. Die von Dennis Adams gekonnt gestylte Kunststoff-Karosserie ruhte, und das war die Sensation, auf einem verleimten Sperrholzrahmen, der aus nicht weniger als 386 Einzelteilen bestand! Frank Costin, eigentlich Flugzeugbauer, hatte diese ungewöhnliche Konstruktion ausgebrütet (die man 1969 aber doch gegen ein herkömmliches Stahl-Chassis austauschte). Angetrieben wurde der Marcos 1800 GT von einem Volvo B 18-Motor.

Marcos 3-Litre, 2,5-Litre, 3-Litre (Volvo)

Zylinderzahl/Bauart: V 6 bzw. 6 Zyl.
Hubraum: 2994, 2498 bzw. 2978 ccm
Leistung bei U/min: 140/4750, 143/5700 bzw. 140/5500 PS
Höchstgeschwindigkeit: ca. 200 km/h
Karosserie-/Chassisbauart: Holz- bzw. Stahlrohr-Rahmen

Ausführung: Coupé
Baujahr: 1969-1970, 1971 bzw. 1970-1972
Stückzahl: 180, 11 bzw. ca. 250 Ex.
Preistendenz: 2, Holzchassis: 1

Preisgruppe 1: 14000 - 19000
Preisgruppe 2: 17000 - 23000
Preisgruppe 3: 21000 - 27000
Preisgruppe 4: 25000 - 32000

Nachdem es außer dem vierzylindrigen Volvo-Motor auch Vierzylinder von Ford gab, entschloß sich Jem Marsh, es mit leistungsfähigeren Sechszylindern in seinem Coupé zu versuchen - und montierte nacheinander Triebwerke von Ford, Triumph und Volvo. Anfänglich noch mit dem Holz-, dann mit einem neuen Stahlchassis versehen (was hauptsächlich fertigungstechnische und Kostengründe hatte), ist der Marcos (äußerlich nahezu identisch) noch heute lieferbar. Allerdings kommt bei diesem "Mantula" genannten Modell mittlerweile ein Rover V 8 zum Einsatz.

MG B GT im Fahrerlager des Nürburgrings.

Triumph TR 3 – Diese „Windschutzscheibchen“ waren nicht serienmäßig.

Ausführung: Coupé
Baujahr: 1965-1972
Stückzahl: ca. 700 Ex.
Preistendenz: 2

Preisgruppe 1: 1500 - 2500
Preisgruppe 2: 2500 - 5000
Preisgruppe 3: 5000 - 7500
Preisgruppe 4: 7500 - 10000

Zum größten Verkaufserfolg avancierte der Mini-Marcos, der, als Bausatz angeboten, Käufern die Möglichkeit bot, mit kleinem Geld das Beste aus ihrem verrotteten Mini zu machen. Später in mehreren Fertigungsstufen lieferbar, ließ sich (fast) jeder Motor installieren. Als Marsh 1971 seine Firma schließen mußte, verkaufte er die Lizenzen an diesem ulkigen kleinen Gefährt - mit dem Resultat, daß ein optisch und technisch verfeinerter und natürlich anders genannter Mini-Marcos heute noch lieferbar ist.

Marcos Mantis

Zylinderzahl/Bauart: 6 Zyl.
Hubraum: 2498 ccm
Leistung bei U/min: 143/5700 PS
Höchstgeschwindigkeit: 190 km/h
Karosserie-/Chassisbauart: Kunststoff-Karosserie auf Stahlrohr-Rahmen
Ausführung: Coupé
Baujahr: 1970-1972
Stückzahl: 32 Ex.
Preistendenz: 2
Preisgruppe 1: 8000 - 10000
Preisgruppe 2: 10000 - 12000
Preisgruppe 3: 12000 - 15000
Preisgruppe 4: 15000 - 19000

Das Bemühen, einen markant geformten Viersitzer auf den Markt zu bringen, führte schließlich zum Mantis. Ob man dieses Auto schön findet oder nicht, sei dahingestellt - auffällig und aufregend ist es allemal. Es hatte den Vorzug, dank seines Triumph-Sechszylinders sehr gute Fahrleistungen zu bieten, war luxuriös ausgerüstet und beherbergte tatsächlich vier Personen. Aber der recht hohe Preis und seine bizarre Form verhinderten größere Stückzahlen.

(Marcos) Mini-Marcos

Zylinderzahl/Bauart: 4 Zyl.
Hubraum: 848-1275 ccm
Leistung bei U/min: 34/5500 - 76/6000 PS
Höchstgeschwindigkeit: 125-160 km/h
Karosserie-/Chassisbauart: selbsttragende Kunststoff-Karosserie

Maserati

Neben Ferrari war Maserati DER italienische Super-Sportwagen schlechthin! Die kleine Firma, die den Dreizack des Neptun im Firmenemblem führte, wurde 1926 von den Maserati-Brüdern Alfieri, Bindo, Ernesto und Ettore ins Leben gerufen, aber schon 11 Jahre später ins Industrie-Imperium der Orsinis eingegliedert. Die Firma, von der Ende der sechziger Jahre Citroen die Mehrheitsanteile erwarb, stand stets etwas im Schatten von Ferrari - vielleicht, weil man sich in den sechziger Jahren kaum noch am Rennsport beteiligte.

Maserati 3500 GT und GTI

Zylinderzahl/Bauart: 6 Zyl.
Hubraum: 3485 ccm
Leistung bei U/min: 220/5500 bzw. 235/5500 PS
Höchstgeschwindigkeit: 215-235 km/h (je nach Achsübers.)
Karosserie-/Chassisbauart: Alu-Karosserie auf Rohrrahmen

Ausführung: Coupé, Cabriolet
Baujahr: 1958-1964 bzw. 1961-1964
Stückzahl: ca. 2000 Ex.
Preistendenz: 1

Preisgruppe 1: 28000 - 35000
Preisgruppe 2: 32000 - 45000
Preisgruppe 3: 42000 - 58000
Preisgruppe 4: 55000 - 75000

Mit dem wunderschönen 3500 GT schaffte Maserati den Sprung zu größeren Stückzahlen (alles ist relativ!) und führte das ruhige Eleganz ausstrahlende Auto auch recht lange im Programm. Für die Karosserie des Coupés sorgte Touring, während Vignale für das (optisch ähnliche) Cabriolet zuständig war. Daneben gab es eine Reihe von Sonderkarosserien. Obwohl sich der 3500 GT mit sechs Zylindern begnügte, verfügte dieses Auto über Leckerbissen wie zwei obenliegende Nockenwellen und vier Scheibenbremsen - aber eine starre Hinterachse!

Maserati 5000 GT und 5 Litri

Zylinderzahl/Bauart: V 8
Hubraum: 4941 bzw. 4935 ccm
Leistung bei U/min: 310/6000 - 340/6000 PS
Höchstgeschwindigkeit: ca. 270 km/h
Karosserie-/Chassisbauart: Alu-Karosserie auf Rohrrahmen

Ausführung: Coupé
Baujahr: 1959-1965
Stückzahl: 37 Ex.
Preistendenz: 1

Preisgruppe 1: 40000 - 60000
Preisgruppe 2: 60000 - 85000
Preisgruppe 3: 85000 - 105000
Preisgruppe 4: 105000 - 140000

Was für Ferrari die "Super"-Serie (Superamerica, Superfast), war für Maserati der 5000 GT bzw. 5 Litri: der absolute Höhepunkt nämlich! Gebaut nur auf Bestellung und eingekleidet von verschiedenen Carossiers - etwa Frua, Allemano oder, hier abgebildet, Bertone -, waren diese Autos damals unerreicht in Leistung und Preis. Trotz der (häufig nicht mal besonders schönen) Sonderkarosserien bildete der gewaltige, vom 450 S-Rennsportwagen abgeleitete Achtzylinder die Hauptattraktion dieser Luxus-Coupés.

Maserati Mistral

Zylinderzahl/Bauart: 6 Zyl.
Hubraum: 3485, 3693 bzw. 4014 ccm
Leistung bei U/min: 235/5500, 245/5500 bzw. 255/5500 PS
Höchstgeschwindigkeit: 235-245 km/h
Karosserie-/Chassisbauart: Rohrrahmen

Ausführung: Coupé, Cabriolet
Baujahr: 1963-1970
Stückzahl: 948 Ex.
Preistendenz: 1

Preisgruppe 1: 35000 - 55000
Preisgruppe 2: 55000 - 70000
Preisgruppe 3: 60000 - 85000
Preisgruppe 4: 75000 - 95000

Offiziell hieß dieses attraktive Auto Maserati Due Posti, wurde aber auf einigen Märkten als Maserati Mistral (ein kalter Wind) angeboten - eine Bezeichnung, die sich durchsetzen sollte. Von Pietro Frua entworfen, gilt der Mistral als einer der schönsten Entwürfe des italienischen Designers - und als ein sehr praktischer, denn das Auto überraschte mit einer großen gläsernen Heckklappe. Motorisch erst auf 3,7, dann auf 4 l Hubraum vergrößert, gesellte sich schon bald ein noch reizvollerer Spider zum Coupé.

Maserati Quattro Porte

Zylinderzahl/Bauart: V 8
Hubraum: 4136 bzw. 4719 ccm
Leistung bei U/min: 260/5200 bzw. 300/5000 PS
Höchstgeschwindigkeit: 220-240 km/h
Karosserie-/Chassisbauart: selbsttragende Karosserie mit vorderem Hilfsrahmen

Ausführung: 4-t Lim.
Baujahr: 1964-1971
Stückzahl: 760 Ex.
Preistendenz: 2

Preisgruppe 1: 22000 - 29000
Preisgruppe 2: 27000 - 39000
Preisgruppe 3: 36000 - 44000
Preisgruppe 4: 42000 - 49000

Im Frua-Stil ihrer Zeit, weckt diese ebenso elegante wie sportliche Limousine Assoziationen an gewisse Glas-Modelle. Was sie natürlich nicht verdient hat, denn ein wunderbarer Achtzylinder sorgte für den Antrieb, während eine DeDion- Hinterachse die mindestens 260 PS auf die Straße brachte. Allerdings nur bis 1967, denn dann wurde sie auf Veranlassung von Chef-Konstrukteur Giulio Alfieri gegen eine simple Starrachse getauscht!

Maserati Mexico

Technische Daten: siehe Maserati Quattro Porte

Preisgruppe 1: 26000 - 33000
Preisgruppe 2: 30000 - 41000
Preisgruppe 3: 38000 - 51000
Preisgruppe 4: 44000 - 58000

Das recht breit gefächerte Maserati-Programm wurde 1966 durch den Mexico ergänzt, eine von Vignale mit einer etwas altbacken wirkenden Karosserie versehene Schöpfung, die aber trotzdem bis 1972 im Programm blieb und sich in diesem Zeitraum rund 250 mal verkaufte. Über die Jahre hinweg systematisch verbessert, konnte dieser sportliche Viersitzer bei Bedarf mit automatischem Getriebe und Klimaanlage geliefert werden.

Maserati Ghibli

Zylinderzahl/Bauart: V 8
Hubraum: 4719 bzw. 4930 ccm
Leistung bei U/min: 310/5500 bzw. 335/5500 PS
Höchstgeschwindigkeit: 270-280 km/h
Karosserie-/Chassisbauart: selbsttragende Karosserie mit vorderem Hilfsrahmen

Ausführung: Coupé, Cabriolet
Baujahr: 1966-1973
Stückzahl: 1.247 Ex.
Preistendenz: 1

Preisgruppe 1: 50000 - 85000
Preisgruppe 2: 75000 - 115000
Preisgruppe 3: 105000 - 180000
Preisgruppe 4: 170000 ->.

Maseratis Superstar der späten Sechziger/frühen Siebziger hörte auf den klangvollen Namen Ghibli, war also wieder ein Wüstenwind und vor allem hinreißend schön! Offiziell wurde dieser meisterliche Entwurf, der erst als Coupé, dann als Spider lieferbar sein sollte, für Ghia notiert, in Wirklichkeit stammte er von Giorgio Giugiaro, damals noch als Ghia-Designer tätig. Seit 1970 gab es den 5000 SS, der über ein paar PS mehr und ein noch gewaltigeres Drehmoment verfügte.

Preisgruppe 1: 40000 - 70000
Preisgruppe 2: 70000 - 100000
Preisgruppe 3: 100000 - 140000
Preisgruppe 4: 140000 - 180000

Dem Zwang zum Mittelmotor mochte sich auch Maserati nicht entziehen - und bemühte Giorgio Giugiaro, der als Leiter und Besitzer von Ital Design mittlerweile sein eigener Herr geworden war, mit dem Entwurf eines Blechkleides, während die hauseigenen Techniker für das technische Layout sorgten. Das Resultat hieß Bora und kam mit dem bekannten 4,7 l-Motor (später auch mit dem größeren 4,9 l- Triebwerk) sowie Einzelrad-Aufhängung rundum und am Differential angeflanschten Getriebe daher. Bis 1978 fabrizierte man 571 Exemplare.

Maserati Indy

Zylinderzahl/Bauart: V 8
Hubraum: 4136, 4719 bzw. 4930 ccm
Leistung bei U/min: 260/5500, 290/5500 bzw. 320/5500 PS
Höchstgeschwindigkeit: 245-265 km/h
Karosserie-/Chassisbauart: selbsttragende Karosserie

Ausführung: Coupé
Baujahr: 1968-1974
Stückzahl: 1.136 Ex.
Preistendenz: 1

Preisgruppe 1: 26000 - 33000
Preisgruppe 2: 30000 - 45000
Preisgruppe 3: 42000 - 55000
Preisgruppe 4: 51000 - 70000

Wer 1970 einen viersitzigen Maserati suchte, konnte entweder mit dem Mexico im old- fashion-style oder mit dem futuristischen Indy glücklich werden. In beiden Fällen hatte Vignale die Karosserielinien gezeichnet und vor allem bei dem 1968 erstmals gezeigten Indy beachtliches Können offenbart. Daß das Triebwerk nur über eine vierfach gelagerte Kurbelwelle verfügte und die Hinterachse nach wie vor starr war, störte die begüterte Kundschaft offenbar wenig: Der Indy entwickelte sich zum Verkaufserfolg.

Maserati Bora

Technische Daten: siehe Maserati Ghibli

Maserati Merak und Merak SS

Zylinderzahl/Bauart: V 6
Hubraum: 2965 ccm
Leistung bei U/min: 190/6000 bzw. 220/6500 PS
Höchstgeschwindigkeit: 235-250 km/h
Karosserie-/Chassisbauart: selbsttragende Karosserie

Ausführung: Coupé
Baujahr: 1972-1983
Stückzahl: ca. 1.800 Ex.
Preistendenz: 2

Preisgruppe 1: 25000 - 35000
Preisgruppe 2: 31000 - 45000
Preisgruppe 3: 42000 - 58000
Preisgruppe 4: 55000 - 68000

Was Ferrari der Dino und Lamborghini der Urraco, war Maserati der Merak. Wie diese beiden Konkurrenten aus Oberitalien sollte auch der Merak außer mit 3 l Hubraum mit einer kleineren 2 l-Maschine ("Italien-Version") lieferbar sein, die erst jetzt, im Zuge der allgemeinen Exoten-Hysterie, in der Bundesrepublik angeboten wird. Optisch dem Bora sehr ähnlich, hatte Citroen gerade die Kontrolle über Maserati erlangt und dem Merak ein paar Citroen SM-Details verpaßt (was ihm gar nicht gut bekam).

Matra

Von Marcel Chassagny 1945 als "Méchanique Aviation TRAction" (daher Matra!) gegründet, arbeitete das Unternehmen zunächst ausschließlich auf dem Gebiet der militärischen Luftfahrt - und dies so erfolgreich, daß man in anderen Bereichen Fuß faßte. In der kunststoffverarbeitenden Industrie etwa, wo man in einem eigenen kleinen Werk in Romorantin für den eigenen Bedarf wie für fremde Auftraggeber fertigte. Zu ihnen gehörte René Bonnet, der hier die Karosserien für seine Sportwagen bauen ließ. Als Bonnet Konkurs ging, kaufte man dessen Werk und stieg so in die Autobranche ein.

Matra (Simca) M 530 LX und SX

Zylinderzahl/Bauart: V 4
Hubraum: 1699 ccm
Leistung bei U/min: 70/4800 bzw. 75/5000 PS
Höchstgeschwindigkeit: 170-175 km/h
Karosserie-/Chassisbauart: Kunststoff-Karosserie auf Plattform-Rahmen

Ausführung: Coupé (mit festem bzw. Targa-Dach)
Baujahr: 1967-1973
Stückzahl: 9.609 Ex.
Preistendenz: 2

Preisgruppe 1: 2500 - 4500
Preisgruppe 2: 4500 - 6500
Preisgruppe 3: 6500 - 9000
Preisgruppe 4: 9000 - 12500

Wie der Djet, so änderte auch der M 530 LX während seiner Bauzeit den Namen, denn Matra wurde von Simca übernommen. Ansonsten beschränkten sich die Modifikationen, die der Hersteller diesem Mittelmotor-Sportler angedeihen ließ, auf mehr PS für den Ford-V 4-Motor und eine 1971 das Programm bereichernde Sparversion. Dieser SX verzichtete auf die herausnehmbaren Dachhälften und die Klappscheinwerfer - und verlor dadurch viel vom Reiz des ursprünglichen Entwurfs.

Matra-Bonnet Djet und Jet

Zylinderzahl/Bauart: 4 Zyl.
Hubraum: 996, 1108 bzw. 1255 ccm
Leistung bei U/min: 60/6000 - 105/6500 PS
Höchstgeschwindigkeit: 160-185 km/h
Karosserie-/Chassisbauart: Kunststoff-Karosserie auf Zentralrohr- und zusätzlichem Gitterrohr-Rahmen

Ausführung: Coupé
Baujahr: 1962-1968
Stückzahl: 1.681 Ex.
Preistendenz: 1

Preisgruppe 1: 9000 - 13000
Preisgruppe 2: 11000 - 17000
Preisgruppe 3: 15000 - 24000
Preisgruppe 4: 22000 - 32000

Dieses aggressiv geformte, sehr sportliche Auto begann seine Laufbahn als Bonnet Djet, hergestellt in der kleinen Fabrik von René Bonnet, der sich gerade von seinem langjährigen Partner Charles Deutsch (DB!) getrennt hatte. Sehr aufwendig konstruiert, handelte es sich beim Djet um den ersten serienmäßigen Mittelmotor-Sportwagen der Welt; er operierte mit Renault-Technik und erwies sich im Rennsport als sehr erfolgreich. Leider konnte René Bonnet seine Firma nicht in der Gewinnzone halten - und mußte an Matra verkaufen.

Matra-Simca (Talbot) Bagheera

Zylinderzahl/Bauart: 4 Zyl.
Hubraum: 1294 bzw. 1442 ccm
Leistung bei U/min: 84/6000 bzw. 90/5800 PS
Höchstgeschwindigkeit: 175-180 km/h
Karosserie-/Chassisbauart: Kunststoff-Karosserie mit integriertem Stahlrahmen

Ausführung: Coupé
Baujahr: 1973-1980
Stückzahl: 47.802 Ex.
Preistendenz: 2

Preisgruppe 1: 1500 - 3000
Preisgruppe 2: 3000 - 5800
Preisgruppe 3: 5800 - 8000
Preisgruppe 4: 8000 - 10500

Philippe Guédon, der schon den M 530 konstruiert hatte, zeichnete auch für den Bagheera verantwortlich - und blieb vielen bewährten Merkmalen treu: Wieder handelte es sich um ein Kunststoff-Coupé mit diesmal quer eingebautem Mittelmotor von Simca, und wieder gab es einige extravagante Lösungen: So zeigte ein Blick ins Cockpit drei nebeneinanderliegende Sitze! In noch einem Punkt entsprach der Bagheera seinen Vorgängern: Simca war 1979 in den PSA-Konzern eingegliedert worden, weshalb das Auto von da an als Talbot angeboten wurde!

Mercedes-Benz

Die meisten Autoliebhaber sind sich darüber einig, daß Daimler-Benz 1886 das erste Auto der Welt baute. Ganz so einfach lagen die Dinge allerdings nicht, denn zunächst arbeiteten Gottfried Daimler in Cannstatt und Carl Benz in Mannheim unabhängig voneinander (und wohl auch ohne Wissen vom anderen) an ihren kühnen Plänen. Erst am 29.Juni 1926 schlossen sich ihre beiden Firmen zur Daimler-Benz AG zusammen - und erst da stellten sich die ganz großen Erfolge ein. Heute nimmt Mercedes eine Spitzenstellung ein, was sich nicht zuletzt im Preis bemerkbar macht - vor allem, wenn die Autos offen sind oder 300 SL heißen!

Mercedes 170 V und 170 D

Zylinderzahl/Bauart: 4 Zyl.(Benzin und Diesel)
Hubraum: 1697 bzw. 1767 ccm
Leistung bei U/min: 38/3600 bzw. 45/3600 PS (Benzin) und 38/3200 bzw. 40/3200 PS (Diesel)
Höchstgeschwindigkeit: 100-110 km/h
Karosserie-/Chassisbauart: x-förmiger Rohrrahmen
Ausführung: 4-t Lim.
Baujahr: 1947-1953 bzw. 1949-1953
Stückzahl: 49.367 bzw. 33.823 Ex.
Preistendenz: 2
Preisgruppe 1: 6000 - 9500
Preisgruppe 2: 9500 - 14000
Preisgruppe 3: 14000 - 19500
Preisgruppe 4: 19500 - 26000
Diese letzte Schöpfung des langjährigen Mercedes-Konstrukteurs Hans Nibel erschien schon Anfang der dreißiger Jahre, erwies sich aber als so fortschrittlich, daß sie auch nach dem Zweiten Weltkrieg lange Jahre erfolgreich weitergebaut werden konnte. Das Auto wurde mehrfach modernisiert (größerer Hubraum, andere Stoßdämpfer und breitere Spur etwa) und konnte seit 1949 mit einem Dieselmotor bestückt werden, wodurch sich der Preis von DM 7.800,- auf sehr stattliche DM 9.200,- verteuerte.

Mercedes 170 S und 170 DS

Zylinderzahl/Bauart: 4 Zyl.(Benzin und Diesel)
Hubraum: 1767 ccm
Leistung bei U/min: 52/4000 bzw. 45/3600 PS (Benzin) und 40/3200 PS (Diesel)
Höchstgeschwindigkeit: 105-120 km/h

Karosserie-/Chassisbauart: x-förmiger Rohrrahmen
Ausführung: 4-t Lim.
Baujahr: 1949-1955 bzw. 1952-1955
Stückzahl: 42.413 bzw. 27.872 Ex.
Preistendenz: 2

Preisgruppe 1: 5500 - 9000
Preisgruppe 2: 9000 - 13000
Preisgruppe 3: 13000 - 18000
Preisgruppe 4: 18000 - 24500

Kaum zu glauben, aber der altbewährte 170 V wurde 1949 zur "Sonderklasse", abgekürzt 170 S, weiterentwickelt - mit größerer Karosserie, einem stärkeren und gründlich überarbeiteten Motor und neuem Armaturenbrett. Auch von diesen grundsoliden Autos sollte es wieder eine Diesel-Version geben, die sich vor allem bei Taxifahrern großer Beliebtheit erfreute. Mit dem abgemagerten S-V (äußerlich ein S, technisch in vielen Punkten ein 170 V) lief die Baureihe aus.

Mercedes 220

Zylinderzahl/Bauart: 6 Zyl.
Hubraum: 2195 ccm
Leistung bei U/min: 80/4850 PS
Höchstgeschwindigkeit: 140 km/h
Karosserie-/Chassisbauart: x-förmiger Rohrrahmen

Ausführung: 4-t Lim.
Baujahr: 1951-1954
Stückzahl: 16.154 Ex.
Preistendenz: 2

Preisgruppe 1: 12000 - 18500
Preisgruppe 2: 18500 - 26000
Preisgruppe 3: 26000 - 33000
Preisgruppe 4: 33000 - 38000

Äußerlich vor allem durch die in die Kotflügel integrierten Scheinwerfer vom 170 S zu unterscheiden, steckte der Fortschritt bei diesem Modell unter der Motorhaube. Dort nämlich werkelte ein brandneuer Sechszylinder von 2 l Hubraum, dessen wichtigstes Merkmal die obenliegende Nockenwelle war und der, freilich mehrfach modifiziert und immer leistungsfähiger, über Jahrzehnte hindurch aktuell bleiben sollte.

Mercedes 170 S Cabriolet A und B

Technische Daten: siehe Mercedes 170 S

Preisgruppe 1: 25000 - 30000
Preisgruppe 2: 30000 - 50000
Preisgruppe 3: 50000 - 66000
Preisgruppe 4: 66000 - 85000

Zwischen 1949 und 1952 baute Mercedes-Benz das 170 S Cabriolet - ein wunderschönes Auto, das die Vorkriegstradition wiederaufleben ließ und in zwei Versionen angeboten wurde: als vier- bis fünfsitziges Cabriolet B und als 2 + 2-sitziges (hier abgebildetes) Cabriolet A. Erlesen ausgestattet (im Innenraum dominierten Holz und Leder), kostete der B knapp 13.000,-, der (freilich noch schönere) A sogar nochmals DM 3.000,- mehr. Kein Wunder, daß in knapp drei Jahren nur 2.433 Exemplare entstanden.

Mercedes 220 Cabriolet und Coupé

Technische Daten: siehe Mercedes 220

Preisgruppe 1: 28000 - 35000
Preisgruppe 2: 35000 - 58000
Preisgruppe 3: 58000 - 72000
Preisgruppe 4: 72000 - 92000

Wie schon vom 170 S, so gab es auch vom (optisch nahezu identischen) 220 bezaubernde Zweitürer-Versionen: Das bis 1954 gebaute Cabriolet B sowie das Cabriolet A, das ein Jahr länger angeboten wurde. Und schließlich war da noch - ganz kurz (1954/55) und in ganz geringer Stückzahl gebaut - ein Coupé, das in seiner Linienführung dem A-Cabrio entsprach. Technisch bestand zwischen den sehr teuren Zweitürern und der viertürigen Limousine kein Unterschied, dafür war die Ausstattung luxuriöser und etwas sportlicher (Knüppelschaltung).

Mercedes 300

Zylinderzahl/Bauart: 6 Zyl.
Hubraum: 2996 ccm
Leistung bei U/min: 115/4600 bzw. 125/4500 PS
Höchstgeschwindigkeit: 160-165 km/h
Karosserie-/Chassisbauart: x-förmiger Rohrrahmen

Ausführung: 4-t Lim., 4-t Cabriolet
Baujahr: 1951-1957
Stückzahl: 7.746 bzw. 642 Ex.
Preistendenz: Lim.: 2, Cabrio: 1

Preisgruppe 1: 25000 - 65000
Preisgruppe 2: 42000 - 95000
Preisgruppe 3: 70000 - 120000
Preisgruppe 4: 100000 - 160000

Der Versuch, mit diesem Automobil sich in der internationalen Spitzenklasse zu etablieren gelang: Nicht nur die deutsche Fachpresse bejubelte den 300, der nicht nur als viertürige Limousine, sondern auch als ebensolches Cabrio geliefert werden konnte. Seit 1954 (als 300 b) mit höherer Motorleistung und seit Herbst 1955 (300 c) auf Wunsch mit Automatik im Programm, gehörte diese noble Kreation zum bevorzugten Reisewagen Konrad Adenauers - weshalb er heute noch oft nur "der Adenauer" heißt.

Mercedes 300 S

Zylinderzahl/Bauart: 6 Zyl.
Hubraum: 2996 ccm
Leistung bei U/min: 150/5000 bzw. 175/5400 PS
Höchstgeschwindigkeit: 175-185 km/h
Karosserie-/Chassisbauart: x-förmiger Rohrrahmen

Ausführung: Cabriolet, Coupé
Baujahr: 1952-1955 bzw. 1955-1958
Stückzahl: 560 bzw. 200 Ex.
Preistendenz: 1

Preisgruppe 1: 155000 - 180000
Preisgruppe 2: 180000 - 200000
Preisgruppe 3: 200000 - 240000
Preisgruppe 4: 240000 ->.

Kaum ein Auto strahlt so viel gediegene Vornehmheit aus wie der Mercedes 300 S. Aber der Eindruck täuscht: Zunächst mit drei Solex-Vergasern, seit Spätsommer 1955 dann mit Benzineinspritzung und Trockensumpfschmierung bestückt, pflegten diese herrschaftlichen Fahrzeuge eine enge Verwandtschaft zum 300 SL. Allerdings waren sie noch seltener und noch teurer als dieser, was einiges heißen will.

Mercedes 300 d

Zylinderzahl/Bauart: 6 Zyl.
Hubraum: 2996 ccm
Leistung bei U/min: 160/5300 PS
Höchstgeschwindigkeit: 170 km/h
Karosserie-/Chassisbauart: x-förmiger Rohrrahmen

Ausführung: 4-t Hardtop-Lim., 4-t Cabriolet
Baujahr: 1957-1962
Stückzahl: 3.142 bzw. 65 Ex.
Preistendenz: 1

Preisgruppe 1: 18000 - 24000
Preisgruppe 2: 24000 - 39000
Preisgruppe 3: 39000 - 50000
Preisgruppe 4: 50000 - 65000

Mit umgearbeitetem Kleid präsentierte sich diese deutsche Repräsentations- Limousine seit 1957, wobei vor allem die pfostenlos versenkbaren Seitenfenster auffielen. Aber auch technisch hatte sich einiges getan, denn dank Benzineinspritzung standen nun 160 PS zur Verfügung. Da der Radstand um zehn Zentimeter auf stattliche 3,15 m verlängert worden war, ließ es sich in diesem luxuriösen Auto noch besser Reisen.

Mercedes 300 SL Coupé

Zylinderzahl/Bauart: 6 Zyl.
Hubraum: 2996 ccm
Leistung bei U/min: 215/5800 PS
Höchstgeschwindigkeit: 220-250 km/h (je nach Übersetzung)
Karosserie-/Chassisbauart: Rohrrahmen

Ausführung: Coupé
Baujahr: 1954-1957
Stückzahl: 1.400 Ex.
Preistendenz: 1

Preisgruppe 1: 100000 - 140000
Preisgruppe 2: 140000 - 200000
Preisgruppe 3: 200000 - 250000
Preisgruppe 4: 250000 ->.

Der Nachkriegs-Traumwagen schlechthin hieß 300 SL. Entwickelt aus einem reinrassigen Rennsportfahrzeug, umwehte dieses Auto mit seinen so extravaganten Flügeltüren der Nimbus des Unbesiegbaren, des "Es-Geschafft-Habens". Daß es soviel kostete wie ein Einfamilienhaus, nahm ihm eigentlich keiner übel - zumal Mercedes bei diesem High-Tech-Renner immer noch zusetzte. Von den 1.400 gebauten Coupés verfügten 29 über eine Alu-Karosserie - was sie heute noch unbezahlbarer macht.

Mercedes 300 SL Roadster

Technische Daten: siehe Mercedes 300 SL Coupé

Preisgruppe 1: 90000 - 130000
Preisgruppe 2: 130000 - 160000
Preisgruppe 3: 160000 - 200000
Preisgruppe 4: 200000 - 240000

Als der Verkauf des Coupés zurückging, disponierte Daimler-Benz um und lancierte den "Super-Leicht" (denn dafür steht die Abkürzung) als Roadster. Dazu mußte der von Rudolf Uhlenhaut so genial konstruierte Gitterrohrahmen massiv verändert werden, außerdem spendierte man der Offen-Version eine Eingelenk-Pendelachse, die für bessere Fahreigenschaften sorgte. Wer wollte, konnte diesen vierrädrigen Traum mit einem Hardtop bekommen - es gab tatsächlich Leute, die mit dem 300 SL im Winter herumfuhren! Zwischen 1957 und 1963 fertigte man 1.858 Stück.

Mercedes 180 und 180 D

Zylinderzahl/Bauart: 4 Zyl.(Benzin und Diesel)
Hubraum: 1767 bzw. 1897 ccm (Benzin) und 1767 bzw. 1988 ccm (Diesel)
Leistung bei U/min: 52/4000, 65/4500 bzw. 68/4400 PS (Benzin) und 40/3200, 43/3500 bzw. 48/3800 PS (Diesel)
Höchstgeschwindigkeit: 125-135 km/h
Karosserie-/Chassisbauart: selbsttragende Karosserie
Ausführung: 4-t Lim.
Baujahr: 1953-1962
Stückzahl: 118.234 bzw. 152.383 Ex.
Preistendenz: 2

Preisgruppe 1: 2000 - 4500
Preisgruppe 2: 4500 - 9000
Preisgruppe 3: 9000 - 13500
Preisgruppe 4: 13500 - 18000

Neues Kleid - alter Motor: Der Mercedes 180 überraschte durch seine moderne, pontonförmige Karosserie, die von den Technikern natürlich selbsttragend ausgelegt worden war. Vom alten Seitenventiler der 170-Baureihe mochte man sich allerdings nicht trennen, was auch für den Diesel-Motor galt, mit dem der 180 geliefert werden konnte. Allerdings kam ab 1961 für ganz kurze Zeit ein modernes ohc-Triebwerk zum Einsatz.

Mercedes 190 und 190 D

Zylinderzahl/Bauart: 4 Zyl.(Benzin und Diesel)
Hubraum: 1897 ccm
Leistung bei U/min: 75/4600 bzw. 80/4800 PS (Benzin) und 50/4000 PS (Diesel)
Höchstgeschwindigkeit: 125-145 km/h

Karosserie-/Chassisbauart: selbsttragende Karosserie
Ausführung: 4-t Lim.
Baujahr: 1956-1961 bzw. 1958-1961
Stückzahl: 89.908 bzw. 81.938 Ex.
Preistendenz: 2

Preisgruppe 1: 2300 - 4800
Preisgruppe 2: 4800 - 9300
Preisgruppe 3: 9300 - 13800
Preisgruppe 4: 13800 - 18500

Äußerlich vor allem durch die um die Gürtellinie laufende Chromleiste vom 180 zu unterscheiden, wurde der 190 ausschließlich mit dem recht leistungsfähigen, neukonstruierten ohv-Motor geliefert; dazu gab es eine bessere Ausstattung. Seit 1958 bot Mercedes-Benz außerdem eine Diesel-Version an, ebenso wie der Kunde bei Spezialbetrieben hergestellte Kombiwagen direkt bestellen konnte. Freilich machten hauptsächlich Beerdigungs-Unternehmen und das Rote Kreuz von dieser recht kostspieligen Möglichkeit Gebrauch.

Mercedes 220, 220 S und SE

Zylinderzahl/Bauart: 6 Zyl.
Hubraum: 2195 ccm
Leistung bei U/min: 85/4800, 100/4800, 106/5200 bzw. 115/4800 PS
Höchstgeschwindigkeit: 150-165 km/h
Karosserie-/Chassisbauart: selbsttragende Karosserie

Ausführung: 4-t Lim.
Baujahr: 1954-1956, 1956-1959
Stückzahl: 25.937, 55.279 bzw. 1.974 Ex.
Preistendenz: 2

Preisgruppe 1: 3000 - 8000
Preisgruppe 2: 6000 - 10500
Preisgruppe 3: 9000 - 16000
Preisgruppe 4: 15000 - 22000

1954 debütierte der sogenannte Mercedes 220a, der optisch wie technisch dem einige Zeit vorher vorgestellten 180 entsprach. Natürlich gab es einige wichtige Ausnahmen: Unter der längeren Motorhaube (die wesentlich zum eleganten Aussehen beitrug) fand sich wieder ein Sechszylinder, außerdem war die Ausstattung besser. 1956 erschien der S, zwei Jahre später der in geringer Stückzahl gebaute SE mit Benzineinspritzung von Bosch.

Mercedes 190 SL

Zylinderzahl/Bauart: 4 Zyl.
Hubraum: 1897 ccm
Leistung bei U/min: 105/5700 PS
Höchstgeschwindigkeit: 170 km/h
Karosserie-/Chassisbauart: selbsttragende Karosserie

Ausführung: Cabriolet
Baujahr: 1955-1963
Stückzahl: 25.881 Ex.
Preistendenz: 2

Preisgruppe 1: 9000 - 15000
Preisgruppe 2: 15000 - 30000
Preisgruppe 3: 30000 - 42000
Preisgruppe 4: 42000 - 58000

Rein optisch in vielen Details mit dem 300 SL verwandt, stand dieses Auto in recht fragwürdigem Ruf: Für den sportlichen Einsatz gänzlich untauglich, galt der 190 SL als "Boulevard-Racer". Daß sogenannte Lebedamen (wie die in Frankfurt ermordete Rosemarie Nitribitt) den 190 SL bevorzugten, machte die Sache noch schlimmer. Dabei war das vor allem für den amerikanischen Markt konzipierte Fahrzeug sehr luxuriös ausgestattet und bot gute Fahrleistungen.

Mercedes 219

Zylinderzahl/Bauart: 6 Zyl.
Hubraum: 2195 ccm
Leistung bei U/min: 85/4800 bzw. 90/4800 PS
Höchstgeschwindigkeit: 150 km/h
Karosserie-/Chassisbauart: selbsttragende Karosserie

Ausführung: 4-t Lim.
Baujahr: 1956-1959
Stückzahl: 27.845 Ex.
Preistendenz: 2

Preisgruppe 1: 2700 - 5500
Preisgruppe 2: 5500 - 9500
Preisgruppe 3: 9500 - 13500
Preisgruppe 4: 13500 - 18500

Als Ersatz für den 220a erschien der 219, der in seinen wichtigsten Abmessungen (Länge, Radstand), in der Ausstattung und natürlich auch im Preis zwischen dem 180/190 und dem 220 S lag. Sein größter Pluspunkt: Er wurde von dem geschmeidigen 2,2 l-Sechszylinder angetrieben, der für gute Fahrleistungen sorgte und sich durch hohe Laufkultur auszeichnete. Ein derartiges Zwischenmodell sollte es später nie mehr geben.

Mercedes 220 S und SE Cabriolet und Coupé

Zylinderzahl/Bauart: 6 Zyl.
Hubraum: 2195 ccm
Leistung bei U/min: 100/4800, 106/5000, 115/4800 bzw. 120/5000 PS
Höchstgeschwindigkeit: 155-170 km/h
Karosserie-/Chassisbauart: selbsttragende Karosserie

Ausführung: Coupé, Cabriolet
Baujahr: 1956-1959 bzw. 1958-1960
Stückzahl: Cabrio: 1.942 Ex., Coupé: 3.429 Ex.
Preistendenz: 1

Preisgruppe 1: 8000 - 24000
Preisgruppe 2: 13000 - 33000
Preisgruppe 3: 29000 - 63000
Preisgruppe 4: 41000 - 80000

Das sogenannte Ponton-Cabriolet und -Coupé gab schon 1955 auf der IAA in Frankfurt seinen Einstand. Bis allerdings die Produktion anlaufen konnte, sollte noch eine ganze Weile vergehen: Im Gegensatz zum Vorgänger war die Limousine, auf der die Zweitürer basierten, selbsttragend ausgelegt, was die Umwandlung natürlich mühevoller machte. Diese sehr eleganten, knapp viersitzigen Autos verwöhnten ihre Insassen mit viel Edelholz und Leder und stellten, wie Bandtacho oder Lenkradschaltung demonstrierten, den Komfort über die Sportlichkeit.

Mercedes 220, 220 S, SE und 230 S

Zylinderzahl/Bauart: 6 Zyl.
Hubraum: 2195 bzw. 2281 ccm
Leistung bei U/min: 95/4800, 110/5000, 120/4800 bzw. 120/5400 PS
Höchstgeschwindigkeit: 160-170 km/h
Karosserie-/Chassisbauart: selbsttragende Karosserie

Ausführung: 4-t Lim.
Baujahr: 1959-1965 bzw. 1965-1968
Stückzahl: 69.691, 161.119, 66.086 bzw. 41.107 Ex.
Preistendenz: 1

Preisgruppe 1: 2000 - 5000
Preisgruppe 2: 4600 - 9500
Preisgruppe 3: 8000 - 14000
Preisgruppe 4: 12000 - 17500

"Eleganz heißt, in Rufweite hinter der Mode zu sein", definierte man bei Daimler- Benz. Die 1959 vorgestellte, intern W 111 genannte Baureihe entsprach dieser Definition perfekt: Statt rundlicher Ponton-Form war eckige Trapezlinie Trumpf, dazu hatte Chef-Stylist Karl Wilfert und sein Team für kleine Heckflossen ("Peilstege" nach offizieller Mercedes-Terminologie) und Säulentachometer gesorgt. Daß es technisch keine umwälzenden Neuerungen gab, schien den Kunden kaum zu stören.

Mercedes 190 D und 200 D

Zylinderzahl/Bauart: 4 Zyl.(Diesel)
Leistung bei U/min: 55/4200 PS
Höchstgeschwindigkeit: 130 km/h
Karosserie-/Chassisbauart: selbsttragende Karosserie
Ausführung: 4-t Lim.

Baujahr: 1961-1965 bzw. 1965-1968
Stückzahl: 225.645 bzw. 161.618 Ex.
Preistendenz: 2

Preisgruppe 1: 1500 - 3000
Preisgruppe 2: 2500 - 5500
Preisgruppe 3: 5500 - 8500
Preisgruppe 4: 8500 - 11000

"Die Vierzylinder-Mittelklasse-Wagen bieten ein Höchstmaß an innerer Sicherheit und Fahrkomfort", versprach die Werbung. Das mochte stimmen; wer allerdings die Diesel-Version bestellte, mußte gleichzeitig mit gemächlichem Temperament rechnen: 55 PS (egal, ob es sich um einen 190 D oder 200 D handelte) waren nun mal nicht viel für 1,3 Tonnen Wagengewicht. Trotzdem gab es Leute, die diese Autos mit Automatik bestellten.

Mercedes 190, 200 und 230

Zylinderzahl/Bauart: 4 bzw. 6 Zyl.
Hubraum: 1897, 1988 bzw. 2281 ccm
Leistung bei U/min: 80/5000, 95/5200, 105/5200 bzw. 120/5400 PS
Höchstgeschwindigkeit: 150-170 km/h
Karosserie-/Chassisbauart: selbsttragende Karosserie

Ausführung: 4-t Lim.
Baujahr: 1961-1965 bzw. 1965-1968
Stückzahl: 130.554, 70.207 bzw. 40.258 Ex.
Preistendenz: 2

Preisgruppe 1: 1500 - 3000
Preisgruppe 2: 2500 - 5500
Preisgruppe 3: 5500 - 9500
Preisgruppe 4: 9000 - 12500

Nach bewährtem Rezept gemixt präsentierte sich 1961 der neue 190, der über die Grundkarosserie der Sechszylinder (natürlich mit kürzerer Frontpartie) und dem altbekannten Vierzylinder-Motor daherkam. Vier Jahre später folgte der 200 (mit leicht vergrößertem Triebwerk) und der 230, unter dessen Motorhaube die Mercedes-Techniker einen Sechszylinder mit zunächst 105, seit 1966 sogar 120 PS gezwängt hatten. Wer heute einen Benziner aus der 110-Baureihe (so hieß sie) sucht, sollte nach diesem Modell Ausschau halten.

Mercedes 300 SE und SE lang

Zylinderzahl/Bauart: 6 Zyl.
Hubraum: 2996 ccm
Leistung bei U/min: 160/5000 bzw. 170/5400 PS
Höchstgeschwindigkeit: 175-195 km/h (je nach Hinterachse und Motorleistung)

Karosserie-/Chassisbauart: selbsttragende Karosserie
Ausführung: 4-t Lim.
Baujahr: 1961-1965 bzw. 1963-1965 (300 SE lang)
Stückzahl: 5.204 bzw. 1.546 Ex.
Preistendenz: 1

Preisgruppe 1: 3500 - 6500
Preisgruppe 2: 6000 - 14000
Preisgruppe 3: 13000 - 20500
Preisgruppe 4: 19000 - 24000

Äußerlich unterschieden sich diese hochmodernen Luxuswagen vor allem durch ihren üppigen Chromschmuck vom 220er und verfügten außerdem über eine noch reichhaltigere Ausstattung. Und dann waren da technische Leckerbissen wie die Luftfederung, das aufwendige Zweikreis-Bremssystem mit Scheiben rundum und natürlich der 3 l-Leichtmetall-Motor. Verständlich, daß dieses Automobil fast das Doppelte von einem 220 kostete.

Mercedes 220 SE, 250 SE und 280 SE Coupé und Cabriolet

Zylinderzahl/Bauart: 6 Zyl.
Hubraum: 2195, 2496 bzw. 2778 ccm
Leistung bei U/min: 120/4800, 150/5500 bzw. 160/5500 PS
Höchstgeschwindigkeit: 175-195 km/h
Karosserie-/Chassisbauart: selbsttragende Karosserie

Ausführung: Coupé, Cabriolet
Baujahr: 1961-1965, 1965-1967 bzw. 1968-1971
Stückzahl: 16.902, 6.213 bzw. n.a.
Preistendenz: Cabrio: 1 Coupé: 2

Preisgruppe 1: 6500 - 16000
Preisgruppe 2: 10000 - 24000
Preisgruppe 3: 21000 - 47000
Preisgruppe 4: 27000 - 55000

Anfang 1961 erschien das neue Mercedes Coupé, dem im September des selben Jahres das Cabriolet folgte. Die Form dieser herrlichen Autos sorgte zurecht für Begeisterung und gab mit ihren weichen Linien die Richtung künftiger Entwicklungen an. Als vollwertige Viersitzer ausgelegt, kosteten diese technisch mit der 220 SE Limousine identischen Autos eine Menge Geld, wurden aber trotzdem oft gekauft. Im Lauf der Zeit profitierten sie erst vom siebenfach gelagerten 2,5 l-Motor, dann vom wiederum überarbeiteten 2,8 l.

Mercedes 300 SE Coupé und Cabriolet

Technische Daten: siehe Mercedes 300 SE

Preisgruppe 1: 7000 - 20000
Preisgruppe 2: 11000 - 30000
Preisgruppe 3: 26000 - 48000
Preisgruppe 4: 29000 - 71000

Eines der teuersten deutschen Autos hieß Mercedes 300 SE Coupé oder Cabriolet und kostete bei seiner Vorstellung DM 31.350,- bzw. DM 33.350,-. Damit lag es noch einmal rund DM 8.000,- über den entsprechenden 220er Zweitürern, mit denen es die Karosserie gemeinsam hatte. Dafür stammte die Technik - also die Luftfederung, der Leichtmetall-Sechszylinder usw. - vom 300 SE. Kein Wunder, daß diese Autos zwischen 1962 und 1967 gerade 3.127 Liebhaber fanden.

Mercedes 250 S und SE, 280 S, SE und 3,5, 300 SE

Zylinderzahl/Bauart: 6 Zyl. bzw. V 8
Hubraum: 2496, 2778, 2996 bzw. 3499 ccm
Leistung bei U/min: 130/5400, 150/5500, 140/5200, 160/5500, 170/5400 bzw. 200/5800 PS
Höchstgeschwindigkeit: 180-210 km/h

Karosserie-/Chassisbauart: selbsttragende Karosserie
Ausführung: 4-t Lim.
Baujahr: 1965-1969, 1965-1967, 1967-1972
Stückzahl: 2,5 l: 129.858 Ex.; 2,8 l: 184.717, 3,0 l: n.a. , 3,5 l: 11.309 Ex.
Preistendenz: 2, 3,5 l: 1

Preisgruppe 1: 1000 - 2700
Preisgruppe 2: 2700 - 7500
Preisgruppe 3: 7500 - 15000
Preisgruppe 4: 10500 - 20000

Wesentlich ruhiger und zurückhaltender gestaltet als der Vorgänger mit seinen kessen Heckflossen, wartete die neue Limousine mit erheblich größerem Innen- und Gepäckraum auf. Leistungsmäßig hatte sie ebenfalls zugelegt. Der billigste 250 S blieb, sozusagen als Einsteigermodell in der Oberklasse, noch lieferbar, als bereits der 280 S/SE den 250 SE in Pension geschickt hatte. Der 300 SE präsentierte sich nicht mehr so aufwendig konstruiert wie sein Vorgänger und verschwand schon 1967 wieder. Der Geheimtip: der bärenstarke 280 SE 3,5 (1971-1972).

Mercedes 280 SEL, 300 SEL, 280 SEL 3,5, 300 SEL 3,5, 300 SEL 6,3

Zylinderzahl/Bauart: 6 Zyl. bzw. V 8
Hubraum: 2778, 2996, 3499 bzw. 6332 ccm
Leistung bei U/min: 160/5500, 170/5750, 170/5400, 200/5800 bzw. 250/4000 PS
Höchstgeschwindigkeit: 180-225 km/h
Karosserie-/Chassisbauart: selbsttragende Karosserie

Ausführung: 4-t Lim.
Baujahr: 1968-1970, 1965-1969, 1971-1972, 1970-1972 bzw. 1968-1972
Stückzahl: 6.526 Ex. (6,3)
Preistendenz: 2, 6,3: 1

Preisgruppe 1: 2000 - 7500
Preisgruppe 2: 3600 - 14000
Preisgruppe 3: 9500 - 29000
Preisgruppe 4: 14500 - 38000

Als erste Lang-Version wurde 1965 der 300 SEL vorgestellt und Anfang 1966 in Produktion genommen - ein Auto, das sich vor allem durch den um 10 cm längeren Radstand und die Luftfederung von der normalen 300 SE Limousine unterschied. Durch die Kombination vorhandener Motoren mit der Lang-Karosserie entstanden im Lauf der Zeit eine Vielzahl von Modellen (so auch eine 4,5 l-Version, die hier nie offiziell lieferbar war), unter denen der 6,3 mit dem Triebwerk des Mercedes 600 herausragte.

Mercedes 280 SE 3,5 l Coupé und Cabriolet

Technische Daten: siehe Mercedes 280 SE 3,5 l

Preisgruppe 1: 7000 - 20000
Preisgruppe 2: 12000 - 45000
Preisgruppe 3: 23000 - 68000
Preisgruppe 4: 35000 - 80000

Nur zwei Jahre lang - von September 1969 bis September 1971 - baute Mercedes-Benz in das nach wie vor hinreißend schöne Coupé bzw. Cabriolet den 3,5 l-V 8-Motor - und schuf damit die absolute Krönung der Baureihe. Vor allem die Offen-Version erzielt heute sehr hohe Preise - zurecht, denn komfortabler und schneller läßt es sich mit kaum einem Viersitzer-Cabriolet reisen. Wem ein Rolls-Royce Corniche zu auffällig erscheint, sollte diesen Mercedes in die engere Wahl ziehen!

Mercedes 600

Zylinderzahl/Bauart: V 8
Hubraum: 6332 ccm
Leistung bei U/min: 250/4000 PS
Höchstgeschwindigkeit: 200 km/h
Karosserie-/Chassisbauart: selbsttragende Karosserie

Ausführung: 4- bzw. 6-t Lim.
Baujahr: 1964-1981
Stückzahl: insg. 2.677 Ex.
Preistendenz: 1

Preisgruppe 1: 35000 - 75000
Preisgruppe 2: 55000 - 100000
Preisgruppe 3: 95000 - 170000
Preisgruppe 4: 150000 - 200000

Das perfekteste Auto der Welt? Vermutlich. Eines der luxuriösesten auf alle Fälle: Ein ausgeklügeltes System elektro-hydraulischer Hilfen erleichterte dem Fahrer jeden Handgriff, Automatik, Klimaanlage und Luftfederung waren selbstverständlich. Und obwohl das Ding über 2,5 t wog, fuhr es sich erstaunlich flott und gut! Zwei Versionen waren - sozusagen serienmäßig - lieferbar: der Sechssitzer und der Pullman, letzterer auf Wunsch mit sechs Türen. Aber Sonderausführungen konnten natürlich auch geordert werden.

Mercedes 230 SL, 250 SL und 280 SL

Zylinderzahl/Bauart: 6 Zyl.
Hubraum: 2306, 2436 bzw. 2778 ccm
Leistung bei U/min: 150/5500 bzw. 170/5750 PS
Höchstgeschwindigkeit: 195-205 km/h
Karosserie-/Chassisbauart: selbsttragende Karosserie

Ausführung: Cabriolet
Baujahr: 1963-1967, 1966-1968 bzw. 1968-1971
Stückzahl: 19.831, 5.186 bzw. 23.885 Ex.
Preistendenz: 1

Preisgruppe 1: 10000 - 20000
Preisgruppe 2: 19000 - 35000
Preisgruppe 3: 32000 - 46000
Preisgruppe 4: 43000 - 58000

1963 wurde der 230 SL präsentiert - als Roadster, wie Mercedes-Benz seine offenen Zweisitzer nannte. Er trat ein schweres Erbe an, denn er sollte sowohl den 190 SL, als auch den legendären 300 SL ersetzen, in dessen Schatten er lange stand. Vor allem seine kantige Form und das auf Wunsch lieferbare, "durchhängende" Hardtop stießen auf Kritik. Heute hat man längst erkannt, wie delikat die von Paul Bracq entworfene Linienführung in Wirklichkeit ist - mit dem Resultat, daß die Preise kräftig steigen.

Mercedes 250 C/CE und 280 C/CE

Zylinderzahl/Bauart: 6 Zyl.
Hubraum: 2498, 2778 bzw. 2746 ccm
Leistung bei U/min: 130/5400, 150/5500, 130/5000, 160/5500 bzw. 185/6000 PS
Höchstgeschwindigkeit: 185-205 km/h

Karosserie-/Chassisbauart: selbsttragende Karosserie
Ausführung: Hardtop-Coupé
Baujahr: 1968-1972 bzw. 1972-1976
Preistendenz: 2

Preisgruppe 1: 1500 - 3000
Preisgruppe 2: 3000 - 7500
Preisgruppe 3: 6800 - 10500
Preisgruppe 4: 9500 - 17000

15 Prozent teurer als die Limousine, bekamen Käufer des Coupés zwei Türen weniger, ein verkürztes und um 4,5 cm abgesenktes Dach sowie eine verkümmerte Rückbank. Trotzdem fand das Auto Liebhaber, was kaum an dem bißchen Edelholz und Chrom am Armaturenbrett gelegen haben dürfte, sondern eher an der Exklusivität, die Mercedes-Zweitürer vermitteln. Bis 1972 mit einem 2,5 l-Motor lieferbar, erhielten danach die Modelle 280 C und CE das neue dohc-Triebwerk mit 2746 ccm, während ein 250 C mit dem alten, auf 2778 ccm erweiterten Triebwerk weitergebaut wurde.

Mercury

Strenggenommen ist Mercury eine "synthetische" Marke, 1938 von der Ford Motor Co. mit dem Ziel etabliert, Buick, Oldsmobile und Pontiac von General Motors und De Soto und Dodge von Chrysler Konkurrenz zu machen. So verkörperten die Nachkriegsautos von Mercury gehobenen Stil, waren lange Zeit ausschließlich mit V 8-Triebwerken ausgerüstet und orientierten sich optisch an den größeren und natürlich teureren Lincoln. Trotzdem führte die Firma 1960 mit dem Comet ein Compact-Car ein, das erstmalig mit einem Sechszylinder bestückt war.

Mercury 1946-1948

Zylinderzahl/Bauart: V 8
Hubraum: 3916 ccm
Leistung bei U/min: 100/3800 PS (SAE)
Höchstgeschwindigkeit: 135 km/h
Karosserie-/Chassisbauart: Kastenrahmen
Ausführung: 2- u. 4-t Lim., Cabriolet, 5-t Kombi
Baujahr: 1946-1948
Stückzahl: 86.608, 85.383 bzw. 50.268 Ex.
Preistendenz: 2, Cabrio: 1
Preisgruppe 1: 9000 - 13000
Preisgruppe 2: 11500 - 15500
Preisgruppe 3: 13500 - 17000
Preisgruppe 4: 16000 - 20500

Mit dem 1946er Jahrgang nahm Mercury die Nachkriegs-Produktion wieder auf. Es handelte sich dabei um bekannte Konstruktionen aus den dreißiger Jahren, die, optisch etwas retuschiert, erneut in den Kampf um die Käufergunst geschickt wurden. Daß sie etwa mit einer vorderen Starrachse daherkamen, schien zunächst nicht zu stören. Erst die Autos des Modelljahrs 1948 verkauften sich merklich schlechter als ihre Vorgänger.

Mercury 1949-1951

Zylinderzahl/Bauart: V 8
Hubraum: 4188 ccm
Leistung bei U/min: 110/3600 bzw. 112/3600 PS (SAE)
Höchstgeschwindigkeit: 145 km/h
Karosserie-/Chassisbauart: Kastenrahmen
Ausführung: 2- u. 4-t Lim., 3- u. 5-t Kombis, Cabriolet
Baujahr: 1949-1951
Stückzahl: 301.319, 293.658 bzw. 310.387 Ex.
Preistendenz: 2, Cabriolet u. Sports-Wagon: 1
Preisgruppe 1: 9500 - 13500
Preisgruppe 2: 12000 - 16000
Preisgruppe 3: 14000 - 18000
Preisgruppe 4: 17000 - 21000

1949 debütierte eine völlig neue, nach dem Krieg konstruierte Modell-Generation, die technisch und optisch nahezu unverändert drei Jahre lang gebaut wurde. Die ausgesprochen eleganten Autos mit den hinteren "Selbstmörder-Türen" verkauften sich blendend - vielleicht auch ein Verdienst der Fahreigenschaften, die seit der Verwendung von vorderer Einzelrad-Aufhängung merklich gewonnen hatten. Neben dem Cabrio erscheint heute der 1949 eingeführte, dreitürige Sports-Wagon mit Holzverkleidung besonders reizvoll.

Mercury Montclair Hardtop Coupé

Zylinderzahl/Bauart: V 8
Hubraum: 4785 ccm
Leistung bei U/min: 201/4400 PS (SAE)
Höchstgeschwindigkeit: 165 km/h
Karosserie-/Chassisbauart: Kastenrahmen
Ausführung: 2-t Hardtop-Coupé
Baujahr: 1955
Stückzahl: 73.375 Ex.
Preistendenz: 2
Preisgruppe 1: 8000 - 11500
Preisgruppe 2: 11500 - 15000
Preisgruppe 3: 15000 - 18000
Preisgruppe 4: 18000 - 22000

Die Spitzenmodelle des Jahrgangs 1955 kamen von der Montclair-Baureihe, wobei sich das hier gezeigte zweitürige Hardtop mit Abstand größter Beliebtheit erfreute - was maßgeblich an seinem gekonnten Design gelegen haben dürfte. Wer die Linienführung mag, aber etwas mehr Exklusivität (freilich zu einem höheren Preis) wünscht, sollte nach einem Montclair Sun Valley suchen - ein Auto, dessen vordere Dachpartie durchsichtig war. Gerade 1.787 Stück wurden davon gebaut.

Mercury Cougar 1967

Zylinderzahl/Bauart: V 8
Hubraum: 4728 bzw. 6384 ccm
Leistung bei U/min: 203/4400 - 324/4800 PS (SAE)
Höchstgeschwindigkeit: 175-200 km/h
Karosserie-/Chassisbauart: selbsttragende Karosserie

Ausführung: Hardtop-Coupé
Baujahr: 1967
Stückzahl: 150.893 Ex.
Preistendenz: 1

Preisgruppe 1: 9000 - 13000
Preisgruppe 2: 13000 - 16000
Preisgruppe 3: 16000 - 20000
Preisgruppe 4: 20000 - 26000

Der 1967 in Produktion genommene Cougar basierte zwar auf dem Ford Mustang, unterschied sich aber doch in wesentlichen Details von seinem Vorbild: Es wurden ausschließlich V 8-Triebwerke installiert, außerdem verfügte der Cougar über einen längeren Radstand. Wie sich das für ein "Pony Car" gehörte, standen auch für dieses Modell eine Vielzahl von Motoren, Getriebe und Ausstattungsmöglichkeiten zur Wahl, so daß sich der Kunde "sein" Auto ganz individuell zusammenstellen konnte. Von allen Jahrgängen erscheint heute der 1967er am reizvollsten.

Messerschmitt

Der Initiator des Messerschmitt hieß Fritz Fend, ein in Rosenheim lebender Ingenieur, der eigentlich aus der Flugzeugbranche kam. Da sich auf diesem Gebiet im Nachkriegs-Deutschland zunächst nichts tat, verlegte sich Fend auf den Bau von Kriegsversehrten-Fahrzeugen, bei deren Herstellung er aerodynamische Gesichtspunkte ebenso in den Vordergrund stellte wie konsequenten Leichtbau. Die gleichen Prinzipien kennzeichneten den zunächst von Messerschmitt, dann von FMR gebauten Kabinenroller.

Messerschmitt KR 175

Zylinderzahl/Bauart: 1 Zyl.(Zweitakt)
Hubraum: 174 ccm
Leistung bei U/min: 9/5250 PS
Höchstgeschwindigkeit: 75 km/h
Karosserie-/Chassisbauart: Rohrrahmen, mittragende Bodengruppe

Ausführung: Kabinenroller
Baujahr: 1953-1954
Stückzahl: 10.666 Ex.
Preistendenz: 1

Preisgruppe 1: 2500 - 5000
Preisgruppe 2: 5000 - 8000
Preisgruppe 3: 8000 - 10000
Preisgruppe 4: 10000 - 13500

Sozusagen das Ur-Modell, das Fritz Fend aus dem einsitzigen Fend Flitzer entwickelte und in der Fabrik von Prof. Willy Messerschmitt baute. Der im Heck montierte Motor stammte von Fichtel & Sachs und beförderte die beiden Personen, die wie beim Motorrad hintereinander saßen, auf immerhin rund 75 km/h Spitze. Das war ein Wort, zumal man ein festes Dach über dem Kopf hatte - wonach sich viele Menschen nach jahrelangem, tagtäglichem Motorradfahren sehnten.

(Messerschmitt) FMR KR 200 und KR 201

Zylinderzahl/Bauart: 1 Zyl.(Zweitakt)
Hubraum: 191 ccm
Leistung bei U/min: 10/5250 PS
Höchstgeschwindigkeit: 85 km/h
Karosserie-/Chassisbauart: Rohrrahmen, mittragende Bodengruppe

Ausführung: Kabinenroller
Baujahr: 1955-1964
Stückzahl: 41.190 Ex.
Preistendenz: 1

Preisgruppe 1: 3500 - 5500
Preisgruppe 2: 5500 - 9000
Preisgruppe 3: 9000 - 14000
Preisgruppe 4: 14000 - 18000

Auf den KR 175 folgte der KR 200, der in vielen Punkten verbessert worden war: So gab es einen stärkeren Motor und beispielsweise hydraulische Stoßdämpfer. Auch die große Plexiglas-Kuppel, die zum Ein- und Ausstieg nach oben geschwenkt wurde (Menschen in Aspik, spottete der Volksmund), hatte Modifikationen erfahren. Ein Cabriolet und der einfachere KR 201 mit einem dünnen Roadster-Verdeck komplettierten das Angebot.

(Messerschmitt) FMR Tg 500

Zylinderzahl/Bauart: 2 Zyl.(Zweitakt)
Hubraum: 493 ccm
Leistung bei U/min: 19,5/5000 PS
Höchstgeschwindigkeit: 135 km/h
Karosserie-/Chassisbauart: Rohrrahmen, mittragende Bodengruppe

Baujahr: 1958-1961
Stückzahl: ca. 950 Ex.
Preistendenz: 1

Preisgruppe 1: 9000 - 12000
Preisgruppe 2: 12000 - 21000
Preisgruppe 3: 21000 - 30000
Preisgruppe 4: 30000 - 39000

Dieses rabiate kleine Gerät sollte ursprünglich auf die Bezeichnung Tiger hören, was aber am Einspruch des Lkw-Herstellers Krupp scheiterte. Also wurde der Tg 500 daraus (mittlerweile bei FMR, von Fend und Valentin Knott gegründet, gebaut), der Besitzern von Mittelklasse-Autos das Fürchten lehrte: Als eine Opel Rekord ein Spitze von 125 km/h lief, brachte es dieses vierrädrige Unikum auf wesentlich mehr. Damals entschied sich kaum jemand für einen Tg - was zur Folge hat, daß die wenigen, heute noch existierenden Exemplare sehr teuer sind.

MG

Zu den berühmtesten Sportwagen-Marken überhaupt zählt MG, jene englische Firma mit dem achteckigen Firmenemblem, die ihre Bezeichnung aus der Abkürzung Morris- Garage herleitet. Von Cecil Kimber, der 1923 seinen ersten MG fertigte, gegründet, wurde MG in die Nuffield Group, das Industrie-Imperium von Sir William Morris (dem späteren Lord Nuffield), eingegliedert. Den nächsten wichtigen Schritt in der Firmengeschichte markiert das Jahr 1951, als Austin und die Nuffield Group sich zu BMC zusammenschlossen. Dieser Konzern blieb bis Mai 1968, als British Leyland entstand, bestehen.

MG TC

Zylinderzahl/Bauart: 4 Zyl.
Hubraum: 1250 ccm
Leistung bei U/min: 54,4/5200 PS (bhp)
Höchstgeschwindigkeit: 120 km/h
Karosserie-/Chassisbauart: Kastenrahmen

Ausführung: Roadster
Baujahr: 1945-1949
Stückzahl: 10.000 Ex.
Preistendenz: 2

Preisgruppe 1: 12000 - 17500
Preisgruppe 2: 17500 - 27000
Preisgruppe 3: 27000 - 38000
Preisgruppe 4: 38000 - 48000

Dieser direkte Nachfahre des Vorkriegs-TB hat alles, was man von einem echten britischen Roadster erwartet: ausgeschnittene Türen, ein dünnes Stoffverdeck, ein enges Cockpit und große Speichenräder, um nur ein paar Dinge zu nennen. Daß die Fahrleistungen bescheiden sind, kann den Fahrspaß nur wenig trüben. Das fanden offenbar auch die leistungsverwöhnten Amerikaner, die dieses kleine Auto gleich scharenweise über den großen Teich holten.

Ausführung: Roadster
Baujahr: 1953 bzw. 1954
Stückzahl: 6.200 bzw. 3.400 Ex.
Preistendenz: 2

Preisgruppe 1: 13000 - 21000
Preisgruppe 2: 19000 - 30000
Preisgruppe 3: 30000 - 42000
Preisgruppe 4: 40000 - 53000

Auf den TD folgte - falsch, der TF! Mit den geschwungenen, freistehenden Kotflügeln, dem Kastenrahmen samt den Rohrtraversen sowie dem Holzgestell, auf dem die Karosserie ruhte, bot der TF eigentlich wenig Neues - und erfreut sich doch seit Jahren größter Beliebtheit. Logischerweise erzielt er höhere Preise als TC und TD, dies allerdings schon seit geraumer Zeit, so daß Kaufinteressenten kaum mit einer für sie unliebsamen Entwicklung rechnen müssen.

MG TD

Technische Daten: siehe MG TC

Preisgruppe 1: 10000 - 17000
Preisgruppe 2: 15000 - 26000
Preisgruppe 3: 24000 - 37000
Preisgruppe 4: 35000 - 45000

In vielen Punkten verbessert, löste der TD den TC ab, bot vor allem vordere Einzelradaufhängung statt einer Starrachse. Zwischen 1950 und 1953 gebaut, fand das Auto in diesem Zeitraum 29.664 Käufer - obwohl es nicht mehr serienmäßig auf Speichenfelgen rollte und viele Fans angeblich die optischen Retuschen nicht mochten. Immerhin: Mit Einführung des Mk II gab es 57 PS, die für ein paar km/h mehr Spitze sorgten.

MG TF

Zylinderzahl/Bauart: 4 Zyl.
Hubraum: 1250 bzw. 1466 ccm
Leistung bei U/min: 57/5500 bzw. 63/5500 PS (bhp)
Höchstgeschwindigkeit: 130-135 km/h
Karosserie-/Chassisbauart: Kastenrahmen

MG Magnette ZA und ZB

Zylinderzahl/Bauart: 4 Zyl.
Hubraum: 1489 ccm
Leistung bei U/min: 61/4600 bzw. 69/5400 PS
Karosserie-/Chassisbauart: selbsttragende Karosserie
Ausführung: 4-t Lim.

Baujahr: 1953-1956 bzw. 1956-1958
Stückzahl: 12.754 bzw. 23.846 Ex.
Preistendenz: 2

Preisgruppe 1: 1600 - 4000
Preisgruppe 2: 3500 - 9000
Preisgruppe 3: 8000 - 13500
Preisgruppe 4: 12000 - 17500

Als der Magnette auf dem Markt erschien, schrie der harte Kern der Fans "Verrat"! Daß die neumodische (und von Gerald Palmer elegant gezeichnete Karosserie) selbsttragend ausgelegt war und noch dazu über eine Kühlergrill-Attrappe verfügte, erschien ihnen als Unding, ebenso, daß es sich beim Triebwerk um keine MG- Konstruktion, sondern um den BMC B-Motor handelte. Am schwersten freilich wog, daß man den ruhmreichen Name "Magnette" mißbraucht hatte. Aber die Entrüstung legte sich - zurecht, denn das Auto konnte durchaus überzeugen.

MGA Coupé

Technische Daten: siehe MGA Roadster

Preisgruppe 1: 3200 - 6500
Preisgruppe 2: 6000 - 10000
Preisgruppe 3: 9000 - 18000
Preisgruppe 4: 17000 - 22000

Etwa ein Jahr nach Vorstellung des Roadster erschien das ebenfalls bildhübsche Coupé, das allerdings einen ganzen Batzen mehr kostete als die Offen-Version, der es auch technisch entsprach. Folglich machte es analog die Sprünge zu mehr Hubraum und Leistung mit, ebenso wie es von Scheibenbremsen und anderen "goodies" profitierte. Da in letzter Zeit vermehrt Coupés, vor allem aber Roadster aus den USA reimportiert wurden, haben die Preise zum Teil erheblich nachgegeben. Potentielle Käufer sollten sich also beeilen.

MGA Roadster

Zylinderzahl/Bauart: 4 Zyl.
Hubraum: 1489, 1588 bzw. 1622 ccm
Leistung bei U/min: 68/5500, 72/5500, 80/5600 bzw. 90/5500 PS (bhp)
Höchstgeschwindigkeit: 155-165 km/h
Karosserie-/Chassisbauart: Kastenrahmen

Ausführung: Roadster
Baujahr: 1955-1959, 1959-1961 bzw. 1961-1962
Stückzahl: 58.750, 31.501 bzw. 8.716 Ex. (inkl. Coupé)
Preistendenz: 2

Preisgruppe 1: 4200 - 7500
Preisgruppe 2: 7000 - 12000
Preisgruppe 3: 11000 - 25000
Preisgruppe 4: 23000 - 29500

Syd Enevers meisterliche Konstruktion hatte Mühe, überhaupt das Produktionsstadium zu erreichen: Leonard Lord, eingeschworener Austin-Mann und seit BMC- Gründung Boß dieses damals größten europäischen Autokonzerns, sträubte sich lange, Grünes Licht zur Serienfertigung des MGA zu geben. Zum Glück tat er es schließlich doch - die Fans wären sonst um einen der charaktervollsten, typisch britischen Sportwagen gebracht worden.

MGA Twin Cam

Zylinderzahl/Bauart: 4 Zyl.
Hubraum: 1588 ccm
Leistung bei U/min: 107/6500 PS
Höchstgeschwindigkeit: 180 km/h
Karosserie-/Chassisbauart: Kastenrahmen

Ausführung: Roadster, Coupé
Baujahr: 1958-1960
Stückzahl: 2.111 Ex.
Preistendenz: 1

Preisgruppe 1: 9000 - 15000
Preisgruppe 2: 13000 - 21000
Preisgruppe 3: 20000 - 33000
Preisgruppe 4: 31000 - 42000

Am Twin Cam scheiden sich noch heute die (MG-)Geister: Serienmäßig mit Scheibenrädern und Zentralverschluß ausgerüstet, bot dieser schnellste aller MGA vier Scheibenbremsen und vor allem ein hochtouriges dohc-Triebwerk, das von Harry Weslake für die Serie präpariert worden war. Leider erwies es sich als sehr empfindlich und ließ selbst bei sorgfältiger Wartung die gewünschte Zuverlässigkeit vermissen. Mochte man viele Fehler im Lauf der Zeit auch beseitigen: Der Ruf dieses Autos war ruiniert und so verschwand es schon bald wieder vom Markt.

MGB Roadster

Zylinderzahl/Bauart: 4 Zyl.
Hubraum: 1798 ccm
Leistung bei U/min: 94/5500 bzw. 95/5400 PS
Höchstgeschwindigkeit: 165 km/h
Karosserie-/Chassisbauart: selbsttragende Karosserie

Ausführung: Cabriolet
Baujahr: 1962-1980
Stückzahl: 387.259 Ex.
Preistendenz: 2

Preisgruppe 1: 3500 - 6500
Preisgruppe 2: 6000 - 9500
Preisgruppe 3: 9000 - 16000
Preisgruppe 4: 15000 - 23000

Ähnlich dem MG Magnette löste auch der wunderhübsche MGB bei einigen Leuten zunächst Proteststürme aus: Mit Dingen wie der pontonförmigen, selbsttragend ausgelegten Karosserie, die über ein geräumiges Cockpit und Kurbelfenster verfügte, mochten sie sich nicht anfreunden. Aber der Erfolg sollte dem Auto recht geben: Es wurde bis 1980 in enormer Stückzahl gebaut - und verkaufte sich selbst nach 1974 noch, als man mit höhergelegtem Fahrwerk und erzhäßlichen Polyurethan- Stoßstangen amerikanische Sicherheitsbestimmungen zu erfüllen suchte.

MGB GT

Technische Daten: siehe Roadster

Preisgruppe 1: 2500 - 5000
Preisgruppe 2: 4500 - 8000
Preisgruppe 3: 7000 - 12000
Preisgruppe 4: 11000 - 16000

Hatte das MGA Coupé eben nur ein festes Dach (und alle damit verbundenen Vor- oder Nachteile), so konnte der 1965 eingeführte und in einer Auflage von 125.621 Exemplaren gebaute GT immerhin einen deutlich größeren Innenraum offerieren, der durch die Heckklappe gut zugänglich war. Kein Wunder, daß sich das auch äußerlich sehr gelungene Auto gut verkaufte! Technisch entsprach es dem Roadster und machte alle dessen Entwicklungsschritte mit, war aber von Anfang an mit dem 1965 eingeführten, fünffach gelagerten Motor ausgerüstet.

MGC und GT, B GT V 8

Zylinderzahl/Bauart: 6 Zyl. bzw. V 8
Hubraum: 2912 bzw. 3528 ccm
Leistung bei U/min: 145/5250 bzw. 137/5000 PS
Höchstgeschwindigkeit: 185-195 km/h
Karosserie-/Chassisbauart: selbsttragende Karosserie

Ausführung: Roadster und Coupé bzw. Coupé
Baujahr: 1967-1969 bzw. 1973-1976
Stückzahl: 8.999 bzw. 2.591 Ex.
Preistendenz: 1

Preisgruppe 1: 3500 - 6500
Preisgruppe 2: 6000 - 12000
Preisgruppe 3: 11000 - 19500
Preisgruppe 4: 17500 - 26000

Mehr Power für den MGB gab es auch - nur hieß er dann teilweise nicht mehr B, sondern C. Gerade dieses ungeliebte Modell (der untaugliche Versuch, mit einfachen Mitteln einen Big Healey-Nachfolger zu finden) ist heute noch so billig zu bekommen, daß die Preise eigentlich klettern müssen. Aber Vorsicht: Motorteile sind schwer zu finden und recht teuer. Da erscheint der GT V 8 mit seinem großen Rover-Motor schon die attraktivere Alternative, auch wenn es ihn offiziell nie als Roadster gab.

MG Midget

Zylinderzahl/Bauart: 4 Zyl.
Hubraum: 948, 1098, 1275 bzw. 1493 ccm
Leistung bei U/min: 46,5/5500, 55/5400, 65/6000 bzw. 66/5500 PS
Höchstgeschwindigkeit: 135-160 km/h
Karosserie-/Chassisbauart: selbsttragende Karosserie

Ausführung: Roadster/Cabriolet
Baujahr: 1961-1979
Stückzahl: 224.839 Ex.
Preistendenz: 2

Preisgruppe 1: 2500 - 3500
Preisgruppe 2: 3200 - 6500
Preisgruppe 3: 6000 - 12500
Preisgruppe 4: 11500 - 15000

Eigentlich handelte es sich beim MG Midget um einen minimal veränderten Austin- Healey Sprite, wobei sich die beiden gleichzeitig gebauten Autos technisch nicht unterschieden. Sie profitierten von dem, was man unter "Modellpflege" versteht (erhielten also zum selben Zeitpunkt Klappverdeck, Kurbelscheiben oder größere Motoren), bis 1971 die Fertigunng des Sprite auslief. Der Midget - mittlerweile Mk IV genannt - avancierte 1974 zum 1500 mit den häßlichen Kunststoff-Stoßfängern, ein Schritt, der dem Sprite erspart geblieben ist.

MG Magnette Mk III und IV

Zylinderzahl/Bauart: 4 Zyl.
Hubraum: 1489 bzw. 1622 ccm
Leistung bei U/min: 66,5/5200 bzw. 68/5000 PS (bhp)
Höchstgeschwindigkeit: 135-140 km/h
Karosserie-/Chassisbauart: selbsttragende Karosserie

Ausführung: 4-t Lim.
Baujahr: 1959-1961 bzw. 1961-1968
Stückzahl: 15.676 bzw. 13.738 Ex.
Preistendenz: 2

Preisgruppe 1: 1500 - 2500
Preisgruppe 2: 2500 - 5000
Preisgruppe 3: 5000 - 7500
Preisgruppe 4: 7500 - 10000

Eher ein BMC denn ein MG, handelt es sich bei diesem Auto um das Mittelklassemodell des Konzerns, das durch ein typisches Kühlergrill und entsprechende Embleme auf MG getrimmt wurde. Immerhin unterscheidet sich der von Pininfarina gestylte Wagen durch zwei Vergaser und etwas mehr Leistung vom Basismodell, dem Austin Cambridge. Und gut ausgerüstet ist er auch, bietet jedenfalls Lederpolster und Holz am Armaturenbrett.

MG 1100 und 1300

Zylinderzahl/Bauart: 4 Zyl.
Hubraum: 1098 bzw. 1275 ccm
Leistung bei U/min: 55/5500, 60/5500 bzw. 70/6000 PS
Höchstgeschwindigkeit: 130-145 km/h
Karosserie-/Chassisbauart: selbsttragende Karosserie

Ausführung: 2- u. 4-t Lim.
Baujahr: 1962-1968 bzw. 1967-1971
Preistendenz: 2

Preisgruppe 1: 1500 - 2500
Preisgruppe 2: 2500 - 5000
Preisgruppe 3: 5000 - 7000
Preisgruppe 4: 7000 - 9500

Play it again, Sam: Die so fortschrittliche untere Mittelklasse von BMC, diesmal als MG verkleidet. Wieder gab es ein paar PS mehr und eine etwas bessere Ausstattung, außerdem erfreuten sich Zweifarben-Lackierungen großer Beliebtheit. Der 1967 vorgestellte 1300er verfügte nur noch über einen Vergaser, ebenso wie die Automatik-Modelle mit deutlich geringerer Leistung geführt wurden.

Mini

Erst kürzlich feierte er seinen 30.Geburtstag, der Mini. Dieses geniale, von Sir Alec Issigonis entworfene kleine Auto war seiner Zeit um Jahre voraus und bestimmte schon damals das noch heute gültige Kleinwagenkonzept. Als noch die Heckmotor-Bauweise im Kleinwagenbau dominierte, setzte Issigonis, der schon den Morris Minor entworfen hatte, auf einen vorne querliegenden Vierzylinder mit direkt darunter angeordnetem Viergang-Getriebe. Dazu kamen Frontantrieb und eine Karosserie, die - selbsttragend, aber mit vorderem und hinterem Hilfsrahmen - von winzigen 10 Zoll-Rädern begrenzt wurde.

Mini 850 und 1000

Zylinderzahl/Bauart: 4 Zyl.
Hubraum: 848 bzw. 998 ccm
Leistung bei U/min: 34,5/5000, 38,5/5250 bzw. 41/5000 PS
Höchstgeschwindigkeit: 115-130 km/h
Karosserie-/Chassisbauart: selbsttragende Karosserie mit vorderem und hinterem Hilfsrahmen

Ausführung: 2-t Lim.
Baujahr: 1959-1979 bzw. 1967-heute
Stückzahl: ca. 4 Millionen
Preistendenz: 2

Preisgruppe 1: 500 - 1000
Preisgruppe 2: 1000 - 4000
Preisgruppe 3: 4000 - 6000
Preisgruppe 4: 6000 - 8500

Das Ur-Modell mit seinem 850 ccm-Motor hörte noch auf die Bezeichnung Austin Seven bzw. Morris Mini-Minor (auch hier lag der Unterschied wieder im unwesentlichen Detail), bis der Konzern im Jahr 1969 den Mini sozusagen zur eigenen Marke erhob. Während seines langen Autolebens kontinuierlich modifiziert, können hier nur die wichtigsten Entwicklungsschritte genannt werden: So gab es 1964 statt der bisherigen Gummi- die Hydrolastik-Federung, seit 1967 die 1000 ccm-Version und seit 1968 auf Wunsch ein automatisches Getriebe.

Mini Countryman und Traveller

Technische Daten: siehe Mini 850 und 1000

Preisgruppe 1: 1000 - 2000
Preisgruppe 2: 2000 - 5000
Preisgruppe 3: 5000 - 8000
Preisgruppe 4: 8000 - 10500

Den Mini konnte man auch als niedlichen kleinen Kombi haben. Neben einem eher schmucklosen Van wurden die bildhübschen Versionen Austin Mini Countryman oder Morris Mini-Minor Traveller angeboten: Adrette Dreitürer, vollverglast und mit attraktiver Holzverkleidung versehen (der freilich keine tragende Funktion mehr zukam). Seit 1960 im Programm, konnten auch diese Modelle mit der Automatik geliefert werden. Wovon man besser die Finger läßt...

Mini Clubman

Zylinderzahl/Bauart: 4 Zyl.
Hubraum: 998 bzw. 1098 ccm
Leistung bei U/min: 38,5/5250 bzw. 41,5/4850 PS
Höchstgeschwindigkeit: 130-135 km/h
Karosserie-/Chassisbauart: selbsttragende Karosserie mit vorderem und hinterem Hilfsrahmen

Ausführung: 2-t Lim., 3-t Kombi
Baujahr: 1969-1981
Stückzahl: 331.675 (alle Lim.) bzw. 176.688 (Estate) Ex.
Preistendenz: 2

Preisgruppe 1: 500 - 1000
Preisgruppe 2: 1000 - 3500
Preisgruppe 3: 3500 - 5500
Preisgruppe 4: 5500 - 7500

Mit aufgewerteter Ausstattung und einigen Zentimetern mehr Länge (dort untergebracht, wo sie nun wirklich keiner braucht: an der Frontpartie nämlich), verwässerte der Clubman das so radikale Mini-Konzept. Hübscher aussehen tat er auch nicht, weshalb man seine Produktion zurecht vor der des Originals einstellte. Immerhin führten die Engländer auch diesmal wieder einen lustigen Kombi im Programm, den in Erwägung ziehen sollte, wer unbedingt einen Clubman haben will.

Mini Cooper

Zylinderzahl/Bauart: 4 Zyl.
Hubraum: 997 bzw. 998 ccm
Leistung bei U/min: 56/6000 bzw. 56/5800 PS
Höchstgeschwindigkeit: 145 km/h
Karosserie-/Chassisbauart: selbsttragende Karosserie mit vorderem und hinterem Hilfsrahmen

Baujahr: 1961-1969
Stückzahl: 101.242 Ex.
Preistendenz: 1

Preisgruppe 1: 1500 - 2500
Preisgruppe 2: 2000 - 6000
Preisgruppe 3: 5500 - 9000
Preisgruppe 4: 8000 - 11500

Das ungeheure Potential, das im Mini steckte, trat mit den sportlichen Versionen erst richtig zutage. So verblüffte der erste, von John Cooper verfeinerte Mini 1961 die Öffentlichkeit und offerierte Zweifarben-Lackierung, zwei Vergaser, Scheibenbremsen und eine spezielle Innenausstattung. 1964 erhielt das Auto nicht nur die Hydrolastic-Federung, sondern einen zwar annähernd gleich großen und gleich starken, aber wesentlich kurzhubiger ausgelegten Motor.

Mini Cooper S

Zylinderzahl/Bauart: 4 Zyl.
Hubraum: 1071, 970 bzw. 1275 ccm
Leistung bei U/min: 70/6000, 65/6500 bzw. 77/5900 PS
Höchstgeschwindigkeit: 155-165 km/h
Karosserie-/Chassisbauart: selbsttragende Karosserie mit vorderem und hinterem Hilfsrahmen

Ausführung: 2-t Lim.
Baujahr: 1963-1964, 1964-1965 bzw. 1964-1971
Stückzahl: 4.017, 972 bzw. 40.449 Ex.
Preistendenz: 1

Preisgruppe 1: 1800 - 3500
Preisgruppe 2: 3500 - 9000
Preisgruppe 3: 9000 - 12000
Preisgruppe 4: 12000 - 16000

Viele Leute grinsten, als der Mini auf den Markt kam. Als er dann zu seinem Höhenflug ansetzte und obendrein zum schier unschlagbaren Wettbewerbsauto avancierte, mußten auch einstige Spötter diesem charmanten Winzling Bewunderung zollen. Immerhin gewann das Auto allein dreimal die berühmt-berüchtigte Rallye Monte Carlo! Was lag näher, als mit dem Cooper S einen kleinen Kraftprotz ins Programm zu nehmen, der vor allem leistungsorientierte Mini-Liebhaber lockte?

1275 GT

Zylinderzahl/Bauart: 4 Zyl.
Hubraum: 1275 ccm
Leistung bei U/min: 61/5300 PS
Höchstgeschwindigkeit: 140 km/h
Karosserie-/Chassisbauart: selbsttragende Karosserie mit vorderem und hinterem Hilfsrahmen

Ausführung: 2-t Lim.
Baujahr: 1970-1980
Stückzahl: 117.949 Ex.
Preistendenz: 2

Preisgruppe 1: 500 - 1000
Preisgruppe 2: 1000 - 3500
Preisgruppe 3: 3500 - 6000
Preisgruppe 4: 6000 - 8500

Die schärfste Ausführung des Langnasen-Mini hieß 1275 GT und sollte so etwas wie ein Cooper- und Cooper S-Ersatz sein. Mit recht ansprechenden Fahrleistungen, breiterer Spur, Rostyle-Felgen und Rallye-Streifen sprach der 1275 GT tatsächlich viele Interessenten an, weshalb man heute ohne Mühe einen finden dürfte. Zu einem günstigen Preis, versteht sich: Im Gegensatz zu Cooper und Cooper S ist der Clubman auch in dieser Ausführung noch nicht sonderlich begehrt.

Mini-Moke

Technische Daten: siehe Mini 850

Preisgruppe 1: 1800 - 3000
Preisgruppe 2: 3000 - 8000
Preisgruppe 3: 8000 - 12000
Preisgruppe 4: 12000 - 15000

Auf gut Glück für das englische Militär konzipiert, dort aber abgelehnt, entwickelte sich der Mini-Moke - was soviel wie Eselchen bedeutet - zum Spaßauto par excellence. Zwischen 1964 und 1968 von BMC gebaut, startete dieser sehr luftige Winzling in Portugal und Australien in den achtziger Jahren eine zweite und dritte Karriere. Mittlerweile sogar eine vierte: Ein gewisser Tim Dutton stellt das Eselchen wieder auf die kleinen Räder.

Monteverdi

Wer Monteverdi heißt, kann eigentlich nur zwei Dinge tun: Musik komponieren oder Luxusautos bauen. Peter Monteverdi entschied sich für die zweite Möglichkeit - schließlich hatte sein direkter Vorfahre Claudio Monteverdi (1567-1643) mit seinem musikalischen Werk dem Familiennamen bereits klangvolle Bedeutung verschafft. Auch die Schöpfungen Peter Monteverdis, geboren am 7.Juni 1934, hatten eine Menge Klang zu bieten, der allerdings von bärenstarken Chrysler-V 8-Maschinen erzeugt wurde.

Monteverdi High Speed 375 S, L, C und Palm Beach

Zylinderzahl/Bauart: V 8
Hubraum: 7206 ccm
Leistung bei U/min: 305/4200 PS
Höchstgeschwindigkeit: 225-250 km/h
Karosserie-/Chassisbauart: Kastenrahmen, Coupé, Cabriolet

Baujahr: 1967-1977
Preistendenz: 1

Preisgruppe 1: 35000 - 53000
Preisgruppe 2: 50000 - 78000
Preisgruppe 3: 75000 - 110000
Preisgruppe 4: 105000 - 140000

Durch Peter Monteverdi kam die Schweiz gleich zweimal zu Automarken: Zunächst zu MBM (kleine Rennsportwagen), dann zu den sportlich-luxuriösen Nobelautos, die den Namen ihres Schöpfers trugen. Neben dem Hai (nur zwei Exemplare wurden gebaut) und den Geländewagen erregte vor allem die High Speed-Baureihe Aufsehen. Angetrieben von großvolumigen Chrysler-Triebwerken, verfügten diese als Cabriolet (C und Palm Beach) sowie als zwei- (S) und viersitziges Coupé (L) lieferbaren Fahrzeuge über Frua- bzw. Fissore-Karosserien.

Monteverdi 375/4

Technische Daten: siehe Monteverdi 375 S, L, C und Palm Beach

Preisgruppe 1: 50000 - 85000
Preisgruppe 2: 85000 - 110000
Preisgruppe 3: 110000 - 140000
Preisgruppe 4: 140000 - 175000

Diese imponierende Limousine beanspruchte den Ruhm für sich, noch leistungsfähiger als ein Mercedes 6,3 l, ein Iso Fidia oder ein Maserati Quattro Porte zu sein. Technisch entsprach sie den übrigen 375-Modellen, wartete also mit DeDion- Hinterachse mit Wattgestänge, Sperr-Differential und Scheibenbremsen an allen vier Rädern auf. Daß sie mit jedem erdenklichen Luxus - Lederpolster, Klimaanlage usw. - ausgerüstet war, verstand sich von selbst. Trotzdem ließen sich Sonderwünsche erfüllen: nach einem Fernseher oder einer Trennscheibe etwa.

Monteverdi Berlinetta und 375 L Hemi

Zylinderzahl/Bauart: V 8
Hubraum: 6974 ccm
Leistung bei U/min: 390 PS
Höchstgeschwindigkeit: 260-290 km/h
Karosserie-/Chassisbauart: Kastenrahmen

Ausführung: Coupé
Baujahr: 1972 bzw. 1971-1977
Preistendenz: 1

Preisgruppe 1: 50000 - 85000
Preisgruppe 2: 85000 - 110000
Preisgruppe 3: 110000 - 140000
Preisgruppe 4: 140000 - 175000

Wem das Leistungsangebot des normalen 375 nicht reichte, konnte ebenfalls bedient werden: Für solche Kunden stand der viersitzige 375 L Hemi oder die zweisitzige Berlinetta bereit. Monteverdi selbst nannte für diese Autos Werte, die märchenhaft klingen: 390 PS (selbstverständlich DIN) und eine Endgeschwindigkeit von 290 km/h (für die Berlinetta). Aber selbst wenn es ein paar Kilometer weniger waren: Aufregende Autos waren diese Schöpfungen aus Binningen bei Basel allemal!

Morgan

Wer an Morgan denkt, hat sofort typisch englische Sportwagen vor Augen, die heute noch aussehen wie vor fünfzig Jahren. Tatsächlich werden in der Pickersleigh Road im malerischen Malvern Link nach wie vor Autos (fast) gebaut wie 1909, als der erste Morgan die ehrwürdigen Fertigungshallen verließ. Gegründet von H. F. S. Morgan, dem 1959 verstorbenen Vater des heutigen Firmenchefs Peter Morgan, ist man stolz auf seine Tradition. Zurecht, denn die Auftragsbücher sind prallvoll und auf jeden der rund 450 Morgan, die Jahr für Jahr entstehen, wartet ein ungeduldiger Kunde.

Morgan F4 und Super (Threewheeler)

Zylinderzahl/Bauart: 4 Zyl.
Hubraum: 933 bzw. 1172 ccm
Leistung bei U/min: 36/4400 - 39/5000 PS
Höchstgeschwindigkeit: 120 km/h
Karosserie-/Chassisbauart: Kastenrahmen
Ausführung: Roadster
Baujahr: 1934-1952
Stückzahl: 245 Ex. (1945-1952)
Preistendenz: 2
Preisgruppe 1: 8000 - 14000
Preisgruppe 2: 13000 - 19000
Preisgruppe 3: 18000 - 26000
Preisgruppe 4: 25000 - 33000

Strenggenommen eine Weiterentwicklung des Ur-Modells, mit dem Morgan die Fahrzeug- Produktion aufnahm. Daß diese abenteuerlichen Gefährte mit ihren Ford-Motoren immerhin bis 1952 gebaut wurden, spricht dafür, wie ungern man sich bei Morgan von Bewährtem trennt. Verglichen mit jenem furiosen Dreirad-Moggie namens Supersport, der heute noch bei Oldtimer-Rennen für Begeisterung sorgt, erscheint der kettengetriebene F 4 bzw. F Super freilich fast schon langweilig.

Morgan 4/4 Serie 1 (Flat Radiator)

Zylinderzahl/Bauart: 4 Zyl.
Hubraum: 1098-1267 ccm
Leistung bei U/min: 34/4500 - 40/4300 PS
Höchstgeschwindigkeit: 120-130 km/h
Karosserie-/Chassisbauart: Kastenrahmen

Ausführung: 2- und 4- sitziger Roadster, 2- und 4-sitziges Cabriolet
Baujahr: 1936-1950
Stückzahl: 1.084 Ex. (1945-1950)
Preistendenz: 2

Preisgruppe 1: 7000 - 13000
Preisgruppe 2: 12000 - 17000
Preisgruppe 3: 16000 - 24000
Preisgruppe 4: 23000 - 30000

Erst verhältnismäßig spät (nämlich seit 1936) gab es vierrädrige Morgans. Diese wiederum unterteilten sich in die 4/4- und die Plus 4- (später Plus 8-) Baureihe, von denen die 4/4er mit kleineren und schwächeren Triebwerken (meist von Ford, aber auch von Standard und Coventry Climax) bestückt waren. Damit allerdings erschöpften sich die Wahlmöglichkeiten der Kunden noch nicht: Den 4/4 der Serie 1 gab es mit zwei und vier Sitzen sowohl als Roadster mit ausgeschnittenen Türen wie als Drophead Coupé mit festerem Verdeck.

Morgan 4/4 Serie 2 bis 5 und 1600 (Cowled Radiator)

Zylinderzahl/Bauart: 4 Zyl.
Hubraum: 997-1597 ccm
Leistung bei U/min: 36/4400 - 88/5500 PS
Höchstgeschwindigkeit: 130-165 km/h
Karosserie-/Chassisbauart: Kastenrahmen

Ausführung: 2- und 4- sitziger Roadster
Baujahr: 1955-heute
Preistendenz: 2

Preisgruppe 1: 6000 - 13000
Preisgruppe 2: 12000 - 18000
Preisgruppe 3: 16000 - 25000
Preisgruppe 4: 23000 - 33000

Nach einer fünfjährigen Pause erschien 1955 die 2. Serie des 4/4. Ein paar wesentliche Dinge hatten sich geändert: Die 2- und 4-sitzigen Drophead-Modelle wurden nicht wieder aufgelegt, außerdem hatte man das glattflächige Kühlergrill (flat radiator) gegen ein gewölbtes (cowled radiator) getauscht. Sonst präsentierte sich der Moggie in alter Pracht, also mit Kastenrahmen und einer Karosserie, die sich auf ein Gerüst aus Eschenholz stützte. In den 80er Jahren wurden sogar Fiat-Motoren eingebaut - shocking!

Morgan Plus 4

Zylinderzahl/Bauart: 4 Zyl.
Hubraum: 1991, 2088 bzw. 2138 ccm
Leistung bei U/min: 69/4200, 90/4800, 100/5000 bzw. 104/4700 PS
Höchstgeschwindigkeit: 135-165 km/h
Karosserie-/Chassisbauart: Kastenrahmen

Ausführung: 2- und 4-sitziger Roadster, 2- und 4-sitziges Cabriolet
Baujahr: 1950-1953 (flat radiator) bzw. 1953-1968 (cowled radiator)
Stückzahl: 3.737 Ex. (alle Modelle)
Preistendenz: 1

Preisgruppe 1: 8000 - 14000
Preisgruppe 2: 13000 - 19000
Preisgruppe 3: 17000 - 26000
Preisgruppe 4: 25000 - 33000

Äußerlich kaum vom 4/4 zu unterscheiden, gab 1950 der Plus 4 sein Debut. Zunächst mit dem glattflächigen Kühlergrill und Vanguard-Motor, danach mit dem gewölbten Grill und Triumph TR-Motor versehen, handelte es sich beim Plus 4 um ebenso leistungsfähige wie altertümlich gebaute Sportwagen, die zu einem sehr günstigen Preis geliefert wurden. Heute besonders gesucht sind die 102 von Lawrencetune präparierten Super-Sports, die es auf rund 120 PS brachten.

Morgan Plus 4 Plus

Zylinderzahl/Bauart: 4 Zyl.
Hubraum: 2.138 ccm
Höchstgeschwindigkeit: 170 km/h
Karosserie-/Chassisbauart: Kunststoff-Karosserie auf Kastenrahmen
Ausführung: Coupé

Baujahr: 1964-1966
Stückzahl: 26 Ex.
Preistendenz: 1

Preisgruppe 1: 6000 - 12000
Preisgruppe 2: 12000 - 16000
Preisgruppe 3: 16000 - 20000
Preisgruppe 4: 20000 - 26000

Morgans halbherziger Versuch, stilistisch auf dem Laufenden zu sein, löste bei den Fans blankes Entsetzen aus. Wer schon die Drophead-Modelle mit Nasenrümpfen betrachtete (weil er eigentlich nur echte Roadster gelten ließ), mußte über ein richtiges Morgan Coupé natürlich schockiert sein. Und dann noch eines mit einer Kunststoff-Karosserie, dessen Dachpartie von einer großen Autozeitschrift treffend mit dem Prädikat "furunkelähnlich" charakterisiert wurde.

Morgan Plus 8

Zylinderzahl/Bauart: V 8
Hubraum: 3528 ccm
Leistung bei U/min: 184/5200 PS
Höchstgeschwindigkeit: 200 km/h
Karosserie-/Chassisbauart: Kastenrahmen

Ausführung: Roadster
Baujahr: 1968-heute
Stückzahl: ca. 1.700 Ex. bis 1980
Preistendenz: 1

Preisgruppe 1: 10000 - 16000
Preisgruppe 2: 15000 - 21000
Preisgruppe 3: 20000 - 28000
Preisgruppe 4: 27000 - 36000

Der Über-Morgan erschien 1968 als Ersatz für den Triumph-getriebenen Plus 4, war nur noch als zweisitziger Roadster (auf Wunsch seit 1975 aber mit Aluminium- Karosserie) lieferbar und bot als Hauptattraktion einen Rover V 8-Motor, der für atemberaubende Fahrleistungen sorgte. Ursprünglich ausgesprochen preisgünstig angeboten, sorgten jahrelange Lieferfristen zunächst für immens hohe Schwarzmarkt- Preise, bis auch die Firma selbst auf den Geschmack kam und die Preis-Spirale höher und höher schraubte.

Morris

Um 1912 herum machte sich William Morris, der spätere Lord Nuffield, daran, sein erstes Auto zu bauen und unter seinem eigenen Namen dann auf den Markt zu bringen. Einige Jahre später sollten sich diese bescheidenen Anfänge zu einem Firmenimperium gemausert haben: Die sogenannte Nuffield Group mit den Firmen MG, Riley, Wolseley und eben Morris produzierte zeitweise rund die Hälfte aller in England gebauten Autos! 1951/52 tat man sich mit Austin zusammen und bildete die British Motor Corp. (BMC), den damals größten europäischen Autokonzern.

Morris Minor Saloon

Zylinderzahl/Bauart: 4 Zyl.
Hubraum: 918, 803, 948 bzw. 1098 ccm
Leistung bei U/min: 27,5/4400, 30/4800, 37/4750 bzw. 48/5100 PS (bhp)
Höchstgeschwindigkeit: 100-125 km/h
Karosserie-/Chassisbauart: selbsttragende Karosserie

Ausführung: 2- u. 4-t Lim.
Baujahr: 1948 (Viertürer ab 1950) -1971
Stückzahl: 1.015.218 Ex. (inkl.Tourer)
Preistendenz: 2

Preisgruppe 1: 1500 - 3500
Preisgruppe 2: 3000 - 5500
Preisgruppe 3: 5000 - 7500
Preisgruppe 4: 7000 - 9500

Alec Issigonis, der Mann, der später mit der Konstruktion des Mini Weltruhm erlangte, zeichnete auch für den Minor verantwortlich. Die englische Antwort auf Kleinwagen wie VW Käfer, Citroen 2 CV, Renault 4 CV oder Saab 92 sah so aus: Selbsttragende Karosserie, vordere Einzelradaufhängung und Frontmotor (bei den in den ersten vier Jahren gebauten MM-Modellen handelte es sich um betagte Seitenventiler). Das Auto bestach durch Charakter und robuste Bauweise und blieb nahezu 25 Jahre im Programm.

Preisgruppe 1: 2000 - 4000
Preisgruppe 2: 3500 - 6000
Preisgruppe 3: 5500 - 8000
Preisgruppe 4: 7500 - 11000

1953 erschien dieser entzückende kleine Kombi mit der Holzbeplankung im Stile amerikanischer "Woodies", wurde also nie mit dem ursprünglichen Seitenventiler angeboten. Im Gegensatz zu den hier nicht vorgestellten Van/ Pickup-Modellen, die als reine Nutzfahrzeuge über ein separates Chassis verfügten, war der Traveller selbsttragend ausgelegt - oder beinahe jedenfalls, denn dem hinteren Holzgerüst fiel tragende Funktion zu, weshalb weder der englische noch der deutsche TÜV ernsthafte Beschädigungen daran durchgehen lassen.

Morris Minor Tourer

Technische Daten: siehe Morris Minor Saloon

Preisgruppe 1: 2000 - 4000
Preisgruppe 2: 3500 - 6500
Preisgruppe 3: 6000 - 9500
Preisgruppe 4: 9000 - 14000

Von Anfang an gab es neben dem 2-door Saloon eine wunderhübsche viersitzige Cabrio-Limousine, Tourer genannt. Bei dieser heute besonders reizvollen (und darum recht teuren) Version blieben die Seitenfenster samt den festmontierten Rahmen stehen (außer bei ganz frühen Modellen, die über flexible hintere Seitenscheiben verfügten). Ausstattungsmäßig wie technisch mit den anderen Zweitürern absolut identisch, gehört auch dieser Minor noch heute zu einem recht vertrauten Bild im englischen Straßenverkehr.

Morris Minor Traveller

Technische Daten: siehe Morris Minor Saloon

Nash

Daß die kleinen, unabhängigen amerikanischen Hersteller nach dem Zweiten Weltkrieg wenig zu lachen hatten, ist bekannt. Die 1916 gegründete Nash Motor Co. zog sich da noch verhältnismäßig gut aus der Affäre - mit hochmodernen, attraktiv geformten Autos. Beispielsweise stellte das in Kenosha/Wisconsin ansässige Unternehmen seit 1941 Autos mit selbsttragender Karosserie her, suchte außerdem den Kontakt zu europäischen Produzenten (Austin) und Designern wie Pininfarina, der den 1953er Jahrgang überarbeitete. 1954 schlossen sich Nash und Hudson zur American Motors Corp. zusammen.

Nash Statesman

Zylinderzahl/Bauart: 6 Zyl.
Hubraum: 2830 bzw. 3855 ccm
Leistung bei U/min: 83/3800 - 114/3400 PS
Höchstgeschwindigkeit: 130-145 km/h
Karosserie-/Chassisbauart: selbsttragende Karosserie

Ausführung: 2- u. 4-t Lim.
Baujahr: 1949-1951
Preistendenz: 2

Preisgruppe 1: 9000 - 13000
Preisgruppe 2: 13000 - 18000
Preisgruppe 3: 18000 - 24000
Preisgruppe 4: 24000 - 28000

1949 debütierte die erste, nach dem Zweiten Weltkrieg geschaffene Nash-Generation, die sich durch Reihen-Sechszylinder und elegante Fastback-Karosserien mit einem Hauch von Stromlinie auszeichneten. Von Nash-Boß George W. Mason geschickt gelenkt, siedelte der Konzern seine Produkte preislich unterhalb vergleichbarer Konkurrenz- Modelle an - eine Strategie, die sich lange Zeit bewährte. Neben dem hier gezeigten Statesman gab es 1951 noch die Rambler- und Ambassador-Baureihe.

Nash Metropolitan

Zylinderzahl/Bauart: 4 Zyl.
Hubraum: 1200 bzw. 1489 ccm
Leistung bei U/min: 43/4500 - 60/4600 PS
Höchstgeschwindigkeit: 115-135 km/h
Karosserie-/Chassisbauart: selbsttragende Karosserie

Ausführung: Cabriolet, Coupé
Baujahr: 1954-1962
Stückzahl: ca. 100.000 Ex.
Preistendenz: 2

Preisgruppe 1: 2000 - 4000
Preisgruppe 2: 4000 - 7500
Preisgruppe 3: 7500 - 10000
Preisgruppe 4: 10000 - 14000

Dieses lustige kleine Auto - stilistisch eine etwas bizarre Mischung aus einem Nash und einem Rummelplatz-Auto - war ein weiteres Produkt europäisch- amerikanischer Zusammenarbeit: Von Austin in England gebaut, sollte das Auto auf dem amerikanischen Markt auf dem Kleinwagen-Sektor für Furore sorgen. Was es leider nicht tat, vielleicht auch nicht tun konnte, da seine zweisitzige Auslegung in dieser Wagenklasse einfach nicht gefragt war. So blieb der Metropolitan ein originelles Zwischenspiel.

Nash-Healey

Zylinderzahl/Bauart: 6 Zyl.
Hubraum: 3855 bzw. 4138 ccm
Leistung bei U/min: 126/4000 bzw. 135/4000 PS (SAE)
Höchstgeschwindigkeit: 175 km/h
Karosserie-/Chassisbauart: Kastenrahmen

Ausführung: Cabriolet, Coupé
Baujahr: 1951-1954
Stückzahl: 506 Ex.
Preistendenz: 1

Preisgruppe 1: 25000 - 33000
Preisgruppe 2: 33000 - 42000
Preisgruppe 3: 42000 - 52000
Preisgruppe 4: 52000 - 65000

Speziell auf den amerikanischen Markt zugeschnitten und dort fast ausschließlich angeboten, war diese Schöpfung das Resultat einer zufälligen Begegnung: Auf der Überfahrt von Europa in die USA hatten sich Donald Healey und George W. Mason auf einem Ozeanriesen getroffen und sofort gemeinsame Projekte beschlossen. Der Nash- Healey war kein schlechtes: Der größte Nash-Sechszylinder wurde mit einem manuellen Dreigang-Getriebe samt Overdrive kombiniert, dazu kam eine Zweisitzer- Karosserie, seit 1953 von Pininfarina gefertigt.

NSU-Fiat bzw. Neckar

Ende der zwanziger Jahre errichtete NSU in Heilbronn ein nagelneues Autowerk, das von Fiat kurzerhand gekauft und lange Jahre betrieben wurde. Dort entstanden - als NSU-Fiat angeboten - bestimmte Typen des italienischen Großkonzerns. Aber nicht nur das: Wenigstens formal behielt sich die Firma Eigenständigkeit vor und stellte einige adrette Sondermodelle auf die Räder. Diese Autos sollen hier vorgestellt werden. Übrigens firmierten die Autos aus Heilbronn seit Mitte der sechziger Jahre unter der Bezeichnung Neckar, um Verwechslungen zu NSU, wo ebenfalls wieder Autos gebaut wurden, zu vermeiden.

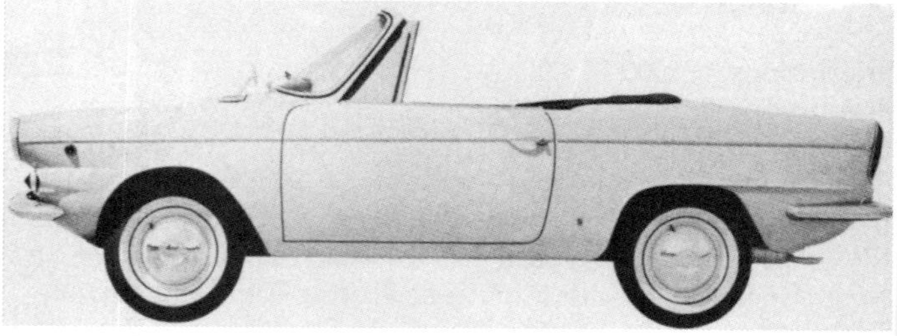

NSU-Fiat Weinsberg 500

Zylinderzahl/Bauart: 2 Zyl.
Hubraum: 479 bzw. 499 ccm
Leistung bei U/min: 15/4250 bzw. 15/4400 PS
Höchstgeschwindigkeit: 95 km/h
Karosserie-/Chassisbauart: selbsttragende Karosserie

Ausführung: Coupé, Limousine
Baujahr: 1959-1963
Stückzahl: 6.190 Ex.
Preistendenz: 2

Preisgruppe 1: 1000 - 3000
Preisgruppe 2: 3000 - 6000
Preisgruppe 3: 6000 - 8500
Preisgruppe 4: 8500 - 11000

Maßkonfektion für den kleinen Fiat 500 stellte, neben vielen anderen Firmen, auch NSU-Fiat in Heilbronn her. Genauer: Die ausgesprochen adretten Karosserien von Coupé und Limousette (letztere bot geringfügig mehr Kopffreiheit für die bedauernswerten Hinterbänkler) stellte das Karosseriewerk Weinsberg her, ein damals noch zu NSU-Fiat gehörendes Unternehmen. Gut 20 Prozent teurer als das Original, taten sich die "Weinsberger" natürlich schwer - fanden aber doch ein paar tausend Liebhaber.

Fiat 770 Riviera

Zylinderzahl/Bauart: 4 Zyl.
Hubraum: 767 ccm
Leistung bei U/min: 25/4800 PS
Höchstgeschwindigkeit: 120 km/h
Karosserie-/Chassisbauart: selbsttragende Karosserie

Ausführung: Cabriolet, Coupé
Baujahr: 1961-1964
Preistendenz: 1

Preisgruppe 1: 2000 - 3500
Preisgruppe 2: 3500 - 6500
Preisgruppe 3: 6500 - 9000
Preisgruppe 4: 9000 - 12000

Er heißt Fiat Riviera, müßte strenggenommen aber NSU-Fiat heißen, denn die deutsche Fiat-Tochter ließ ihn bauen. Allerdings nicht in Heilbronn, auch nicht im italienischen Stammhaus, sondern in Grugliasco bei Vignale. Der sorgte für die bildhübsche 2 + 2-sitzige Karosserie und montierte auch die Mechanik, die üblicherweise im biederen Fiat 600/770 zu finden war. Um die Kosten nicht noch weiter in die Höhe zu treiben, hatte man sie unmodifiziert gelassen, weshalb sich das Temperament des Riviera in Grenzen hielt.

NSU

NSU baute Autos mit Unterbrechungen: Nachdem die Firma, die sich aus der "Neckarsulmer Strickmaschinen-Fabrik" entwickelt hatte, schon 1906 ihr erstes Auto lancieren konnte, geriet gut zwanzig Jahre später der Automobilbau ins Stocken und kam kurz darauf schließlich gänzlich zum Erliegen. Erst Mitte der fünfziger Jahre sollte es wieder einen richtigen NSU geben. Großes Aufsehen erregte die Firma, die 1969 in den VW-Konzern eingegliedert wurde, 1964, als sie den ersten Serienwagen der Welt mit Wankelmotor lancierte.

NSU Prinz I, II, III und 30

Zylinderzahl/Bauart: 2 Zyl.
Hubraum: 583 ccm
Leistung bei U/min: 20/4600, 23/5000 bzw. 30/5500 PS
Höchstgeschwindigkeit: 110-120 km/h
Karosserie-/Chassisbauart: selbsttragende Karosserie

Ausführung: 2-t Lim.
Baujahr: 1958-1962
Stückzahl: 94.549 Ex.
Preistendenz: 2

Preisgruppe 1: 1500 - 2500
Preisgruppe 2: 2500 - 5000
Preisgruppe 3: 5000 - 7000
Preisgruppe 4: 7000 - 9500

Der kleine Prinz erschien 1957 auf der Internationalen Automobil-Ausstellung von Frankfurt, ließ bis zum Anlaufen der Serienproduktion aber auf sich warten. Als es dann endlich so weit war, staunten Tester über das kleine Heckmotor-Auto, das etwa mit 12 Volt-Anlage, einem aufwendigen Fahrwerk und einer selbsttragenden Karosserie, gleichzeitig aber auch mit einem unsynchronisierten Klauen-Getriebe aufwartete. Aber die NSU-Ingenieure trieben gründlich Modellpflege und spendierten dem Autochen obendrein mehr PS.

NSU Prinz IV

Zylinderzahl/Bauart: 2 Zyl.
Hubraum: 598 ccm
Leistung bei U/min: 30/5500 PS
Höchstgeschwindigkeit: 115 km/h
Karosserie-/Chassisbauart: selbsttragende Karosserie

Ausführung: 2-t Lim.
Baujahr: 1961-1973
Stückzahl: ca. 570.000 Ex.
Preistendenz: 2

Preisgruppe 1: 500 - 1000
Preisgruppe 2: 1000 - 2000
Preisgruppe 3: 2000 - 4000
Preisgruppe 4: 4000 - 5500

Der kleine Prinz wird größer. In mehreren Ausstattungsvarianten lieferbar, präsentierte NSU den ausgesprochen eleganten Prinz IV. Das Auto, das sich stilistisch an den Chevrolet Corvair anlehnte (man könnte es auch drastischer formulieren!), basierte technisch weitgehend auf dem Prinz 30, verfügte also über die "Prinzair"-Luftfederung an der Hinterachse und über 30 PS. Bemerkenswert: Seit 1964 gab es auf Wunsch Scheibenbremsen an den Vorderrädern.

NSU Sport-Prinz

Zylinderzahl/Bauart: 2 Zyl.
Hubraum: 583 bzw. 598 ccm
Leistung bei U/min: 30/5500 bzw. 30/5600 PS
Höchstgeschwindigkeit: 123 km/h
Karosserie-/Chassisbauart: selbsttragende Karosserie

Ausführung: Coupé
Baujahr: 1959-1967
Stückzahl: 20.831 Ex.
Preistendenz: 1

Preisgruppe 1: 2000 - 5000
Preisgruppe 2: 5000 - 8000
Preisgruppe 3: 8000 - 12000
Preisgruppe 4: 12000 - 15000

Franco Scaglione, damals im Dienste von Bertone, entwarf für seinen Arbeitgeber den Sport-Prinz. Und erledigte diese Aufgabe hervorragend: Aus welchem Blickwinkel auch immer - das kleine Auto sah ausgesprochen hübsch aus. Da es nicht mal 600 kg wog, lockte es sogar mit ganz ansprechendem Temperament und offerierte obendrein eine komplette Ausstattung. Gebaut wurde das Auto übrigens zunächst ausschließlich bei Bertone, dann, parallel zueinander, auch bei Drauz in Heilbronn und seit 1962 nur noch dort.

NSU Wankel-Spider

Zylinderzahl/Bauart: Kreiskolben-Motor (Wankel)
Hubraum: 500 ccm Kammervolumen
Leistung bei U/min: 50/6000 PS
Höchstgeschwindigkeit: 150 km/h
Karosserie-/Chassisbauart: selbsttragende Karosserie

Ausführung: Cabriolet
Baujahr: 1964-1967
Stückzahl: 2.375 Ex.
Preistendenz: 1

Preisgruppe 1: 2500 - 5000
Preisgruppe 2: 5000 - 9000
Preisgruppe 3: 9000 - 14000
Preisgruppe 4: 14000 - 18500

Erstmals ausgestellt wurde dieser Meilenstein in der Geschichte des Automobils im Herbst 1963 auf der Internationalen Automobil-Ausstellung in Frankfurt. Schlicht NSU Spider genannt, handelte es sich bei diesem nett anzuschauenden kleinen Auto um den ersten serienmäßig hergestellten Wagen der Welt mit Wankelmotor! Klar, daß diese Konstruktion für Furore sorgte, wenngleich sich zeigen sollte, daß sich der Verkauf in Grenzen hielt. Offensichtlich gingen Käufer dieser Sportwagen-Klasse lieber auf Nummer Sicher!

NSU 1000 TT/TTS

Zylinderzahl/Bauart: 4 Zyl.
Hubraum: 1098, 1177 bzw. 996 ccm
Leistung bei U/min: 55/5800, 65/5500 bzw. 70/6150 PS
Höchstgeschwindigkeit: 150-160 km/h
Karosserie-/Chassisbauart: selbsttragende Karosserie

Ausführung: 2-t Lim.
Baujahr: 1965-1971
Stückzahl: insg. 65.691 Ex. (davon 2.402 TTS)
Preistendenz: 2, TTS: 1

Preisgruppe 1: 1000 - 2000
Preisgruppe 2: 2000 - 5000
Preisgruppe 3: 4500 - 7500
Preisgruppe 4: 6500 - 10000

Diese zunächst ausschließlich in metallic-blau, später dann auch in anderen Farben lieferbare kleine Donnerbüchse zählte zu den Vorläufern jener heute so beliebten Gattung sportlicher Limousinen. Bis 1967 mit 1,1, danach mit 1,2 l Hubraum ausgestattet, wurden diese Autos häufig getunt und von ihren Besitzern hart angefaßt. Viele gibt es deshalb nicht mehr davon, was erst recht für die wettbewerbstauglichen TTS galt, die zwischen 1967 und 1971 in ganz geringer Stückzahl entstanden.

NSU Ro 80

Zylinderzahl/Bauart: Kreiskolben-Motor (Wankel)
Hubraum: 497,5 ccm Kammervolumen
Leistung bei U/min: 115/5500 PS
Höchstgeschwindigkeit: 180 km/h
Karosserie-/Chassisbauart: selbsttragende Karosserie

Ausführung: 4-t Lim.
Baujahr: 1967-1977
Stückzahl: 38.052 Ex.
Preistendenz: 1

Preisgruppe 1: 2000 - 3500
Preisgruppe 2: 3500 - 6500
Preisgruppe 3: 6500 - 11500
Preisgruppe 4: 11500 - 17500

Eine der schönsten Limousinen der Nachkriegszeit hieß Ro 80 und hatte auch unter dem Blech - genauer: unter der Motorhaube - etwas zu bieten: einen Wankel-Motor nämlich. Wer sich für den futuristisch gestylten Ro entschied, mußte über gute Nerven verfügen: Vor allem das Triebwerk bereitete anfänglich große Probleme, wobei sich zu konzeptionellen Schwachpunkten die Unerfahrenheit der meisten Werkstätten gesellte. Trotzdem fand das mit automatischer Kupplung und hydraulischem Drehmomentwandler aufwartende Auto zu recht treue Anhänger, zumal NSU das Triebwerk standfest machte.

Oldsmobile

Alles begann mit einem dampfgetriebenen Dreirad, das Ransom E. Olds schon 1891 auf die Räder stellte. Er verfeinerte dieses Grundkonzept kontinuierlich, stellte schließlich vierrädrige Fahrzeuge mit Benzin- und Elektromotor her und begründete so den Ruf der Firma, technisch fortschrittlich zu sein. Diesem Ruf blieb sie treu - auch, als Olds schon längst seinen Hut genommen hatte. 1909 kam Oldsmobile unter die Fittiche von General Motors, wo es weiterhin als technisches Aushängeschild fungierte.

Oldsmobile 98 Holiday Hardtop Coupé 1949

Zylinderzahl/Bauart: V 8
Hubraum: 4974 ccm
Leistung bei U/min: 136/3600 PS (SAE)
Höchstgeschwindigkeit: 145 km/h
Karosserie-/Chassisbauart: Kastenrahmen

Ausführung: 2-t Hardtop
Baujahr: 1949
Stückzahl: 3.006 Ex.
Preistendenz: 2

Preisgruppe 1: 9500 - 13000
Preisgruppe 2: 13000 - 17000
Preisgruppe 3: 17000 - 21000
Preisgruppe 4: 21000 - 25000

Der 1949er Jahrgang markierte einen wichtigen Schritt innerhalb der Oldsmobile- Entwicklung: Nachdem ein Jahr zuvor völlig neugestaltete Karosserien eingeführt worden waren, gab es nun statt der betagten Reihen-Achtzylinder moderne ohv- Maschinen in V 8-Bauweise (der verbleibende Sechszylinder wurde 1950 in Pension geschickt). Dieses "Rocket" genannte Triebwerk beflügelte auch das Holiday Hardtop, eines der ersten Autos dieser Art mit pfostenlos versenkbaren Seitenscheiben.

Oldsmobile 98 Starfire Convertible

Zylinderzahl/Bauart: V 8
Hubraum: 5312 ccm
Leistung bei U/min: 187/4000 bzw. 205/4400 PS (SAE)
Höchstgeschwindigkeit: 165-175 km/h
Karosserie-/Chassisbauart: Kastenrahmen

Ausführung: Cabriolet
Baujahr: 1955
Stückzahl: 9.149 Ex.
Preistendenz: 1

Preisgruppe 1: 13000 - 17500
Preisgruppe 2: 17500 - 24000
Preisgruppe 3: 24000 - 31000
Preisgruppe 4: 31000 - 40000

1955 hielt Oldsmobile drei Baureihen - 88, Super 88 und 98 - bereit, die allesamt mit starken V 8-Motoren bestückt waren. Das teuerste Auto des gesamten Programms war das hier gezeigte Starfire Convertible, für das in Basisausführung schon knapp US-Dollar 3.300,- berappt werden mußten. Dafür bot Oldsmobile eine aufwendige Dreigang-Automatik und komplette Ausstattung. Den Ruf jedenfalls, Autos für "Fahrer mit Hut" zu bauen, war man endgültig losgeworden.

Oldsmobile Toronado 1966-1970

Zylinderzahl/Bauart: V 8
Hubraum: 6995 bzw. 7446 ccm
Leistung bei U/min: 380/4600 - 406/4800 PS (SAE)
Höchstgeschwindigkeit: 200 km/h
Karosserie-/Chassisbauart: Kastenrahmen

Ausführung: 2-t Hardtop
Baujahr: 1966-1970
Stückzahl: 143.134 Ex.
Preistendenz: 2

Preisgruppe 1: 10000 - 15000
Preisgruppe 2: 15000 - 19000
Preisgruppe 3: 19000 - 24000
Preisgruppe 4: 24000 - 29000

Eines der beeindruckendsten amerikanischen Autos der sechziger Jahre wurde Ende 1965 vorgestellt und hieß Oldsmobile Toronado. Obwohl von riesigen Ausmaßen - es war knapp 5,4 m lang - kam es mit einer eleganten, von GM-Chefdesigner Bill Mitchell entworfenen Fastback-Karosserie daher, deren besondere Gags die versenkten Scheinwerfer und die stark betonten Radläufe waren. Freilich verblaßten alle diese Details gegenüber dem herausragenden Merkmal des Toronado: Das Auto verfügte über Frontantrieb!

Opel

Die Firma, die vor einiger Zeit ihr 125-jähriges Bestehen feiern konnte, steht seit Ende der zwanziger Jahre unter amerikanischer Kontrolle: Im März 1929 erwarb General Motors 80 Prozent der Opel-Aktien für knapp 26 Millionen Dollar. Opel geriet in der Folgezeit kräftig in den Aufwind und konnte 1940 den Bau des einmillionsten Opel vermelden. Kurze Zeit später mußte die Pkw-Produktion gestoppt werden; erst 1946 wurde sie in bescheidenem Rahmen wiederaufgenommen: Man erstellte den Blitz im schwer beschädigten Werk Rüsselsheim, während das in der sowjetischen Zone liegende Werk Brandenburg endgültig verloren war.

Opel Olympia

Zylinderzahl/Bauart: 4 Zyl.
Hubraum: 1488 ccm
Leistung bei U/min: 37/3500 PS
Höchstgeschwindigkeit: 110 km/h
Karosserie-/Chassisbauart: selbsttragende Karosserie

Ausführung: 2-t Lim.
Baujahr: 1947-1949
Stückzahl: 25.952 Ex.
Preistendenz: 2

Preisgruppe 1: 1500 - 3800
Preisgruppe 2: 3800 - 8000
Preisgruppe 3: 8000 - 12500
Preisgruppe 4: 12500 - 16500

Nach der erfolgreichen Aufnahme der Opel Blitz-Produktion wagte man sich ein Jahr später an Pkws. Am einfachsten wäre der Kapitän zu realisieren gewesen, da der 6- Zylinder-Motor im Blitz eingebaut wurde. Da aber die Alliierten nur die Produktion von Personenwagen bis 1,5 l Hubraum zuließen, lancierte man den Opel Olympia der Vorkriegszeit. Wichtigste Modifikation: eine überarbeitete Vorderachse. Jetzt zahlte sich aus, daß es sich dabei um eine so fortschrittliche Konstruktion - mit ohv-Motor und selbsttragender Karosserie - handelte.

Opel Olympia

Zylinderzahl/Bauart: 4 Zyl.
Hubraum: 1488 ccm
Leistung bei U/min: 37/3500 bzw. 39/3700 PS
Höchstgeschwindigkeit: 110-115 km/h
Karosserie-/Chassisbauart: selbsttragende Karosserie

Ausführung: 2-t Lim, 3-t Kombi, 2-t Cabrio-Lim.
Baujahr: 1950-1952
Stückzahl: 161.103 Ex.
Preistendenz: 2, Cabrio-Lim.: 1

Preisgruppe 1: 1800 - 4000
Preisgruppe 2: 4000 - 8500
Preisgruppe 3: 8500 - 13500
Preisgruppe 4: 13500 - 17000

Kleine Retusche - große Wirkung: Mit leicht überarbeiteter Karosserie erschien 1950 ein neuer Olympia-Jahrgang, dessen Technik zunächst unverändert blieb. Erst im darauffolgenden Jahr gab's zwei PS mehr und einen größeren Kofferraum. Ein weiterer Fortschritt: Der Olympia wurde außerdem als luftige Cabrio-Limousine sowie (von Miesen in Bonn umgebaut) als dreitüriger Kasten- oder Kombiwagen angeboten. Die Preise: Mit DM 6.600.- kostete die Cabrio-Limousine gerade DM 200,- mehr als die geschlossene Ausführung.

Opel Olympia Rekord

Zylinderzahl/Bauart: 4 Zyl.
Hubraum: 1488 ccm
Leistung bei U/min: 40/3800 PS
Höchstgeschwindigkeit: 120 km/h
Karosserie-/Chassisbauart: selbsttragende Karosserie

Ausführung: 2-t Lim., 3-t Kombi, Cabrio-Lim.
Baujahr: 1953-1954
Stückzahl: 129.770 Ex.
Preistendenz: 2, Cabrio-Lim.: 1

Preisgruppe 1: 2000 - 5000
Preisgruppe 2: 5000 - 9000
Preisgruppe 3: 9000 - 13500
Preisgruppe 4: 13500 - 18000

Und der Haifisch, der hat Zähne...Mit amerikanisch angehauchter Ponton-Karosserie, deren Anblick maßgeblich vom auffälligen Kühlergrill geprägt wurde, gab im März 1953 der neue Mittelklasse-Opel - jetzt Olympia Rekord genannt - seinen Einstand. Wieder als Zwei- und Dreitürer gebaut (die hier gezeigte Cabrio-Limousine allerdings nur 1954), fertigte Opel den Kombi nun unter der Bezeichnung Caravan selbst. Technisch hatte es keine wesentlichen Veränderungen an dem neuen Modell gegeben, das übrigens nur wenig mehr als sein Vorgänger kostete.

Opel Olympia Rekord 1956

Zylinderzahl/Bauart: 4 Zyl.
Hubraum: 1488 ccm
Leistung bei U/min: 45/3900 PS
Höchstgeschwindigkeit: 122 km/h
Karosserie-/Chassisbauart: selbsttragende Karosserie

Ausführung: 2-t Lim., 3-t Kombi, Cabrio-Lim.
Baujahr: 1956
Stückzahl: 139.249 Ex.
Preistendenz: 2, Cabrio-Lim: 1

Preisgruppe 1: 1500 - 3200
Preisgruppe 2: 3200 - 5500
Preisgruppe 3: 5500 - 7200
Preisgruppe 4: 7200 - 10000

Opel ohne Zähne: Bei gleicher Grundkarosserie gab es neben anderen kleinen Retuschen ein - fast schon selbstverständliches - neues Kühlergrill, vor allem aber eine saftige Leistungszulage: Nachdem die Opel-Techniker sich auf diesem Gebiet bisher eher knauserig gezeigt hatten, spendierten sie dem 56er Modell nun gleich fünf PS mehr - immerhin eine Steigerung von über 10 Prozent! Und trotzdem: Alle Olympias wurden erheblich billiger! Kein Wunder, daß die Verkaufszahlen stiegen.

Opel Olympia Rekord 1955

Technische Daten: siehe Opel Olympia Rekord 1953

Preisgruppe 1: 1500 - 3200
Preisgruppe 2: 3200 - 5800
Preisgruppe 3: 5800 - 7500
Preisgruppe 4: 7500 - 10500

Noch immer hatte nicht nur der Haifisch, sondern auch der Olympia Rekord Zähne, letzterer allerdings kleinere als vorher. Ob das Auto dadurch schöner wurde, sei dahingestellt - in dieser Form jedenfalls gab es ihn nur 1955. In Sachen PS unverändert, sorgte Opel immerhin für ein besseres Drehmoment; außerdem stellten sich die 40 PS nun schon bei 3600 Umdrehungen ein. Gebaut von August 1954 bis Juli 1955 in einer Auflage von 125.376 Stück (mit Caravan, aber ohne Kastenwagen), hatte die Sparversion Olympia das Programm ergänzt.

Ausführung: 2- u. 4-t Lim., 3-t Kombi, Cabriolet, Coupé (Sonderkarosserien)
Baujahr: 1957-1960
Stückzahl: 787.835 Ex.
Preistendenz: 2, Sonderkarosserien: 1

Preisgruppe 1: 1400 - 3100
Preisgruppe 2: 3100 - 5300
Preisgruppe 3: 5300 - 7000
Preisgruppe 4: 7000 - 9800

Keep on Styling: Mit vorderer und hinterer Panorama-Scheibe, viel Chrom und Zweifarben-Lackierung folgte der äußerlich nagelneue Olympia Rekord eindeutig amerikanischen Vorbildern. Technisch tat sich zunächst nicht viel, erst im September 1958 kam eine gegen Aufpreis lieferbare automatische Kupplung "Olymat" hinzu. Ein Jahr später leistet der intern P 1 genannte Wagen 50 PS, gleichzeitig konnten - ebenfalls gegen Extrabezahlung - vier Türen und ein 1,7 l-Aggregat geordert werden, während Autenrieth in Darmstadt Coupé- und Cabrio-Umbauten anbot.

Opel Olympia Rekord 1957

Technische Daten: siehe Opel Olympia Rekord 1956

Preisgruppe 1: 1400 - 3100
Preisgruppe 2: 3100 - 5300
Preisgruppe 3: 5300 - 7000
Preisgruppe 4: 7000 - 9800

Der Ponton-Olympia ist der optisch wohl attraktivste: Mit flacherem Dach, dem unvermeidlichen neuen Kühlergrill und anderen Neuheiten gibt er sich wirklich recht elegant, vor allem mit den gegen Aufpreis lieferbaren Weißwand-Reifen. Auch technisch hat sich einiges getan: So ist das Dreigang-Getriebe mit seiner Lenkradschaltung endlich vollsynchronisiert. Zwei Wermutstropfen gab es: Alle Olys wurden einen Hunderter teurer, außerdem hatte man die schicke Cabrio-Limousine in Pension geschickt. Insgesamt wurden 162.105 Einheiten produziert.

Opel Olympia Rekord P 1

Zylinderzahl/Bauart: 4 Zyl.
Hubraum: 1488 bzw. 1680 ccm
Leistung bei U/min: 45/3900, 50/4000 bzw. 55/4000 PS
Höchstgeschwindigkeit: 125-135 km/h
Karosserie-/Chassisbauart: selbsttragende Karosserie

Opel 1200

Zylinderzahl/Bauart: 4 Zyl.
Hubraum: 1196 ccm
Leistung bei U/min: 40/4400 PS
Höchstgeschwindigkeit: 115 km/h
Karosserie-/Chassisbauart: selbsttragende Karosserie

Ausführung: 2-t Lim.
Baujahr: 1959-1962
Stückzahl: 67.952 Ex.
Preistendenz: 2

Preisgruppe 1: 1200 - 3000
Preisgruppe 2: 3000 - 5000
Preisgruppe 3: 5000 - 6800
Preisgruppe 4: 6800 - 9500

Der P 1 wird ein überragender Erfolg und verkauft sich in drei Jahren annähernd achthunderttausend mal. Strenggenommen müßte man noch die knapp 70.000 Exemplare des 1200er dazuzählen, der als Sparmodell mit kleinerem Motor und einfacher Ausstattung im August 1959 den Olympia (die bisherige Billig-Ausführung) ablöste. Aber so recht entsprach dieser im Volksmund spöttisch "Bauern-Buick" genannte Opel nicht dem Zeitgeschmack: Schließlich war Wirtschaftswunder angesagt - und da durfte es schon ein bißchen mehr sein.

Opel Rekord P 2

Zylinderzahl/Bauart: 4 Zyl.
Hubraum: 1488 bzw. 1680 ccm
Leistung bei U/min: 50/4000, 55/4000 bzw. 60/4100 PS
Höchstgeschwindigkeit: 125-135 km/h
Karosserie-/Chassisbauart: selbsttragende Karosserie

Ausführung: 2- u. 4-t Lim., 3-t Kombi, Coupé, Cabriolet (Sonderkarosserie)
Baujahr: 1960-1963
Stückzahl: 755.658 Ex.
Preistendenz: 2, Cabriolet: 1

Preisgruppe 1: 1400 - 3600
Preisgruppe 2: 3200 - 5800
Preisgruppe 3: 5500 - 8000
Preisgruppe 4: 7200 - 12000

Sachlicher, "europäischer" gab sich der P 2, dessen Fertigung im Sommer 1960 anlief. Nach bewährtem Muster hatte man sich wieder auf optische Korrekturen konzentriert und die Technik - von der Einführung des gegen Aufpreis lieferbaren Viergang-Getriebes abgesehen - belassen, wie sie war. Dafür nahm man im Spätsommer 1961 das Coupé und den Rekord L ins Programm, für die der sogenannte 1,7 S-Motor mit 60 PS bereitstand. Daß das Coupé überhaupt Käufer fand, verwundert noch heute, denn es bot weniger Innenraum bei höherem Preis.

Opel Rekord A

Zylinderzahl/Bauart: 4 bzw. 6 Zyl.
Hubraum: 1488, 1680 bzw. 2605 ccm
Leistung bei U/min: 55/4500, 60/4300, 67/4400 bzw. 100/4600 PS
Höchstgeschwindigkeit: 130-170 km/h
Karosserie-/Chassisbauart: selbsttragende Karosserie

Ausführung: 2- u. 4-t Lim., 3-t Kombi, Coupé, Cabriolet (Sonderkarosserien)
Baujahr: 1963-1965
Stückzahl: 864.197 Ex.
Preistendenz: 2, Cabriolet und Sechszylinder: 1

Preisgruppe 1: 800 - 2500
Preisgruppe 2: 2500 - 4500
Preisgruppe 3: 4500 - 6500
Preisgruppe 4: 6500 - 8500

Mit fast identischen Abmessungen wie der Vorgänger, aber erheblich plumper wirkend, erschien Anfang 1963 der Rekord A auf der Bildfläche. Mit unmodifizierter Mechanik gab es wieder die bekannte Modellpalette, also auch wieder ein 67 PS leistendes Coupé und den ebenso motorisierten Rekord L. Leute, die noch mehr Leistung wollten, konnten seit Frühjahr ebenfalls bedient werden: Als Vorgriff auf den nach dem gleichen Muster konzipierten Commodore gab im März 1964 der Rekord-6 seinen Einstand, der vom Sechszylinder des Kapitän angetrieben wurde.

Opel Rekord B

Zylinderzahl/Bauart: 4 bzw. 6 Zyl.
Hubraum: 1492, 1698, 1897 bzw. 2605 ccm
Leistung bei U/min: 60/4800, 75/5200, 90/5100 bzw. 100/4600 PS
Höchstgeschwindigkeit: 135-170 km/h
Karosserie-/Chassisbauart: selbsttragende Karosserie

Ausführung: 2- u. 4-t Lim., 3-t Kombi, Coupé
Baujahr: 1965-1966
Stückzahl: 288.627 Ex.
Preistendenz: 2, Sechszylinder: 1

Preisgruppe 1: 700 - 2300
Preisgruppe 2: 2300 - 4200
Preisgruppe 3: 4200 - 6200
Preisgruppe 4: 6200 - 9000

Von August 1965 bis Juli 1966 in einer (sehr beachtlichen!) Auflage von 288.627 gebaut, muß der Rekord B als typisches Interimsmodell betrachtet werden: Äußerlich mit veränderter Front- wie Heckpartie ausgestattet (vorher waren die Scheinwerfer rund und die Rückleuchten eckig, nun verhielt es sich umgekehrt), lag der wichtigste Unterschied unter der Motorhaube: Vollständig neukonstruierte Vierzylinder-Triebwerke mit obenliegender Nockenwelle kamen hier erstmalig neben der weitergebauten sechszylindrigen Ausführung zum Einsatz.

Opel Rekord C

Zylinderzahl/Bauart: 4 bzw. 6 Zyl.
Hubraum: 1492, 1698, 1897 bzw. 2239 ccm
Leistung bei U/min: 58/4800 - 106/5600 PS
Höchstgeschwindigkeit: 135-175 km/h
Karosserie-/Chassisbauart: selbsttragende Karosserie

Ausführung: 2- u. 4-t Lim., 3- u. 5-t Kombi, Coupé, Cabriolet (Sonderkarosserie)
Stückzahl: ca. 1,28 Mill. Ex.
Preistendenz: 3, Sprint- und 6 Zyl.-Coupé: 2

Preisgruppe 1: 500 - 2000
Preisgruppe 2: 2000 - 3500
Preisgruppe 3: 3500 - 5500
Preisgruppe 4: 5500 - 7000

Hüftschwung war "in" - also mußte Opel ihn haben (weshalb Erzrivale Ford sofort nachzog). Zum gewohnten Programm - neu war lediglich ein fünftüriger Kombi - gesellte sich eine fast unüberschaubare Flut von Motor- und Ausstattungsvarianten. Aus heutiger Sicht gibt es vor allem zwei Raritäten im Rekord C- Programm: Das Coupé mit dem Sechszylinder des Commodore (95 PS stark) und der sportliche Sprint, der es auf satte 106 PS (aus dem Vierzylinder) brachte. Ebenfalls lieferbar: ein Cabrio, diesmal von Deutsch/Köln.

Opel Commodore A

Zylinderzahl/Bauart: 6 Zyl.
Hubraum: 2239, 2490 bzw. 2784 ccm
Leistung bei U/min: 95/4800 - 150/5800 PS
Höchstgeschwindigkeit: 165-195 km/h
Karosserie-/Chassisbauart: selbsttragende Karosserie

Ausführung: 2- u. 4-t Lim., Coupé, Cabriolet (Sonderkarosserie)
Baujahr: 1967-1971
Stückzahl: 156.330 Ex.
Preistendenz: 2

Preisgruppe 1: 800 - 2500
Preisgruppe 2: 2500 - 5000
Preisgruppe 3: 5000 - 7500
Preisgruppe 4: 7500 - 9500

Nach dem Konzept des Rekord-6 pflanzte Opel einen Sechszylinder-Motor in die Rekord-Karosse, sorgte aber gleichzeitig für eine gehobene Ausstattung. Das Auto wurde zurecht ein Erfolg, konnte auf Wunsch mit Automatik (serienmäßig war ein Viergang-Getriebe mit Knüppelschaltung) und verschiedenen Motoren bestellt werden. Die größte Ausführung hieß GS 2800, die schärfste GS/E. Sie wurde von einem 2,5 l- Einspritzer mit 150 PS auf knapp 200 km/h Spitze getrieben und ist die heute gesuchteste Variante.

Opel Kapitän 1948

Zylinderzahl/Bauart: 6 Zyl.
Hubraum: 2473 ccm
Leistung bei U/min: 55/3500 PS
Höchstgeschwindigkeit: 120 km/h
Karosserie-/Chassisbauart: selbsttragende Karosserie

Baujahr: 1948-1951
Stückzahl: 30.431 Ex.
Preistendenz: 2

Preisgruppe 1: 3000 - 6000
Preisgruppe 2: 6000 - 12000
Preisgruppe 3: 12000 - 17000
Preisgruppe 4: 17000 - 23000

Ein Jahr nachdem die Produktion des Olympia angelaufen war, nahm Opel den Kapitän ins Programm. Auch dieses große Auto war eine Vorkriegs-Konstruktion, aber ebenfalls so modern, daß sie nahezu unmodifiziert bis 1951 gebaut werden konnte. In diesem Zeitraum gab es keine tiefgreifenden technischen Veränderungen, sieht man von der 1950 eingeführten Lenkradschaltung ab. Erstaunlich viele dieser Fahrzeuge haben bis heute überlebt - Ausdruck für ihre ausgesprochen robuste Bauweise.

Opel Kapitän 1951

Zylinderzahl/Bauart: 6 Zyl.
Hubraum: 2473 ccm
Leistung bei U/min: 58/3700 PS
Höchstgeschwindigkeit: 125 km/h
Karosserie-/Chassisbauart: selbsttragende Karosserie

Ausführung: 4-t Lim.
Baujahr: 1951-1953
Stückzahl: 48.562 Ex.
Preistendenz: 2

Preisgruppe 1: 4000 - 7000
Preisgruppe 2: 7000 - 13000
Preisgruppe 3: 13000 - 18500
Preisgruppe 4: 18500 - 25000

Wie der 1950er Olympia, so erhielt der 1951 Kapitän ein face-lifting, das in mehr Chrom und einem umgestalteten Heck gipfelte. Gleichzeitig billigte man dem unverwüstlichen Sechszylinder-Motor nun 58 PS zu, die aus diesem nun über 4,7 m langen und entsprechend schweren Auto freilich noch immer nicht ein Temperamentsbündel machte. Die Modifikationen kamen offenbar gut an, vielleicht hatten die Leute auch einfach nur mehr Geld als vorher, jedenfalls verkaufte sich dieses Modell erheblich besser als sein Vorgänger.

Opel Kapitän

Zylinderzahl/Bauart: 6 Zyl.
Hubraum: 2473 ccm
Leistung bei U/min: 68/3700 bzw. 71/3700 PS
Höchstgeschwindigkeit: 135 km/h
Karosserie-/Chassisbauart: selbsttragende Karosserie

Ausführung: 4-t Lim.
Baujahr: 1953-1955
Stückzahl: 61.543 Ex.
Preistendenz: 2

Preisgruppe 1: 2000 - 4500
Preisgruppe 2: 4500 - 8500
Preisgruppe 3: 8500 - 12500
Preisgruppe 4: 12500 - 16000

Wie seine Vorgänger (und seine Nachfolger) präsentierte sich auch der nagelneue 1954er Kapitän, dessen Fertigung schon Ende 1953 anlief, als stilistisch mit dem zeitgenössischen Olympia Rekord eng verwandt. Also setzte auch dieses Modell auf eine rundliche Pontonform und das „Haifisch-Maul", neben anderen gestalterischen Gemeinsamkeiten. Zusammen mit einer komplett überarbeiteten, sehr komfortbetonten Vorderradaufhängung und dem wesentlich stärkeren Sechszylinder schien Opel damit die richtige Mischung gefunden zu haben.

Opel Kapitän

Zylinderzahl/Bauart: 6 Zyl.
Hubraum: 2473 ccm
Leistung bei U/min: 75/3900 PS
Höchstgeschwindigkeit: 140 km/h
Karosserie-/Chassisbauart: selbsttragende Karosserie

Baujahr: 1955-1958
Stückzahl: 92.555 Ex.
Preistendenz: 2

Preisgruppe 1: 1500 - 4000
Preisgruppe 2: 4000 - 8000
Preisgruppe 3: 8000 - 12000
Preisgruppe 4: 12000 - 15000

Äußerlich überarbeitet und wieder etwas leistungsfähiger geworden, machte der 1955 in Serie genommene Kapitän dort weiter, wo das Vormodell aufgehört hatte: Ein ebenso langlebiger wie komfortabler Reisewagen zu sein. Ab August 1956 gab es ein etwas anders abgestuftes Dreigang-Getriebe, das einige Zeit später mit einem halbautomatischen Overdrive kombiniert werden konnte. Wer es haben wollte, mußte nochmals DM 650,- drauflegen - bei einem Preis von DM 9.350,- bzw. DM 10.250,-, je nachdem, ob man sich für die Standard- oder L-Version entschied.

Opel Kapitän

Zylinderzahl/Bauart: 6 Zyl.
Hubraum: 2473 ccm
Leistung bei U/min: 80/4100 PS
Höchstgeschwindigkeit: 142 km/h
Karosserie-/Chassisbauart: selbsttragende Karosserie

Ausführung: 4-t Lim.
Baujahr: 1958-1959
Stückzahl: 34.842 Ex.
Preistendenz: 2

Preisgruppe 1: 1500 - 3500
Preisgruppe 2: 3500 - 7500
Preisgruppe 3: 7500 - 10500
Preisgruppe 4: 10500 - 13500

Der Kapitän - bis dahin ein absolutes Erfolgsmodell - erleidet einen schweren Rückschlag: Die zwar ausgesprochen elegante Neuauflage verkauft sich erstaunlicherweise enttäuschend, obwohl sie mit hochmodischer und auch sehr attraktiver Linienführung aufwar tet. Offenbar zu modisch, hatten die Opel-Stylisten mit den kleinen Fondtüren und der stark abfallenden Dachpartie die Schau über die Funktion gestellt. Das Resultat: schlechter Einstieg und beengte Sitz- und Sichtverhältnisse.

Opel Kapitän

Zylinderzahl/Bauart: 6 Zyl.
Hubraum: 2605 ccm
Leistung bei U/min: 90/4100 PS
Höchstgeschwindigkeit: 150 km/h
Karosserie-/Chassisbauart: selbsttragende Karosserie

Ausführung: 4-t Lim.
Baujahr: 1959-1963
Stückzahl: 145.618 Ex.
Preistendenz: 2

Preisgruppe 1: 1700 - 3700
Preisgruppe 2: 3700 - 7800
Preisgruppe 3: 7800 - 11000
Preisgruppe 4: 11000 - 14500

Auf den glücklosen, vom Volksmund wegen seiner markant geformten Rückleuchten auch "Schlüsselloch-Kapitän" genannten Vorgänger folgte der V 2 oder P-LV. Und entwickelte sich sofort zum Verkaufsschlager, den es serienmäßig mit völlig überarbeitetem Sechszy linder, besseren Bremsen und verstärkter Hinterachse gab. Wer wollte, konnte gegen Aufpreis entweder das schon bekannte Overdrive ordern oder ein automatisches Getriebe "Hydra-Matik", für das Opel ihm dann knapp DM 1.300,- in Rechnung stellte.

Opel Kapitän, Admiral und Diplomat

Zylinderzahl/Bauart: 6 Zyl. bzw. 8
Hubraum: 2605, 2784, 4638 bzw. 5354 ccm
Leistung bei U/min: 100/4600, 125/4800, 140/4900, 190/4600 bzw. 230/4700 PS
Höchstgeschwindigkeit: 160-200 km/h
Baujahr: 1964-1968

Stückzahl: 89.277 Ex.
Preistendenz: 2

Preisgruppe 1: 1000 - 3500
Preisgruppe 2: 3200 - 7200
Preisgruppe 3: 7000 - 9500
Preisgruppe 4: 9200 - 12500

Mit der kurz KAD genannten Baureihe ließ Opel große Namen aus der Vorkriegszeit wiederaufleben. Dabei erfüllte der Admiral die Aufgabe des bisherigen Kapitän, während der Diplomat, zu erkennen am serienmäßigen Vinyldach, mit 4,6- oder 5,4 l-Chevrolet-Moto r das Spitzenmodell der "Großen Drei" darstellte. Äußerlich weitgehend mit dem Buick Special identisch, boten diese Autos eine Menge Platz und Komfort und wenn von einem Achtzylinder angetrieben, auch hervorragende Fahrleistungen.

Opel Diplomat Coupé

Technische Daten: siehe Opel Diplomat 5,4 l

Preisgruppe 1: 6000 - 9500
Preisgruppe 2: 9500 - 16500
Preisgruppe 3: 16500 - 22000
Preisgruppe 4: 22000 - 30000

Der Versuch, mit dem hochluxuriösen Diplomat Coupé in eine bis dahin von Mercedes-Benz beherrschte Domäne einzubrechen, ging gründlich daneben: Der von Karmann in Osnabrück gebaute bärenstarke Zweitürer blieb nur zwischen 1965 und 1967 die Krone des Opel- Programms, dann stellte man seine Fertigung sang- und klanglos ein. Gesamtstückzahl: 300. Kein Wunder, daß dieses Auto heute gesucht ist und recht hohe Preise erzielt. Übrigens baute Karmann auch eine Cabrio-Version.

Opel Kadett

Zylinderzahl/Bauart: 4 Zyl.
Hubraum: 993 ccm
Leistung bei U/min: 40/5000 bzw. 48/5400 PS
Höchstgeschwindigkeit: 120-130 km/h
Karosserie-/Chassisbauart: selbsttragende Karosserie

Ausführung: 2-t Lim., 3-t Kombi
Baujahr: 1962-1965
Stückzahl: insg. 649.512 Ex.
Preistendenz: 2

Preisgruppe 1: 400 - 2000
Preisgruppe 2: 1500 - 4200
Preisgruppe 3: 3000 - 5800
Preisgruppe 4: 4500 - 7000

"Ein neues Werk - ein neues Auto" hieß die Devise: Der kleine Kadett, der dem VW Käfer und dem Ford 12M den Kampf ansagte, verursachte ungewöhnlich hohe Vorlaufkosten, denn eigens für ihn wurde ein neues Werk in Bochum hochgezogen, wo der adrette Neuling seit 1962 vom Band lief. Mit seinem kurzhubig ausgelegten Vierzylinder und der vorderen Querblattfeder, deren einzelne Blätter durch kleine Gummiblöcke gespreizt wurden, landete die kleine Limousine auf Anhieb weit vorne in der Zulassungsstatistik.

Der Trabant **19,80 DM**

Der Trabant, Symbol der DDR-Automobilindustrie und seit einigen Monaten Medienstar im Westen, verdient einmal genauere Betrachtung. Von Außenstehenden gern belächelt, aber von seinen Besitzern als Garant der kleinen Freiheit heiß geliebt, stellt er ein technisches Relikt aus längst vergangenen Zeiten dar. Erstmals wird in dieser Monographie die Bedeutung des Trabant in der DDR, die Rolle der DDR-Automobilindustrie im eigenen Land, im Comecon und in der Welt beschrieben. Dazu gibt der Autor einen Überblick über die gesamte DDR-Automobilproduktion. Zu sehen sind Prospekte, Prototypen, Testberichte und Bilder der normalen „Trabis" wie auch der hochgezüchteten Rennversionen.

Matthias Röcke
„Der Trabant" 19,80 DM
Paperback, DIN A4, ca. 100 Seiten,
teilweise farbige Abbildungen
ISBN 3-89365-200-0

Ausführung: Coupé
Baujahr: 1966-1971
Stückzahl: 103.633 Ex. (alle Rallye Kadett-Modelle)
Preistendenz: 2

Preisgruppe 1: 800 - 2500
Preisgruppe 2: 2300 - 5000
Preisgruppe 3: 4800 - 7000
Preisgruppe 4: 6800 - 9000

Mitte der sechziger Jahre, als Opel eine Sportmacht zu werden begann, sorgte der kurz Rallye Kadett genannte, hier vorgestellte Wagen für Furore. Zu einem günstigen Preis bot er serienmäßig den 1100 SR-Zweivergaser-Motor, Gürtelreifen und Zweikreis-Scheibenbremsen an den Vorderrädern, gleichzeitig aber auch eine auffällige, ja aufdringliche Zweifarben-Lackierung. Aber augenscheinlich traf Opel auch damit den Geschmack eines bestimmten Kundenkreises, zumal das Auto ab 1967 mit dem 1,9 l-90 PS-Triebwerk geliefert werden konnte.

Opel Kadett Coupé

Technische Daten: siehe Opel Kadett

Preisgruppe 1: 600 - 2200
Preisgruppe 2: 1700 - 4500
Preisgruppe 3: 3200 - 6000
Preisgruppe 4: 4700 - 7200

Seit Oktober 1963 bereicherte das Kadett Coupé die Angebotspalette. Seine Realisierung war recht mühelos vonstatten gegangen: Ein "sportlicheres" (will heißen: stärker abfallendes Dach), dazu serienmäßig das sonst gegen DM 500,- Aufpreis lieferbare L-Paket (das etwa ein anderes Kühlergrill bot) und der 48 PS- S-Motor - fertig! Trotzdem gab es Leute, die davon angetan waren - vielleicht auch deshalb, weil das Team Beck/Kemper auf A-Kadett einen Klassensieg bei der Tour d'Europe gelandet hatte.

Opel Kadett B Coupé Rallye

Zylinderzahl/Bauart: 4 Zyl.
Hubraum: 1078 bzw. 1897 ccm
Leistung bei U/min: 60/5200 bzw. 90/5100 PS
Höchstgeschwindigkeit: 145-165 km/h
Karosserie-/Chassisbauart: selbsttragende Karosserie

Opel Olympia

Zylinderzahl/Bauart: 4 Zyl.
Hubraum: 1078, 1698 bzw. 1897 ccm
Höchstgeschwindigkeit: 145-165 km/h
Karosserie-/Chassisbauart: selbsttragende Karosserie
Ausführung: 2- u. 4-t Lim., Coupé

Baujahr: 1967-1970
Stückzahl: 80.637 Ex.
Preistendenz: 2

Opel –

Preisgruppe 1: 700 - 1800
Preisgruppe 2: 1800 - 4000
Preisgruppe 3: 4000 - 5200
Preisgruppe 4: 5200 - 7000

Der Wunsch nach Modellvielfalt nahm 1967 üppige Formen an, als Opel zusätzlich die Kadett LS- bzw. Olympia-Baureihe lancierte. Zwischen dem normalen Kadett B und dem Rekord angesiedelt, sollten die beiden Neulinge neue Käuferschichten erschließen. Es handelte sich dabei um "Kadetten" mit Fastback-Heck und (beim Olympia) luxuriöser Ausstattung. Insofern erscheint aus heutiger Sicht der Olympia reizvoll, der sich - je nach Ausführung - als ausgesprochen noble und recht flott motorisierte kleine Limousine präsentieren kann.

Opel GT

Zylinderzahl/Bauart: 4 Zyl.
Hubraum: 1078 bzw. 1897 ccm
Leistung bei U/min: 60/5200 bzw. 90/5100 PS
Höchstgeschwindigkeit: 155-180 km/h
Karosserie-/Chassisbauart: selbsttragende Karosserie

Baujahr: 1968-1973
Stückzahl: 99.800 Ex. (davon 3.573 GT 1100)
Preistendenz: 2

Preisgruppe 1: 2500 - 6000
Preisgruppe 2: 5500 - 11000
Preisgruppe 3: 9500 - 15500
Preisgruppe 4: 15000 - 19500

1965 durften Fans den Prototyp des Opel GT erstmals bewundern. Bis die "Westentaschen-Corvette" in Serie ging, sollten allerdings rund drei Jahre vergehen - dann allerdings gab es kein Halten mehr: Der Flachmann mit den exotischen Linien und der robusten Mechanik wurde zum Verkaufserfolg. Jedenfalls galt das für den GT 1900, während der schwachbrüstige GT 1100 schon 1970 wieder von der Bildfläche verschwand. Dafür ergänzte 1971 der GT/J mit weniger Chrom und schlichterer Ausstattung das Programm.

Opel Manta A

Zylinderzahl/Bauart: 4 Zyl.
Hubraum: 1196, 1584 bzw. 1894 ccm
Leistung bei U/min: 60/5400 - 105/5400 PS
Höchstgeschwindigkeit: 145-185 km/h
Karosserie-/Chassisbauart: selbsttragende Karosserie

Ausführung: Coupé
Baujahr: 1970-1975
Stückzahl: 498.553 Ex.
Preistendenz: 2

Preisgruppe 1: 800 - 2500
Preisgruppe 2: 2000 - 5000
Preisgruppe 3: 4500 - 7000
Preisgruppe 4: 6800 - 8500

Die Antwort von Opel auf den Ford Capri hieß Manta und ließ bis 1970 auf sich warten. Von da an allerdings machte das nach einem Rochen benannte Auto nicht nur seinen Käufern, sondern auch seinem Hersteller viel Freude: Es verkaufte sich gut, sah gut aus, bot vier Personen ausreichend Platz und war doch erschwinglich in Anschaffung und Unterhalt. Das absolute Top-Modell, der GT/E mit elektronischer Benzin-Einspritzung, wurde seit 1974 gebaut und lieferte dem "schnellen" Aussehen angemessene Fahrleistungen.

Packard

Noch immer ist Packard einer der klangvollsten Namen der amerikanischen Automobil- Geschichte: Politiker, Filmstars, Wirtschaftsbosse und Gangsterkönige ließen sich in den vornehmen Fahrzeugen dieser schon 1899 gegründeten Marke chauffieren. Leider ging es in den fünfziger Jahren steil bergab mit den aufwendig gebauten Qualitätswagen - ein Niedergang, der auch durch die Fusion mit Studebaker (einem selbst nicht gerade auf Rosen gebetteten Unternehmen) nicht gestoppt werden konnte. 1958 verschwand Packard vom Markt.

Ausführung: 2- u. 4-t Lim.
Baujahr: 1951-1952
Stückzahl: 118.082 Ex.
Preistendenz: 2

Preisgruppe 1: 9500 - 17000
Preisgruppe 2: 17000 - 24500
Preisgruppe 3: 24500 - 32000
Preisgruppe 4: 32000 - 40000

Die 1951er Packard warteten mit vollständig neuer, von John Reinhart gestylter Ponton-Karosserie auf, die zeitgenössischen amerikanischen Stil-Gepflogenheiten entsprach. Als Sparmodell fungierte der hier gezeigte Packard 200, den es ab US- Dollar 2.300,- gab (für das billigste Modell der nächstgrößeren Serie waren schon US-Dollar 1.000,- mehr zu berappen). Alle Packards waren nun mit dem bekannten Reihen-Achtzylinder ausgestattet und konnten auf Wunsch mit dem selbst konstruierten automatischen Getriebe "Ultramatic" geliefert werden.

Packard Clipper 1946

Zylinderzahl/Bauart: 6 bzw. 8 Zyl.
Hubraum: 4015, 4621 bzw. 5834 ccm
Leistung bei U/min: 105/3600, 125/3600 bzw. 165/3600 PS (SAE)
Höchstgeschwindigkeit: 135-155 km/h
Ausführung: 2- u. 4-t Lim.
Baujahr: 1946
Preistendenz: 2

Preisgruppe 1: 9500 - 17000
Preisgruppe 2: 17000 - 24500
Preisgruppe 3: 24500 - 32000
Preisgruppe 4: 32000 - 40000

Auch beim 1946er Clipper handelte es sich um eine notdürftig aktualisierte Vorkriegs-Konstruktion, die freilich davon profitierte, mit einigen modernen Merkmalen aufwarten zu können: So gab es beispielsweise eine unabhängige Vorderradaufhängung und - auf Wunsch und gegen Mehrpreis - ein Overdrive, das mit dem normalen Dreigang-Getriebe kombiniert werden konnte. Zum damaligen Zeitpunkt führte Packard noch einen Sechszylinder im Programm - neben mächtigen Achtzylinder-Reihentriebwerken.

Packard 200

Zylinderzahl/Bauart: 8 Zyl.
Hubraum: 4719 ccm
Leistung bei U/min: 139/3600 PS (SAE)
Höchstgeschwindigkeit: 145 km/h
Karosserie-/Chassisbauart: Kastenrahmen

Packard Caribbean

Zylinderzahl/Bauart: 8 Zyl. bzw. V 8
Hubraum: 5358, 5883, 5773 bzw. 6096 ccm
Leistung bei U/min: 183/4000 - 310/4600 PS (SAE)
Karosserie-/Chassisbauart: Kastenrahmen
Ausführung: Cabriolet, Hardtop

Höchstgeschwindigkeit: 155-190 km/h
Baujahr: 1953-1956
Stückzahl: 2.189 Ex.
Preistendenz: 1

Preisgruppe 1: 15000 - 20000
Preisgruppe 2: 20000 - 32000
Preisgruppe 3: 32000 - 45000
Preisgruppe 4: 45000 - 60000

Jede Menge Glamour und Luxus (zu einem freilich immens hohen Preis) offerierte der Packard Caribbean, eines der teuersten US-Cabrios seiner Zeit. Als Konkurrenz zu "limited edition"-Modellen wie dem Cadillac Eldorado oder Buick Skylark gedacht, erschien der Caribbean 1953 auf dem Markt - damals noch ausschließlich mit dem betagten Reihen-Achtzylinder und als Cabriolet geliefert. Beides änderte sich 1955, als ein neukonstruierter, bärenstarker V 8 unter der langen Caribbean- Motorhaube Einzug hielt und die ersten Hardtop-Versionen erschienen.

Packard Hawk

Zylinderzahl/Bauart: V 8
Hubraum: 4738 ccm
Leistung bei U/min: 210/4500 bzw. 275/4800 PS (SAE)
Höchstgeschwindigkeit: 175-200 km/h
Karosserie-/Chassisbauart: Kastenrahmen

Ausführung: Hardtop
Baujahr: 1958
Stückzahl: 588 Ex.
Preistendenz: 1

Preisgruppe 1: 15000 - 20000
Preisgruppe 2: 20000 - 30000
Preisgruppe 3: 30000 - 42000
Preisgruppe 4: 42000 - 52000

Freilich kein echter Packard mehr (sondern ein aufgepoppter Studebaker Golden Hawk), aber das letzte Auto, das den Schriftzug "Packard" trug - und schon von daher eine Rarität (zumal es in verschwindend geringer Stückzahl gebaut wurde). Ausgesprochen luxuriös ausstaffiert, konnte der Hawk (wie das entsprechende Studebaker-Modell) mit einem Paxton-Kompressor geliefert werden, womit es phantastische Fahrleistungen erreichte. Mit einer allzu langen Lebensdauer des Motors durfte man in diesem Fall allerdings nicht rechnen...

Panhard

Die französische Firma Panhard gehört nicht nur zu den ältesten Autofirmen der Welt, sondern auch zu den originellsten und phantasievollsten: Große Autos mit Mittellenkung und ventillosen, drehschieber-gesteuerten Motoren zählten vor, aerodynamisch ausgebildete Formen, Leichtbauweise und luftgekühlte Zweizylinder-Boxermotoren nach dem Zweiten Weltkrieg zu den Errungenschaften. Leider bedeutet Intelligenz nicht immer Erfolg - und so ging, nach finanziellen Schwierigkeiten, Panhard 1955 an Citroen über, um 1967 ganz vom Markt zu verschwinden.

Panhard Dyna

Zylinderzahl/Bauart: 2 Zyl.(Boxer)
Hubraum: 610, 745 bzw. 850 ccm
Leistung bei U/min: 24/4000 - 38/5000 PS
Höchstgeschwindigkeit: 100-125 km/h
Karosserie-/Chassisbauart: Rohrrahmen

Ausführung: 4-t Lim., 3-t Kombi, Cabriolet
Baujahr: 1946-1954
Stückzahl: ca. 55.000 Ex.
Preistendenz: 2, Cabrio: 1

Preisgruppe 1: 2500 - 6000
Preisgruppe 2: 6000 - 9000
Preisgruppe 3: 9000 - 13000
Preisgruppe 4: 13000 - 17500

Äußerlich auf der Höhe seiner Zeit, technisch ihr weit voraus: Der Panhard Dyna, der mit der Zusatzbezeichnung 110, 120 und 130 bis 1954 gebaut wurde. Seine wichtigsten konstruktiven Elemente waren neben den typischen Merkmalen (Frontantrieb, Zweizylinder-Boxer) die Karosserie, für deren Herstellung reichlich Aluminium verwendet wurde, die hydraulischen Bremsen und die unabhängige Vorderradaufhängung. Übrigens hatte an der Konstruktion des Dyna der französische "Traction Avant"-Experte Grégoire wesentlichen Anteil.

Panhard Dyna 54

Zylinderzahl/Bauart: 2 Zyl.(Boxer)
Hubraum: 850 ccm
Leistung bei U/min: 35/5000, 42/5750 bzw. 50/5750 PS
Höchstgeschwindigkeit: 120-145 km/h
Karosserie-/Chassisbauart: Plattformrahmen

Ausführung: 4-t Lim., Cabriolet
Baujahr: 1954-1959
Preistendenz: 2, Cabrio: 1

Preisgruppe 1: 4000 - 8500
Preisgruppe 2: 8500 - 11500
Preisgruppe 3: 11500 - 15500
Preisgruppe 4: 15500 - 19500

Wirkte der Vorgänger noch verhältnismäßig bieder, so präsentierte sich der Dyna 54 (so benannt nach seinem Vorstellungsjahr; später hängte man das jeweils aktuelle Modelljahr dran) fast wie von einem anderen Stern. Zum futuristischen Äußeren paßte die Innenausstattung, wo Kunststoffe und Nylon-Bezüge dominierten. Dank seiner betont windschlüpfrigen Linienführung erreichte dieser Fünfsitzer sehr gute Fahrleistungen - vor allem mit dem 1959 vorgestellten und (in diesem Modell) nur wenige Monate lieferbaren Tigre-Motor.

Panhard PL17

Technische Daten: siehe Dyna 54

Preisgruppe 1: 2500 - 8000
Preisgruppe 2: 4000 - 13000
Preisgruppe 3: 6500 - 17000
Preisgruppe 4: 8000 - 21500

1959 modifizierte man die äußere Linien des Dyna, indem man zusätzliche Verzierungen über den vorderen Lampen und Blinkern sowie neugestaltete Rückleuchten montierte. Zusammen mit neuen Stoßstangen ergaben diese Retuschen ein erheblich verändertes Erscheinungsbild dieses nun PL 17 genannten und bis 1964 gebauten Autos. Technisch basierte es auf dem Dyna, allerdings war die 35 PS starke Billig-Version verschwunden und zu viertüriger Limosine und wunderschönem Cabriolet ein fünftüriger Kombi hinzugekommen.

Ausführung: Coupé
Baujahr: 1963-1965
Preistendenz: 1

Preisgruppe 1: 6000 - 9000
Preisgruppe 2: 9000 - 15000
Preisgruppe 3: 15000 - 19500
Preisgruppe 4: 19500 - 26500

Ursprünglich als reines Wettbewerbsfahrzeug für den Le Mans-Einsatz konzipiert, ging der CD (seine Abkürzung stand für den bekannten Konstrukteur Charles Deutsch, der, nachdem er sich von seinem langjährigen Partner René Bonnet getrennt hatte, für Panhard dieses Coupé entwickelte) 1963 in Serie. Hochattraktiv geformt, ruhte seine schnittige Kunststoff-Karosserie auf einem Zentralrohrrahmen und verhalf dem Auto zu sehr guten Fahrleistungen. Ohne Frage einer der reizvollsten aller Nachkriegs-Panhard.

Panhard 24 B, BA, BT, C und CT

Technische Daten: siehe Dyna

Preisgruppe 1: 4500 - 7500
Preisgruppe 2: 7000 - 10000
Preisgruppe 3: 9500 - 13000
Preisgruppe 4: 13000 - 16000

Nach wie vor mit dem 42 PS-Standard- und dem empfindlichen, sehr leistungsfähigen Tigre-Motor versehen, debütierte 1963 die 24-Baureihe. In vier Versionen lieferbar (beim BA handelte es sich um keine eigenständige Version, sondern um einen einfacher ausgerüsteten B), gab es den Zweitürer mit längerem Radstand und vier Sitzen als B oder mit kürzerem Radstand und 2 + 2 Sitzen als C. Kam statt des serienmäßigen 42 PS-Triebwerks der Tiger nicht in den Tank, sondern unter die Motorhaube, wurde der BT bzw. CT daraus.

Peugeot

Wie Panhard ist Peugeot eine sehr alte Autofabrik, deren Wurzeln bis ins Jahr 1889 zurückreichen. Im Unterschied aber zur vorher vorgestellten, sehr fortschrittlichen französischen Automarke hatte sich Peugeot, in Sochaux ansässig, mit konservativ konstruierten und solide gebauten Automobilen einen guten Namen gemacht. Die Käufer wußten dies zu schätzen - und so lag (und liegt) man hervorragend im Geschäft. Mittlerweile ist Peugeot Teil des PSA-Konzerns (neben Talbot und Citroen).

Panhard CD

Zylinderzahl/Bauart: 2 Zyl.
Hubraum: 850 ccm
Leistung bei U/min: 50/5750 PS
Höchstgeschwindigkeit: 160 km/h
Karosserie-/Chassisbauart: Zentralrohrrahmen

Peugeot 203

Zylinderzahl/Bauart: 4 Zyl.
Hubraum: 1290 ccm
Leistung bei U/min: 42/4500 bzw. 45/4500 PS
Höchstgeschwindigkeit: 120 km/h
Karosserie-/Chassisbauart: selbsttragende Karosserie

Ausführung: 2- u. 4-t Lim., 4-t Cabrio-Lim., Cabriolet, Coupé, 5-t Kombi
Baujahr: 1947-1960
Stückzahl: 685.828 Ex.
Preistendenz: 2; Cabrio-Lim. und Zweitürer: 1

Preisgruppe 1: 1500 - 5000
Preisgruppe 2: 4000 - 9500
Preisgruppe 3: 9000 - 16500
Preisgruppe 4: 13000 - 22000

Anders als etwa beim Mercedes 170 handelte es sich beim Peugeot 203 nicht um eine reine Vorkriegs-Konstruktion; vielmehr hatten die Peugeot-Techniker in den frühen vierziger Jahren mit den Arbeiten begonnen. Entsprechend modern gab sich das Auto, das etwa mit schräghängenden Ventilen und halbkugelförmigen Brennräumen im Zylinderkopf aus Leichtmetall aufwartete. Dazu gab es unabhängige Vorderradaufhängung, eine sorgfältig geführte hintere Starrachse, Zahnstangenlenkung und Viergang-Getriebe. Sehr beachtlich!

Peugeot 403

Zylinderzahl/Bauart: 4 Zyl.
Hubraum: 1290, 1468 (Benziner) bzw. 1816 (Diesel) ccm
Leistung bei U/min: 48/4500, 53/4900, 48/4000 bzw. 50/4000 PS
Karosserie-/Chassisbauart: selbsttragende Karosserie
Ausführung: 4-t Lim., Cabriolet, 5-t Kombi

Baujahr: 1956-1966
Stückzahl: 1.119.460 Ex.
Preistendenz: 2, Cabriolet: 1

Preisgruppe 1: 1500 - 4500
Preisgruppe 2: 3500 - 9000
Preisgruppe 3: 8500 - 16000
Preisgruppe 4: 10000 - 20500

Pininfarina half, den neuen Peugeot 403 in Form zu bringen - mit dem Resultat, daß ein elegantes Auto mit großem Innenraum und ruhiger Linienführung entstand. Technisch basierte es auf dem 203, den es tendenziell ablösen sollte (auch wenn beide Typen vier Jahre lang parallel zueinander gebaut wurden). Serienmäßig verfügte der 403 über 1,5 l Hubraum, aber es gab Versionen mit dem kleinen 1,3 l-Triebwerk und seit 1958 mit dem von Peugeot selbst konstruierten Dieselmotor Indénor.

Peugeot 404

Zylinderzahl/Bauart: 4 Zyl.
Hubraum: 1468, 1618 (Benziner), 1816 bzw. 1948 (Diesel) ccm
Leistung bei U/min: 53/5000 - 88/5700 PS
Höchstgeschwindigkeit: 125-165 km/h
Karosserie-/Chassisbauart: selbsttragende Karosserie

Ausführung: 4-t Lim., 5-t Kombi, Cabriolet, Coupé
Baujahr: 1960-1975
Stückzahl: 2.769.361 Ex.
Preistendenz: 2, Zweitürer: 1

Preisgruppe 1: 800 - 4000
Preisgruppe 2: 1800 - 8500
Preisgruppe 3: 4200 - 13500
Preisgruppe 4: 6200 - 18000

1960 zeigte der französische Hersteller mit dem Löwen im Firmenemblem den 404 im klassischen Trapezlinien-Stil, den Pininfarina kreiert und dabei auf strenge Geometrie geachtet hatte. Wieder mit verschiendenen Motoren lieferbar - das Spitzenaggregat war der 88 PS starke Einspritzer -, konnte der 404 etwa mit Automatik und (allerdings nur bestimmte Modelle) mit echten Ledersitzen geliefert werden. Neben sehr geräumigen, etwas unförmig wirkenden Kombi-Ausführungen gab es ein bildschönes viersitziges Coupé und ein noch attraktiveres 2 + 2-sitziges Cabriolet (auf Wunsch mit Hardtop).

Peugeot 504

Zylinderzahl/Bauart: 4 Zyl. bzw. V 6
Hubraum: 1796, 1971, 2664 (Benziner), 1948 bzw. 2112 (Diesel) ccm
Leistung bei U/min: 50/4500, 59/4500, 73/5000, 76/5500, 87/5000, 97/5000 bzw. 136/5750 PS
Höchstgeschwindigkeit: 130-185 km/h
Karosserie-/Chassisbauart: selbsttragende Karosserie

Ausführung: 4-t Lim., 5-t Kombi, Cabriolet, Coupé
Baujahr: 1969-1983
Stückzahl: ca. 3.000.000 Ex.
Preistendenz: 3, Coupé: 2, Cabriolet: 1

Preisgruppe 1: 600 - 4500
Preisgruppe 2: 1600 - 8500
Preisgruppe 3: 4000 - 14500
Preisgruppe 4: 6000 - 22500

Mit eigenartig gestalteter Heckpartie erschien 1969 der 504, der sich, wie alle seine Vorgänger, ebenfalls eines langen Autolebens erfreuen sollte. Schon ein Jahr nach dem Debut der Limousine gaben wunderschöne offene und geschlossene Zweitürer ihren Einstand, die von allen 504-Typen nicht nur am längsten gebaut, sondern eine Zeitlang sogar mit dem V 6-Motor des großen Peugeot 604 geliefert wurden. Leider verunzierte man diese schönen Autos, indem man ihnen ebenso fette wie häßliche, lackierte Stoßstangen verpaßte.

Peugeot 204 Cabriolet und Coupé

Zylinderzahl/Bauart: 4 Zyl.
Hubraum: 1130 ccm
Leistung bei U/min: 53/5800 PS
Höchstgeschwindigkeit: 145 km/h
Karosserie-/Chassisbauart: selbsttragende Karosserie

Ausführung: Coupé, Cabriolet
Baujahr: 1966-1970
Stückzahl: 18.181 Ex. (Cabrio) bzw. 42.765 Ex. (Coupé)
Preistendenz: 2

Preisgruppe 1: 1300 - 4000
Preisgruppe 2: 2000 - 7500
Preisgruppe 3: 3500 - 9500
Preisgruppe 4: 5500 - 12000

Peugeots Einstieg in eine neue Zeit vollzog sich mit dem 204, der Freunde des Hauses mit so ungewöhnlichen Details der verblockten, quer eingebauten Motor- Getriebe-Einheit, dem Vorderrad-Antrieb, den vorderen Scheibenbremsen und Einzelrad-Aufhängung rundum überraschte. Daß es wieder adrette kleine Zweitürer geben sollte, stellte dagegen keine Überraschung dar. Das Cabrio war ein reiner Zweisitzer, während das Coupé immerhin eine Rückbank bot, auf der allerdings nur kurzzeitig Erwachsene Platz nehmen konnten.

Plymouth Belvedere 1955

Zylinderzahl/Bauart: 6 Zyl.bzw. V 8
Hubraum: 3770, 3950, bzw. 4261 ccm
Leistung bei U/min: 119/3600 - 179/4400 PS (SAE)
Höchstgeschwindigkeit: 140-170 km/h
Karosserie-/Chassisbauart: Kastenrahmen

Ausführung: 2- u. 4-t Lim., 3- u. 5-t Kombi, Hardtop, Cabriolet
Baujahr: 1955
Stückzahl: 276.965 Ex.
Preistendenz: 2, Cabriolet: 1

Preisgruppe 1: 6000 - 10500
Preisgruppe 2: 10000 - 19000
Preisgruppe 3: 16000 - 27000
Preisgruppe 4: 20000 - 34500

1955 sollte ein ebenso bedeutsames wie enttäuschendes Jahr für Plymouth werden: Mit völlig neuer, von Virgil Exner (dem bekannten Chefdesigner des Konzerns) gestylten Karosserie und dem erstmals angebotenen V 8 sollte der neue Jahrgang den hervorragenden, 1954 erzielten 3. Platz in der Zulassungsstatistik halten oder vielleicht sogar verbessern. Das Gegenteil trat ein: Plymouth rutschte auf Platz 6. Trotzdem schien der eingeschlagene Weg richtig, denn vom Top-Modell Belvedere verkauften sich die V 8-Versionen erheblich besser als die billigeren Sixes.

Peugeot 304/304 S Coupé und Cabriolet

Zylinderzahl/Bauart: 4 Zyl.
Hubraum: 1288 ccm
Leistung bei U/min: 65/6000 bzw. 75/6100 PS
Höchstgeschwindigkeit: 155-160 km/h
Karosserie-/Chassisbauart: selbsttragende Karosserie

Ausführung: Coupé, Cabriolet
Baujahr: 1970-1972 (304) bzw. 1972-1975 (304 S)
Stückzahl: 28.782 / 9.213 (304) bzw. 31.404 / 9.434 (304 S)
Preistendenz: 2

Preisgruppe 1: 1500 - 4200
Preisgruppe 2: 2500 - 8000
Preisgruppe 3: 4000 - 10000
Preisgruppe 4: 6000 - 12500

Nur durch kleine Details - ein anderes Kühlergrill etwa - unterschied sich der 304 äußerlich vom 204. Dafür gab es eine kräftige Leistungszulage sowie eine mehrfach geänderte Innenausstattung. Der 304 S, der 1972 die bisherigen Zweitürer verdrängte, verfügte außerdem über eine Zweikreis-Bremsanlage mit größeren vorderen Bremsscheiben. Das hier abgebildete Coupé bestach nicht nur durch seine Linienführung, sondern obendrein durch eine große Hecktür und umklappbare Rückbank, wodurch sich ein beachtliches, gut zugängliches Gepäckabteil ergab.

Plymouth

Verhältnismäßig spät - nämlich 1928 - lancierte die Chrysler Corporation das erste Auto mit dem Markennamen Plymouth. Es war so beschaffen, wie fast alle späteren Modelle dieses Herstellers: solide gebaut, technisch unambitiös und sehr billig (Plymouth avancierte zur preisgünstigsten Marke innerhalb des Konzerns). Konsequenterweise waren die Autos nach 1945 zunächst nur mit einem Reihen- Sechszylinder zu haben, während der erste Achtzylinder (dann allerdings in V-Form) erst 1955 angeboten wurde. In der Schweiz unterhielt die Firma sogar ein Montagewerk.

Plymouth Valiant

Zylinderzahl/Bauart: 6 Zyl.
Hubraum: 2790 bzw. 3682 ccm
Leistung bei U/min: 102/4700 - 150/5200 PS (SAE)
Höchstgeschwindigkeit: 135-155 km/h
Ausführung: 2- u. 4-t Lim., Hardtop, 5-t Kombi

Baujahr: 1959-1962
Stückzahl: 470.434 Ex.
Preistendenz: 2

Preisgruppe 1: 4500 - 10000
Preisgruppe 2: 9500 - 14500
Preisgruppe 3: 14000 - 19500
Preisgruppe 4: 18000 - 22000

Das Compact Car der Chrysler Corp. hieß Valiant (und, etwas luxuriöser ausgestattet, aber mit der gleichen Karosserie versehen, Dodge Lancer). Der Valiant unterschied sich recht deutlich von den Compacts der Konkurrenz, indem er auf zerklüftete Linienführung und recht üppige Ausmaße (natürlich bei vergleichsweise kleinen Motoren) setzte. Offenbar hatte die Kundschaft andere Vorstellungen von einem Auto dieser Klasse - und so wurde das Auto schon 1963 von einem wesentlich schlichter gezeichneten Nachfolger abgelöst.

Plymouth Barracuda

Zylinderzahl/Bauart: 6 Zyl. bzw. V 8
Hubraum: 2790, 3682 bzw. 4490 ccm
Leistung bei U/min: 102/4400 - 238/5200 PS (SAE)
Höchstgeschwindigkeit: 140-180 km/h
Karosserie-/Chassisbauart: selbsttragende Karosserie

Ausführung: Hardtop
Baujahr: 1964-1966
Stückzahl: 126.068 Ex.
Preistendenz: 2

Preisgruppe 1: 6000 - 10000
Preisgruppe 2: 10000 - 18500
Preisgruppe 3: 18500 - 24500
Preisgruppe 4: 24500 - 32500

Mit leistungsstarken Modellen hatte Plymouth in den späten fünfziger und frühen sechziger Jahren viel für ein neues, dynamischeres Image getan. Der 1964 vorgestellte Barracuda - eigentlich ein Sondermodell des Valiant Signet - sorgte für zusätzliches Prestige, denn das Fastback-Hardtop bot zwar fünf Personen Platz, sah aber ausgesprochen sportlich aus und erreichte, jedenfalls wenn der stärkste V 8 montiert wurde, beachtliche Fahrleistungen. Wer wollte, konnte das Auto sogar mit einem auffälligen Rallye-Streifen bestellen!

Pontiac

Pontiac, 1926 gegründet, rangierte innerhalb der General Motors-Hierarchie knapp über Chevrolet. Die Marke mit dem Indianerkopf griff dieses Motiv lange Zeit auch in den Typenbezeichnungen auf und nannte ihre Modelle etwa Chieftain, Super Chief oder Star Chief, bis man ab der sechziger Jahre versuchte, sich mit sportlichen, Le Mans, Grand Prix oder GTO genannten Autos ein neues Image zu geben. Als besonders fortschrittlich galt die Marke nie - bis mit dem kompakten Tempest ein in vielen Punkten bemerkenswertes Auto vorgestellt wurde.

Pontiac Star Chief Custom Catalina 1955

Zylinderzahl/Bauart: V 8
Hubraum: 4706 ccm
Leistung bei U/min: 175/4400 PS (SAE)
Höchstgeschwindigkeit: 165 km/h
Karosserie-/Chassisbauart: Kastenrahmen

Ausführung: 4-t Lim., 2-t Hardtop, Cabriolet, 3-t Kombi (Safari Wagon)
Baujahr: 1955
Stückzahl: 203.104 Ex.
Preistendenz: 2, Cabrio und Safari-Wagon: 1

Preisgruppe 1: 8500 - 14500
Preisgruppe 2: 12500 - 19500
Preisgruppe 3: 18500 - 24500
Preisgruppe 4: 22000 - 31000

1955 gabs für alle Modelle neue Karosserien mit Panorama-Frontscheibe und - erstmalig - einen V 8-Motor. Merkwürdigerweise ließ Pontiac seinen Kunden hier keine Wahl: Man führte nur dieses eine, 175 PS starke Triebwerk im Programm. "Top of the Hill" war der hier gezeigte Star Chief, den es in mehreren Ausführungen gab - so auch in einem sehr sportlichen, Safari Wagon genannten Dreitürer, der sich formal am Chevrolet Nomad anlehnte und heute, neben dem Convertible Coupé, zum mit Abstand gesuchtesten Modell zählt.

Pontiac Tempest

Zylinderzahl/Bauart: 4 Zyl. bzw. V 8
Hubraum: 3185 bzw. 3535 ccm
Leistung bei U/min: 112/3800 - 157/4600 PS
Höchstgeschwindigkeit: 140-160 km/h
Karosserie-/Chassisbauart: selbsttragende Karosserie

Ausführung: 2- u. 4-t Lim., Cabriolet, 5-t Kombi
Baujahr: 1961-1962
Stückzahl: 243.976 Ex.
Preistendenz: 2

Preisgruppe 1: 7500 - 12500
Preisgruppe 2: 11000 - 17500
Preisgruppe 3: 16500 - 22500
Preisgruppe 4: 21000 - 28500

Obwohl der Pontiac Tempest mit dem Buick Special und dem Oldsmobile F 85 die Karosserie gemeinsam hatte, kam er erst 1961 auf den Markt. Und präsentierte sich als nach dem Chevrolet Corvair revolutionärstes US-Auto. So bekam der Tempest eine nur daumendicke, biegsame Kardanwelle, die sich in einem gekrümmten Schutzrohr verbarg. Getriebe und Differential waren über der Hinterachse verblockt und als einziges Auto amerikanischer Produktion erhielt der Tempest einen Vierzylinder- Motor! (Gegen Aufpreis gab es einen 3,5 l großen V 8 - jenes von Buick entwickelte Aggregat, das heute als Rover-V 8 in vielen Autos zum Einsatz kommt).

Pontiac GTO

Zylinderzahl/Bauart: V 8
Hubraum: 6364, 6558 bzw. 7462 ccm
Leistung bei U/min: 259/4400 - 365/5100 PS (SAE)
Höchstgeschwindigkeit: 170-200 km/h
Karosserie-/Chassisbauart: Kastenrahmen

Ausführung: Hardtop, Cabriolet
Baujahr: 1964-1971
Stückzahl: ca. 490.000 Ex.
Preistendenz: 2

Preisgruppe 1: 7000 - 12000
Preisgruppe 2: 10500 - 17000
Preisgruppe 3: 16000 - 21500
Preisgruppe 4: 20000 - 27500

Dieser Kraftprotz, der wieder über einen Kastenrahmen verfügte, spielte lange Zeit im amerikanischen "PS-Rennen" (Ziel: Das stärkste Auto zu bauen) eine wichtige Rolle. Zum damaligen Zeitpunkt trugen alle Pontiac-Modelle noch das firmentypische "geteilte" Kühlergrill, also auch der GTO, den es 1970 für rund US-Dollar 3.500,- zu kaufen gab. Damit stellte das Auto eine preiswerte Lösung dar, zu jeder Menge PS zu kommen, denn für eine Corvette beispielsweise mußten rund US-Dollar 1.500,- mehr locker gemacht werden.

Porsche

Zu jenen Konstrukteuren, die die über einhundertjährige Geschichte des Automobils entscheidend geprägt haben, gehört ohne Zweifel der am 3.9.1875 geborene Dr. Ferdinand Porsche, zu den renommiertesten Automarken der Welt die von ihm 1948 gegründete und nach ihm benannte Sportwagenschmiede, die heute ihren Sitz in Stuttgart-Zuffenhausen hat. Kurioserweise war für den ersten, heute Porsche Nr.1 genannten Wagen nicht Ferdinand, sondern sein Sohn Ferry verantwortlich, auch hatte man bei dieser Konstruktion nicht das klassische, firmentypische Heckmotor- Prinzip verwirklicht, sondern auf Mittelmotor-Bauweise gesetzt.

Porsche 356 (1100, 1300 und 1500)

Zylinderzahl/Bauart: 4 Zyl.(Boxer)
Hubraum: 1086, 1268, 1290 bzw. 1488 ccm
Leistung bei U/min: 40/4000, 44/4200, 60/5500, 55/4400, 60/4800 bzw. 70/5000 PS
Höchstgeschwindigkeit: 140-170 km/h
Karosserie-/Chassisbauart: Kastenrahmen
Ausführung: Coupé, Cabriolet, Speedster
Baujahr: 1950-1955
Stückzahl: 7.627 Ex.
Preistendenz: 1

Preisgruppe 1: 9000 - 12500
Preisgruppe 2: 12000 - 23500
Preisgruppe 3: 22000 - 36000
Preisgruppe 4: 35000 - 50000

Die Konstruktion mit der Projektnummer 356 hatte ihre Wurzeln in jenen drei Stromlinien-Coupés auf VW-Basis, die für das für den September 1939 geplante Straßenrennen Berlin-Rom gebaut worden waren. Die ersten Exemplare des 356 entstanden noch im österreichischen Gmünd und wiesen eine über einem Holzmodell geklopfte Alu-Karosserie auf, bis im April 1950 der Umzug nach Stuttgart- Zuffenhausen erfolgte. Von nun an ging's bergauf: Reutter in Stuttgart fertigte die Serien-Karosserien (zunächst ausschließlich als Coupé, bald darauf auch als Cabriolet und seit 1954 als Speedster), die PS-Leistungen wuchsen.

Porsche Carrera 1500 GS und 1600 GS

Zylinderzahl/Bauart: 4 Zyl.(Boxer)
Hubraum: 1498 bzw. 1588 ccm
Leistung bei U/min: 100/6200, 105/6500, 110/6400 bzw. 115/6500 PS
Höchstgeschwindigkeit: 190-210 km/h
Karosserie-/Chassisbauart: Kastenrahmen

Ausführung: Coupé, Cabriolet, Speedster
Baujahr: 1955-1961
Stückzahl: ca. 700 Ex.
Preistendenz: 1

Preisgruppe 1: 20000 - 35000
Preisgruppe 2: 35000 - 48000
Preisgruppe 3: 48000 - 65000
Preisgruppe 4: 65000 - 85000

Der 356 begann, auf der ganzen Welt Sporterfolge zu erringen - so auch bei der berühmten Carrera Panamericana. Nach ihr benannte Porsche eines der heute gesuchtesten Autos überhaupt, den Porsche Carrera GS, der zunächst mit 1,5 l Hubraum, dann mit 1,6 l geliefert wurde. Prunkstück dieses für den normalen Straßenverkehr tauglichen Rennsportlers war der von Dr. Ernst Fuhrmann konstruierte Motor, dessen 2 x 2 obenliegende Nockenwellen über Königswellen betrieben wurden. Der Vorteil: platzsparende Bauweise und hohe Drehzahlen, der Nachteil: noch höhere Kosten.

Porsche 356 A

Zylinderzahl/Bauart: 4 Zyl.
Hubraum: 1582 ccm
Leistung bei U/min: 60/4500 bzw. 75/5000 PS
Höchstgeschwindigkeit: 160-175 km/h
Karosserie-/Chassisbauart: Kastenrahmen

Ausführung: Coupé, Cabriolet, Speedster
Baujahr: 1955-1959
Stückzahl: 21.045 Ex. (alle Typen)
Preistendenz: 1

Preisgruppe 1: 9000 - 15000
Preisgruppe 2: 14000 - 26000
Preisgruppe 3: 24000 - 38000
Preisgruppe 4: 36000 - 55000

Vier Jahre lang in dieser Form gebaut, erfreute sich der 1600 A mittlerweile eines festen Liebhaberkreises. Der glückliche Kunde konnte nach wie vor wählen: Zwischen dem Coupé, dem Cabriolet (für das es ein Werks-Hardtop gab) und dem heute so begehrten Speedster, der 1958 allerdings durch das bei Drauz gebaute Convertible D (wie der Speedster speziell für den amerikanischen Markt bestimmt) abgelöst wurde. Wer sich den 1600 Super mit 75 PS zulegte, durfte sich damals als König der Straße fühlen - überholt wurde er nur selten.

Porsche 1600 B

Zylinderzahl/Bauart: 4 Zyl.(Boxer)
Hubraum: 1582 ccm
Leistung bei U/min: 60/4500, 75/5000 bzw. 90/5500 PS
Höchstgeschwindigkeit: 160-185 km/h
Karosserie-/Chassisbauart: Kastenrahmen

Ausführung: Coupé, Cabrio, Hardtop, Roadster
Baujahr: 1959-1963
Stückzahl: 30.963 Ex. (alle Typen)
Preistendenz: 1

Preisgruppe 1: 9000 - 14000
Preisgruppe 2: 13000 - 25000
Preisgruppe 3: 23000 - 36000
Preisgruppe 4: 34000 - 50000

1959 mauserte sich der 356 A zum 356 B, der mit höhergelegten Stoßstangen und Scheinwerfern über ein leicht verändertes Erscheinungsbild verfügte (wodurch sich Benzinverbrauch und Fahrleistungen veschlechterten). Auch im Innenraum gab es Modifikationen, wie etwa ein jetzt schwarzes Lenkrad. Zum 1600 mit 60 PS (wegen seiner sanften Fahrleistungen "Dame" genannt!) und zum Super 75 gesellte sich der Super 90, der neben einer überarbeiteten Hinterradaufhängung 90 PS mobilisierte. Neu außerdem die bei Karmann gebaute Hardtop-Version.

Porsche Carrera 2

Zylinderzahl/Bauart: 4 Zyl.
Hubraum: 1966 ccm
Leistung bei U/min: 130/6200 PS
Höchstgeschwindigkeit: 200 km/h
Karosserie-/Chassisbauart: Kastenrahmen

Ausführung: Coupé, Cabriolet
Baujahr: 1961-1964
Stückzahl: 506 Ex.
Preistendenz: 1

Preisgruppe 1: 25000 - 38000
Preisgruppe 2: 38000 - 55000
Preisgruppe 3: 55000 - 70000
Preisgruppe 4: 70000 - 100000

Handelte es sich beim Carrera 1500 und 1600 GS um verkappte Rennsportwagen, so erschien der 1961 eingeführte GS 2000 oder Carrera 2 wesentlich ziviler und alltagstauglicher. Das erfolgreiche Carrera-Rezept hatte man natürlich nicht verändert: Nach wie vor tobte im Heck des Wagens jener Königswellen-Motor, der einen Mechaniker mit begnadeten Händen verlangte, aber eben auch atemberaubende Fahrleistungen lieferte. 380 Carrera 2 wurden übrigens nach B-, 126 nach C- Spezifikation gefertigt.

Porsche 356 C

Zylinderzahl/Bauart: 4 Zyl.(Boxer)
Hubraum: 1582 ccm
Leistung bei U/min: 75/5000 bzw. 95/5800 PS
Höchstgeschwindigkeit: 175-185 km/h
Karosserie-/Chassisbauart: Kastenrahmen

Ausführung: Coupé, Cabriolet
Baujahr: 1963-1965
Stückzahl: 16.668 Ex. (alle Typen)
Preistendenz: 1

Preisgruppe 1: 9000 - 15000
Preisgruppe 2: 14000 - 26000
Preisgruppe 3: 24000 - 38000
Preisgruppe 4: 36000 - 55000

1963 trat der heißgeliebte 356 zu seiner letzten Runde an - zu einer nur kurzen Runde, denn bereits 1965 stellte Porsche die Produktion ein. Dabei hatten gerade diese Modelle erheblich gewonnen und präsentierten sich etwa mit Vierrad- Scheibenbremsen von Ate. Übriggeblieben von der einst üppigen Modellpalette war (neben dem Carrera 2) nur der 1600 C mit 75 PS und, als Ersatz für den Super 90, der SC, der es nun auf 95 PS brachte. Die schönen, sehr offenen USA-Versionen hatte man ebenso aus dem Programm gestrichen wie das Hardtop-Coupé.

Porsche 911 und 911 L

Zylinderzahl/Bauart: 6 Zyl.(Boxer)
Hubraum: 1991 ccm
Leistung bei U/min: 130/6100 PS
Höchstgeschwindigkeit: 210 km/h
Karosserie-/Chassisbauart: selbsttragende Karosserie

Ausführung: Coupé, Targa
Baujahr: 1964-1969
Stückzahl: 22.333 Ex.
Preistendenz: 2

Preisgruppe 1: 4000 - 6500
Preisgruppe 2: 6000 - 12500
Preisgruppe 3: 12000 - 17500
Preisgruppe 4: 17000 - 23000

Eine Nummer größer als bisher gab sich der neue Porsche, der (damals noch als 901) in Frankfurt 1963 debütierte: Statt des Vierzylinder- kam nun ein Sechszylinder- Boxer zum Einsatz, der aber nach wie vor im Heck saß und selbstverständlich luftgekühlt war. Nach Einspruch von Peugeot in 911 umbenannt, ging die Serienfertigung im Frühjahr 1964 endlich los, wobei man zunächst nur ein von "Butzi" Porsche (dem älteste Sohn von Ferry Porsche) wunderbar geformtes Coupé anbot. Leider war dieses Auto für viele treue Porsche-Kunden unerschwinglich.

Porsche 912

Zylinderzahl/Bauart: 4 Zyl.
Hubraum: 1582 ccm
Leistung bei U/min: 90/5800 PS
Höchstgeschwindigkeit: 180 km/h
Karosserie-/Chassisbauart: selbsttragende Karosserie

Ausführung: Coupé, Targa
Baujahr: 1965-1969
Stückzahl: 30.300 Ex.
Preistendenz: 2

Preisgruppe 1: 3000 - 6000
Preisgruppe 2: 6000 - 12000
Preisgruppe 3: 12000 - 16500
Preisgruppe 4: 16500 - 21000

Um Leute bei der Stange zu halten, die nicht über DM 20.000,- für ein Auto ausgeben konnten, lancierte Porsche den 912. Bei diesem Triumph des Baukastensystems handelte es sich um einen Elfer (wie der 911 bald genannt wurde), dem man den kräftig überarbeiteten 1,6 l-Stoßstangen-Vierzylinder des 1600 SC eingepflanzt und so (zusammen mit einer abgemagerten Ausstattung) den Preis auf DM 16.250,- bzw. 16.590,- gedrückt hatte - je nachdem, ob sich der Kunde für oder gegen das Fünfgang-Getriebe entschied.

Porsche Targa

Technische Daten: siehe sämtliche 911 bzw. 912 Modelle (außer Carrera RS)

Preisgruppe 1: 3200 - 7000
Preisgruppe 2: 7000 - 14500
Preisgruppe 3: 14500 - 19500
Preisgruppe 4: 19500 - 27000

Lange Zeit konnten Elfer und Zwölfer nur als Coupé geliefert werden - ein Manko, das Porsche zum Modelljahr 1967 mit dem Targa änderte. Dieses "Sicherheits- Cabriolet" - im Italienischen bedeutet "Targa" Schild, gleichzeitig wurden Assoziationen an die berühmte Targa Florio geweckt - ließ sich mit relativ wenig konstruktivem Aufwand realisieren und bot tatsächlich gute Voraussetzungen, den harten amerikanischen Sicherheitsbestimmungen gerecht zu werden. Für alle Typen lieferbar, kostete es DM 1.400,- Aufpreis.

Porsche 911 S

Zylinderzahl/Bauart: 6 Zyl.(Boxer)
Hubraum: 1991, 2195 bzw. 2341 ccm
Leistung bei U/min: 160/6600, 170/6800, 180/6500 bzw. 190/6500 PS
Karosserie-/Chassisbauart: selbsttragende Karosserie

Baujahr: 1966-1973
Stückzahl: 14.841 Ex.
Preistendenz: 1

Preisgruppe 1: 3200 - 7000
Preisgruppe 2: 7000 - 15000
Preisgruppe 3: 15000 - 20000
Preisgruppe 4: 20000 - 28000

1966 erschien als neues Top-Modell der 911 S, äußerlich an den Leichtmetall-Felgen und den gummibelegten Stoßstangen gut zu erkennen. Maßnahmen wie größere Ventile und geschmiedete Kolben hatten für eine Leistung von 160 PS gesorgt, der die Porsche-Ingenieure ein überarbeitetes Fahrwerk und innenbelüftete Scheibenbremsen gegenüberstellten. Im Lauf der Jahre wuchs zunächst der Radstand (ab dem Modelljahr betrug er bei allen Typen 226,8 cm), dann Hubraum und PS-Zahl - und zwar gleich mehrfach!

Porsche 911 T

Technische Daten: wie 911 S mit folgenden Leistungsangaben:
Leistung bei U/min: 110/5800, 125/5800 bzw. 130/5600 PS

Preisgruppe 1: 3000 - 6500
Preisgruppe 2: 6300 - 12000
Preisgruppe 3: 11500 - 17000
Preisgruppe 4: 16500 - 23000

Als langfristiger Ersatz für den vierzylindrigen 912 war der zwischen 1967 und 1973 in einer Auflage von 30.333 Stück gebaute 911 T gedacht, der dank bescheidenerer Ausstattung und weniger Leistung unter DM 20.000,- kostete. Wie alle Porsche-Sechszylinder konnte auch er mit dem interessanten, seit Juli 1967 angebotenen automatischen Getriebe "Sportomatic" geliefert werden, ebenso wie der Touring (denn dafür stand die Abkürzung) natürlich sämtliche Entwicklungsschritte der teureren Modelle mitmachte.

Porsche 911 E

Technische Daten; wie 911 S mit folgenden Leistungsangaben:
Leistung bei U/min: 140/6500, 133/6200 bzw. 165/6200 PS

Preisgruppe 1: 3000 - 6500
Preisgruppe 2: 6300 - 12500
Preisgruppe 3: 12000 - 18000
Preisgruppe 4: 17500 - 24000

Als Ablösung für den 911 L trat 1969 der 911 E auf den Plan, eine Art Komfortmodell, das sich einmal durch die hydropneumatischen Federbeine an der Vorderachse auszeichnete, zum anderen durch die Benzin-Einspritzung, die es von da an mit dem 911 S gemeinsam hatte. Warum man sich für die mit Sechsstempel-Pumpe operierende Saugrohr-Einspritzung entschieden hatte, lag auf der Hand: Man wollte durch geringere Abgaswerte amerikanischen Normen genügen. Schließlich waren die USA nach wie vor der wichtigste Exportmarkt.

Porsche Carrera RS

Zylinderzahl/Bauart: 6 Zyl.
Hubraum: 2687 ccm
Leistung bei U/min: 210/6300 PS
Höchstgeschwindigkeit: 240 km/h
Karosserie-/Chassisbauart: selbsttragende Karosserie

Ausführung: Coupé
Baujahr: 1972
Stückzahl: 1.590 Ex.
Preistendenz: 1

Preisgruppe 1: 30000 - 38000
Preisgruppe 2: 38000 - 50000
Preisgruppe 3: 50000 - 68000
Preisgruppe 4: 68000 - 85000

Jener Bolide mit dem klangvollen Namen Carrera RS war auf zunächst nur 500 Exemplare konzipiert (mindestens soviel mußten gebaut sein, um in der Gruppe 3 der Serien-GT an den Start gehen zu können), allerdings wurden aufgrund der erheblichen Nachfrage wesentlich mehr daraus. Dabei handelte es sich um ein sehr spezielles Angebot, das Porsche der verehrten Kundschaft da machte, denn vehementen Fahrleistungen stand eine karge Ausstattung und eine auffällige "Kriegsbemalung" gegenüber, die vom berühmten, "Bürzel" genannten Heckspoiler noch betont wurde.

W-Porsche 914/4 (1,7, 1,8 und 2,0 l)

Zylinderzahl/Bauart: 4 Zyl.(Boxer)
Hubraum: 1679, 1795 bzw. 1971 ccm
Leistung bei U/min: 80/4900, 85/5000 bzw. 100/5000 PS
Höchstgeschwindigkeit: 170-190 km/h
Karosserie-/Chassisbauart: selbsttragende Karosserie

Ausführung: Targa
Baujahr: 1969-1975
Stückzahl: 115.639 Ex.
Preistendenz: 2

Preisgruppe 1: 1500 - 4000
Preisgruppe 2: 4000 - 9000
Preisgruppe 3: 9000 - 12500
Preisgruppe 4: 12500 - 16500

Jene Konstruktion, an der sich noch heute die Geister scheiden, hieß VW-Porsche 914 (woraus der Volksmund rasch "Volksporsche" oder, noch schlimmer, "Vopo" machte) und überraschte durch ihre aufwendige Konzeption, denn der VW 411- bzw. 412-Vierzylinder saß als echter Mittelmotor vor der Hinterachse. Das ermöglichte zwei Kofferräume, wobei der eine dafür ausgelegt war, das Dach aufzunehmen: Auch beim 914 handelte es sich um einen sogenannten Targa, dessen Außenhaut während seiner sechsjährigen Bauzeit nur einmal retuschiert wurde.

VW-Porsche 914/6

Zylinderzahl/Bauart: 6 Zyl.(Boxer)
Hubraum: 1991 ccm
Leistung bei U/min: 110/5800 PS
Höchstgeschwindigkeit: 210 km/h
Karosserie-/Chassisbauart: selbsttragende Karosserie

Ausführung: Targa
Baujahr: 1969-1972
Stückzahl: 3.332 Ex.
Preistendenz: 1

Preisgruppe 1: 4000 - 8000
Preisgruppe 2: 8000 - 15000
Preisgruppe 3: 15000 - 22000
Preisgruppe 4: 22000 - 30000

Wem der vierzylindrige VW-Porsche zu schlapp war, wurde vermutlich mit dem 914/6 glücklich - vorausgesetzt, er machte vorher statt DM 12.000,- (für den Vierzylinder) DM 19.000,- locker, ein klein wenig mehr also. Dafür gab es dann einen echten Porsche-Motor, der mit 110 PS zur Sache ging und für eine Beschleunigung von Null auf 100 km/h in 8,5 Sek. sorgte - noch heute ein guter, damals ein fabelhafter Wert. Aber mochte das Auto auch noch so gut gehen: Für's etwa gleiche Geld gab's schon einen echten Porsche...

Reliant Scimitar GT

Zylinderzahl/Bauart: 6 Zyl. bzw. V 6
Hubraum: 2553, 2994 bzw. 2495 ccm
Leistung bei U/min: 120/5000, 146/4750 bzw. 121/4750 PS (bhp)
Höchstgeschwindigkeit: 175-195 km/h
Karosserie-/Chassisbauart: Kastenrahmen

Ausführung: Coupé
Baujahr: 1964-1970
Stückzahl: 296, 590 bzw. 117 Ex.
Preistendenz: 2

Preisgruppe 1: 2000 - 5000
Preisgruppe 2: 5000 - 8000
Preisgruppe 3: 8000 - 10000
Preisgruppe 4: 10000 - 13500

Für die attraktiven Linien der Scimitar-Kunststoffhaut zeichnete David Ogle verantwortlich (auch wenn Ogles Prototyp auf einem Daimler SP 250-Chassis basierte und das Design eigentlich an jemand anders verkauft werden sollte). Intern SE4a genannt, verfügte dieser erste Scimitar noch über den Reihen-Sechszylinder des Ford Zodiac, während der spätere SE4b das neue V 6-Aggregat mit 3 l Hubraum unter der Haube hatte (die SE4c genannte Sparversion begnügte sich mit 2,5 l). So motorisiert, ließen sich gute Fahrleistungen erzielen.

Reliant

Die Firma, die schon 1935 die Fertigung eines dreirädrigen Nutzfahrzeugs aufnahm, stieg 17 Jahre später ins Pkw-Geschäft ein - auch da mit einem Dreirad (wegen des Steuervorteils in England sehr beliebt). Rund zehn Jahre später durften es dann erstmals vier Räder sein: Die in Tamworth/Staffordshire ansässige Firma übernahm die Herstellung des israelischen Sabre, eines Sportwagens mit Kunststoff-Karosserie und Ford-Motor. Offensichtlich hatte es dieses Konzept den Reliant- Verantwortlichen angetan, denn ähnliche Konstruktionen folgten.

Reliant Scimitar GTE

Zylinderzahl/Bauart: V 6
Hubraum: 2994 ccm
Leistung bei U/min: 135/5000 PS (DIN)
Höchstgeschwindigkeit: 195 km/h
Karosserie-/Chassisbauart: Kastenrahmen

Ausführung: Sport-Kombi
Baujahr: 1968-1975
Stückzahl: 5.127 Ex.
Preistendenz: 2

Preisgruppe 1: 2500 - 5500
Preisgruppe 2: 5500 - 8500
Preisgruppe 3: 8500 - 11000
Preisgruppe 4: 11000 - 15000

Der Reliant GTE avancierte zum Trendsetter jener "Sport-Kombi" genannten Kategorie Autos, obwohl er eigentlich nur jene Idee aufgriff, die die General Motors- Designer etwa mit dem Chevrolet Nomad schon Mitte der fünfziger Jahre verwirklichten. In jedem Fall aber präsentierte sich der GTE als elegantes und dabei noch praktisches Auto, das eine komfortable Ausstattung (auf Wunsch automatisches Getriebe) mit robuster Mechanik und guten Fahrleistungen verband. Kein Wunder, daß Prinzessin Anne zur Kundschaft zählte.

Renault

Louis Renault stellte seine erste Konstruktion schon 1898 auf die Räder und führte seine Firma mit sehr unterschiedlichen Autos zum Erfolg. Nach seinem Tod im Jahre 1944 wurde Renault zum Staatsbetrieb und erlangte vor allem durch seine Fahrzeuge der kleinen Klasse Weltruhm. Großen Anteil am Erfolg der Firma hatte der Motorsport, dem die Firma lange Zeit mit viel Engagement nachging und sich dabei die Unterstützung so bekannter Leute wie Amédée Gordini oder Jean Rédélé sicherte.

Renault 4 CV

Zylinderzahl/Bauart: 4 Zyl.
Hubraum: 760 bzw. 747 ccm
Leistung bei U/min: 18/4000 - 42/6000 PS
Höchstgeschwindigkeit: 95-140 km/h
Karosserie-/Chassisbauart: selbsttragende Karosserie

Ausführung: 4-t Lim., 4-t Cabrio-Lim.
Baujahr: 1947-1961
Stückzahl: 1.105.543 Ex.
Preistendenz: 2, Cabrio-Lim. und 1063: 1

Preisgruppe 1: 1500 - 3500
Preisgruppe 2: 3500 - 7000
Preisgruppe 3: 7000 - 10000
Preisgruppe 4: 10000 - 13000

Es wird behauptet, Dr. Ferdinand Porsche - gerade in französischer Internierung, als daran gearbeitet wurde - habe den 4 CV mitgestaltet. Das mag stimmen oder nicht - in jedem Fall verfügte das Cremeschnittchen, wie der 4 CV von seinen Fans liebevoll genannt wird, über jede Menge Charakter und Eigenständigkeit und avancierte zum Urahn mehrerer Generationen von Heckmotor-Renaults. Mit vier Türen und eine Zeitlang als wunderhübsche Cabrio-Limousine zu haben, offerierte das Werk mit dem 1063 eine Sportversion, die es wahlweise auf 32 oder 42 PS brachte.

Renault Dauphine und Dauphine Gordini und R 1093

Zylinderzahl/Bauart: 4 Zyl.
Hubraum: 845 ccm
Leistung bei U/min: 26,5/4200, 26,5/4500, 37,5/5000 bzw. 49/5600 PS
Höchstgeschwindigkeit: 115-145 km/h
Karosserie-/Chassisbauart: selbsttragende Karosserie

Ausführung: 4-t Lim.
Baujahr: 1956-1968
Stückzahl: 2.120.220 Ex.
Preistendenz: 2; 1093: 1

Preisgruppe 1: 1000 - 3000
Preisgruppe 2: 2800 - 6000
Preisgruppe 3: 5800 - 8200
Preisgruppe 4: 8000 - 11000

Technisch basierte die Dauphine auf dem 4 CV, von dem sie sich hauptsächlich durch ihre neugeformte Karosserie unterschied. Das nett anzuschauende und sehr robuste Wägelchen erwies sich als ausgesprochen wettbewerbstauglich, was Renault durch das in rund 2.500 Exemplaren gebaute Sondermodell 1093 zu unterstreichen suchte. Einen solchen 1093 heute aufzutreiben, dürfte sehr schwierig sein. Wer also eine besondere Dauphine sucht, sollte nach dem ebenfalls leistungsfähigeren Gordini Ausschau halten.

Renault Frégate

Zylinderzahl/Bauart: 4 Zyl.
Hubraum: 1997 bzw. 2141 ccm
Leistung bei U/min: 56/3800 - 80/4000 PS
Höchstgeschwindigkeit: 125-145 km/h
Karosserie-/Chassisbauart: selbsttragende Karosserie

Ausführung: 4-t Lim., 5-t Kombi
Baujahr: 1951-1960
Stückzahl: ca. 200.000 Ex.
Preistendenz: 2

Preisgruppe 1: 4000 - 7000
Preisgruppe 2: 7000 - 10000
Preisgruppe 3: 10000 - 13500
Preisgruppe 4: 13500 - 17500

Mit dem Erfolg seiner kleineren Geschwister konnte die Frégate nicht mithalten. Dabei galt dieses große und recht elegante Auto als zuverlässig, hatte rundum unabhängig aufgehängte Räder und konnte mit automatischer Kupplung und seit 1957 sogar mit einer interessanten, "Transfluide" genannten Halbautomatik geliefert werden. In verschiendenen Ausführungen und Ausstattungen angeboten (etwa als luxuriöser Kombi Manoir oder als Limousine Grand Pavois mit ungewöhnlicher Zweifarben-Lackierung), fand die Frégate bei uns so gut wie keine Käufer.

Renault Floride und Caravelle

Zylinderzahl/Bauart: 4 Zyl.
Hubraum: 845, 956 bzw. 1108 ccm
Leistung bei U/min: 37,5/5000, 46/5500, 47/5100 bzw. 52/5400 PS
Höchstgeschwindigkeit: 125-140 km/h
Karosserie-/Chassisbauart: selbsttragende Karosserie

Ausführung: Cabriolet
Baujahr: 1958-1968
Preistendenz: 1

Preisgruppe 1: 2500 - 5500
Preisgruppe 2: 5300 - 9500
Preisgruppe 3: 9200 - 12500
Preisgruppe 4: 12000 - 15000

Ghia bzw. Pietro Frua, damals freiberuflich für den Karosserieschneider aus Turin tätig, kleideten die Floride gekonnt ein, die sich mit ihrer modisch-profilierten Karosserie als ausgesprochen schick präsentierte. Dazu gab es eine etwas verspielte, zweifarbige Innenausstattung und die vom Dauphine Gordini bewährte Technik. Später durfte es etwa mehr sein: Größere Motoren kamen zum Einsatz und das Interieur wurde sachlicher. Übrigens trug die Caravelle statt des Stoffverdecks ausschließlich ein hinten höher auslaufendes Hardtop.

Renault R 3 und R 4

Zylinderzahl/Bauart: 4 Zyl.
Hubraum: 603, 747, 845 bzw. 956 ccm
Leistung bei U/min: 23/4800 - 34/5000 PS
Höchstgeschwindigkeit: 95-120 km/h
Karosserie-/Chassisbauart: Plattformrahmen

Ausführung: 5-t Kombi-Lim.
Baujahr: 1961-heute
Stückzahl: ca. 8 Mill. Ex.
Preistendenz: 3

Preisgruppe 1: 500 - 1000
Preisgruppe 2: 1000 - 2000
Preisgruppe 3: 2000 - 3000
Preisgruppe 4: 3000 - 4500

Mit dem R 4 (den es kurzzeitig auf bestimmten Märkten auch als besonders einfachen R 3 gab) kehrte Renault dem Heckmotor den Rücken und setzte auf Frontmotor und -antrieb sowie auf eine nüchterne, fünftürige Karosserie. Daß sich daraus ein solcher Dauerbrenner entwickeln würde, konnte vermutlich kaum jemand vorhersagen: Obwohl der Wagen im Lauf der Zeit immer größere Motoren bekam und natürlich leistungsmäßig zulegte, blieb seine Grundkonzeption bis heute ebenso erhalten wie seine äußere Erscheinung.

Renault R 8, R 8 Major, S und Gordini

Zylinderzahl/Bauart: 4 Zyl.
Hubraum: 956, 1108 bzw. 1255 ccm
Leistung bei U/min: 40/5200 - 95/6500 PS
Karosserie-/Chassisbauart: selbsttragende Karosserie
Ausführung: 4-t Lim.
Baujahr: 1962-1972
Stückzahl: 1.329.372 Ex.
Preistendenz: 3, S: 2; Gordini: 1
Preisgruppe 1: 600 - 3500
Preisgruppe 2: 1300 - 6000
Preisgruppe 3: 3000 - 8500
Preisgruppe 4: 4800 - 11000

Das Auto, daß die Dauphine tendenziell ersetzen sollte, hieß R 8 und war ebenfalls mit einem Heckmotor ausgerüstet. Bemerkenswert war, daß es dieses relativ kleine Auto mit automatischem Getriebe gab, das über Drucktasten am Armaturenbrett bedient wurde. Mit zusätzlich in die Front integrierten Scheinwerfern und Rallyestreifen auch optisch deutlich zu erkennen, wartete der R 8 Gordini auf, ein scharfes kleines Geschoß, das bis zu 95 PS mobilisierte; nicht ganz so gut konnte es der R 8 S, der sich mit 63 P S begnügte.

Renault R 16, R 16 TS und TX

Zylinderzahl/Bauart: 4 Zyl.
Hubraum: 1470, 1565 bzw. 1647 ccm
Leistung bei U/min: 55/5000 - 93/6000 PS
Höchstgeschwindigkeit: 140-165 km/h
Karosserie-/Chassisbauart: selbsttragende Karosserie

Ausführung: 5-t Schrägheck-Lim.
Baujahr: 1965-1979
Stückzahl: 1.846.000 Ex.
Preistendenz: 2

Preisgruppe 1: 500 - 1500
Preisgruppe 2: 1300 - 3000
Preisgruppe 3: 2800 - 4200
Preisgruppe 4: 4000 - 5500

Das mit dem R 4 gefundene Rezept - längsliegender Frontmotor, Frontantrieb und eine zweckmäßige Limousinen-Karosserie mit großer Heckklappe - fand sich beim R 16 wieder. Außerdem wartete dieses trotz aller praktischer Gesichtspunkte sehr elegante Auto mit Dingen wie einem versiegelten Kühlsystem samt elektrischem Ventilator, einem raffinierten Heizungs- und Belüftungssystem sowie einer sehr variablen Rückbank auf. Leistungsfähig war es auch: Der TS mit 83 PS lief 160 km/h, der nochmals zehn PS stärkere TX fast 170 km/h.

Renault R 15 und R 17

Zylinderzahl/Bauart: 4 Zyl.
Hubraum: 1289 bzw. 1565 ccm
Leistung bei U/min: 60/5500, 90/5500, 98/5750 bzw. 108/6000 PS
Hubraum: 150-175 km/h
Karosserie-/Chassisbauart: selbsttragende Karosserie

Ausführung: Coupé
Baujahr: 1971-1979
Stückzahl: 207.854 Ex. (R 15) bzw. 92.589 Ex. (R 17)
Preistendenz: 3

Preisgruppe 1: 800 - 2000
Preisgruppe 2: 1800 - 3800
Preisgruppe 3: 3500 - 5200
Preisgruppe 4: 5000 - 7000

Ob einem die pummelig wirkenden R 15 - und R 17 - Modelle gefallen, ist natürlich Geschmackssache; eine interessante Alternative zu Ford Capri und Opel Manta waren die französischen Viersitzer allemal. Daran hat sich bis heute wenig geändert, zumal diese Autos billig angeboten werden. Wer also nach einem solchen Renault Ausschau hält, sollte sich auf die originelle Schiebedach-Ausführung konzentrieren, die nicht nur über ein elektrisch betriebenes Faltdach verfügt, sondern mit einem zusätzlichen Kunststof f-Dach geliefert werden konnte.

Riley

Das Schicksal von Riley ist typisch für das vieler rennommierter englischer Firmen: 1898 gegründet erwarb sich Riley rasch einen guten Ruf. Die Autos aus Coventry galten als sehr sportlich und in einigen Punkten fortschrittlich, errangen beachtliche Renne rfolge - und fanden trotzdem nicht in dem Maße Käufer, um sicher durch die dreißiger Jahre zu kommen. Also wurde die Firma 1938 von der Nuffield Group (Morris usw.) geschluckt, wodurch sie mehr und mehr ihre Eigenständigkeit verlor. 1969 wurde das letzte Auto mit dem Markennamen Riley gebaut.

Riley 1,5 und 2,5 RM

Zylinderzahl/Bauart: 4 Zyl.
Hubraum: 1496 bzw. 2443 ccm
Leistung bei U/min: 56/4500, 90/4000 bzw. 101/4500 PS (bhp)
Höchstgeschwindigkeit: 120-160 km/h
Karosserie-/Chassisbauart: Kastenrahmen

Ausführung: 4-t Lim., Cabriolet, Roadster
Baujahr: 1946-1953
Stückzahl: 22.909 Ex.
Preistendenz: 2, Roadster und Cabriolet: 1

Preisgruppe 1: 5000 - 12000
Preisgruppe 2: 7500 - 17500
Preisgruppe 3: 11500 - 25000
Preisgruppe 4: 16000 - 34000

Diese stilvollen Autos waren echte Neukonstruktionen, als sie 1945 auf der Earls Court Motor Show vorgestellt wurden - und mit vorderer Einzelradaufhängung, Torsionsstab-Federung und Zahnstangenlenkung sogar ausgesprochen fortschrittlich. Lediglich bei de n Motoren handelte es sich um Schöpfungen aus den dreißiger Jahren - aber die waren mit Doppel-Nockenwellen und halbkugelförmigen Brennräumen noch immer auf der Höhe der Zeit. Neben den 1,5- und 2,5 l-Limousinen gabe es einen Viertürer mit verlängertem Ra dstand und knackige Offen-Versionen.

Riley 1.5

Zylinderzahl/Bauart: 4 Zyl.
Hubraum: 1489 ccm
Leistung bei U/min: 69/5400 PS (bhp)
Höchstgeschwindigkeit: 145 km/h
Karosserie-/Chassisbauart: selbsttragende Karosserie

Ausführung: 4-t Lim.
Baujahr: 1957-1965
Stückzahl: 40.577 Ex.
Preistendenz: 2

Preisgruppe 1: 800 - 2000
Preisgruppe 2: 2000 - 4000
Preisgruppe 3: 4000 - 6000
Preisgruppe 4: 6000 - 8500

Wer vom Rolls-Royce träumt, sich aber weder die hohen Anschaffungs- noch Unterhaltskosten leisten kann, braucht nicht zu verzagen: Es gibt ja den Riley One-Point-Five ! Dieser hochluxuriöser kleine Viertürer hatte viele mechanische Teile, mit dem Morris M inor gemeinsam (war also schon lange kein echter Riley mehr), bot ansprechende Fahrleistungen und eine typisch englische Innenausstattung, die mit reichlich Holz und duftendem Leder verwöhnte. Erstaunlicherweise kamen diese kleinen Kerle zu Ruhm auf den R allye-Pisten.

Riley Elf

Zylinderzahl/Bauart: 4 Zyl.
Hubraum: 848 bzw. 998 ccm
Leistung bei U/min: 35/5500 bzw. 39/5250 PS (bhp)
Höchstgeschwindigkeit: 115-130 km/h
Karosserie-/Chassisbauart: selbsttragende Karosserie

Ausführung: 2-t Lim.
Baujahr: 1961-1969
Stückzahl: 30.912 Ex.
Preistendenz: 2

Preisgruppe 1: 1000 - 2000
Preisgruppe 2: 2000 - 4000
Preisgruppe 3: 4000 - 6500
Preisgruppe 4: 6500 - 9000

Wer vom Rolls-Royce träumte... und am oben vorgestellten Riley One-Point-Five keinen Spaß hatte, wurde vielleicht mit dem Elf glücklich. Denn auch dieser "Mini mit Rucksack" (sprich Stufenheck-Karosserie) war nobel ausstaffiert und wird heute ebenfalls no ch sehr günstig in Good Old England angeboten. Damals interessierten sich nur verhältnismäßig wenig Leute für den meist zweifarbig ausgelieferten Riley Elf, den es übrigens - optisch nahezu identisch - noch als Wolseley Hornet ab.

Rolls-Royce

Es gibt kaum eine Automarke auf der Welt, die einen so guten Ruf hat, so bekannt und natürlich auch so kostspielig ist wie Rolls-Royce. Die von Frederick Henry Royce, dem Tüftler, dem Perfektionisten und begnadeten Techniker und dem Playboy und exzellente n Public-Relations-Mann Charles Stuart Rolls, gegründete Firma, gilt überall als DER Luxuswagen-Hersteller überhaupt - was nicht zuletzt daran liegt, daß man lange Zeit in edler Bescheidenheit behauptete, "das beste Auto der Welt" zu bauen. Ob das nun sti mmte, sei dahingestellt; eines der vornehmsten war (und ist) es auf alle Fälle.

Rolls-Royce Silver Wraith

Zylinderzahl/Bauart: 6 Zyl.
Hubraum: 4257, 4566 bzw. 4887 ccm
Leistung bei U/min: n.a.
Höchstgeschwindigkeit: 130-150 km/h
Karosserie-/Chassisbauart: Kastenrahmen

Ausführung: 4-t Lim., Sonderkarosserien
Baujahr: 1946-1959
Stückzahl: 1.783 Ex.
Preistendenz: 1

Preisgruppe 1: 30000 - 45000
Preisgruppe 2: 45000 - 70000
Preisgruppe 3: 70000 - 90000
Preisgruppe 4: 90000 - 125000

Ein paar Dinge sind allen Rolls-Royce gemeinsam: Emily, die frivole Kühlerfigur beispielsweise oder die Tatsache, daß keine PS-Angaben gemacht werden. Nicht gemeinsam ist ihnen der Preis, der immer sehr hoch, manchmal aber noch höher ist - wie beim Silver Wraith, einer Limousine, in der man sich chauffieren lassen sollte, denn alles andere wäre stillos. In diesem besonders vornehmen Auto kamen ausschließlich wechselgesteuerte Motoren mit hängenden Einlaß- und stehenden Auslaßventilen zum Einsatz.

Rolls-Royce Silver Dawn

Technische Daten: siehe Silver Wraith

Preisgruppe 1: 25000 - 40000
Preisgruppe 2: 40000 - 60000
Preisgruppe 3: 60000 - 80000
Preisgruppe 4: 80000 - 100000

Diesen RR konnte man ruhig selbst auf den Golfplatz steuern. Schließlich war er längst nicht so teuer, so groß und vor allem so vornehm wie der Silver Wraith (von dem er sich mechanisch kaum unterschied, auch wenn der 4,8 l-Motor nie eingebaut wurde). Auc h gab es ihn nicht ausschließlich "coachbuilt", also mit Sonderkarosserie, sondern fix und fertig mit einem Pressed Steel-Body eingekleidet - was nicht heißen soll, daß es keine Spezialanfertigungen (oftmals komfortable Drophead-Coupés) gab.

Rolls-Royce Phantom IV, V und VI

Zylinderzahl/Bauart: 8 Zyl. bzw. V 8
Hubraum: 5675, 6230 bzw. 6750 ccm
Leistung bei U/min: n.a.
Höchstgeschwindigkeit: 145-170 km/h
Karosserie-/Chassisbauart: Kastenrahmen

Ausführung: 4-t Lim., Sonderkarosserien
Baujahr: 1950-1956, 1959-1968 bzw. 1968-1989
Stückzahl: 18, 793, n.a. Ex.
Preistendenz: 1

Preisgruppe 1: 65000 - 95000
Preisgruppe 2: 90000 - 130000
Preisgruppe 3: 120000 - 175000
Preisgruppe 4: 160000 - 250000

Zu den seltensten (und heute vermutlich teuersten) Autos überhaupt zählt der ausschließlich auf Bestellung gebaute Phantom IV, der noch über einen wechselgesteuerten Reihen-Achtzylinder verfügte und königlichen Häusern oder Staatsoberhäupten vorbehalten b lieb. Der Phantom V gab sich da schon volkstümlicher, kostete ja auch nur soviel wie ein Einfamilienhaus (war aber fast ebenso geräumig) und wurde von einem V 8-Triebwerk beschleunigt. Daraus entwickelte sich dann der Phantom VI, dessen Produktion jetzt e ingestellt wird.

Rolls-Royce Silver Cloud I, II und III

Zylinderzahl/Bauart: 6 Zyl.bzw. V 8
Hubraum: 4887 bzw. 6230 ccm
Leistung bei U/min: n.a.
Höchstgeschwindigkeit: 160-175 km/h
Karosserie-/Chassisbauart: Kastenrahmen

Ausführung: 4-t Lim., Cabriolet, Sonderkarosserien
Baujahr: 1955-1965
Stückzahl: 7.365 Ex.
Preistendenz: Lim.: 2, Cabrio und Sonderkarosserien: 1

Preisgruppe 1: 20000 - 45000
Preisgruppe 2: 30000 - 70000
Preisgruppe 3: 40000 - 95000
Preisgruppe 4: 52000 - 150000

Auf Silver Dawn folgte Silver Cloud, als Standard- und, sehr selten, Long- Wheelbase-Saloon. Außerdem fertigte H. J. Mulliner - ein bis dahin unabhängiger Karosseriebetrieb, den sich RR gerade einverleibt hatte - ein ebenso riesiges wie formvollendetes Drophead-Coupé. Daneben gab es Spezialanfertigungen etwa von James Young, Freestone & Webb oder Hooper. Sie alle warteten mit der Silver Cloud- Technik auf, also bis 1959 mit dem 4,9 l- Sechszylinder, danach mit dem 6230 ccm großen V 8. Leistungsangaben wurden weiterhin keine gemacht - wer raste schon in solch einem Auto?

Rolls-Royce Silver Shadow I und II

Zylinderzahl/Bauart: V 8
Hubraum: 6230 bzw. 6750 ccm
Leistung bei U/min: n.a.
Höchstgeschwindigkeit: 180-185 km/h
Karosserie-/Chassisbauart: selbsttragende Karosserie

Ausführung: 4-t Lim., Coupé, Cabriolet, Sonderkarosserien
Baujahr: 1965-1980
Stückzahl: 29.025 Ex. (alle Modelle)
Preistendenz: 2, Sonderkarosserien: 1

Preisgruppe 1: 25000 - 35000
Preisgruppe 2: 30000 - 48000
Preisgruppe 3: 45000 - 68000
Preisgruppe 4: 65000 - 85000

Kaum zu glauben: Der Silver Shadow verblüffte mit modern geformter und dabei selbsttragend ausgelegter Karosserie, einzeln aufgehängten Rädern und Scheibenbremsen rundum! Selbst die Fahrleistungen und Fahreigenschaften überzeugten. Offenbar kam dies alles sehr gut an, denn das Auto entwickelte sich zum absoluten RR-Bestseller! Wieder gab es eine normale und eine lange Limousine (die seit 1977, als der Silver Shadow II eingeführt wurde, Silver Wraith hieß) und wieder gab es noch teurere Zweitürer. Seit 1970 kam der 6,7 l- Motor zum Einbau.

Rolls-Royce Corniche

Technische Daten: siehe Rolls-Royce Silver Shadow

Preisgruppe 1: 48000 - 60000
Preisgruppe 2: 60000 - 80000
Preisgruppe 3: 80000 - 98000
Preisgruppe 4: 98000 - 125000

Die Modelle Silver Shadow 2 Door Saloon und Drophead-Coupé hießen seit 1971 Corniche (nach der berühmten französischen Küstenstraße), waren aber von ihren Vorgängern kaum zu unterscheiden. Sie basierten mechanisch auf dem viertürigen "Silber-Schatten", boten fünf Sitzplätze und kosteten sehr viel Geld. Außerdem erwiesen sie sich als ausgesprochen langlebig: Obwohl es schon seit 1981 einen neugestalteten Silver Spirit gibt, haben die Zweitürer überlebt - auch wenn sie längst nicht mehr so attraktiv aussehen wie früher.

Rover

Dem Massensterben in der englischen Autoindustrie konnte Rover verhältnismäßig lange standhalten: Erst 1966 verlor die Firma ihre Unabhängigkeit und wurde British Leyland eingegliedert, existiert aber heute noch. Schon vor über hundert Jahren gegründet, stieg die in der Autostadt Coventry ansässige Firma 1904 ins Autogeschäft ein und wurde nach 1945 durch hervorragend gebaute Fahrzeuge der oberen Mittelklasse bekannt, die wegen ihrer hohen Qualität in England als "Poor Man's Rolls-Royce" apostrophiert wurden.

Rover P 4

Zylinderzahl/Bauart: 4 bzw. 6 Zyl.
Hubraum: 1997-2625 ccm
Leistung bei U/min: 61/4000 - 125/5000 PS (bhp)
Höchstgeschwindigkeit: 125-170 km/h
Karosserie-/Chassisbauart: Kastenrahmen

Ausführung: 4-t Lim., Coupé, Cabriolet
Baujahr: 1950-1964
Stückzahl: 130.342 Ex.
Preistendenz: 2

Preisgruppe 1: 1500 - 4000
Preisgruppe 2: 3800 - 7000
Preisgruppe 3: 6800 - 10500
Preisgruppe 4: 10000 - 14000

Wie alle Produkte des Hauses präsentierten sich die Modelle der P 4-Baureihe als grundsolide Autos, die allesamt von unterschiedlich großen, wechselgesteuerten Vier- und Sechszylinder-Triebwerken auf Trab gebracht wurden. Von ganz wenigen Pininfarina-Sonderanfertigungen zu Beginn der fünfziger Jahre abgesehen, gab es Tantchen, wie der P 4 in England genannt wurde, nur als viertürige Limousine, dafür aber in verwirrender Modell-Vierfalt: Während seiner 14jährigen Bauzeit wurden die Typen 60, 75, 80, 90, 95, 100, 105 R und S sowie 110 angeboten.

Rover 3 l (P 5)

Zylinderzahl/Bauart: 6 Zyl.
Hubraum: 2995 ccm
Leistung bei U/min: 117/4250 - 136/5000 PS (bhp)
Höchstgeschwindigkeit: 160-175 km/h
Karosserie-/Chassisbauart: selbsttragende Karosserie

Ausführung: 4-t Lim.
Baujahr: 1959-1967
Stückzahl: 48.541 Ex.
Preistendenz: 2

Preisgruppe 1: 1500 - 4000
Preisgruppe 2: 3800 - 7000
Preisgruppe 3: 6800 - 10500
Preisgruppe 4: 10000 - 13500

Rovers Einstieg in die Oberklasse vollzog sich mit dem 3 l-Modell der P 5- Baureihe, das bald als Elefant bezeichnet wurde. Das schien recht treffend zu sein, denn nicht nur die massige Karosserie, sondern auch das behäbige Temperament erinnerten an den vierbeinigen Dickhäuter. Natürlich ließ die Ausstattung (des Autos, nicht des Tieres) kaum Wünsche offen, wenngleich Scheibenbremsen und Servolenkung erst mit einiger Verzögerung ins Programm genommmen wurden. Seit 1962 ergänzte ein Coupé genannter Viertürer mit flach auslaufendem Dach das Angebot.

Rover 3,5 l (P 5B)

Zylinderzahl/Bauart: V 8
Hubraum: 3528 ccm
Leistung bei U/min: 151/5000 - 161/5200 PS
Höchstgeschwindigkeit: 190 km/h
Karosserie-/Chassisbauart: selbsttragende Karosserie

Ausführung: 4-t Lim.
Baujahr: 1967-1973
Stückzahl: 20.600 Ex.
Preistendenz: 2

Preisgruppe 1: 2000 - 5000
Preisgruppe 2: 4500 - 9500
Preisgruppe 3: 9000 - 14000
Preisgruppe 4: 13000 - 18000

Der Elefant lernte das Rennen: 1967 kam unter der P 5-Motorhaube statt des betagten wechselgesteuerten Sechszylinders ein 3,5 l-V 8 zum Einsatz. Dieses Alu- Aggregat, das von Buick konstruiert worden war (wo es etwa den kompakten Special antrieb), findet heute noch nicht nur im Range Rover, sondern u.a. im Morgan Plus 8 Verwendung. Aus dem P 5 machte es eine ausgesprochen leistungsfähige Limousine, die auf diesem Gebiet jetzt Anschluß an die Konkurrenz gefunden hatte. Ob einem freilich die Rostyle-Felgen gefielen, war eine andere Sache!

Rover 2000, 2000 SC, TC, 2200 SC, 2200 TC, 3500 und 3500 S (P6)

Zylinderzahl/Bauart: 4 Zyl. bzw. V 8
Hubraum: 1978, 2205 bzw. 3528 ccm
Leistung bei U/min: 81/5000 - 161/5200 PS
Höchstgeschwindigkeit: 150-195 km/h
Karosserie-/Chassisbauart: selbsttragende Karosserie

Baujahr: 1963-1976
Stückzahl: 327.808 (2000), 32.270 (2200) bzw. 79.057 (3500) Ex.
Preistendenz: 2

Preisgruppe 1: 1000 - 3000
Preisgruppe 2: 2800 - 6500
Preisgruppe 3: 6200 - 9500
Preisgruppe 4: 9200 - 13000

Mit dem Rover 2000 lancierte die Firma ein auch optisch sehr fortschrittliches Auto, das mit solch ungewöhnlichen Details wie Scheibenbremsen rundum und DeDion- Hinterachse aufwartete. Nach und nach kamen schnellere Versionen wie der TC (die Abkürzung stand für "Twin Carburettor") hinzu. Krönung der P 6-Reihe war natürlich der 3500, der über den Alu-Achtzylinder verfügte und aus dem Viertürer eine echte Sportlimousine machte (auch wenn überwiegend automatische Getriebe Verwendung fanden).

Saab

Die schwedische Firma Saab wurde 1937 als reine Flugzeugfabrik gegründet - was sich schon aus dem Namen ergibt, denn Saab steht für "Svenska Aeroplan Aktiebolaget", was soviel wie Schwedische Flugzeug Aktiengesellschaft bedeutet. Baute man zunächst Kampfflugzeuge, so versuchte sich Saab nach dem Zweiten Weltkrieg ein weiteres Standbein zu schaffen - eben durch die Herstellung von Personenwagen. Und ging dabei eigene Wege, wie schon die ersten Produkte des Hauses deutlich zeigten.

Saab 92 und 92 B

Zylinderzahl/Bauart: 2 Zyl.(Zweitakter)
Hubraum: 764 ccm
Leistung bei U/min: 25/3800 bzw. 28/4000 PS
Höchstgeschwindigkeit: 105 km/h
Karosserie-/Chassisbauart: selbsttragende Karosserie

Ausführung: 2-t Lim.
Baujahr: 1950-1956
Stückzahl: 20.128 Ex.
Preistendenz: 2

Preisgruppe 1: 3000 - 5500
Preisgruppe 2: 5500 - 8000
Preisgruppe 3: 8000 - 10000
Preisgruppe 4: 10000 - 13500

Unter der Leitung von Gunnar Ljungström entstand unter der Code-Nummer 92 (der späteren Typ-Bezeichnung) der erste Saab auf vier Rädern, dessen elegante, stromlinienförmige Karosserie der renommierte schwedische Designer Sixten Sason in Form gebracht hatte. Angetrieben von einem Zweizylinder-Zweitakter à la DKW, zählten ein aufwendiges Fahrwerk mit Einzelradaufhängung und Torsionsstab- Federung rundum sowie der Frontantrieb zu den weiteren Merkmalen dieses interessanten kleinen Wagens.

Saab 93, 93 B und GT 750

Zylinderzahl/Bauart: 3 Zyl.(Zweitakter)
Hubraum: 748 ccm
Hubraum: 33/4200 bzw. 45/4800 PS
Höchstgeschwindigkeit: 125-145 km/h
Karosserie-/Chassisbauart: selbsttragende Karosserie

Ausführung: 2-t Lim.
Baujahr: 1955-1960 (93) bzw. 1958-1962 (GT)
Stückzahl: 52.731 Ex.
Preistendenz: 2, GT: 1

Preisgruppe 1: 2500 - 5000
Preisgruppe 2: 5000 - 7500
Preisgruppe 3: 7500 - 9500
Preisgruppe 4: 9500 - 12500

Optisch am neuen Kühlergrill zu erkennen, versteckte der 93 seine wichtigsten Änderungen unter dem Blech. So gab es nun einen Dreizylinder-Zweitakter, an dessen Entwicklung der deutsche Zweitakt-Experte Hans Müller aus Andernach maßgeblich beteiligt war. Auch das Fahrwerk war geändert worden: Statt der Torsionsstab- kamen nun Schraubenfedern zum Einsatz sowie eine hintere Starrachse. Nach beachtlichen Rallye-Erfolgen lancierte Saab den GT 750, der neben einer sportlicheren Ausstattung mehr Leistung bot.

Saab 96 und GT 850

Zylinderzahl/Bauart: 3 Zyl.bzw. V 4
Hubraum: 841 bzw. 1498 ccm
Leistung bei U/min: 38/4250 - 68/5500 PS
Höchstgeschwindigkeit: 125-145 km/h
Karosserie-/Chassisbauart: selbsttragende Karosserie

Ausführung: 2-t Lim.
Baujahr: 1960-1980
Stückzahl: 547.221 Ex.
Preistendenz: 2, GT: 1

Preisgruppe 1: 2000 - 5000
Preisgruppe 2: 4500 - 7500
Preisgruppe 3: 7000 - 9500
Preisgruppe 4: 9000 - 12500

Gegenüber seinem Vorgänger hatte der 96 in vielen Punkten zugelegt: Der Motor war größer geworden und eine größere Heckscheibe mit höher verlaufender Dachlinie sorgte für bessere Sicht, mehr Kopffreiheit und einen größeren Kofferraum; dazu gab es Bandtacho statt der bisherigen Rundinstrumente. Auch einen mehrfach revidierten GT führte man wieder im Programm, der als 96 Sport oder Monte Carlo sehr sportlich orientierte Kundschaft ansprechen sollte. Wichtigste Neuheit des 67er Modells: Wahlweise konnte der V 4-Motor von Ford geliefert werden.

Preisgruppe 1: 5000 - 7500
Preisgruppe 2: 7500 - 11000
Preisgruppe 3: 11000 - 14000
Preisgruppe 4: 14000 - 17000

Der in erster Linie für den US-Markt bestimmte Sonett II verkaufte sich auch dort so zögernd, daß die Verantwortlichen eine Untersuchung nach den Gründen dafür durchführen ließen. Nach den so gewonnenen Resultaten modifizierte man den Sonett vor allem äußerlich - eine Aufgabe, die vom italienischen Designer Sergio Coggiola durchgeführt wurde. Mit Erfolg: der zwischen 1970 und 1974 gebaute Sonett III, der jetzt über Knüppel- statt über Lenkrad-Schaltung verfügte, verkaufte sich genau 8.368 mal.

Saab Sonett II

Zylinderzahl/Bauart: 3 Zyl.bzw V 4
Hubraum: 841 bzw. 1498 ccm
Leistung bei U/min: 60/5200 bzw. 65/5000 PS
Höchstgeschwindigkeit: 155-160 km/h
Karosserie-/Chassisbauart: Plattformrahmen
Baujahr: 1966-1970
Stückzahl: 258 bzw. 1.510 Ex.
Preistendenz: 1
Preisgruppe 1: 4000 - 6500
Preisgruppe 2: 6500 - 9000
Preisgruppe 3: 9000 - 12500
Preisgruppe 4: 12500 - 15000

Der Saab Sonett ist untrennbar mit Rolf Mellde verbunden, einem enthusiastischen Saab-Mitarbeiter, der das ganze Projekt Mitte der fünfziger Jahre initiierte. Nachdem man damals schon einen offenen Roadster auf die Räder stellte, der allerdings nicht serienreif wurde, klappte es zehn Jahre später mit einem adretten kleinen Kunststoff-Coupé, dessen Karosserie von Björn Karlström entworfen und von "Malmö Flygindustri" gefertigt wurde. Montiert wurde das Auto nicht bei Saab, sondern bei ASJ in Arlöv, wo normalerweise Eisenbahnwagen entstanden.

Saab Sonett III

Technische Daten: siehe Saab Sonett II V 4

Shelby

Carroll Shelby, eine der charismatischsten Figuren der amerikanischen Autoszene, hatte seine Rennfahrer-Karriere 1960 wegen eines Herzleidens beenden müssen, züchtete erst Hühner und baute dann Autos. Und was für welche: Seine Idee, in den englischen AC Cobra bärenstarke Ford V 8-Motoren zu setzen, sorgte für eines der brutalsten Autos, das jemals am öffentlichen Straßenverkehr teilnehmen durfte. Außerdem managte Shelby die Ford-Siegesserie auf europäischen Rennstrecken Mitte der sechziger Jahre und war an der Entwicklung etwa des Sunbeam Tiger beteiligt.

Shelby GT 350 und GT 500

Zylinderzahl/Bauart: V 8
Hubraum: 4728 bzw. 6989 ccm
Leistung bei U/min: 253/4800 - 406/5600 PS (SAE)
Höchstgeschwindigkeit: 190-220 km/h
Karosserie-/Chassisbauart: selbsttragende Karosserie

Ausführung: Coupé, Cabriolet
Baujahr: 1965-1970
Stückzahl: 14.366 Ex.
Preistendenz: 1

Preisgruppe 1: 18000 - 23000
Preisgruppe 2: 23000 - 28000
Preisgruppe 3: 28000 - 36000
Preisgruppe 4: 36000 - 45000

Als Basis für diese Schöpfung diente der Ford Mustang, den Carroll Shelby optisch wie technisch verfremdete und unter seinem Namen herstellte - zunächst in seiner eigenen Fabrik, danach bei Ford in Dearborn. Ursprünglich nur als Fastback, seit 1968 auch als Cabrio mit Überrollbügel lieferbar, offerierte Shelby den 350 GT und den 500 GT, wobei der GT 500 KR - die Abkürzung stand für "King of the Road" mit rund 400 PS das Spitzenmodell darstellte. Wie der Cobra (siehe unter AC), so sorgten auch diese Modelle für Aufregung auf den Rennpisten.

Siata

Viele Sportwagen-Liebhaber schnalzen mit der Zunge, wenn der Name Siata fällt: Die 1926 in Turin gegründete kleine Firma fertigte eine Reihe wundervoller Autos wie etwa die verschiedenen Typen der 208-Baureihe, die auf dem Fiat 8 V basierten. In den fünfziger und sechziger Jahren konzentrierte man sich auf Fiat 500- und 600-Modelle, die man adrett einkleidete. Leider blieb für solches Spezialistentum immer weniger Raum - und so mußte die Marke mit dem wohlklingenden Namen 1970 ihre Pforten schließen.

Siata 850 Spring

Zylinderzahl/Bauart: 4 Zyl.
Hubraum: 843 ccm
Leistung bei U/min: 37/5200 bzw. 47/6400 PS
Höchstgeschwindigkeit: 130-140 km/h
Karosserie-/Chassisbauart: selbsttragende Karosserie

Ausführung: Roadster
Baujahr: 1967-1970 bzw. 1971-1975
Preistendenz: 2

Preisgruppe 1: 4000 - 7000
Preisgruppe 2: 7000 - 9500
Preisgruppe 3: 9500 - 13500
Preisgruppe 4: 13500 - 16500

Dieses lustige Gefährt im Nostalgie-Look basierte auf der Bodengruppe des Fiat 850, kam also mit Heckmotor (das große Kühlergrill war nur Attrappe) daher und offerierte dem Kunden auch die Motorisierung dieses kleinen Fiat, den es mit 37 und 47 PS gab. Der sehr offene Roadster kostete vor 20 Jahren bei uns rund DM 7.500,-, verschwand aber schon 1970 wieder vom Markt. Und mit ihm leider auch Siata. Angeblich aber sollen die Rechte am Spring verkauft und das Auto tatsächlich als Orsa erneut zwischen 1971 und 1975 angeboten worden sein.

Simca

Die Société Industrielle de Méchanique et Carrosserie Automobile (abgekürzt Simca) war 1934 von H. T. Pigozzi mit dem Ziel gegründet worden, bestimmte Fiat-Modelle für den französischen Markt in Lizenz herzustellen. Nach und nach allerdings wurde das Unternehmen eigenständiger und präsentierte 1951 mit der Aronde die erste eigene Konstruktion, was allerdings auf die Mehrheitsverhältnisse - je 25 Prozent der Anteile hielten Fiat und Chrysler, 13 Prozent Präsident Pigozzi und den Rest verschiedene Interessengruppen) keinen Einfluß hatte. Das änderte sich 1969, als Simca vollständig unter Chrysler-Kontrolle geriet.

Simca 5 und 6

Zylinderzahl/Bauart: 4 Zyl.
Hubraum: 569 ccm
Leistung bei U/min: 14/4000 bzw. 16,5/4600 PS
Höchstgeschwindigkeit: 80-90 km/h
Karosserie-/Chassisbauart: Kastenrahmen

Ausführung: 2-t Cabrio-Lim., 3-t Kombi
Baujahr: 1946-1949 bzw. 1949-1951
Preistendenz: 2

Preisgruppe 1: 3500 - 6000
Preisgruppe 2: 5800 - 8500
Preisgruppe 3: 8200 - 10500
Preisgruppe 4: 10000 - 14500

Zwei sehr prominente Konstrukteure - Antonio Fessia und Dante Giacosa - hatten in den dreißiger Jahren dem Fiat Topolino ("das Mäuschen") auf die Beine geholfen. Er wurde nach dem Krieg noch gebaut - nicht nur in Italien, sondern auch im französischen Nanterre, wo zunächst der Simca 5 (Fiat 500 B), dann der 6 (500 C) entstand. Wichtigster Unterschied zwischen 5 und 6: Das ältere Modell kam mit dem großen, ovalen Kühlergrill samt freistehenden Scheinwerfern daher, der 6 präsentierte sich hier pontonförmig-moderner und mit anderem Heck.

Simca Aronde

Zylinderzahl/Bauart: 4 Zyl.
Hubraum: 1090, 1221 bzw. 1290 ccm
Leistung bei U/min: 40/4600 - 70/5200 PS (SAE)
Höchstgeschwindigkeit: 120-145 km/h
Karosserie-/Chassisbauart: selbsttragende Karosserie

Ausführung: 4-t Lim., 2-t Hardtop, 3-t Kombi
Baujahr: 1951-1964
Stückzahl: 1.274.859 Ex.
Preistendenz: 2

Preisgruppe 1: 2500 - 4500
Preisgruppe 2: 4500 - 6000
Preisgruppe 3: 6000 - 8000
Preisgruppe 4: 8000 - 10000

Die erste eigenständige Simca-Schöpfung hieß Aronde und wurde sofort ein Verkaufserfolg - ohne Frage mit ein Verdienst der geschickt inszenierten Rekord- Fahrten, mit denen Simca dann warb. Tatsächlich war das Aronde-Triebwerk außerordentlich robust und das Auto solide gebaut, ohne technische Leckerbissen zu bieten. Mehrfach optisch retuschiert, erschien 1959 ein komplett neugestylter Jahrgang, von dem es wieder neben Viertürer und Kombi ein attraktives, vier- bis fünfsitziges Hardtop "Monaco" gab.

Simca Vedette

Zylinderzahl/Bauart: V 8
Hubraum: 2351 ccm
Leistung bei U/min: 80/4400 bzw. 84/4800 PS (SAE)
Höchstgeschwindigkeit: 150 km/h
Karosserie-/Chassisbauart: selbsttragende Karosserie

Ausführung: 4-t Lim., 5-t Kombi
Baujahr: 1954-1961
Stückzahl: 166.895 Ex.
Preistendenz: 2

Preisgruppe 1: 5000 - 7500
Preisgruppe 2: 7500 - 10000
Preisgruppe 3: 10000 - 14000
Preisgruppe 4: 14000 - 19000

1954 hatte Simca Ford France aufgekauft und die Fertigung des weitgehend in den USA entwickelten neuen Vedette anlaufen lassen. Dieses große, in den ehemaligen Ford-Werken in Poissy gebaute Auto wurde nach wie vor als Ford Vedette auf vielen Märkten angeboten und paarte eine sehr moderne (um nicht zu sagen: modische) Karosserie mit einem altertümlichen sv-Triebwerk. Neben viertürigen Limousinen in unterschiedlichen Ausführungen (Trianon, Versailles, Beaulieu usw.) gab es luxuriöse Kombis sowie die Ariane mit dem Aronde-Vierzylinder.

Simca 1000

Zylinderzahl/Bauart: 4 Zyl.
Hubraum: 944-1294 ccm
Leistung bei U/min: 32/5000 - 103/6200 PS
Höchstgeschwindigkeit: 115-175 km/h
Karosserie-/Chassisbauart: selbsttragende Karosserie

Ausführung: 4-t Lim., Coupé
Baujahr: 1961-1978
Stückzahl: 1.642.091 Ex.
Preistendenz: 3, Rallye und Coupé 2; Rallye 3: 1

Preisgruppe 1: 500 - 2500
Preisgruppe 2: 1200 - 4800
Preisgruppe 3: 2500 - 7000
Preisgruppe 4: 4500 - 9500

Um gerade auch auf dem Export-Sektor bessere Resultate zu erzielen, propagierte Simca den neuen Tausender als "Wagen für Europa". Der Slogan stimmte noch in anderer Beziehung, denn Fiat hatte kräftige "Entwicklungshilfe" geleistet (deshalb auch die formale Ähnlichkeit zum Fiat 600 bzw. 850), während das kantige Kleid von Simca-Chefdesigner Graf Revelli stammte. Neben dem von Bertone entworfenen Coupé (er fertigte auch die Karosserien) sind heute die grellen Rallye-Versionen gesucht, vor allem natürlich der Rallye 3.

Simca Plein Ciel und Océane

Zylinderzahl/Bauart: 4 Zyl.
Hubraum: 1290 ccm
Leistung bei U/min: 57/5200, 62/5200 bzw. 70/5200 PS (SAE)
Höchstgeschwindigkeit: 135-150 Km/h
Karosserie-/Chassisbauart: selbsttragende Karosserie

Ausführung: Coupé, Cabriolet
Baujahr: 1956-1962
Stückzahl: 11.540 Ex.
Preistendenz: 1

Preisgruppe 1: 6000 - 9500
Preisgruppe 2: 9000 - 13500
Preisgruppe 3: 12500 - 17500
Preisgruppe 4: 17000 - 22000

Es gehörte bei Simca zum guten Ton, stets einen sportlichen Zweitürer im Programm zu haben. Seit 1956 waren das die Modelle Plein Ciel (der Name täuscht: der "klare Himmel" war das Coupé!) und das Cabriolet Océane. Technisch auf der schnellsten Aronde-Version aufbauend, verfügten sie über glattflächige, sehr hübsche Karosserien, die bei Facel-Métallon (als Hersteller des Facel Vega bekannt) entstanden. Wer einen solchen Simca sucht, sollte Autos mit 62- bzw. 70 PS den Vorzug geben, da sie über fünffach gelagerte Motoren verfügen.

Simca 1200 S

Zylinderzahl/Bauart: 4 Zyl.
Hubraum: 1204 ccm
Leistung bei U/min: 80/6000 bzw. 85/6200 PS (SAE)
Höchstgeschwindigkeit: 170-175 km/h
Karosserie-/Chassisbauart: selbsttragende Karosserie

Baujahr: 1967-1971
Stückzahl: 14.741 Ex.
Preistendenz: 2

Preisgruppe 1: 3000 - 5500
Preisgruppe 2: 5500 - 7500
Preisgruppe 3: 7500 - 10500
Preisgruppe 4: 10500 - 14000

Die Grundform dieses wohlproportionierten Sportwagens stimmte mit der des Simca 1000 Coupés überein, dafür sah das Auto dank überarbeiteter Frontpartie (der Kühler saß jetzt vorne) und leicht retuschiertem Heck richtig sportlich aus. So fuhr sich der 1200 S auch: Der auf 1,2 l vergrößerte Motor des Simca 1100 werkelte nach wie vor im Heck vor sich hin, mobilisierte nun 80 PS (später sogar 85), was für eine Spitze von über 170 km/h langte. Dazu paßte die Innenausstattung mit üppig bestücktem Armaturenbrett.

Singer SM Roadster

Zylinderzahl/Bauart: 4 Zyl.
Hubraum: 1497 ccm
Leistung bei U/min: 49/4200 bzw. 59/4800 PS
Höchstgeschwindigkeit: 120-130 km/h
Karosserie-/Chassisbauart: Kastenrahmen

Ausführung: Roadster
Baujahr: 1951-1955
Stückzahl: 3.440 Ex.
Preistendenz: 1

Preisgruppe 1: 6500 - 9500
Preisgruppe 2: 9500 - 14500
Preisgruppe 3: 14500 - 19500
Preisgruppe 4: 19500 - 23500

Als Nachfolger des optisch sehr ähnlichen, schon 1939 vorgestellten Singer Nine Roadster kam 1951 der offene SM, der - erwartungsgemäß - technisch auf der SM- Limousine basierte. Das hieß, daß das Auto nun über unabhängige Vorderradaufhängung verfügte und sein ohc-Motor (schon vor dem Krieg warteten die Autos aus Coventry mit diesem Konstruktionsmerkmal auf) vergrößert worden war. Hier hatte die Kundschaft die Wahl zwischen der Normal- und der stärkeren Zweivergaser- Ausführung, die für gute Fahrleistungen sorgte.

Singer

Die 1905 in Coventry gegründete Firma erlebte vor allem in den dreißiger Jahren ihre Blütezeit - durch fortschrittliche und dabei sorgfältig gebaute Autos, die sogar auf sportlichem Sektor Erfolge erringen konnten. So stellte ein Singer stets etwas Besonderes dar - kostete deshalb aber auch ziemlich viel Geld. Nach dem Zweiten Weltkrieg ging es der Firma wie vielen anderen: Der Kundenkreis wurde immer kleiner und Singer geriet in finanzielle Schwierigkeiten. 1956 schließlich übernahm Rootes die Kontrolle.

Singer Gazelle

Zylinderzahl/Bauart: 4 Zyl.
Hubraum: 1496, 1494, 1592 bzw. 1725 ccm
Leistung bei U/min: 49,7/4500 bzw. 57/4500 PS
Höchstgeschwindigkeit: 125-140 km/h
Karosserie-/Chassisbauart: selbsttragende Karosserie

Ausführung: 4-t Lim., Cabriolet, 5-t Kombi
Baujahr: 1956-1967
Stückzahl: ca. 86.000 Ex.
Preistendenz: 2, ohc-Modelle und Cabrio: 1

Preisgruppe 1: 4000 - 6500
Preisgruppe 2: 6200 - 9500
Preisgruppe 3: 9200 - 13000
Preisgruppe 4: 12500 - 16500

Kaum von Rootes übernommen, lancierten die neuen Herren sofort die Gazelle, die es kurze Zeit später nicht nur als viertürige Limousine, sondern auch als fünftürigen Kombi geben sollte. Optisch handelte es sich bei diesen Autos um den Hillman Minx, dem man ein anderes Kühlergrill und eine reichhaltigere Innenausstattung verpaßt hatte, beim Motor mit der obenliegenden Nockenwelle allerdings um eine eigenständige Singer-Konstruktion. Bis 1958 jedenfalls; dann hielt auch hier das Hillman ohv-Aggregat Einzug.

Skoda Felicia

Zylinderzahl/Bauart: 4 Zyl.
Hubraum: 1089 bzw. 1221 ccm
Leistung bei U/min: 48/5600 bzw. 48/5800 PS
Höchstgeschwindigkeit: 130 km/h
Karosserie-/Chassisbauart: Zentralrohrrahmen

Ausführung: Cabriolet
Baujahr: 1958-1964
Stückzahl: 15.864 Ex.
Preistendenz: 2

Preisgruppe 1: 3500 - 6000
Preisgruppe 2: 6000 - 8500
Preisgruppe 3: 8500 - 10000
Preisgruppe 4: 10000 - 13500

Wer sich heute ein originelles und dabei zuverlässiges Cabriolet zu einem günstigen Preis zulegen möchte, sollte sich den Felicia näher ansehen. Dieses sehr robuste Auto mit den kernigen Fahreigenschaften begann sein Autoleben als Skoda 450 und war die Cabrio-Ausführung der Modelle 440 und 445. Als daraus der Skoda Octavia bzw. Octavia Super wurde, wählte man für die Offenversion die Bezeichnung Felicia. Dieser 2 + 2-Sitzer erhielt später einen hubraumstärkeren Motor sowie kleine Heckflossen (neben anderen Retuschen). Ein Hardtop gab es gegen Aufpreis.

Skoda

Ursprünglich war Skoda einer der bedeutendsten Industriekonzerne Österreich- Ungarns, der nach dem Ersten Weltkrieg auf tschechoslowakischem Gebiet neu gegründet wurde. Hier, in der Nähe von Pilsen, stieg man ins Autogeschäft ein - indem man Hispano-Suizas in Lizenz fertigte. Aber schon 1925 übernahm man die Firma Laurin & Klement in Mlada Boleslav, um künftig hier Autos herzustellen. Nach dem Zweiten Weltkrieg nahm man bereits 1946 die Produktion wieder auf - mit robusten, qualitativ guten Fahrzeugen.

Skoda 110 R Coupé

Zylinderzahl/Bauart: 4 Zyl.
Hubraum: 1107 ccm
Leistung bei U/min: 52/4650 PS
Höchstgeschwindigkeit: 145 km/h
Karosserie-/Chassisbauart: selbsttragende Karosserie

Ausführung: Coupé
Baujahr: 1970-1980
Preistendenz: 3

Preisgruppe 1: 500 - 1500
Preisgruppe 2: 1500 - 2500
Preisgruppe 3: 2500 - 3500
Preisgruppe 4: 3500 - 4500

1964 löste der 1000 MB die Octavia-Baureihe ab - und offerierte als wichtigste Merkmale Heckmotor, selbsttragende Karosserie und hintere Pendelachse. Fortlaufend modifiziert, kam sechs Jahre später zur viertürigen Limousine das hier gezeigte Fastback-Coupé dazu, das mit höherer Motorleistung, in die Frontpartie eingelassenen Zusatz-Scheinwerfern und breiteren Reifen Kunden ansprechen sollte, die es sportlicher wünschten und sich dafür mit knapper bemessenem Innenraum zufriedengaben.

Spatz

Zylinderzahl/Bauart: 1 Zyl.(Zweitakter)
Hubraum: 191 bzw. 248 ccm
Leistung bei U/min: 10,2/5250 bzw. 14/5200 PS
Höchstgeschwindigkeit: 75-95 km/h
Karosserie-/Chassisbauart: Kunststoff-Karosserie auf Zentralrohrrahmen

Ausführung: Roadster
Baujahr: 1955-1958
Stückzahl: 1588 Ex.
Preistendenz: 1

Preisgruppe 1: 2000 - 4500
Preisgruppe 2: 4500 - 7000
Preisgruppe 3: 7000 - 9500
Preisgruppe 4: 9500 - 12000

Die erfolgreichste Konstruktion von Egon Brütsch war der Spatz, auch wenn sein Schöpfer viel Ärger damit haben sollte. Ohne Chassisrahmen konstruiert (!), fand Brütsch trotzdem einen Lizenznehmer, der allerdings sofort den berühmten Hans Ledwinka (Tatra) damit beauftragte, dem kleinen Roadster ein richtiges "Rückgrat" zu verpassen. Dies geschah und der Spatz ging in Serie - allerdings ohne daß Brütsch Lizenz-Gebühren erhielt. Schließlich hätte er etwas Neues geschaffen, argumentierte mit einiger Berechtigung der Lizenznehmer.

Spatz

Eine der schillerndsten Persönlichkeiten jener bundesdeutschen Kleinwagen- Bewegung, die in den frühen fünfziger Jahren ins Rollen kam, hieß Egon Brütsch. Der Konstrukteur - er stammte aus begütertem Hause - hatte eine sehr gute Meinung von sich selbst: "Ich glaube für mich in Anspruch nehmen zu dürfen, daß die Qualität meiner Konstruktionen, deren... Formschönheit und Zweckmäßigkeit bis heute im Kleinwagenbau unerreicht bleiben..." Da war sogar was dran, denn gute Ideen hatte Brütsch. Leider reichte das nicht aus, wie gerade der Spatz deutlich machte......

Standard

Die Standard Motor Co. entstand 1903 in Coventry und machte sich rasch einen guten Namen durch den Bau solider Autos mit beachtlichem Potential - was etwa Jaguar- Gründer Sir William Lyons mit seinen SS-Sportwagen demonstrierte, die auf Standard-Modelle zurückgingen. Nach dem Zweiten Weltkrieg nahm man unter der Leitung des autokratischen Sir John Black voller Optimismus die Produktion wieder auf, um schon bald Triumph zu erwerben. 1961 hatte sich die Situation bei Standard-Triumph grundlegend geändert: Um zu überleben, mußte man mit Leyland Motors zusammengehen.

Standard Eight, Ten und Pennant

Zylinderzahl/Bauart: 4 Zyl.
Hubraum: 803 bzw. 948 ccm
Leistung bei U/min: 26/4500 - 42/5200 PS
Höchstgeschwindigkeit: 110-125 km/h
Karosserie-/Chassisbauart: selbsttragende Karosserie

Ausführung: 4-t Lim., 3- u. 5-t Kombi
Baujahr: 1953-1960
Stückzahl: 351.727 Ex.
Preistendenz: 2

Preisgruppe 1: 1000 - 3000
Preisgruppe 2: 2500 - 5000
Preisgruppe 3: 4500 - 6000
Preisgruppe 4: 5500 - 8500

Als Konkurrenz für den Austin A 30 und den Morris Minor erschien der Standard Eight mit sehr einfacher Ausstattung und einem 800 ccm-Motor. Im Jahr darauf ergänzte der Ten das Programm, der durch mehr Hubraum (950 ccm), bessere Ausstattung und (gegen Aufpreis) ein Tuning-Kit lockte. Die absolute Krone der Baureihe gab 1957 als Pennant ihr Debut und wurde nur zwei Jahre lang gebaut. Eine auffällige Lackierung, viel Chrom und ein paar Zentimeter mehr Blech waren die wichtigsten Merkmale.

Standard Vanguard, Phase I und II

Zylinderzahl/Bauart: 4 Zyl.
Hubraum: 2088 (Benziner) bzw. 2092 (Diesel) ccm
Leistung bei U/min: 69/4200 (Benziner) bzw. 40/3000 (Diesel) PS
Karosserie-/Chassisbauart: Kastenrahmen

Ausführung: 4-t Lim., 5-t Kombi
Baujahr: 1948-1955
Stückzahl: 267.846 Ex.
Preistendenz: 2

Preisgruppe 1: 3000 - 5000
Preisgruppe 2: 4500 - 6500
Preisgruppe 3: 6000 - 8000
Preisgruppe 4: 7500 - 9500

Als wirkliche Neukonstruktion debütierte 1948 der Standard Vanguard, der die meisten anderen Autos im wahren Sinne des Wortes alt aussehen ließ. Zu seinen Hauptattraktionen zählten natürlich die elegante "Buckel"-Karosserie (der Phase II von 1953 kam mit Stufenheck daher) und der berühmte, dreifach gelagerte Vierzylinder mit den nassen Zylinderlaufbüchsen, der (mit mehr Leistung) in den zeitgenössischen Triumph-Sportwagen zum Einsatz kam. Seit 1954 konnte der Vanguard sogar mit Diesel-Motor geliefert werden!

Standard Vanguard Sportsman

Zylinderzahl/Bauart: 4 Zyl.
Hubraum: 2088 ccm
Leistung bei U/min: 91/4500 PS
Höchstgeschwindigkeit: 150 km/h
Karosserie-/Chassisbauart: selbsttragende Karosserie

Ausführung: 4-t Lim.
Baujahr: 1956-1957
Stückzahl: 901 Ex.
Preistendenz: 1

Preisgruppe 1: 3200 - 5200
Preisgruppe 2: 4700 - 6700
Preisgruppe 3: 6200 - 8500
Preisgruppe 4: 8000 - 10000

Auf den Phase II folgte der Phase III mit selbsttragend ausgelegter Karosserie, die später von Vignale und Michelotti überarbeitet wurde. Bis 1963 blieb dieses Auto in Produktion - als Vanguard Vignale, Ensign und Luxury Six. Und dann war da noch der Vanguard Sportsman, der mit einem Kühlergrill à la MG Magnette, Zweifarben-Lackierung und luxuriöser Ausstattung daherkam. Zwei Vergaser sorgten für mehr Leistung und geschaltet wurde mittels Dreigang-Getriebe, das mit einem Overdrive kombiniert worden war.

Steyr-Puch

Die österreichischen Firmen Steyr, Austro-Daimler und Puch vereinigten sich Mitte der dreißiger Jahre zur Steyr-Daimler-Puch AG und fertigten nach 1945 keine eigenständigen Konstruktionen mehr, sondern vielmehr bestimmte Fiat-Modelle in Lizenz. Nur Nachbauen allerdings mochte man nicht - dazu hatte man eine zu ruhmreiche Tradition (vor allem die Austro-Daimler der Vorkriegszeit waren absolute Klassewagen). Also ging man bei bestimmten Details neue Wege - und dies so erfolgreich, daß sich die Firma sogar motorsportliche Meriten erwarb.

Steyr-Puch 500, 650 und 700

Zylinderzahl/Bauart: 2 Zyl.(Boxer)
Hubraum: 493, 643 bzw. 660 ccm
Leistung bei U/min: 16/4600 - 40/5800 PS
Höchstgeschwindigkeit: 95-140 km/h
Karosserie-/Chassisbauart: selbsttragende Karosserie
Ausführung: 2-t Lim., 3-t Kombi
Baujahr: 1956-1969
Preistendenz: 1

Preisgruppe 1: 3500 - 6000
Preisgruppe 2: 5500 - 8500
Preisgruppe 3: 8000 - 12500
Preisgruppe 4: 12000 - 16500

Äußerlich (von einigen kleinen Details abgesehen) ein Fiat 500, "innerlich" eher eine Eigenkonstruktion: Statt des Zweizylinder-Reihenmotors von Fiat kamen hier Boxer von Steyr-Puch zum Einsatz, die in der schärfsten Ausführung immerhin 40 PS leisteten und diesen kleinen Knallbonbon - seine Bezeichnung: 650 TR II - zu einem gefürchteten Rundstrecken-Auto machten. Eine weitere Steyr-Puch-Eigenart war die hintere Pendelachse, die in allen Puchs - es gab eine verwirrende Typenvielfalt - zum Einsatz kam.

Studebaker

Jene Firma, die auf einen deutschen Einwanderer namens Stuten-Becker aus Lübeck zurückging, fertigte seit 1902 Autos - nachdem die Brüder Henry und Clem Studebaker bereits 1852 mit dem Bau von Pferdekutschen in South Bend, Indiana, begonnen hatten. Leider zählte nach dem Zweiten Weltkrieg, als die Kapitalkonzentration immer mehr zunahm und der Konkurrenzkampf immer härter wurde, eine lange Tradition nicht viel - und so geriet die Firma in ernste Probleme. Ursächlich für das Aus sollte aber letztendlich die Fusion mit Packard sein.

Studebaker Champion und Commander 1950/51

Zylinderzahl/Bauart: 6 Zyl. bzw. V 8
Hubraum: 2779, 2786, 3811 bzw. 4024 ccm
Leistung bei U/min: 86/4400 - 121/4000 PS (SAE)
Höchstgeschwindigkeit: 130-140 km/h
Karosserie-/Chassisbauart: Kastenrahmen

Ausführung: 2- u. 4-t Lim., Coupé, Cabriolet
Baujahr: 1950-1951
Stückzahl: 343.166 (1950) bzw. 268.566 Ex.
Preistendenz: 2, Cabriolet: 1

Preisgruppe 1: 6000 - 10500
Preisgruppe 2: 9500 - 15500
Preisgruppe 3: 15000 - 23000
Preisgruppe 4: 20000 - 28500

Die neue Studebaker-Generation, die 1947 vorgestellt wurde, löste Begeisterungsstürme aus - was zum großen Teil an den hochmodernen und sehr elegant geformten Blechkleidern lag. Für deren Linienführung zeichnete Raymond Loewy verantwortlich, der vermutlich renommierteste Industrie-Designer aller Zeiten. 1950 gab es neue, jetzt obengesteuerte Triebwerke und eine neugestaltete Frontpartie, die sogenannte "bullet-nose" mit deutlichen Anklängen an eine Flugzeugkanzel.

Studebaker Champion und Commander 1953 und 1954

Zylinderzahl/Bauart: 6 Zyl. bzw. V 8
Hubraum: 2779 bzw. 3811 ccm
Leistung bei U/min: 86/4000 bzw. 121/4000 PS (SAE)
Höchstgeschwindigkeit: 135-145 km/h
Karosserie-/Chassisbauart: Kastenrahmen

Ausführung: 2-t Hardtop, 2- u. 4-t Lim, 3-t Kombi
Baujahr: 1953-1954
Stückzahl: 169.899 (1953) bzw. 81.922 (1954) Ex.
Preistendenz: 1

Preisgruppe 1: 6500 - 9000
Preisgruppe 2: 8500 - 15000
Preisgruppe 3: 14000 - 19000
Preisgruppe 4: 18500 - 25000

Komplett neugestaltet präsentierten sich alle 1953er Studebaker, wovon das hier gezeigte Champion Hardtop in den Augen vieler Kritiker das schönste nach dem Krieg in den USA gebaute Auto darstellt. Ob man dem zustimmt oder nicht: Mit seinen klaren, harmonischen Linien wirkt der Loewy-Entwurf immer noch hochattraktiv - weshalb ihn die Leser der Chicago Daily News bei einer 1972 durchgeführten Umfrage zum "Topmodell aller Zeiten" wählten. Und doch: Damals verkauften sich die Autos miserabel...

Studebaker Golden Hawk

Zylinderzahl/Bauart: V 8
Hubraum: 4738 ccm
Leistung bei U/min: 210/4500 - 275/4800 PS (SAE)
Höchstgeschwindigkeit: 175-200 km/h
Karosserie-/Chassisbauart: Kastenrahmen
Ausführung: Hardtop

Baujahr: 1957-1958
Stückzahl: 4.356 bzw. 878 Ex.
Preistendenz: 2, Kompressor-Modell: 1

Preisgruppe 1: 10000 - 17000
Preisgruppe 2: 16000 - 23000
Preisgruppe 3: 21000 - 29000
Preisgruppe 4: 28000 - 35000

Die Weiterentwicklung der wundervollen Loewy-Linienführung brachte Heckflossen und ein prominentes Kühlergrill - beides Dinge, die dem Auto erstaunlich gut standen. Technisch wie formal mit dem Packard Hawk weitgehend identisch, verbarg sich das Besondere unter seiner langen Haube: Dort trieb nämlich ein auf Wunsch lieferbarer Paxton-Kompressor die Leistung auf 275 PS. Aber nur verhältnismäßig wenige Kunden fühlten sich von dieser Offerte angesprochen: Der billigere Silver Hawk verkaufte sich erheblich besser.

Studebaker Lark Wagonaire

Zylinderzahl/Bauart: 6 Zyl. bzw. V 8
Hubraum: 2799, 4249 bzw. 4736 ccm
Leistung bei U/min: 91/4000 - ca. 290/n.a. PS (SAE)
Höchstgeschwindigkeit: 140-180 km/h
Karosserie-/Chassisbauart: Kastenrahmen

Ausführung: 5-t Kombi
Baujahr: 1963-1966
Preistendenz: 2

Preisgruppe 1: 6000 - 8500
Preisgruppe 2: 8000 - 13500
Preisgruppe 3: 13000 - 18500
Preisgruppe 4: 18000 - 21500

Entwickelt aus dem kompakten, von Duncan McRae gestylten Lark, führte Studebaker den Wagonaire 1963 ein. Was auf den ersten Blick wie ein ganz normaler, fünftüriger Kombi erschien, entpuppte sich bei näherem Hinsehen als originelle Lösung eines bekannten Themas: Der Wagonaire überraschte durch ein großes Stahlschiebedach, das sich "verkehrt herum" von hinten nach vorne öffnen ließ und so die Möglichkeit schuf, auch extrem hohe Güter zu transportieren. Aber wer kutschiert schon so häufig Giraffen durch die Gegend?

Studebaker Avanti

Zylinderzahl/Bauart: V 8
Hubraum: 4736 bzw. 4973 ccm
Leistung bei U/min: ca. 240-575 PS
Höchstgeschwindigkeit: 210-260 km/h
Karosserie-/Chassisbauart: Kunststoff-Karosserie auf Kastenrahmen

Ausführung: Coupé
Baujahr: 1962-1964
Stückzahl: 4.643 Ex.
Preistendenz: 2, Kompressor-Modelle: 1

Preisgruppe 1: 22000 - 28000
Preisgruppe 2: 26000 - 40000
Preisgruppe 3: 38000 - 58000
Preisgruppe 4: 55000 - 80000

In sensationell kurzer Zeit schuf Raymond Loewy die aufregende Form der viersitzigen Avanti-Karosserie, die komplett aus Kunststoff bestand. Mit einer Fülle unterschiedlicher Motoren lieferbar, konnte König Kunde auch hier einen Kompressor bekommen - über die Leistung allerdings schwieg sich Studebaker aus: Dem giftigsten und in ganz geringer Stückzahl gebauten R 5-Triebwerk mit Doppel-Kompressor sagte man rund 575 PS nach. Wer will, kann den Avanti nach wie vor neu kaufen: Eine unabhängige kleine Firma baut ihn - mit Chevy-Motor!

Sunbeam

Überwiegend große und kostspielige Autos entstanden bei Sunbeam, jener englischen Firma mit der wechselvollen Geschichte: 1920 fusionierte man mit Darracq aus Frankreich und Talbot aus England zur STD-Gruppe. Wenn auch nicht für lange: Der Zusammenbruch der New Yorker Börse im Oktober 1929 blieb auch für STD nicht ohne Folgen: Der Konzern brach Mitte der dreißiger Jahre auseinander, Sunbeam und Talbot wurden von Rootes geschluckt. Mit dem Ergebnis, daß nach 1945 die Autos zunächst als Sunbeam-Talbot und erst seit 1953 nur als Sunbeam firmierten.

Sunbeam-Talbot 80, 90 und 90 Mk II, Mk II A

Zylinderzahl/Bauart: 4 Zyl.
Hubraum: 1185, 1944 bzw. 2267 ccm
Leistung bei U/min: 48/4800, 65/4100, 71/4000 bzw. 78/4100 PS
Höchstgeschwindigkeit: 115-140 km/h
Karosserie-/Chassisbauart: Kastenrahmen

Ausführung: 4-t Lim., Cabriolet
Baujahr: 1948-1954
Stückzahl: ca. 17.000 Ex.
Preistendenz: 2

Preisgruppe 1: 5500 - 9500
Preisgruppe 2: 7500 - 13500
Preisgruppe 3: 10000 - 18000
Preisgruppe 4: 13000 - 22000

Zunächst als 80 mit 1,2 l und als 90 mit 2,0 l Hubraum gebaut, handelte es sich bei diesen schönen Autos mit der so flüssigen Linienführung um geschickt aufbereitete Vorkriegs-Konstruktionen: Die neue Karosserie adaptierte die Formen des Sunbeam-Talbot Ten und auch das 1,2 l-ohv-Triebwerk basierte auf dem alten Seitenventiler. Ab 1951 gab es nur noch den 90, der von da an die Zusatzbezeichnung Mk II und einen auf 2267 ccm erweiterten Motor erhielt. Von 1955 bis 1957 wurde das Auto als Sunbeam Mk III und Mk III S gebaut.

Sunbeam Alpine Mk II A und Mk III

Zylinderzahl/Bauart: 4 Zyl.
Hubraum: 2267 ccm
Leistung bei U/min: 80/4200 PS
Höchstgeschwindigkeit: 150 km/h
Karosserie-/Chassisbauart: Kastenrahmen

Ausführung: Roadster
Baujahr: 1953-1954 bzw. 1955
Stückzahl: ca. 3.000 Ex.
Preistendenz: 1

Preisgruppe 1: 9500 - 15500
Preisgruppe 2: 15000 - 19000
Preisgruppe 3: 18000 - 25000
Preisgruppe 4: 24000 - 32000

Nicht nur Auto-, sondern auch Filmfreunde kennen dieses stilvolle Auto: Grace Kelly, schöner denn je, fährt damit "Über den Dächern von Nizza" Cary Grant spazieren. Tatsächlich konnte man mit diesem Zweisitzer aber nicht nur Spazierenfahren, sondern auch Rallies und Rennen gewinnen: Wie die Limousinen, so schlug sich auch der vom 90 abgeleitete Alpine auf sportlichem Feld ganz hervorragend. Beispielsweise gewann Stirling Moss damit den Alpen-Goldpokal, weshalb man das Auto Alpine nannte.

Sunbeam Venezia

Zylinderzahl/Bauart: 4 Zyl.
Hubraum: 1592 ccm
Leistung bei U/min: 94/5800 PS
Höchstgeschwindigkeit: 160 km/h
Karosserie-/Chassisbauart: Alu-Karosserie auf Rohrrahmen

Ausführung: Coupé
Baujahr: 1963-1964
Preistendenz: 1

Preisgruppe 1: 5000 - 8000
Preisgruppe 2: 8000 - 13500
Preisgruppe 3: 13500 - 17000
Preisgruppe 4: 17000 - 21000

Touring in Mailand, berühmt nicht nur für wunderschöne Karosserien, sondern auch für seine "Superleggera"-Bauweise, sorgte für die viersitzige Coupé-Karosse des Sunbeam Venezia. Mechanisch sowohl auf dem Sunbeam Alpine wie auf dem Humber Sceptre aufbauend, ist nicht bekannt, wieviele dieser Autos produziert worden sind. Viele dürften es nicht gewesen sein, denn damals kostete eine solche Spezialausführung über DM 18.000,- bei uns in der Bundesrepublik. Der besondere Geschmack war eben schon immer etwas teurer.

Sunbeam Rapier

Zylinderzahl/Bauart: 4 Zyl.
Hubraum: 1395, 1494, 1592 bzw. 1725 ccm
Leistung bei U/min: 62/5000 - 94/5200 PS (SAE)
Höchstgeschwindigkeit: 140-160 km/h
Karosserie-/Chassisbauart: selbsttragende Karosserie

Ausführung: Hardtop, Cabriolet
Baujahr: 1955-1967
Preistendenz: 2

Preisgruppe 1: 3500 - 7500
Preisgruppe 2: 5500 - 11000
Preisgruppe 3: 8500 - 14000
Preisgruppe 4: 11000 - 17500

Der erste Rapier von 1955 profilierte sich als schlichtes zweitüriges Hardtop, das technisch wie formal große Ähnlichkeit zum Hillman Minx aufwies. Letzteres änderte sich 1957, als man dem Auto kleine Heckflossen und ein markantes Kühlergrill verpaßte, wodurch sich das Aussehen dieses nun Rapier Mk II genannten Autos doch erheblich veränderte. Mehr PS und Knüppelschaltung gab es - neben anderen Dingen - ebenfalls, vor allem aber wurde eine Cabrio-Version eingeführt, die aber nur bis 1963 im Programm blieb.

Sunbeam Alpine

Zylinderzahl/Bauart: 4 Zyl.
Hubraum: 1494, 1592 bzw. 1725 ccm
Leistung bei U/min: 78/5300 - 94/5500 PS
Höchstgeschwindigkeit: 150-165 km/h
Karosserie-/Chassisbauart: selbsttragende Karosserie

Ausführung: Cabriolet, Coupé
Baujahr: 1959-1968
Stückzahl: 69.251 Ex.
Preistendenz: 2

Preisgruppe 1: 5000 - 8000
Preisgruppe 2: 7000 - 11500
Preisgruppe 3: 10000 - 15500
Preisgruppe 4: 14000 - 18000

Als englische Roadster wie der MGA knochenhart, laut und eng waren und mit separatem Chassis sowie Steckfenstern aufwarteten, bot der Sunbeam Alpine, der einen berühmten Name aufleben ließ, eine selbsttragende Karosserie, Kurbelfenster, ein geräumiges Cockpit sowie 13-Zoll-Räder - für viele Fans schockierend! Daß es dann noch kleine Heckflossen gab, war noch schlimmer. Die allerdings wurden ihm im Laufe der Zeit gestutzt, zudem kam 1965 der 5-fach gelagerte 1,7 l-Motor zum Einsatz. Der GT übrigens hatte ein Hardtop, aber kein Stoffverdeck!

Sunbeam Tiger I und II

Zylinderzahl/Bauart: V 8
Hubraum: 4260 bzw. 4727 ccm
Leistung bei U/min: 164/4400 bzw. 200/4400 PS (SAE)
Höchstgeschwindigkeit: 190-215 km/h
Karosserie-/Chassisbauart: selbsttragende Karosserie

Ausführung: Cabriolet
Baujahr: 1964-1966 bzw. 1967-1968
Stückzahl: 6.495 bzw. 571 Ex.
Preistendenz: 1

Preisgruppe 1: 10000 - 14000
Preisgruppe 2: 13000 - 20000
Preisgruppe 3: 18000 - 28000
Preisgruppe 4: 26000 - 35000

Äußerlich vom vierzylindrigen Alpine kaum zu unterscheiden, hatte es der Tiger faustdick unter der Haube, denn dort brodelte ein 4,2 l-Ford-V 8. Mit "Power by Ford" war es allein aber nicht getan. So gab es eine Zahnstangenlenkung sowie Viergang-Getriebe und Hinterachse ebenfalls von dem amerikanischen Hersteller. Diesem Kraftprotz, bei dessen Entstehung Carroll Shelby seine Hand im Spiel hatte, spendierte man 1967 gar den 289er (also 4,7 l) V 8, der nun endgültig für atemberaubende Fahrleistungen sorgte.

Talbot

Die Geschichte der noblen französischen Firma Talbot war zeitweilig eng mit Sunbeam verknüpft, begann aber schon viel früher, als 1896 der Autopionier Alexandre Darracq in Suresnes bei Paris die "Etablissement Préfecta" gründete und mit dem Bau von Automobilen begann. 1920 wurde die STD-Gruppe (Sunbeam-Talbot- Darracq) gebildet, die allerdings rund 15 Jahre später auseinanderbrach. Major Anthony C. Lago, der früher eine leitende Position bei STD bekleidete, übernahm die "Société des Automobiles Talbot", die Ende 1958 vom Simca geschluckt wurde.

Talbot Lago Record

Zylinderzahl/Bauart: 6 Zyl.
Hubraum: 4482 ccm
Leistung bei U/min: 170/4000 bzw. 174/4300 PS
Höchstgeschwindigkeit: 175 km/h
Karosserie-/Chassisbauart: Kastenrahmen

Ausführung: 2- u. 4-t Lim., Cabriolet, Sonderaufbauten
Baujahr: 1946-1955
Preistendenz: 1

Preisgruppe 1: 25000 - 37000
Preisgruppe 2: 35000 - 43000
Preisgruppe 3: 43000 - 58000
Preisgruppe 4: 55000 - 75000

Sehr leistungsfähige Automobile der absoluten Extraklasse entstanden bei Talbot - wie der Lago Record, von dem es eine noch sportlichere, Lago Sport genannte Ausführung gab. Ein Wilson Vorwähl-Getriebe sollte für diese Modelle typisch sein, die wahlweise mit Werkskarosserien oder nur als fahrfertiges Fahrgestell geliefert wurden, auf das dann Spezialisten wie Graber, Figoni & Falaschi oder Saoutchik teilweise atemberaubende Aufbauten stülpten. Atemberaubend war freilich auch der Preis, den man für solche Geschöpfe verlangte...

Talbot Lago Sport und America

Zylinderzahl/Bauart: 4 Zyl.bzw. V 8
Hubraum: 2491, 2476 bzw. 2351 ccm
Leistung bei U/min: 120/5000, 130/5000, 125/5000 bzw. 95/5600 PS
Höchstgeschwindigkeit: 180-195 km/h

Karosserie-/Chassisbauart: Alu-Karosserie auf Rohrrahmen
Ausführung: Coupé
Stückzahl: ca. 80 Ex.
Preistendenz: 1

Preisgruppe 1: 60000 - 85000
Preisgruppe 2: 78000 - 110000
Preisgruppe 3: 100000 - 145000
Preisgruppe 4: 130000 - 180000

Zunächst nur mit dem hauseigenen Vierzylinder von 120- bzw. 130 PS (in Spezialausführung), setzte Tony Lago beim Lago Sport, wie das Auto zunächst hieß, auf konsequenten Leichtbau: Eine Alu-Karosserie kam auf ein Rohrrahmen-Chassis, dazu gab es Plexiglas-Fenster und dünngepolsterte Schalensitze. Geschaltet wurde jetzt mit einem manuellen Viergang-Getriebe, während seit 1957 der 2,6 l-BMW-V 8 angemessene Motorisierung sicherte. Die letzten, nach der Simca-Übernahme gebauten Exemplare waren mit dem Simca-V 8 bestückt.

Tatra

Offiziell gegründet wurden die Tatra-Werke AG in Korprivnice 1923, tatsächlich aber setzte man die Arbeit der Nesseldorfer Wagenfabrik fort, wo immerhin bereits Ende des vorigen Jahrhunderts die ersten Fahrzeuge gebaut wurden. Der Mann, der den Autos mit dem Markennamen "Tatra" seinen Stempel aufdrückte, hieß Hans Ledwinka, ein begnadeter Konstrukteur, der auf Stromlinienform, luftgekühlte Heckmotoren und Einzelradaufhängung setzte - Dinge, die er erstmals konsequent beim Typ 77 von 1934 verwirklichte. 1945 wurde Tatra verstaatlicht.

Tatra 87

Zylinderzahl/Bauart: V 8
Hubraum: 2968 ccm
Leistung bei U/min: 73/3600 bzw. 75/3900 PS
Höchstgeschwindigkeit: 155 km/h
Karosserie-/Chassisbauart: halb-selbsttragende Karosserie auf zentralem Kastenrahmen

Ausführung: 4-t Lim.
Baujahr: 1947-1950
Preistendenz: 1

Preisgruppe 1: 5000 - 9500
Preisgruppe 2: 9500 - 13000
Preisgruppe 3: 13000 - 16500
Preisgruppe 4: 16500 - 19500

Mochte dieses Auto 1937 debütiert haben: Es war so fortschrittlich, daß man es nach dem Zweiten Weltkrieg getrost weiterbauen konnte! Zur (noch immer) futuristisch anmutenden Stromlinien-Karosserie kam der luftgekühlte V 8, mit obenliegender Nockenwelle und im Heck installiert, dazu vordere Einzelradaufhängung und hintere Pendelachse sowie Zahnstangenlenkung. Kein Wunder, daß das elegante Auto auf vielen Exportmärkten Käufer fand, obwohl es recht teuer in der Anschaffung war: In der Schweiz etwa kostete es rund Franken 13.000,-.

Tatra 603 und 2-603

Zylinderzahl/Bauart: V 8
Hubraum: 2545 bzw. 2472 ccm
Leistung bei U/min: 95/4800, 100/4800 bzw. 105/4800 PS
Höchstgeschwindigkeit: 160-165 km/h
Karosserie-/Chassisbauart: selbsttragende Karosserie

Ausführung: 4-t Lim.
Baujahr: 1955-1975
Preistendenz: 1

Preisgruppe 1: 4000 - 8000
Preisgruppe 2: 8000 - 11000
Preisgruppe 3: 11000 - 13000
Preisgruppe 4: 13000 - 16000

Die Linie der großen Stromlinien-Limousinen mit V 8-Motor wurde mit dem 603 fortgesetzt, der optisch mit einer etwas rundlicheren, selbsttragenden Karosserie von sich Reden machte, während die Technik kaum verändert worden war. Erst 1975 schickte man den 603 in Pension, überarbeitete ihn in diesem Zeitraum allerdings. So verringerte man den Hubraum geringfügig, ersetzte die drei vorderen Scheinwerfer und lancierte 1962 den 2-603, der es auf 105 PS brachte. Der 613 genannte Nachfolger war übrigens nach dem selben Muster gestrickt.

Thurner

Den Traum, wenigstens für kurze Zeit unter die Auto-Produzenten zu gehen, erfüllte sich Rudolf Thurner aus Bernbeuren/Allgäu: Zwischen 1970 und 1973 stellte er den Thurner RS auf die Räder, einen durchaus ernstzunehmenden kleinen Sportwagen, der durch eine auffällige Karosserie, gute Fahrleistungen und einen recht günstigen Preis auf sich aufmerksam machte. Verdientermaßen hatte Rudolf Thurner mit seiner Schöpfung durchaus Erfolg, wenngleich der Plan, das Auto mit einem Porsche-Motor auszurüsten, nicht mehr verwirklicht wurde.

Thurner RS

Zylinderzahl/Bauart: 4 Zyl.
Hubraum: 1177 ccm
Leistung bei U/min: 65/5500 PS
Höchstgeschwindigkeit: 180 km/h
Karosserie-/Chassisbauart: Kunststoff-Karosserie auf NSU-Bodengruppe

Ausführung: Coupé
Baujahr: 1970-1973
Stückzahl: ca. 100 Ex.
Preistendenz: 1

Preisgruppe 1: 10000 - 14500
Preisgruppe 2: 14000 - 19500
Preisgruppe 3: 19000 - 26500
Preisgruppe 4: 26000 - 33000

Nachdem das Gepard-Projekt schon frühzeitig steckengeblieben war, sprang Rudolf Thurner ein und lancierte den RS. Dieser beachtliche kleine Sportwagen bediente sich der Mechanik des NSU TT und einer flachen Kunststoff-Karosserie, die mit ihren Flügeltüren für Aufregung sorgte. Anfänglich für DM 13.450,- angeboten, mußte Thurner den Preis um DM 2.000,- erhöhen. Wer DM 30.000,- übrig hatte, konnte sich die Rennausführung zulegen, die es dank Einspritzmotor von NSU-Tuner Abt auf 135 PS brachte.

Toyota

Daß ehemalige Fahrrad- oder Nähmaschinen-Fabriken sich um die Jahrhundertwende mit dem Autobau versuchten, leuchtet ein. Daß ein Textilwerk dies tut, ist schon erstaunlicher. Und doch war dies bei Toyota der Fall, wo man 1935 in Kariya City (zwei Jahre später wurde Toyota City daraus) den ersten Prototyp auf die Räder stellte. Die weitere Entwicklung verlief sprunghaft - bis heute. War man schon vor rund 20 Jahren noch mit einer Jahresproduktion von ca. 1,5 Mill. Autos nach General Motors, Ford und VW die Nr. 4, so begann man erst da, den Export nach Europa zu forcieren.

Toyota 800 Sports

Zylinderzahl/Bauart: 2 Zyl.(Boxer)
Hubraum: 790 ccm
Leistung bei U/min: 45/5400 PS
Höchstgeschwindigkeit: 145 km/h
Karosserie-/Chassisbauart: selbsttragende Karosserie

Ausführung: Targa
Baujahr: 1965-1970
Preistendenz: 1

Preisgruppe 1: 6000 - 8500
Preisgruppe 2: 8500 - 11000
Preisgruppe 3: 11000 - 14000
Preisgruppe 4: 14000 - 17500

1965, als japanische Autos bei uns noch kaum zu sehen waren, feierte dieses originelle kleine Wägelchen seinen Einstand. Ausgestattet mit einer echten Targa- Karosserie (also festem Bügel und herausnehmbaren Dachteil), einem luftgekühlten, langhubig ausgelegten Zweizylinder-Boxermotor und vorderer Torsionsstab-Feder, bot es nicht nur optisch, sondern auch technisch extravagante Lösungen. Wieviele 800 Sports in die BRD gelangten, ist fraglich. In den USA jedenfalls erfreute sich dieser Zwerg einer gewissen Beliebtheit.

Toyota 2000 GT

Zylinderzahl/Bauart: 6 Zyl.
Hubraum: 1988 ccm
Leistung bei U/min: 150/6600 PS (SAE)
Höchstgeschwindigkeit: 220 km/h
Karosserie-/Chassisbauart: Kastenrahmen

Ausführung: Coupé, Cabriolet
Baujahr: 1967-1970
Stückzahl: 337 Ex.
Preistendenz: 1

Preisgruppe 1: 38000 - 55000
Preisgruppe 2: 50000 - 72000
Preisgruppe 3: 70000 - 90000
Preisgruppe 4: 87000 - 110000

"Man lebt nur zweimal" hieß der James Bond-Film, in dem 007 einen Toyota 2000 GT fahren durfte - einen ganz besonderen sogar, denn es handelte sich bei diesem Auto um das einzige Cabrio, das heute im Toyota-Museum steht. Aber auch das Coupé mit der aggressiv geformten Außenhaut (angeblich hatte Graf Goertz seine Hand dabei im Spiel) und der hochkarätigen Technik ist schon so extravagant, daß nur wenige es in diesem einen Leben fahren werden. Vor 20 Jahren gehörte übrigens Fotomodell Twiggy zu den glücklichen!

Toyota Celica

Zylinderzahl/Bauart: 4 Zyl.
Hubraum: 1407, 1588 bzw. 1968 ccm
Leistung bei U/min: 86/6000 - 130/5600 PS (SAE)
Höchstgeschwindigkeit: 155-185 km/h
Karosserie-/Chassisbauart: selbsttragende Karosserie

Ausführung: Coupé, Fastback
Baujahr: 1970-1977
Preistendenz: 2

Preisgruppe 1: 500 - 2000
Preisgruppe 2: 1800 - 4000
Preisgruppe 3: 3800 - 5000
Preisgruppe 4: 6000 - 9000

Japans Antwort auf Ford Capri und Opel Manta hieß Toyota Celica: Ein viersitziges Coupé mit Stufenheck, zu dem sich später eine Liftback genannte Version mit großer Heckklappe gesellte. Der Kunde hatte die Wahl zwischen vielen verschiedenen Motoren, wobei die Skala vom einfachen 1,4 l-ohv-Triebwerk bis hin zum aufwendigen Doppelnockenwellen-Motor reichte. Man sagte diesen Autos nach, ebenso leistungsfähig wie robust zu sein - und da sie heute noch günstig zu haben sind, sollten Freunde sportlicher Coupés sie ins Auge fassen.

Trabant

Der Trabant begann sein Autoleben unter der Projekt-Nummer P 50 (einen größeren, bereits in Serie gebauten P 70 gab es ebenfalls) und wurde in Zwickau vom VEB Automobilwerke Sachsenring, wie das alte Automobilwerk Zwickau (AWZ) jetzt hieß, hergestellt. Der Trabant, wie er seit seiner Vorstellung im November 1957 hieß, erwies sich als extrem langlebig: Noch heute, nach mehr als 30 Jahren, wird er immer noch gebaut! Und das, obwohl die technischen wie optischen Retuschen, die man ihm angedeihen ließ, sich in engen Grenzen hielten.

Trabant 500, 600 und 601

Zylinderzahl/Bauart: 2 Zyl.(Zweitakter)
Hubraum: 500 bzw. 594 ccm
Leistung bei U/min: 18/3750 - 26/4200 PS
Höchstgeschwindigkeit: 85-105 km/h
Karosserie-/Chassisbauart: Kunststoff-Karosserie auf Plattformrahmen

Ausführung: 2-t Lim., 3-t Kombi
Baujahr: 1956-heute
Preistendenz: 3

Preisgruppe 1: 400 - 800
Preisgruppe 2: 600 - 1800
Preisgruppe 3: 1500 - 3000
Preisgruppe 4: 2800 - 3800

Das Auto, nicht nur von seinen Besitzern liebevoll-spöttisch "Trabi" genannt, wird auch in der Bundesrepublik zum vertrauten Anblick! Das veränderte politische Klima in der DDR macht es möglich, daß der Winzling mit der Kunststoff-Karosserie und dem luftgekühlten Zweitakter plötzlich auch bei uns stoßartig seine blauen Abgase ins Freie läßt. Dabei dominieren die 601-Modelle, die 1964 eingeführt wurden, während der nur von 1962 bis 1964 gebaute 600 und erst recht der ganz frühe, rundlichere 500 recht selten zu sehen sind.

Triumph 1800 und 2000 Roadster

Zylinderzahl/Bauart: 4 Zyl.
Hubraum: 1776 bzw. 2088 ccm
Leistung bei U/min: 65/4400 bzw. 68/4200 PS (bhp)
Höchstgeschwindigkeit: 120-125 km/h
Karosserie-/Chassisbauart: Alu-Karosserie auf Rohrrahmen mit Eschenholz-Gerippe

Ausführung: Cabriolet
Baujahr: 1946-1948 bzw. 1948-1949
Stückzahl: 2.501 bzw. 2.000 Ex.
Preistendenz: 1

Preisgruppe 1: 15000 - 19500
Preisgruppe 2: 18000 - 26500
Preisgruppe 3: 25000 - 31000
Preisgruppe 4: 30000 - 38000

Die Herren Frank Callaby und A. E. Ballard sorgten für die bauchige Karosserie dieses nur äußerlich sportlichen Autos, das auf der zeitgenössischen Limousine basierte und offiziell (wenn auch fälschlicherweise) Roadster genannt wurde. Tatsächlich war es ein Drophead-Coupé, das neben einer breiten Sitzbank (natürlich lederbezogen) und Lenkradschaltung über zwei Notsitze verfügte, die üblicherweise von der Kofferraumklappe verborgen wurden (und bei uns, wenig freundlich, "Schwiegermuttersitze" genannt werden).

Triumph

Erst verhältnismäßig spät, nämlich 1923, tauchte das erste Auto mit dem Markennamen Triumph auf und verhältnismäßig schnell, nämlich Ende der dreißiger Jahre, war die noch junge Firma in so ernste wirtschaftliche Schwierigkeiten geraten, daß der Konkurs unvermeidlich schien und 1939 auch erfolgte. Ein neuer Besitzer fand sich zwar, der aber wieder verkaufte, nachdem ein deutscher Bombenangriff das gesamte Werksgelände schwer beschädigt hatte. Also erwarb die ebenfalls in Coventry ansässige Standard Motor Company die traurigen Überreste.

Triumph TR 2, TR 3 und TR 3A

Zylinderzahl/Bauart: 4 Zyl.
Hubraum: 1991 (TR 3A ab 1959: auf Wunsch 2138) ccm
Leistung bei U/min: 90/4800, 95/4800 bzw. 100/5000 PS
Höchstgeschwindigkeit: 150-165 km/h
Karosserie-/Chassisbauart: Kastenrahmen
Ausführung: Roadster

Baujahr: 1953-1955, 1955-1957 bzw. 1957-1961
Stückzahl: 8.628, 13.377 bzw. 58.236 Ex.
Preistendenz: 2

Preisgruppe 1: 10000 - 14500
Preisgruppe 2: 14000 - 18500
Preisgruppe 3: 18000 - 24500
Preisgruppe 4: 24000 - 31000

Diese kernigen Sportwagen - man kann sie am Kühlergrill leicht voneinander unterscheiden - waren das Werk von Triumph-Techniker Walter Belgrove. Sie reproduzierten offenbar genau das, was sich viele Fans unter einem Roadster - enges Cockpit, ausgeschnittene Türen, Steckfenster - vorstellten. Der TR 3 unterschied sich vor allem durch mehr Leistung und seit 1956 durch vordere Scheibenbremsen vom Vorgänger, während der TR 3A (das "A" war eine Erfindung von Journalisten!) u.a. mit äußeren Türgriffen daherkam.

Triumph TR 4, TR 4A, TR 5 und TR 250

Zylinderzahl/Bauart: 4 bzw. 6 Zyl.
Hubraum: 2138 (TR 4: auf Wunsch 1991) bzw. 2498 ccm
Leistung bei U/min: 100/4600, 104/4700, 143/5500 bzw. 104/4500 PS
Höchstgeschwindigkeit: 175-200 km/h
Karosserie-/Chassisbauart: Kastenrahmen

Ausführung: Cabriolet
Baujahr: 1961-1965, 1965-1967 bzw. 1967-1968
Stückzahl: 40.253, 28.465, 2.947 bzw. 8.484 Ex.
Preistendenz: 2, TR 5: 1

Preisgruppe 1: 9000 - 14500
Preisgruppe 2: 13000 - 19000
Preisgruppe 3: 16000 - 28000
Preisgruppe 4: 22000 - 40000

Äußerlich trugen alle hier behandelten TR-Modelle die von Giovanni Michelotti entworfene Karosserie und ließen sich nur durch kleine Details identifizieren. Die wesentlichen Unterschiede lagen unterm Blech: Während der TR 4 mit dem modifizierten TR 2/3-Chassis und hinterer Starrachse daherkam, überraschte der TR 4A durch eine unabhängige Hinterradaufhängung, die ein völlig umkonstruiertes Fahrgestell nötig machte. Noch fortschrittlicher gab sich der TR 5, der serienmäßig mit Benzineinspritzung aufwartete (die TR 250 genannte US-Version begnügte sich mit 2 Vergasern und weniger PS).

Triumph TR 6

Zylinderzahl/Bauart: 6 Zyl.
Hubraum: 2498 ccm
Leistung bei U/min: 123/5100 bzw. 143/5500 PS
Höchstgeschwindigkeit: 185-200 km/h
Karosserie-/Chassisbauart: Kastenrahmen

Ausführung: Cabriolet
Baujahr: 1969-1976
Stückzahl: 94.619 Ex.
Preistendenz: 2

Preisgruppe 1: 10000 - 14500
Preisgruppe 2: 14500 - 19500
Preisgruppe 3: 19500 - 27500
Preisgruppe 4: 27500 - 35000

Auf das fahrfertige Chassis des TR 5 stülpte man eine neugestaltete, kantigere Karosserie und nannte das Ganze dann TR 6. Bemerkenswert daran war, daß das Karosseriewerk Karmann in Osnabrück für die kosmetische Operation verantwortlich zeichnete, bei der - dies war Bedingung - wesentliche Teile der bisherigen Karosseriestruktur weiterverwendet werden mußten. Ab November 1972 gab's nur noch 123 PS, außerdem werden seit einiger Zeit bei uns verstärkt schlappe US-Versionen angeboten, die obendrein die Preise gründlich verdorben haben.

Triumph Italia

Technische Daten: siehe Triumph TR 3A

Preisgruppe 1: 18000 - 26000
Preisgruppe 2: 26000 - 34000
Preisgruppe 3: 34000 - 41000
Preisgruppe 4: 41000 - 55000

Machte "Bella Italia" alle Ehre: Der wunderschöne Triumph Italia, zwischen 1959 und 1963 ausschließlich als Coupé von Vignale gebaut, präsentierte sich mit der Mechanik des Triumph TR 3 und einer von Giovanni Michelotti gezeichneten Karosserie, die eindeutig Stilmerkmale des 1961 in Produktion genommenen TR 4 trug. Etwa 150 Stück wurden auf die (Speichen-)Räder gestellt, dann verschwand diese Schöpfung vom Markt. Angeblich deshalb, weil keine TR 3A-Fahrgestelle mehr lieferbar waren...

Triumph Spitfire Mk I, II und III

Zylinderzahl/Bauart: 4 Zyl.
Hubraum: 1147 bzw. 1296 ccm
Leistung bei U/min: 63/5750, 67/6000 bzw. 75/6000 PS
Höchstgeschwindigkeit: 150-160 km/h
Karosserie-/Chassisbauart: Kastenrahmen

Ausführung: Cabriolet
Baujahr: 1962-1965, 1965-1967 bzw. 1967-1970
Stückzahl: 45.753, 37.409 bzw. 65.320 Ex.
Preistendenz: 2

Preisgruppe 1: 5500 - 9000
Preisgruppe 2: 8500 - 12500
Preisgruppe 3: 12000 - 15000
Preisgruppe 4: 14500 - 18000

Nachdem Erzrivale Austin mit dem Sprite solch durchschlagenden Erfolg errungen hatte, mochte man bei Standard-Triumph nicht tatenlos zusehen und lancierte den Spitfire. Die Mischung stimmte: Ein robustes Chassis, die (aufgewertete) Mechanik des Triumph Herald und ein ebenso sportliches wie attraktives, von Haus-Designer Michelotti entworfenes Blechkleid ließen den Spitfire 4 (den man im nachhinein Mk I nannte) zum Erfolg werden. Noch besser konnte es der Mk II mit mehr PS, den der abermals stärkere Mk III (mit höhergelegten Stoßstangen) ablöste.

Triumph Spitfire Mk IV und 1500

Zylinderzahl/Bauart: 4 Zyl.
Hubraum: 1296 bzw. 1474 ccm
Leistung bei U/min: 62/5500 bzw. 69/5250 PS
Höchstgeschwindigkeit: 150-160 km/h
Karosserie-/Chassisbauart: Kastenrahmen

Ausführung: Cabriolet
Baujahr: 1970-1974 bzw. 1974-1980
Stückzahl: 70.021 bzw. 95.829 Ex.
Preistendenz: 2

Preisgruppe 1: 4000 - 7000
Preisgruppe 2: 6500 - 9500
Preisgruppe 3: 9000 - 12000
Preisgruppe 4: 11500 - 15000

Giovanni Michelotti übernahm es, die Linienführung des Spitfire zu straffen, sie moderner zu machen. Gleichzeitig senkte man die Leistung: der Mk IV konnte mit dem alten, urigen Mk III nicht mehr mithalten. Für viele Fans bedeutete dies eine doppelte Enttäuschung, andererseits war der seit 1974 mit einem 1,5 l-Triebwerk ausgerüstete Spitfire einer der wenigen verbliebenen offenen Sportwagen. Und da man außerdem der bis dahin tückischen Hinterachse Manieren beigebracht hatte, schien (und scheint) dieser Spiti empfehlenswert.

Triumph GT 6 Mk I, II und III

Zylinderzahl/Bauart: 6 Zyl.
Hubraum: 1998 ccm
Leistung bei U/min: 95/5000 - 105/5300 PS
Höchstgeschwindigkeit: 175-180 km/h
Karosserie-/Chassisbauart: Kastenrahmen

Ausführung: Coupé
Baujahr: 1966-1968, 1968-1970 bzw. 1970-1973
Stückzahl: 15.818, 12.066 bzw. 13.042 Ex.
Preistendenz: 1

Preisgruppe 1: 5500 - 8500
Preisgruppe 2: 8000 - 12000
Preisgruppe 3: 11000 - 14500
Preisgruppe 4: 14000 - 18500

Dieser "Westentaschen-Jaguar E" war ein Triumph des Baukasten-Systems: Die offene Spitfire-Karosse wurde in ein Fastback-Coupé verwandelt und mit dem 2 l- Sechszylinder des Vitesse bestückt, der ansprechende Fahrleistungen sicherstellte. Das Auto erhielt die gleichen optischen Retuschen wie der Spitfire, sah vielleicht noch attraktiver aus und konnte auf Wunsch mit so leckeren Zutaten wie Overdrive und Speichenrädern geliefert werden. Trotzdem erreichte der GT6 weder die Popularität des Spitfire noch die der TR-Modelle.

Triumph Herald, 1200, 12/50 und 13/60

Zylinderzahl/Bauart: 4 Zyl.
Hubraum: 948, 1147 bzw. 1296 ccm
Leistung bei U/min: 35/4500 - 62/5000 PS
Höchstgeschwindigkeit: 115-140 km/h
Karosserie-/Chassisbauart: Kastenrahmen

Ausführung: 2-t Lim., 3-t Kombi, Coupé, Cabriolet
Baujahr: 1959-1971
Stückzahl: 482.502 Ex.
Preistendenz: 2

Preisgruppe 1: 3000 - 5500
Preisgruppe 2: 5000 - 7500
Preisgruppe 3: 7000 - 10000
Preisgruppe 4: 9500 - 12500

Um nicht nur mit knackigen Sportwagen, sondern auch mit "Brot-und-Butter"-Autos gut im Geschäft zu sein, lancierte Standard-Triumph 1959 den Herald. Diesen Vorboten (denn so ließ sich Herald übersetzen) gab es schon bald in einer Fülle von Versionen, die sich dank des robusten Kastenrahmens mühelos realisieren ließen. Das eröffnete noch andere Möglichkeiten, denn alle Karosserieteile der von Michelotti entworfenen Außenhaut waren verschraubt, sodaß sich etwa ein Kombi ohne große Mühen in ein Cabrio verwandeln ließ.

Triumph Vitesse

Zylinderzahl/Bauart: 6 Zyl.
Hubraum: 1596 bzw. 1998 ccm
Leistung bei U/min: 70-105 PS
Höchstgeschwindigkeit: 145-160 km/h
Karosserie-/Chassisbauart: Kastenrahmen
Ausführung: 2-t Lim., Cabriolet
Baujahr: 1962-1966 bzw. 1966-1971
Stückzahl: 51.182 Ex.
Preistendenz: 2

Preisgruppe 1: 4000 - 6500
Preisgruppe 2: 6000 - 9500
Preisgruppe 3: 9000 - 13500
Preisgruppe 4: 13000 - 17500

Wer sich für ein originelles, viersitziges Cabriolet interessiert, sollte unbedingt den Vitesse in Erwägung ziehen. Anfänglich mit einem der kleinsten je gebauten Sechszylinder (1,6 l) bestückt, gab es 1966 das größere 2 l-Triebwerk, das seit 1968 (als aus dem Auto der Mk II wurde) stattliche 105 PS leistete. Überhaupt sollten Kaufaspiranten sich um einen Mk II bemühen, denn der präsentierte sich mit überarbeiteter Hinterachse. Vom Herald unterschieden sich die Sechszylinder durch die schräggestellten Scheinwerfer.

Triumph Stag

Zylinderzahl/Bauart: V 8
Hubraum: 2997 ccm
Leistung bei U/min: 145/5500 bzw. 147/5750 PS
Höchstgeschwindigkeit: 190 km/h
Karosserie-/Chassisbauart: selbsttragende Karosserie

Ausführung: Targa
Baujahr: 1970-1977
Stückzahl: 25.877 Ex.
Preistendenz: 2

Preisgruppe 1: 9000 - 14500
Preisgruppe 2: 14500 - 18000
Preisgruppe 3: 18000 - 24500
Preisgruppe 4: 24500 - 32000

Dieser schnelle Hirsch (denn das bedeutet "Stag") war wiederum von Giovanni Michelotti in Form gebracht worden, allerdings hatte der Italiener ursprünglich ein "bügelfreies" Cabriolet vorgesehen. Schließlich wurde ein sogenanntes Sicherheits-Cabriolet mit ungewöhnlichem Targa-Bügel daraus, der trotzdem die Möglichkeit bot, ein formschönes Hardtop zu montieren. In seiner ganzen Machart war der Stag eher auf Komfort denn auf Sportlichkeit ausgelegt und wurde deshalb auch häufiger mit Automatik als mit manuellem Getriebe geliefert.

Turner

Als England noch reich an kleinen Sportwagen-Firmen war (das müssen herrliche Zeiten gewesen sein!), durften sich Kauflustige über mangelnde Alternativen nicht beklagen. Eine hieß Turner, war in Pendeford/Wolverhampton ansässig und 1951 von Jack Turner gegründet worden. Rasch verfügten diese Autos über einen festen Kreis von Anhängern, denn sie waren leistungsfähig und qualitativ zufriedenstellend - wovon nicht zuletzt die Tatsache zeugt, daß sie noch heute kräftig bei historischen Rennen mitmischen. Leider ging Turner 1966 finanziell die Puste aus.

Turner Mk I, II und III Sports

Zylinderzahl/Bauart: 4 Zyl.
Hubraum: 948, 997, 1340 bzw. 1498 ccm
Leistung bei U/min: 42,5/5000 - ca. 95 PS
Höchstgeschwindigkeit: 140-175 km/h
Karosserie-/Chassisbauart: Kunststoff-Karosserie auf Rohrrahmen

Ausführung: Roadster
Baujahr: 1959-1966
Stückzahl: ca. 600 Ex.
Preistendenz: 1

Preisgruppe 1: 4000 - 7500
Preisgruppe 2: 7000 - 13500
Preisgruppe 3: 13000 - 18500
Preisgruppe 4: 18000 - 23500

Sogar in der Bundesrepublik gab es einen Importeur, der diese lustigen kleinen Autos hier verkaufte (oder es zumindest versuchte). Die Firma Turner, die sich mit großem Erfolg rennsportlich beteiligte, bot stets kleine Sportwagen mit unterschiedlicher Motorisierung an. So kamen die Triebwerke etwa von Austin, Ford oder Climax und konnten auf Wunsch natürlich getunt werden, was genaue Leistungsangaben nahezu unmöglich macht. Gegen Aufpreis ließen sich sowohl Hardtop und Speichenräder bestellen.

TVR

In gewisser Weise begann die Geschichte von TVR 1947, als ein junger Mann namens Trevor Wilkinson seinen ersten Prototyp auf die Räder stellte. Weitere Einzelstücke folgten, bis Wilkinson 1954 seine eigene Firma in Blackpool gründete und aus seinem Vornamen - TreVoR - sinnreich "TVR" machte. Wie bei vielen derartige Unternehmen ging es auch bei TVR auf und ab, mit sich stetig abwechselnden neuen Besitzern. Trotzdem - und das allein ist schon ein toller Erfolg - gibt es TVR noch heute. Trotz aller Konkurs-Gerüchte...

TVR Grantura Mk I, II, IIa, III und 1800S

Zylinderzahl/Bauart: 4 Zyl.
Hubraum: 997-1798 ccm
Leistung bei U/min: 35/4600 - 95/5400 PS
Höchstgeschwindigkeit: 125-175 km/h
Karosserie-/Chassisbauart: Kunststoff-Karosserie auf Rohrrahmen

Ausführung: Coupé
Baujahr: 1958-1967
Stückzahl: ca. 680 Ex.
Preistendenz: 2

Preisgruppe 1: 4000 - 7000
Preisgruppe 2: 6500 - 11000
Preisgruppe 3: 10000 - 15000
Preisgruppe 4: 14000 - 17500

Das erste Serienfahrzeug von TVR präsentierte sich als winziges Coupé, gestrickt nach dem klassischen Konzept englischer Kleinhersteller: Auf einen aufwendigen Rohrrahmen setzte man eine leichte Kunststoff-Karosse und garnierte dies mit Motoren von Ford, Coventry Climax oder MG; bei den Mk I-Modellen kamen noch reichlich VW-Teile zum Einsatz. Im Laufe der Zeit gab es umkonstruierte Rahmen, größere Karosserien und verfeinerte Technik, etwa vordere Scheibenbremsen ab dem Mk III.

TVR Griffith

Zylinderzahl/Bauart: V 8
Hubraum: 4727 ccm
Leistung bei U/min: 195/4400 bzw. 271/6500 PS
Höchstgeschwindigkeit: 220-240 km/h
Karosserie-/Chassisbauart: Kunststoff-Karosserie auf

Rohrrahmen
Ausführung: Coupé
Baujahr: 1963-1965
Stückzahl: ca. 310 Ex.
Preistendenz: 1

Preisgruppe 1: 9500 - 15000
Preisgruppe 2: 14000 - 21000
Preisgruppe 3: 19000 - 27000
Preisgruppe 4: 26000 - 35000

Es kann nicht einfach gewesen sein, in das kleine Kunststoff-Coupé den fetten Ford- V 8 zu hängen. Aber Jack Griffith, Auto-Händler aus den USA, schaffte es. Und weil die Operation so gute Resultate brachte und Griffith die TVR-Verantwortlichen davon überzeugte, daß der US-amerikanische Markt auf genau so ein Auto warten würde, legte man es auf. Eigentlich handelte es sich dabei um einen Grantura Mk III mit doppelter Zylinderzahl, den man nach seinem Initiator aber TVR Griffith nannte.

TVR Vixen S1, S2, S3 und S4

Zylinderzahl/Bauart: 4 Zyl.
Hubraum: 1599 ccm
Leistung bei U/min: 86/5500 PS
Höchstgeschwindigkeit: 175 km/h
Karosserie-/Chassisbauart: Kunststoff-Karosserie auf Rohrrahmen

Ausführung: Coupé
Baujahr: 1967-1968, 1968-1970, 1970-1972 bzw. 1972-1973
Stückzahl: 117, 438, 168 bzw. 23 Ex.
Preistendenz: 2

Preisgruppe 1: 4500 - 7500
Preisgruppe 2: 7000 - 12000
Preisgruppe 3: 11500 - 17000
Preisgruppe 4: 16000 - 19000

ier finden Sie die
estellkarten, mit denen
ie sich weitere
xemplare des
ldtimer-Kataloges
chern können.

ür Ihre Kollegen,
ır Ihre Freunde
nd für Sie selbst.

utomatisch nach
rscheinen schicken wir
nen den neuen
ldtimer-Katalog,
enn Sie diese Postkarte
usfüllen.

Mit dieser Postkarte
können auch Sie
einfach und bequem
die anderen Bücher
des HEEL-Verlages
bestellen.
Natürlich auch die
Oldtimer-Kataloge.

Zu Ostern
Geburtstagen
Weihnachten. . .
nur so. . .

Bestellkarte

Hiermit bestelle ich ______ Exemplare

des **Oldtimer-Kataloges IV**

zum Stückpreis von

DM 29,80 + Porto und Verpackung

Ort, Datum ______________________ Unterschrift ______________________

(Bitte hier abtrennen)

Sicher möchten Sie auch im nächsten Jahr nicht auf den neuen **Oldtimer-Katalog V** verzichten.

Senden Sie einfach diese Postkarte ausgefüllt an unsere Anschrift.

So erhalten Sie den neuen **Oldtimer-Katalog V** auf dem schnellsten und preiswertesten Weg.

Hiermit bestelle ich
_____ Exemplare des neuen
Oldtimer-Kataloges V
zum Stückpreis von DM 29,80
+ Versandkosten.

Ort, Datum ______________________

Unterschrift ______________________

(Bitte hier abtrennen)

Bestellung	
Ex.	Ex.
Ex.	Ex.
Ex.	Ex.
Ex.	Ex.
Ex.	Ex.

Adresse

Unterschrift: ______________________ Datum: ______________________

Absender:

Postfach oder Straße und Hausnummer

Postleitzahl, Ort

DM 0,60

Antwortkarte

HEEL-Verlag
Hauptstraße 354

5330 Königswinter 1

Absender:

Postfach oder Straße und Hausnummer

Postleitzahl, Ort

DM 0,60

Antwortkarte

HEEL-Verlag
Hauptstraße 354

5330 Königswinter 1

Absender:

Postfach oder Straße und Hausnummer

Postleitzahl, Ort

Hiermit bestelle ich die umseitig aufgeführten Bücher zu den angegebenen Preisen + Porto und Verpackung

Ort, Datum

Unterschrift

DM 0,60

Antwortkarte

HEEL-Verlag
Hauptstraße 354

5330 Königswinter 1

Bei der Vixen-Baureihe kamen nur noch die 1,6 l-Ford Cortina-Vierzylinder zum Einsatz, und zwar in allen drei Serien. Dabei gab es zwischen dem S1 und dem S2 große Unterschiede: Statt eines einlaminierten Rahmens verfügte der S2 nun über einen aufgeschraubten (was die Restauration bzw. Reparatur natürlich erheblich erleichtert), außerdem profitierten S2 und S3 von jenem für den Tuscan V 8 SE entwickelten Chassis, das für einen längeren Radstand und eine breitere Spur sorgte. Es spricht für aerodynamische Qualitäten, daß ein Vixen 175 km/h lief.

TVR 2500M

Zylinderzahl/Bauart: 6 Zyl.
Hubraum: 2498 ccm
Leistung bei U/min: 106/4900 PS
Höchstgeschwindigkeit: 175 km/h
Karosserie-/Chassisbauart: Kunststoff-Karosserie auf Rohrrahmen

Ausführung: Coupé
Baujahr: 1972-1977
Stückzahl: 947 Ex.
Preistendenz: 2

Preisgruppe 1: 8000 - 11000
Preisgruppe 2: 11000 - 15500
Preisgruppe 3: 15500 - 19000
Preisgruppe 4: 19000 - 23000

Vater Lilley hatte Mitte der sechziger Jahre TVR - damals gerade in marodem Zustand - erworben und seinen Sohn Martin kurzerhand als Direktor eingesetzt. Der war damals erst 23 Jahre alt, brachte die Firma aber trotzdem auf richtigen Kurs - unter anderem mit dem 2500M (das "M" stand für Martin), der mit einem von Mike Bigland entworfenen Chassis und einer retuschierten Karosserie auf den Markt kam. Als Antriebsquelle diente ein abgasentgifteter Triumph TR 6-Motor, daneben gab es den 1600M und 3000M mit Ford-Vier- und Sechszylindern.

TVR Tuscan V 6, V 8 und V 8 SE

Zylinderzahl/Bauart: V 6 bzw. V 8
Hubraum: 2994 bzw. 4727 ccm
Leistung bei U/min: 128/4750, 195/4400 bzw. 271/6500 PS
Höchstgeschwindigkeit: 200-245 km/h
Karosserie-/Chassisbauart: Kunststoff-Karosserie auf Rohrrahmen

Ausführung: Coupé
Baujahr: 1969-1971 bzw. 1967-1970
Stückzahl: 101, 28, 24 bzw. 21 Ex.
Preistendenz: V 6: 2; V 8: 1

Preisgruppe 1: 8000 - 16000
Preisgruppe 2: 12000 - 23000
Preisgruppe 3: 17500 - 30000
Preisgruppe 4: 23500 - 45000

Auf den Griffith folgte 1967 der Tuscan V 8, den es seit dem selben Jahr als SE (für "Special Equipment") mit 271 PS und längerem Radstand gab. 1968 erschien die sogenannte "wide body"-Version, von der gerade 21 Exemplare hergestellt wurden. Hauptsächlich für den US-Markt bestimmt und deswegen in Europa kaum angeboten, wären diese Autos vielen Sportwagen-Fans ohnehin zu teuer in Anschaffung und Unterhalt gewesen. Also lancierte man den Tuscan V 6, der vom 3 l-Ford "Essex"- Motor angetrieben wurde und damit den Weg in die Zukunft wies.

Vanden Plas

Ursprünglich handelte es sich bei Vanden Plas (nicht zu verwechseln mit Van den Plas, ebenfalls in London ansässig) um den englischen Ableger des berühmten belgischen Karosserieschneiders gleichen Namens, der für teure Karosserien auf noch teureren Fahrgestellen - etwa von Bentley oder Delage - bekannt wurde. Nach 1945, als selbsttragende Karosserien auch in der Luxusklasse immer verbreiteter wurden, verlor der Betrieb seine Selbständigkeit und ging an Austin über. BMC machte 1960 schließlich eine eigene Marke daraus.

Vanden Plas Princess 4 Litre R

Zylinderzahl/Bauart: 6 Zyl.
Hubraum: 3993 ccm
Leistung bei U/min: 122/4000 PS (SAE)
Höchstgeschwindigkeit: 155 km/h
Karosserie-/Chassisbauart: Kastenrahmen

Ausführung: 4-t Lim.
Baujahr: 1964-1968
Stückzahl: ca. 7.000 Ex.
Preistendenz: 1

Preisgruppe 1: 3000 - 6000
Preisgruppe 2: 6000 - 9500
Preisgruppe 3: 9500 - 14500
Preisgruppe 4: 14500 - 18500

Ein ungewöhnliches Angebot: Den bisherigen Princess 3 Litre (im Prinzip ein besser ausgestatteter großer Austin mit Pininfarina-Karosserie) wertete man durch einen echten Rolls-Royce-Sechszylinder auf. Eigens für BMC konstruiert, kombinierte dieser Reihen-Sechszylinder sehr moderne Konstruktionsmerkmale wie die Verwendung von Leichtmetall für Zylinderkopf und -block oder ein geschlossenes Kühlsystem mit so altertümlichen Dingen wie hängenden Einlaß- und stehenden Auslaß-Ventilen.

Vanden Plas Princess 1100 und 1300

Zylinderzahl/Bauart: 4 Zyl.
Hubraum: 1098 bzw. 1275 ccm
Leistung bei U/min: 55/5500 - 66/5750 PS
Höchstgeschwindigkeit: 130-145 km/h
Karosserie-/Chassisbauart: selbsttragende Karosserie

Ausführung: 4-t Lim.
Baujahr: 1963-1968 bzw. 1967-1974
Stückzahl: insg. 39.732 Ex.
Preistendenz: 2

Preisgruppe 1: 2000 - 4500
Preisgruppe 2: 4000 - 7500
Preisgruppe 3: 7000 - 9500
Preisgruppe 4: 9000 - 12000

Dies war ohne Frage eine der luxuriösesten kleinen Limousinen, die serienmäßig je gebaut wurden! Der bekannten und unter vielen Markennamen angebotenen BMC 1100/1300- Baureihe (ihr Schöpfer hieß Alec Issigonis) hatte man hier echte Lederpolster, ein wunderschönes Holz-Armaturenbrett, aus den Rückenlehnen ausklappbare Picknick- Tische und viele erlesene Dinge mehr spendiert. Und da es schon immer etwas teurer war, einen besonderen Geschmack zu haben, kostete der kleine Luxusliner fast doppelt soviel wie ein biederer Austin 1100!

Vauxhall

Vauxhall Iron Works Ltd., London, wurde 1903 gegründet, aber innerhalb der nächsten Jahre mehrfach umstrukturiert, bis sich 1907 die Vauxhall Motors Ltd. in Luton etablierte. Diese Firma erfreute Liebhaber mit so herrlichen Autos wie dem 30/98, den es zwischen 1913 und 1927 gab. Etwa gleichzeitig gelangte Vauxhall unter das General Motors-Banner, woran sich bis heute nichts geändert hat. Bestehen mittlerweile zwischen den deutschen Opel und den englischen Vauxhall kaum noch Unterschiede, so war dies nach 1945 lange Jahre anders.

Vauxhall Velox

Zylinderzahl/Bauart: 6 Zyl.
Hubraum: 2275 ccm
Leistung bei U/min: 55/3300 bzw. 59/3500 PS
Höchstgeschwindigkeit: 120 km/h
Karosserie-/Chassisbauart: selbsttragende Karosserie

Ausführung: 4-t Lim.
Baujahr: 1948-1951
Stückzahl: 76.919 Ex.
Preistendenz: 2

Preisgruppe 1: 2000 - 4500
Preisgruppe 2: 4500 - 7500
Preisgruppe 3: 7500 - 9500
Preisgruppe 4: 9500 - 12000

Die 1948 in Produktion genommenen Modelle Wyvern und Velox kamen mit neuer, auf den ersten Blick identischer Karosserie daher: Biedere viertürige Limousinen, die sich hauptsächlich in der Motorisierung voneinander unterschieden. So sorgte beim Wyvern ein 1,4 l-Vierzylinder und im Velox ein 2,3 l-Sechszylinder vor Vortrieb. In beiden Fällen ging dies gemächlich vonstatten, denn auch der Sechszylinder schäumte nicht gerade über vor Temperament, zumal er mit einem Dreigang-Getriebe (mit unsynchronisiertem 1. Gang) kombiniert war.

Vauxhall Velox und Cresta

Zylinderzahl/Bauart: 6 Zyl.
Hubraum: 2262 bzw. 2651 ccm
Leistung bei U/min: 68/4000 - 115/4800 PS (SAE)
Höchstgeschwindigkeit: 140-165 km/h
Karosserie-/Chassisbauart: selbsttragende Karosserie

Ausführung: 4-t Lim.
Baujahr: 1957-1960 bzw. 1960-1962
Stückzahl: 81.841 bzw. 91.923 Ex.
Preistendenz: 2

Preisgruppe 1: 3000 - 5500
Preisgruppe 2: 5000 - 8500
Preisgruppe 3: 8000 - 11000
Preisgruppe 4: 10500 - 15000

Das Gegenstück zum Kapitän erschien 1957 völlig neu eingekleidet, wobei amerikanische Vorbilder den Ton angaben: Panorama-Scheiben (das Heckfenster war ursprünglich dreigeteilt!), kleine Heckflossen, üppig verchromtes Kühlergrill und - beim luxuriöseren Cresta - auffällige Zweifarben-Lackierung. Es gab Leute, denen das offenbar zusagte, denn das Auto verkaufte sich sehr gut - erst recht nach 1960, als ein neuer, hochmoderner Sechszylinder für ansprechende Fahrleistungen sorgte.

Vauxhall Firenza "Droopsnoot"

Zylinderzahl/Bauart: 4 Zyl.
Hubraum: 2279 ccm
Leistung bei U/min: 132/5500 PS
Höchstgeschwindigkeit: 195 km/h
Karosserie-/Chassisbauart: selbsttragende Karosserie

Ausführung: Coupé
Baujahr: 1973-1975
Stückzahl: 204 Ex.
Preistendenz: 1

Preisgruppe 1: 4000 - 6500
Preisgruppe 2: 6500 - 8000
Preisgruppe 3: 8000 - 10000
Preisgruppe 4: 10000 - 13500

Der Firenza - sowas wie der englische Opel Manta - wurde 1973 durch den sogenannten "Droopsnoot" ersetzt, der seine Bezeichnung einer eigenartigen Frontpartie verdankte. Zusammen mit Heckspoiler, Alu-Felgen, 132 PS sowie einem ZF-Fünfgang-Getriebe bot dieses Modell einer sportlich ausgerichteten Kundschaft eine Menge - vor allem Exklusivität, denn nur wenige Exemplare wurden gebaut. Das macht es schwer, heute eines zu finden - und wenn, kosten diese Autos relativ viel Geld.

Veritas

Ernst Loof, BMW-Mann mit Leib und Seele (und vor dem Krieg natürlich dort tätig), setzte schon kurze Zeit nach dem Krieg seine kleine, Veritas genannte Autofirma in Gang. Unterstützt von Lorenz Dietrich und "Schorsch" Meier, fertigte man unter schwierigsten Bedingungen zunächst in einer Mühle in Hausen (nahe Sigmaringen) die ersten Fahrzeuge, um dann nach Meßkirch/Oberndorf und 1951 in die ehemaligen Auto- Union-Boxen am Nürburgring umzuziehen. Freilich fanden sich für die sündhaft teuren Autos nur wenige Kunden.

Veritas Comet und Comet S

Zylinderzahl/Bauart: 6 Zyl.
Hubraum: 1971 bzw. 1988 ccm
Leistung bei U/min: 55/4200, 80/5000 bzw. 140/7500 PS
Höchstgeschwindigkeit: 150-235 km/h
Karosserie-/Chassisbauart: Alu-Karosserie auf Rohrrahmen

Ausführung: Coupé, Roadster
Baujahr: 1949-1950
Stückzahl: Comet: 6 Ex. (nur Coupé), Comet S: 1 Roadster
Preistendenz: 1

Preisgruppe 1: 50000 - 65000
Preisgruppe 2: 65000 - 90000
Preisgruppe 3: 90000 - 125000
Preisgruppe 4: 125000 - 160000

Neben Rennsportwagen stellte Loof auch sportliche Coupés und Cabriolets für den alltäglichen Gebrauch auf die Räder. Den Anfang machte 1949 der Comet, ein zwei- bis dreisitziges Coupé, zunächst noch mit dem BMW 326-, dann mit dem 328- Sechszylinder bestückt. Die Alu-Karosserien stammten von Spohn in Ravensburg und der Preis lag bei mindestens DM 20.000,- - damals ein kaum vorstellbarer Batzen Geld! In jeder Hinsicht aus der Reihe fiel hier der Comet S, ein Roadster mit auf 140 PS gebrachtem Heinkel-Motor und Fünfgang-Getriebe, der eher für den Renn- als für den Straßenbetrieb tauglich schien.

Dyna-Veritas

Zylinderzahl/Bauart: 2 Zyl.(Boxer)
Hubraum: 744 ccm
Leistung bei U/min: 28/5000, 32/5000 bzw. 40/5000 PS
Höchstgeschwindigkeit: 115-135 km/h
Karosserie-/Chassisbauart: Kastenrahmen

Ausführung: Coupé, Cabriolet, Roadster
Baujahr: 1950-1952
Stückzahl: ca. 170 Ex.
Preistendenz: 1

Preisgruppe 1: 16000 - 20000
Preisgruppe 2: 20000 - 26000
Preisgruppe 3: 26000 - 31000
Preisgruppe 4: 31000 - 36000

Mit dem Dyna-Veritas versuchten es Loof und Co. ein paar Nummern kleiner und zu einem Drittel des sonst üblichen Preises - vergeblich: Obwohl sich das auf Panhard-Basis errichtete und entsprechend mit Frontantrieb ausgestattete kleine Auto gut verkaufte (für Veritas-Verhältnisse jedenfalls), kam es zu spät: Loof mußte Konkurs anmelden. Aber der mit einer Baur-Karosserie bestückte Wagen (es gab einige wenige getunte Roadster mit Drews-Außenhaut) überlebte Veritas und wurde bis 1952 von einer Dyna genannten Firma weitergebaut.

Vespa 400

Zylinderzahl/Bauart: 2 Zyl.(Zweitakter)
Hubraum: 393 ccm
Leistung bei U/min: 14/4350 PS
Höchstgeschwindigkeit: 90 km/h
Karosserie-/Chassisbauart: halb-selbsttragende Karosserie

Ausführung: 2-t Cabrio-Lim.
Baujahr: 1957-1961
Stückzahl: ca. 34.000 Ex.
Preistendenz: 2

Preisgruppe 1: 3000 - 5500
Preisgruppe 2: 5500 - 7500
Preisgruppe 3: 7500 - 9000
Preisgruppe 4: 9000 - 11000

In Italien konstruiert, aber von der französischen Piaggio-Filiale in Frankreich gebaut, wartete diese entzückende kleine Cabrio-Limousine mit einem interessanten luftgekühlten Zweizylinder-Zweitakter - nicht die Kolben, sondern die Kurbelwelle und deren Gegengewichte öffneten und verdeckten die Einlaßschlitze - sowie einer recht spartanischen Ausstattung auf. 1961, kurz vor Produktionseinstellung, kam noch eine Luxus-Version mit Viergang-Getriebe und besserer Ausstattung hinzu, während der kleine Heckmotor weiterhin unverändert 14 PS leistete.

Vespa

Die italienische Firma Piaggio ist durch die Konstruktion und den Bau der Vespa- Roller weltberühmt geworden. Aber neben diesen zweirädrigen Wespen (für uns längst ein Symbol der "Wilden Fünfziger") und den dreirädrigen Lastkarren, die mit kreischendem Motor und in abenteuerlicher Schräglage südländische Straßen unsicher machen, hatte die Firma kurze Zeit auch ein Fahrzeug mit vier Rädern im Programm: den Vespa 400. Da aber die Verkaufszahlen nicht annähernd den Erwartungen entsprachen, verschwand dieses nette kleine Auto schon bald wieder.

Vignale

Der vor einigen Jahren bei einem Verkehrsunfall umgekommene Alfredo Vignale besaß nicht nur ein eigenes Studio samt kleinem Karosserie-Werk in Grugliasco nahe Turin, sondern arbeitete mit Giovanni Michelotti eng zusammen. Diese Partnerschaft führte zu vielen sehr schönen Autos wie etwa dem Triumph Italia, den Michelotti entworfen und Vignale gebaut hatte. Manchmal allerdings ging Don Alfredo eigene Wege und baute nicht nur, sondern entwarf auch selbst. Wie den Vignale Gamine, diesen so symathischen Gassenjungen (deutsch für Gamine).

Vignale Gamine

Zylinderzahl/Bauart: 2 Zyl.
Hubraum: 499 ccm
Leistung bei U/min: 18/4600 PS
Höchstgeschwindigkeit: 100 km/h
Karosserie-/Chassisbauart: selbsttragende Karosserie

Ausführung: Roadster
Baujahr: 1967-1970
Preistendenz: 2

Preisgruppe 1: 5000 - 8500
Preisgruppe 2: 8500 - 13000
Preisgruppe 3: 13000 - 16500
Preisgruppe 4: 16500 - 19500

Mit seiner nostalgisch angehauchten Karosserie, die vom (natürlich imitierten) Kühlergrill und den tief ausgeschnittenen Türen lebte, präsentierte sich der Gamine als orignielles Spaß-Auto für junge Leute. Zu dieser Einschätzung kam auch ein großes deutsches Versandhaus, das gegen Ende der sechziger Jahre das kleine, auf dem Fiat 500 basierende Auto kurzerhand in sein Angebot aufnahm und es via Katalog verkaufte! Kostenpunkt damals: knapp DM 4.000,-, womit der Gamine eines der billigsten Cabrios am Markt gewesen sein dürfte.

Volvo

Die Bezeichnung "Volvo" - lateinisch für "ich rolle" - tauchte vermutlich um 1890 zum ersten Mal auf - damals allerdings noch nicht in Zusammenhang mit der heute weltberühmten gleichnamigen Automarke, sondern vielmehr als Handelsbezeichnung für alle Arten von Kugel- und Rollen-Lager. Aus irgendwelchen Gründen verschwand der Name "Volvo" wieder - bis die Herren Assar Gabrielsson und Gustaf Larson ihn 1927 wiederaufleben ließen: Sie gründeten in Göteborg eine Autofabrik und stellten 1927 den ersten Volvo genannten Personenwagen auf die Räder.

Volvo PV 444 und 445

Zylinderzahl/Bauart: 4 Zyl.
Hubraum: 1414 bzw. 1585 ccm
Leistung bei U/min: 40/3800 - 85/5500 PS (SAE)
Höchstgeschwindigkeit: 110-150 km/h
Karosserie-/Chassisbauart: selbsttragende Karosserie (Lim.) bzw. sep. Fahrgestell (Kombi)

Ausführung: 2-t Lim., 3-t Kombi
Baujahr: 1944-1958
Stückzahl: 196.005 (nur Lim.) Ex.
Preistendenz: 2

Preisgruppe 1: 5500 - 8500
Preisgruppe 2: 8500 - 12000
Preisgruppe 3: 12000 - 16500
Preisgruppe 4: 16500 - 21000

"Wir wollen einen Kleinwagen bauen, aber keine Seifenkiste", befand Assar Gabrielsson und legte damit die Marschroute fest - und Helmer Petterson machte sich an die Arbeit. Schon bald konnte der erste "Buckel-Volvo", denn so wurden die Autos wegen ihrer markanten Heckpartie genannt, gezeigt werden: als PV 444. Dabei stand die Abkürzung "PV" für "personvagn", die erste "4" für die Zahl der Sitzplätze und die "44" für das Vorstellungsjahr. Richtig in Gang kam die Buckel- Produktion aber erst nach dem Krieg, als auch der Duett oder PV 445 genannte Kombi das Programm bereicherte.

Volvo PV 544, 445 und 210

Zylinderzahl/Bauart: 4 Zyl.
Hubraum: 1585 bzw. 1780 ccm
Leistung bei U/min: 66/4500 - 95/5600 PS (SAE)
Höchstgeschwindigkeit: 140-160 km/h
Ausführung: 2-t Lim.; 3-t Kombi

Baujahr: 1958-1965
Stückzahl: 246.995 (ohne Kombi) Ex.
Preistendenz: 2

Preisgruppe 1: 5000 - 8000
Preisgruppe 2: 7500 - 11000
Preisgruppe 3: 10000 - 15000
Preisgruppe 4: 14000 - 19000

1958 löste der PV 544 seinen Vorgänger ab - und bot nicht nur fünf Personen Platz, sondern offerierte obendrein ein neues Armaturenbrett, eine einteilige Frontscheibe und zahlreiche andere kleine Modifikationen. 1961 erfuhren die Autos weitere wichtige Verbesserungen: Statt der bisherigen 6- gab es nun eine 12-Volt-Anlage, vor allem aber schickte man den dreifach gelagerten B 16-Motor zugunsten des neuen B 18 mit fünf Kurbelwellenlagern in Pension. Der Kombiwagen "Duett" zog, wenn auch mit Verspätung, nach und mauserte sich zum P 210.

Volvo P 1900

Zylinderzahl/Bauart: 4 Zyl.
Hubraum: 1414 ccm
Leistung bei U/min: 70/6000 PS
Höchstgeschwindigkeit: 155 km/h
Karosserie-/Chassisbauart: Kunststoff-Karosserie auf Rohrrahmen

Ausführung: Cabriolet
Baujahr: 1956-1957
Stückzahl: 67 Ex.
Preistendenz: 1

Preisgruppe 1: 18000 - 24000
Preisgruppe 2: 24000 - 29000
Preisgruppe 3: 29000 - 34000
Preisgruppe 4: 34000 - 39000

Sein Debut gab dieser wunderschöne Sportwagen im Juni 1954, seine Serienfertigung (wenn man überhaupt davon sprechen kann) kam aber erst 1956 zustande. Unter Verwendung von PV 444-Teilen und einer rundlichen Kunststoff-Karosserie hatte Volvo dieses sehr teure Auto auf die Räder gestellt und dabei die Probleme, die sich aus dem Karosserie-Material ergaben, nie richtig in den Griff bekommen. Folgerichtig zeigte Gunnar Engellau, gerade Volvo-Boß geworden, nach einer ausgedehnten Probefahrt dem P 1900 sofort die Rote Karte.

Volvo Amazon (121, 122 S und 123 GT)

Zylinderzahl/Bauart: 4 Zyl.
Hubraum: 1585 bzw. 1780 ccm
Leistung bei U/min: 60/4500 - 100/5500 PS
Höchstgeschwindigkeit: 135-170 km/h
Karosserie-/Chassisbauart: selbsttragende Karosserie

Ausführung: 2- u. 4-t Lim., 5-t Kombi
Baujahr: 1957-1970
Stückzahl: 644.716 Ex.
Preistendenz: 2; 123 GT: 1

Preisgruppe 1: 3500 - 6500
Preisgruppe 2: 6000 - 8500
Preisgruppe 3: 8000 - 11000
Preisgruppe 4: 10000 - 14500

Volvos junger Chef-Designer Jan Wilsgaard schuf das harmonisch geformte Blechkleid dieses attraktiven Autos, das sich nicht nur im Alltag bewährte (und bewährt!), sondern wie schon der Buckel zu motorsportlichem Ruhm kam. Mit dem Buckel hat es noch die Technik (weitgehend) gemeinsam, allerdings verzichtete der Amazon Kombi, der 1962 das Programm ergänzte, auf ein separates Fahrgestell. Das gesuchteste Modell ist heute der nur kurz gebaute 123 GT, der serienmäßig mit mehr PS, Overdrive und sportlichem Zubehör daherkam.

Volvo 142, 144, 145 bzw. S

Zylinderzahl/Bauart: 4 Zyl.
Hubraum: 1780 bzw. 1986 ccm
Leistung bei U/min: 75/4700 - 124/6000 PS
Höchstgeschwindigkeit: 145-180 km/h
Karosserie-/Chassisbauart: selbsttragende Karosserie

Ausführung: 2- u. 4-t Lim., 5-t Kombi
Baujahr: 1966-1974
Stückzahl: 681.303 Ex.
Preistendenz: 2

Preisgruppe 1: 2000 - 4000
Preisgruppe 2: 3500 - 6000
Preisgruppe 3: 5500 - 8000
Preisgruppe 4: 7500 - 9500

Der designierte Nachfolger des Amazon gab sich ganz im Stil der Zeit mit glattflächiger, schlichter Karosserie, die einen großen Innen- wie Kofferraum versprach. Wie schon vorher konnte der Kunde prinzipiell zwischen zwei Versionen - mit einem oder zwei Vergasern (als S) - wählen, später kamen Ausführungen mit bis zu 124 PS und hochluxuriösem Interieur (144 GL) hinzu. Optisch tat sich im Laufe der Zeit wenig, lediglich das Kühlergrill wurde mehrmals geändert und die Stoßstangen wuchsen.

Volvo 164 und 164 E

Zylinderzahl/Bauart: 6 Zyl.
Hubraum: 2978 ccm
Leistung bei U/min: 130/5000 bzw. 160/5500 PS
Höchstgeschwindigkeit: 170-190 km/h
Karosserie-/Chassisbauart: selbsttragende Karosserie
Ausführung: 4-t Lim.
Baujahr: 1968-1975
Stückzahl: 155.068 Ex.
Preistendenz: 1
Preisgruppe 1: 4000 - 7500
Preisgruppe 2: 7000 - 9500
Preisgruppe 3: 9000 - 13500
Preisgruppe 4: 13500 - 16500

Mit längerem Radstand (und natürlich größerer Gesamtlänge) präsentierte sich Volvos neues Spitzenmodell, der 164. Dieser elegante Luxusliner mit dem distinguierten Kühlergrill bot seinen Passagieren aber nicht nur üppige Platzverhältnisse, sondern eine komplette Ausstattung: Die meisten 164er waren mit Lederpolstern, Servolenkung und Overdrive (eine Automatik gab es natürlich auch) ausgerüstet. Ließen zunächst die Fahrleistungen etwas zu wünschen übrig, so änderte sich das mit Einführung des 160 PS starken Einspritzmotors.

Volvo P 1800, 1800 S und 1800 E

Zylinderzahl/Bauart: 4 Zyl.
Hubraum: 1780 bzw. 1986 ccm
Leistung bei U/min: 90/5500 - 124/6000 PS
Höchstgeschwindigkeit: 165-185 km/h
Karosserie-/Chassisbauart: selbsttragende Karosserie
Ausführung: Coupé
Baujahr: 1961-1972
Stückzahl: 39.407 Ex.
Preistendenz: 1

Preisgruppe 1: 6000 - 9500
Preisgruppe 2: 9000 - 14500
Preisgruppe 3: 14000 - 18500
Preisgruppe 4: 18000 - 23000

Mit neuentwickeltem B 18-Motor (er sollte später auch den anderen Modellen zugute kommen) gab Volvos zweiter Versuch in Sachen Sportwagen 1960 sein Debut. Und wurde kontrovers aufgenommen, was ausschließlich an seiner sehr verspielten Karosserie lag, die maßgeblich von Per Petterson, damals für Frua tätig, gestaltet worden war. Trotzdem verkaufte sich das exklusive Auto - mehr ein sportlich-komfortables Tourenfahrzeug denn ein Sportwagen - recht gut, blieb lange in Produktion und wurde kontinuierlich weiterentwickelt.

Volvo 1800 ES

Zylinderzahl/Bauart: 4 Zyl.
Hubraum: 1986 ccm
Leistung bei U/min: 124/6000 PS
Höchstgeschwindigkeit: 185 km/h
Karosserie-/Chassisbauart: selbsttragende Karosserie

Ausführung: Kombi-Coupé
Baujahr: 1971-1973
Stückzahl: 8.078 Ex.
Preistendenz: 1

Preisgruppe 1: 7000 - 10500
Preisgruppe 2: 10500 - 15000
Preisgruppe 3: 15000 - 19000
Preisgruppe 4: 19000 - 26000

Ende der sechziger Jahre stand man bei Volvo vor einem Problem: Man wollte den 1800 modifizieren, aber dafür nicht allzu viel Geld investieren. Die Lösung dieses Problems hieß Volvo 1800 ES und sorgte für Furore: Aus dem bisherigen Coupé war ein Sport-Kombi geworden, der durch sein großzügig verglastes Hinterteil auffiel und deswegen bei uns sofort den Namen "Schneewittchensarg" verpaßt bekam. Von Jan Wilsgaard realisiert, erfüllte der 1800 ES damit sogar eine weitere Vorgabe der Volvo-Verantwortlichen: Man konnte eine Golf-Ausrüstung transportieren!

VW

Noch immer ist der gute alte Käfer für viele Menschen DER VW schlechthin - und seine Karriere begann viel früher als die des Volkswagenwerks: Bereits am 17. Januar 1934 sprach sein Konstrukteur, Ferdinand Porsche, in Sachen eines "deutschen Kleinwagens" beim Reichsverkehrsministerium vor, rund vier Jahre später wurde der Grundstein zur "Kraft-durch-Freude-Stadt" nahe Fallersleben (heute heißt sie Wolfsburg) gelegt. Aber erst nach dem Krieg erlebte der ehemalige KdF-Wagen seine Blüte - und mit ihm das Volkswagenwerk mit seinem Direktor Heinrich Nordhoff an der Spitze.

Käferlein lernt Laufen - und wie! Zunächst noch unter englischer Besatzung kommt bei den "Wolfsburg Motor Works" die Produktion in Gang, die dann unter westdeutsche Leitung gestellt wird: Am 1.1.1948 wird Heinrich Nordhoff neuer Geschäftsführer. Zum spartanischen (aber weitergebauten) Standard gesellt sich im Juli 1949 das Export-Modell, das u.a. mit Hochglanz-Lackierung und Chromverzierung lockt. Gut zwei Jahre später gibt es ein neues Getriebe mit synchronisiertem 2. bis 4. Gang. Zu diesem Zeitpunkt hat man bereits rund 300.000 Käfer gebaut.

VW 1200

Zylinderzahl/Bauart: 4 Zyl.(Boxer)
Hubraum: 1131 ccm
Leistung bei U/min: 24,5/3300 PS
Höchstgeschwindigkeit: 105 km/h
Karosserie-/Chassisbauart: Zentralrohrrahmen mit angeschweißter Plattform

Ausführung: 2-t Lim.
Baujahr: 1946-1953
Stückzahl: insg. 20.737.729 Ex. (alle Typen bis Ende 1988)
Preistendenz: 1

Preisgruppe 1: 3500 - 6000
Preisgruppe 2: 5500 - 8500
Preisgruppe 3: 8000 - 11000
Preisgruppe 4: 10000 - 14000

VW 1200

Zylinderzahl/Bauart: 4 Zyl.(Boxer)
Hubraum: 1131 bzw. 1192 ccm
Leistung bei U/min: 24,5/3300 bzw. 30/3400 PS
Höchstgeschwindigkeit: 105-115 km/h
Karosserie-/Chassisbauart: Zentralrohrrahmen mit angeschweißter Plattform

Ausführung: 2-t Lim.
Baujahr: 1953-1957
Preistendenz: 1

Preisgruppe 1: 3000 - 5000
Preisgruppe 2: 4500 - 7500
Preisgruppe 3: 7000 - 10000
Preisgruppe 4: 9500 - 12500

Im März 1953 bekamen Käfer-Fahrer größeren Durchblick: Das bis dahin übliche "Brezel-" oder "Brillen-Fenster" wurde durch ein ovales ohne Mittelsteg ersetzt. Mehr Hubraum und erheblich mehr Leistung - nämlich 30 PS - gab's dann im Januar 1954, Doppelauspuff, neue Rückleuchten und viele Dinge mehr im August 1955. Längst war das im Käfer verwirklichte Heckmotor-Prinzip in einer bestimmten Wagenklasse dominierend, wenngleich sein Schöpfer, Ferdinand Porsche, dies nicht mehr miterlebte: Er war 1951 gestorben.

VW 1200

Zylinderzahl/Bauart: 4 Zyl.(Boxer)
Hubraum: 1192 ccm
Leistung bei U/min: 30/3600 bzw. 34/3600 PS
Höchstgeschwindigkeit: 115-120 km/h
Karosserie-/Chassisbauart: Zentralrohrrahmen mit angeschweißter Plattform
Ausführung: 2-t Lim.
Baujahr: 1957-heute
Preistendenz: 2

Preisgruppe 1: 2500 - 4500
Preisgruppe 2: 4000 - 6500
Preisgruppe 3: 6000 - 9000
Preisgruppe 4: 8500 - 10000

Nicht nur das Rückfenster, sondern auch die Windschutzscheibe wurde im August 1957 - also nach den großen Werksferien - vergrößert. Weitere Verbesserungen sahen zwei Jahre später eine überarbeitete Vorder- wie Hinterachse vor und im August 1960 die Einführung des 34 PS-Motors. Schneckenrollenlenkung und Zweikammer-Rückleuchten waren im August 1961 an der Reihe, ein Stahl- statt des bisher lieferbaren Stoffschiebedachs seit August 1963. Zahllose andere Verbesserungen folgten - und so wird dieses Auto heute noch in Mexiko gebaut!

VW 1300 und 1500

Zylinderzahl/Bauart: 4 Zyl.(Boxer)
Hubraum: 1285 bzw. 1493 ccm
Leistung bei U/min: 40/4000 bzw. 44/4000 PS
Höchstgeschwindigkeit: 125 km/h
Karosserie-/Chassisbauart: Zentralrohrrahmen mit angeschweißter Plattform

Ausführung: 2-t Lim.
Baujahr: 1965-1973 bzw. 1966-1970
Preistendenz: 2

Preisgruppe 1: 2000 - 3500
Preisgruppe 2: 3000 - 5000
Preisgruppe 3: 4500 - 6500
Preisgruppe 4: 6000 - 7500

Die nächste Entwicklungsstufe brachte den 1300er Motor, dem kurz darauf der 1500er folgte. Viele versierte VW-Fahrer beklagten allerdings nachgelassene Zuverlässigkeit und übermäßig erhöhten Benzinverbrauch. Verstärkte Stoßstangen veränderten seit August 1967 das Äußere vom Käferlein erheblich, gleichzeitig gab es den außenliegenden Benzin-Einfüllstutzen (bisher mußte beim Tanken die vordere Haube geöffnet werden). Wer wollte, konnte jetzt ein halb-automatisches Getriebe bekommen.

Preisgruppe 1: 8500 - 10500
Preisgruppe 2: 10000 - 14000
Preisgruppe 3: 13000 - 18000
Preisgruppe 4: 17000 - 23000

Von 1949 bis 1980 gebaut und in diesem Zeitraum exakt 331.847 mal verkauft - eine tolle Bilanz, die das VW Cabrio da vorweisen kann! Vorgestellt wurde der Viersitzer mit dem dick wattierten Verdeck auf der Hannover-Messe im Frühjahr 1949 - aber nicht vom Volkswagenwerk, sondern von Karmann/Osnabrück, wo das Auto auch gebaut werden sollte. Technisch entsprach das intern Typ 15 genannte Cabrio der jeweiligen Käfer-Limousine, was vermutlich entscheidend für den enormen Erfolg des Autos war, denn günstige Unterhaltskosten und Zuverlässigkeit waren so gewährleistet.

VW 1302 und 1303

Zylinderzahl/Bauart: 4 Zyl.(Boxer)
Hubraum: 1192, 1285 bzw. 1584 ccm
Leistung bei U/min: 34/3880, 44/4100 bzw. 50/4000 PS
Höchstgeschwindigkeit: 120-135 km/h
Karosserie-/Chassisbauart: Zentralrohrrahmen mit angeschweißter Plattform

Ausführung: 2-t Lim.
Baujahr: 1970-1974
Preistendenz: 2

Preisgruppe 1: 800 - 2000
Preisgruppe 2: 1800 - 3000
Preisgruppe 3: 2800 - 5000
Preisgruppe 4: 4500 - 7000

Im August 1970 erweiterte VW die Modellpalette um den 1302, der sich zwei Jahre später mit größerer Frontscheibe und neuem Armaturenbrett (neben anderen Details) zum 1303 entwickelte. Der Neuling überraschte mit einem um 2 cm gewachsenen Radstand und einem 1,5 cm längeren Vorderbau, der zusammen mit der jetzt eingeführten Vorderachse mit McPherson-Federbeinen für einen erheblich größeren Kofferraum und eine bessere Straßenlage sorgte. Zu erkennen ist diese Baureihe u.a. an der bauchigeren vorderen Haube.

VW Cabriolet

Technische Daten: siehe die entsprechende Käfer Lim.

VW Karmann-Ghia Typ 14

Technische Daten: siehe die entsprechende VW Käfer Lim.

Preisgruppe 1: 5500 - 9000
Preisgruppe 2: 8000 - 12500
Preisgruppe 3: 10000 - 15500
Preisgruppe 4: 13000 - 19500

Die Idee, auf das robuste Käfer-Fahrgestell eine extravagante Sonderkarosserie zu setzten, war nicht neu. Trotzdem wurde sie erst beim VW Karmann-Ghia ein Erfolg, denn Firmenchef Wilhelm Karmann erkannte sehr richtig, daß das mächtige Volkswagenwerk den Verkauf und die Wartung einer solchen Schöpfung übernehmen mußte. Er setzte dies durch - und so konnte der "Käfer im Frack" mit seiner rassigen, in Turin bei Ghia entworfenen und bei Karmann in Osnabrück gebauten Außenhaut zwischen 1955 und 1974 362.585 mal als Coupé und 80.881 mal als Cabrio verkauft werden.

VW Karmann-Ghia Typ 34

Technische Daten: siehe VW 1500/1600 Lim. (Typ 3)

Preisgruppe 1: 2500 - 4500
Preisgruppe 2: 4500 - 7000
Preisgruppe 3: 7000 - 9500
Preisgruppe 4: 9500 - 12000

Das Rezept war ähnlich wie beim Typ 14, der Erfolg leider nicht: Der "Große Karmann-Ghia", der technisch auf der Typ 3-Limousine basierte, entwickelte sich nicht zum erhofften Erfolg. Vielleicht lag das an seiner etwas zerklüftet wirkenden Karosserie, deren Linien wieder in Turin bei Ghia gezaubert worden waren. Jedenfalls wurde das (fast) nur als Coupé gabaute Auto (es gab etwa eine Handvoll Original-Cabrios) 1961 in Produktion genommen, aber nur für acht Jahre. Dabei stellte man 42.498 Exemplare auf die Räder.

VW 1500 und 1600 (Typ 3)

Zylinderzahl/Bauart: 4 Zyl.(Boxer)
Hubraum: 1493 bzw. 1584 ccm
Leistung bei U/min: 45/3800, 54/4200 bzw. 54/4000 PS
Höchstgeschwindigkeit: 130-140 km/h
Karosserie-/Chassisbauart: Zentralrohrrahmen mit angeschweißter Plattform

Ausführung: 2-t Stufen- und Fastback-Lim., 3-t Kombi
Baujahr: 1961-1973
Stückzahl: 2.584.905 Ex.
Preistendenz: 2

Preisgruppe 1: 1500 - 3000
Preisgruppe 2: 2800 - 4200
Preisgruppe 3: 4000 - 5800
Preisgruppe 4: 5500 - 7000

Konzeptionell stimmte der "Große VW" natürlich mit dem Käfer überein, von dem etwa auch Getriebe und Achsantrieb stammten. Trotzdem war für VW-Kenner eine Neukonstruktion entstanden, die u.a. durch ein unglaublich flaches Triebwerk überraschte (das einen zweiten Kofferraum im Heck ermöglichte). Neben dem 45-PS-1500 gab es den S, der mit zwei Vergasern und 54 PS aufwartete, gefolgt von den bis zur Produktionseinstellung gebauten 1600er Modellen. Neben dem Kombiwagen "Variant" verdient noch die im Volksmund hämisch "traurige Lösung" genannte "Fließheck"-Limousine TL Erwähnung.

VW 181

Zylinderzahl/Bauart: 4 Zyl.(Boxer)
Hubraum: 1493 bzw. 1584 ccm
Leistung bei U/min: 44/4000, 44/3800 bzw. 48/4800 PS
Höchstgeschwindigkeit: 115 km/h
Karosserie-/Chassisbauart: Zentralrohrrahmen mit angeschweißter Plattform

Ausführung: 4-t Kübelwagen
Baujahr: 1969-1978
Stückzahl: 70.495 Ex.
Preistendenz: 2

Preisgruppe 1: 1500 - 3000
Preisgruppe 2: 2800 - 4500
Preisgruppe 3: 4200 - 6000
Preisgruppe 4: 5800 - 7500

Offiziell lief der 181 bei VW unter der Beschreibung "Mehrzweck-Fahrzeug - Kurierwagen" und sollte sowohl im militärischen wie zivilen Bereich eingesetzt werden. Entsprechend einfach war er ausgerüstet: Im Innenraum dominierten Plastik und eine karge Polsterung. Trotzdem hatte (und hat) dieses Gefährt seine Reize: Es ist sehr robust, geländetauglich, bietet vier Sitze und besitzt vor allem ein vollversenkbares Verdeck. Wo gibt es so etwas sonst noch - zu einem solchen Preis, denn etwa aus Bundeswehr-Beständen sind immer noch günstige 181er zu haben.

VW 411 und 412

Zylinderzahl/Bauart: 4 Zyl.(Boxer)
Hubraum: 1679 bzw. 1795 ccm
Leistung bei U/min: 68/4500, 75/5000, 80/4900 bzw. 85/5000 PS
Höchstgeschwindigkeit: 145-160 km/h
Karosserie-/Chassisbauart: selbsttragende Karosserie

Ausführung: 2- u. 4-t Lim., 3-t Kombi
Baujahr: 1968-1972 bzw. 1972-1974
Stückzahl: 355.163 Ex.
Preistendenz: 3

Preisgruppe 1: 1000 - 2500
Preisgruppe 2: 2000 - 4000
Preisgruppe 3: 3800 - 5000
Preisgruppe 4: 4800 - 6000

Er sah ein wenig unförmig aus, dieser umgangssprachlich auch "Nasenbär" genannte 411; als Limousine jedenfalls, denn als dreitüriger Variant wirkte er gefälliger. Besserung trat hier erst mit Einführung des 412 ein, bei dem VW die Frontpartie der selbsttragend ausgelegten Karosserie sehr zu ihrem Vorteil überarbeitet hatte. Technisch war das Auto recht interessant und verfügte als 411 E und dann 412 E über elektronische Benzineinspritzung, mit der das Werk in erster Linie dem bis dahin viel zu hohen Benzin-Verbrauch zu Leibe rückte.

VW K 70

Zylinderzahl/Bauart: 4 Zyl.
Hubraum: 1605 bzw. 1807 ccm
Leistung bei U/min: 75/5200, 90/5200 bzw. 1000/5300 PS
Höchstgeschwindigkeit: 150-165 km/h
Karosserie-/Chassisbauart: selbsttragende Karosserie

Ausführung: 4-t Lim.
Baujahr: 1970-1975
Stückzahl: 211.127 Ex.
Preistendenz: 2

Preisgruppe 1: 1000 - 2500
Preisgruppe 2: 2500 - 4500
Preisgruppe 3: 4500 - 6000
Preisgruppe 4: 6000 - 7500

Eigentlich sollte dieses Auto als NSU K 70 auf den Markt kommen, schließlich war es auch von NSU entwickelt worden. Als aber die Auto Union (seit Anfang 1965 im Besitz von Volkswagen) und NSU fusionierten, stoppte VW zunächst die Präsentation, um das Auto etwas später als VW K 70 zu lancieren. Der mit Frontantrieb und wassergekühltem, vorne eingebauten Reihenmotor operierende Wagen (nicht gerade das, was man sich damals unter einem VW vorstellte!) wurde in einem nagelneuen Werk in Salzgitter zusammengebaut.

Wartburg

Nach dem Zweiten Weltkrieg lagen Chemnitz, Zwickau und Eisenach, lange Jahre Zentren der deutschen Autoindustrie, plötzlich in der sowjetisch besetzten Zone, aus der am 7.Oktober 1949 die DDR hervorging. Dort wurden weiterhin Autos gebaut: In Eisenach, kontrolliert durch die sowjetische SAG Awtowelo, unter der Bezeichnung EMW (für Eisenacher Motoren-Werke), woraus 1952 der volkseigene Betrieb VEB Automobilwerk Eisenach (AWE) wurde. Nach dem sechszylindrigen EMW stellte man hier den IFA F 9 her (eigentlich der geplante Dreizylinder-DKW), aus dem schließlich der Wartburg hervorging.

Wartburg 311 und 312

Zylinderzahl/Bauart: 3 Zyl. (Zweitakter)
Hubraum: 900 bzw. 991 ccm
Leistung bei U/min: 37/4000, 40/4000, 45/4200 bzw. 50/4200 PS
Höchstgeschwindigkeit: 115-130 km/h
Karosserie-/Chassisbauart: Kastenrahmen

Ausführung: 4-t Lim., 3- u. 5-t Kombi, 2-t Hardtop, Cabriolet und Cabriolet "Sport"
Baujahr: 1955-1962 bzw. 1962-1966
Preistendenz: 3, Cabriolet, Cabriolet "Sport", Hardtop und 5-t Kombi: 2

Preisgruppe 1: 2000 - 5500
Preisgruppe 2: 3500 - 7500
Preisgruppe 3: 5000 - 9500
Preisgruppe 4: 6500 - 12000

Auf den vom DKW her bekannten Kastenrahmen setzte man elegante Karosserien: Den Wartburg gab es in einer Fülle wunderschöner Ausführungen - wie etwa als viersitziges Cabriolet, das wie der "Sport" genannte Zweisitzer über eine reichhaltige Ausstattung (u.a. mit Lederpolstern) verfügte, sich aber mit 37- statt mit 50 PS begnügen mußte. Ebenfalls sehr originell das sogenannte Hardtop, das hintere Panoramascheibe, pfostenlos versenkbare Seitenfenster und vier Sitze bot sowie die "Camping-Limousine", ein eleganter fünftüriger Kombi.

Wolga

1932 nahm man die in Gorki an der Wolga gelegene Firma Gorkowskij Awtomobilnij Zavod (GAZ) in Betrieb, wo man zunächst das Ford A-Modell und nach dem Zweiten Weltkrieg den Pobjeda herstellte, ein urwüchsiges Auto, das lange Jahre als Warszawa (Warschau) in Polen weitergebaut werden sollte. In westliche Exportländer gelangten diese Autos auch, allerdings nur in verhältnismäßig kleiner Stückzahl. Anders der Wolga, der nicht nur exportiert, sondern seit den sechziger Jahren in einem belgischen Montagewerk als Scaldia auf die Räder gestellt wird.

Wolga M 21

Zylinderzahl/Bauart: 4 Zyl.
Hubraum: 1620-2445 ccm
Leistung bei U/min: 43/4000 - 97/4000 PS (Diesel und Benziner)
Höchstgeschwindigkeit: 110-145 km/h
Karosserie-/Chassisbauart: selbsttragende Karosserie

Ausführung: 4-t Lim., 5-t Kombi
Baujahr: 1955-1971
Preistendenz: 2

Preisgruppe 1: 2000 - 3500
Preisgruppe 2: 3500 - 5000
Preisgruppe 3: 5000 - 6500
Preisgruppe 4: 6500 - 8000

Der Wolga M 21 präsentierte sich als recht großes Auto im Stil amerikanischer Limousinen der frühen fünfziger Jahre, begnügte sich allerdings mit vier Zylindern. Dabei hatte der Kunde die Wahl zwischen Benzin- und Dieselmotoren, wobei jeder, der sich das 1,6 l-Aggregat mit 43 PS zulegte, mit Fahrleistungen auf sehr niedrigem Niveau rechnen mußte - zumal nur ein schlecht abgestuftes Dreigang- Getriebe zur Verfügung stand. Seit 1960 gab es einen gut geformten Kombiwagen, der über eine horizontal geteilte Hecktür verfügte.

Wolga M 24

Technische Daten: siehe Wolga M 21

Preisgruppe 1: 1500 - 3000
Preisgruppe 2: 3000 - 4500
Preisgruppe 3: 4500 - 6000
Preisgruppe 4: 6000 - 7500

Noch heute baut die Scaldia-Volga SA in der Rue de la Indépendence in Brüssel den Wolga, der 1968 als M 24 mit neuem Blechkleid erschien. Statt Rundungen sind jetzt Geradlinigkeit Trumpf, statt Schnörkel nüchterne Sachlichkeit. Die Technik allerdings ist geblieben, wenngleich die russischen Konstrukteure endlich für ein Viergang-Getriebe und für mehr Motorleistung gesorgt haben: Wer will, kann das Auto mit bis zu 112 PS bekommen - genug, um angemessene Fahrleistungen bereitzustellen.

Wolseley

An der Spitze von Wolseley stand ein Mann, der später zu einem der Autokönige Englands aufstieg: Herbert Austin. Unter seiner Führung hatten die zum großen Teil von J. D. Siddeley (der aber 1909 das Unternehmen verließ) konstruierten Autos enormen Erfolg, was sich schon bald dramatisch änderte: 1927 war die Firma pleite und wurde von Sir William Morris (Nuffield Group) aufgekauft. Sehr schöne Autos entstanden in den dreißiger Jahren (wie etwa der Hornet), außerdem tauchte 1933 erstmals das beleuchtete, ihm Kühlergrill sitzende Firmenemblem auf, das bis zum Schluß alle Wolseleys tragen sollten.

Wolseley 14/60

Zylinderzahl/Bauart: 6 Zyl.
Hubraum: 1818 ccm
Leistung bei U/min: 56/4200 PS
Höchstgeschwindigkeit: 110 km/h
Karosserie-/Chassisbauart: Kastenrahmen

Ausführung: 4-t Lim.
Baujahr: 1939-1948
Stückzahl: 5.731 Ex. (1945-1948)
Preistendenz: 1

Preisgruppe 1: 3500 - 5500
Preisgruppe 2: 5500 - 7500
Preisgruppe 3: 7500 - 9500
Preisgruppe 4: 9500 - 12000

Der Wolseley 14/60 - obwohl ein typisches englisches Auto der dreißiger Jahre - war 1939 vorgestellt, aber noch nach dem Zweiten Weltkrieg in ganz ordentlicher Stückzahl verkauft worden. In seinem sehr geräumigen Innenraum fanden fünf Personen gut Platz und durften sich an einem feinen kleinen Sechszylinder erfreuen, der immerhin schon über hängende Ventile verfügte. Daß auch die Vorderachse starr war, werden ihm die meisten Fahrer verziehen haben. Schließlich gab es bereits ein großes Stahlschiebedach!

Wolseley 4/44 bzw. 15/50

Zylinderzahl/Bauart: 4 Zyl.
Hubraum: 1250 bzw. 1489 ccm
Leistung bei U/min: 46,5/4800 bzw. 56/4400 PS
Karosserie-/Chassisbauart: selbsttragende Karosserie
Ausführung: 4-t Lim.

Baujahr: 1952-1956 bzw. 1956-1958
Stückzahl: 29.845 bzw. 12.353 Ex.
Preistendenz: 2

Preisgruppe 1: 3000 - 5000
Preisgruppe 2: 4800 - 7000
Preisgruppe 3: 6800 - 8500
Preisgruppe 4: 8000 - 11000

1952, gerade als sich die Nuffield Group (Morris, Wolseley usw.) mit Austin zur British Motor Corp. (BMC), dem damals größten europäischen Autokonzern, vereinigt hatte, kam dieses elegante Auto auf den Markt. Mit einer wunderhübschen, von Gerald Palmer gezeichneten Karosserie offerierte der 4/44 nicht nur ein luxuriöses Interieur mit Leder, Holz und Knüppelschaltung, sondern obendrein einen echten Wolseley-Motor. Als 1956 der 15/50 für Ablösung sorgte, war es damit vorbei: Aus Rationalisierungsgründen pflanzte man dem Neuling das BMC B-Aggregat ein.

Zündapp

In den frühen fünfziger Jahren, als der Roller- und Kleinwagen-Boom bei uns auf Hochtouren lief, entwarf Claudius Dornier, Sohn eines berühmten Vaters, mit dem Dornier Delta einen der intelligentesten Beiträge zum Thema Kleinstfahrzeug. Man wollte das kleine Unikum eigentlich selbst herstellen, doch dann hoben die Alliierten das Verbot, Flugzeuge zu bauen, auf - und Dornier hatte plötzlich andere Pläne. Also trat man das gesamte Projekt an die in Nürnberg ansässige Firma Zündapp ab, die tatsächlich die Serienproduktion in Gang brachte.

Zündapp Janus

Zylinderzahl/Bauart: 1 Zyl. (Zweitakter)
Hubraum: 248 ccm
Leistung bei U/min: 14/5000 PS
Höchstgeschwindigkeit: 90 km/h
Karosserie-/Chassisbauart: selbsttragende Karosserie
Ausführung: 2-t Moto-Coupé
Baujahr: 1957-1958
Stückzahl: 6.900 Ex.
Preistendenz: 1
Preisgruppe 1: 3000 - 5000
Preisgruppe 2: 5000 - 7000
Preisgruppe 3: 7000 - 9000
Preisgruppe 4: 9000 - 11000

Das kleine Ding hieß Janus, wie der römische Gott mit den zwei Gesichtern, und sah tatsächlich vorne wie hinten (fast) gleich aus! Optisch hatte Zündapp den Dornier- Entwurf retuschiert, ihn technisch aber belassen: Die vier Personen wurden im Janus paarweise Rücken an Rücken plaziert, was nicht nur eine hervorragende Raumausnutzung ergab, sondern obendrein ermöglichte, den Motor zwischen ihnen in Unterflur-Bauweise zu montieren. Klappte man die Sitze um, erhielt man eine bequeme Schlafcouch für zwei Personen. Trotzdem wurde der Janus kein Erfolg.

Autoersatzteile

Innenausstattung

Literatur

Museen

MUSEUM
Sinsheim

- 30 000 m² überdachte Ausstellungsfläche
- über 3000 Ausstellungsstücke
- 500 Oldtimer und Motorräder
- 50 Schienenfahrzeuge ● 60 Flugzeuge
- 50 Renn- und Sportwagen
- 200 Traktoren und Maschinen

Neugierig? Dann besuchen Sie uns!
Wir sind direkt an der A 6 Mannheim–Heilbronn
Täglich von 9-18 Uhr geöffnet!

AUTO+TECHNIK MUSEUM
D-6920 SINSHEIM · KRAICHGAU · TEL. 07261-61116

MUSEUM
Sinsheim

DAS KLEINE MUSEUM

6802 LADENBURG RHEINGAUSTR. 21
TEL. 06203 / 13507

Stickabzeichen nach Ihrer Vorlage
alle Formen + Farben möglich
CHW®
D-5419 Giershofen-Dierdorf
Flurstraße 8
Tel. 0 26 89/2054
Fax. 0 26 89/30 03
PREISGÜNSTIG
ab 10 Stück in allen Farben

Restaurationswerkstätten

OLDTIMER-, PRESTIGE-, CLASSIC- U. SPORT-AUTOMOBILE

AUTOMANIA GmbH

RESTAURIERUNG
Karosserie - Mechanik - Lackierung
Sattler- und Holzarbeiten

VERMIETUNG
von verschiedenen Modellen mit Chauffeur

ANKAUF
Wir kaufen Ihren Oldtimer in jedem Zustand

VERKAUF
Wir verkaufen Liebhaberstücke in jedem Zustand

Eine Großauswahl an verschiedenen Fabrikaten und Typen wie: BMW – Mercedes – Jaguar – etc. stehen in unserer Ausstellungshalle für Sie bereit.

D-8122 Penzberg
Nonnenwaldstr. 5
Tel. 08856-2077, -2078 Fax 08856-9840 Btx 08856-20770000002

Oldtimer Restaurierungen
– Ein Team von Fachkräften –

Tel. 089/8713770

Auto Niebergall GmbH
Bodenseestraße 222 · 8000 München 60

Otte's Karosseriebau

Karosserie
Fachbetrieb

Handarbeit vom Fachmann!
Wir restaurieren Ihren Oldtimer.
Wir reparieren Ihre Unfallschäden auf Celette-Richtbank.
Wir lackieren Ihren PKW nach Ihren Wünschen.

Karosseriebauermeister Hans-Peter Otte
5820 Gevelsberg · Hagener Str. 80 · Tel. 02332/2445

Selbstkl. Etiketten - PVC-Aufkleber
aus kratz- und wetterfestem Material, siebgedruckt. PVC-, Aluminium-, Kunststoff-, Gold- und Silber-Aufkleber.
Bedruckt, geprägt, genutet nach Ihrer Skizze, Form, Wunschgröße.
Großflächenaufkleber, geschnittene und gestanzte Schrift, auch Fahrzeugbeschriftung, Beschriftungszeilen.
Motive-Logos-Spezialbedruckung Creationen Hümmerich
Industriegebiet, D-5419 Dierdorf-Giershofen, Tel.: 0 26 89 / 20 54, Telex: 868 624 CHW D, Telefax: 02689/3003

Veranstaltungen

Verdecke

Verschiedenes

Oldtimer-Vermietung

Für Werbung - Film - Repräsentation - Ausflugsfahrten und festliche Anlässe

MICHAEL HORN · Dietenbacher Str. 39 · 7815 Kirchzarten
Telefon (07661) 5747 + 2314

D-5419 Dierdorf / Giershofen
☎ (0 26 89) 20 54
Fax: 0 26 89/30 03

auch angelieferte Ware besticken oder bedrucken wir

12 Kopf-Vollautomat, preisgünstig und schnell

Faxen Sie Ihre Anfrage

Creationen Hümmerich Made in Germany, Qualität, und prompte Lieferung

Abzeichen Aufnähwappen Anstecknadeln Sonderwünsche Metallemblem
Direkteinstickung Stick-Motive Ihr Firmenlogo auf verschiedenen Textilien
Firmenschilder Design Werbeerfolg Fahrzeugbeschriftungen Klebe-Etiketten

Für Ihre Firma und Ihre Werbung

- Ihr Vereinsabzeichen auf T-Shirts, Anstecknadeln, Krawattenklammern Aufnähwappen und Mützen
- Schilder aller Art aus Kunststoff und als Spannbänder
- Aufkleber gestanzt und wetterfest

Wir bringen Ihren Verein ins Gespräch

Stick-, Druck- und Emblemtechnik
Creationen Hümmerich
Motive-Logos-Spezialbedruckung
Flurstraße 8 D-5419 **Giershofen**-Dierdorf
Tel. 0 26 89/20 54

Werkzeuge und Zubehör

DREAM PIPES

**Dream Pipes sind handgefertigte Auspuffanlagen der Spitzenklasse aus hochwertigem Edelstahl Typ 304.
Wir liefern sie für alle klassischen Automobile.
Selbstverständlich mit Garantie.**

300 SL Roadster
Edelstahl hochglanzpoliert

Dream Pipes
Bob Stewart
An der Wilhelmsburg 2
D-5912 Hilchenbach
☎ 0 27 33 / 76 33 oder 23 29

British Classic & Sports Cars
Ing. J. Schilcher
Asamstraße 42
D-8070 Ingolstadt
☎ 08 41 / 6 88 55

RADLAUF-ZIERLEISTEN

ab DM 119,– je Satz

aus 1 mm Edelstahl und Messing hochglanzverchromt für BMW, Daimler-Benz und über 100 andere Autotypen inkl. Montagezubehör.
Wir liefern Ihnen auch anderes exklusives Autozubehör, z. B. Edelholzausstattungen für DB, Porsche usw. WORLDWIDE EXPORT SERVICE

Ihr Spezialist WRS Schwombeck
P.O. Box 230211 · D-4300 Essen 1 · 0201/770036

Edelholzinnenausstattungen
Die persönliche Note für Ihren Porsche.
Top-Qualität zum günstigen Preis!
WRS Schwombeck · D-4300 Essen 1
Postfach 230211 · Tel. 0201/770036

HEEL

MOTORRAD-OLDTIMER-KATALOG
Von Stefan Knittel
208 Seiten, über 500 Abb., kart.
DM 29,80/sFr. 29,80

Der Marktführer für historische und klassische Motorräder. Auf 200 Seiten werden ca. 400 Modelle mit Bildern und Text detailliert vorgestellt: Technische Daten, Preise, Preistendenzen, Clubadressen, Ersatzteilversorgung.

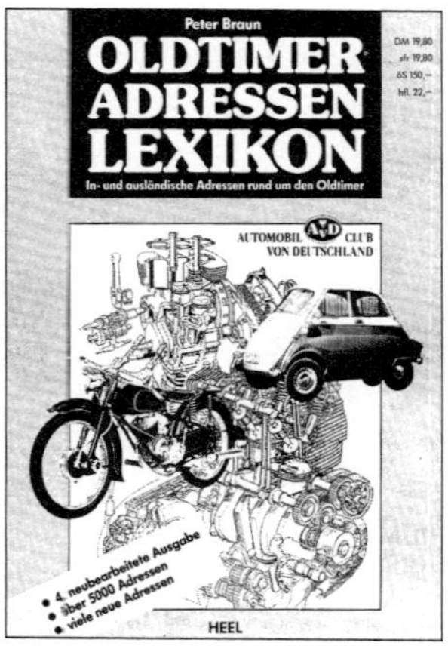

OLDTIMER-ADRESSEN-LEXIKON
Von Peter Braun
320 Seiten, kart.
DM 19,80/sFr. 19,80

„Die gelben Seiten der Oldtimer-Branche"
Ein unentbehrliches Nachschlagewerk für Freunde historischer Automobile und Motorräder.

OLDTIMER-KATALOG
Von Dieter Günther
ca. 240 Seiten, mit ca. 600 Abb., kart.
DM 29,80/sFr. 29,80

Ein Marktführer mit Bildern, Daten, Preisen; 600 Autoklassiker werden vorgestellt.
Völlig überarbeitete Auflage! Neue Bilder, neue Daten, neue Adressen!

DIE LAMBORGHINIS
Von C. Harvey
144 Seiten, über 300 z. T. farbige Abb.
DM 48,–/sFr. 45,–

Aus dem Inhalt:
- 350, 400 GT u. Islero
- Luxusmodelle: Marzal, Jamara, Espada, Countach
- Kleinere GT-Modelle: u. a. Urraco, Silhouette, Jalpa
- Lamborghinis in Zahlen
- Kaufberatung

DIE JAGUAR XKs
Von P. Skilleter
144 Seiten, über 300 z. T. farbige Abb.
DM 48,–/sFr. 45,–

Aus dem Inhalt:
- Oktober 1948: Der Beginn
- Der XK 120, 140, 150, 150S
- Technische Entwicklungen und Verbesserungen
- Die Jaguar XKs in Zahlen
- Kaufberatung

DER FERRARI DINO
Von A. Henry
144 Seiten, über 300 z. T. farbige Abb.
DM 48,–/sFr. 45,–

Aus dem Inhalt:
- Die V-6-Rennmotorenserie
- Die Baby-Ferrari 206 GT, 328 GTB
- Der GTS-Spider
- Der F 40 im 88er Modelljahr
- V 6 und V 8 Dino
- Der Ferrari Dino in Zahlen
- Kaufberatung

DER RANGE ROVER
Von J. Taylor
144 Seiten, über 300 z. T. farbige Abb.
DM 48,–/sFr. 45,–

Aus dem Inhalt:
- Die Parallelen zum Land Rover
- Spezialausführungen
- Vom Nutzfahrzeug als Luxusobjekt
- Der Range Rover in Zahlen
- Kaufberatung

DAS GROSSE MERCEDES-SL-BUCH
Von D. Günther u. J. Hübner
180 Seiten, über 300 z. T. farbige Abb., geb.;
DM 68,–/sFr. 63,–
Pressestimme:
Motorpresse Stuttgart 10/89
„... Den namhaften Autoren D. Günther und J. Hübner ist es mit diesem Werk gelungen, dem Leser einen sehr informativen Eindruck in die lange SL-Ära zu geben ..."

DAS GROSSE VW-PORSCHE-BUCH
Von Michael von Klodt
ca. 160 Seiten, über 300 z. T. farbige Abb., geb.;
DM 68,–/sFr. 63,–
Pressestimme:
Motor Klassik 12/89
„... eine ausführlich recherchierte Entwicklungsgeschichte über den Volksporsche. Das Buch ist flüssig zu lesen und mit vielen wissenswerten Details angereichert ..."

DAS GROSSE FORD-CAPRI-BUCH
Von G. Ulfik
160 Seiten, über 300 z. T. farbige Abb., geb.;
DM 68,–/sFr. 63,–
2., völlig überarb. Aufl.
Sieger im Capri-Buch-Vergleichstest bei ams + Markt

DAS GROSSE MINI-BUCH
Von J. Hübner
160 Seiten, über 300 z. T. farbige Abb., geb.;
DM 68,–/sFr. 63,–
2., völlig überarb. Aufl.
Pressestimme:
Auto Journal 31. 3. 89
„... Mit seinem Format 25,5 × 34 cm ist es in der Tat groß und im übertragenen Sinn läßt sich das auch von seinem Inhalt sagen ..."

DAS GROSSE OPEL-GT-BUCH
Von D. Günther u. W. Wolf
144 Seiten, über 300 z. T. farbige Abb., geb.;
DM 68,–/sFr. 63,–
2. Auflage
Pressestimme:
Auto Motor Sport 8/88
„... Detailreich, technisch fundiert, locker formuliert und gut illustriert präsentieren sich hier einige Traumwagen ..."

DAS GROSSE OPEL-KADETT-BUCH
Von T. Fuths, C. Reifenrath, S. Schrahe u. O. Schrott
184 Seiten, über 300 z. T. farbige Abb., geb.;
DM 68,–/sFr. 63,–
Pressestimme:
Motor + Reisen 5/89
„... Vollständiger kann man über den Kadett kaum berichten ..."

DAS GROSSE BMW-02-BUCH
Von S. Schrahe
158 Seiten, über 300 z. T. farbige Abb., geb.;
DM 68,–/sFr. 63,–
Pressestimme:
Süddeutsche Zeitung
„... Wer die 158 Seiten durchgearbeitet hat, ist zum 02-Spezialisten geworden ..."

DAS GROSSE BUCKEL-VOLVO-BUCH
Von D. Günther u. W. Wolf
152 Seiten, über 300 z. T. farbige Abb., geb.;
DM 68,–/sFr. 63,–
2. Auflage
Pressestimme:
Nordbayerischer Kurier 23. 9. 89
„... Dieses Buch ist Pflichtlektüre für jeden Freund der schwedischen Automobilmarke Volvo ..."

NEU!

DAS GROSSE OPEL-MANTA-BUCH
Von N. Giesen
ca. 160 Seiten mit ca. 300 z. T. farbigen Abb., geb.;
DM 68,–/sFr. 63,–
erscheint im Frühjahr 1990

DAS GROSSE BMW-COUPÉ-BUCH
Von H. F. Andexer u. S. Schrahe
ca. 160 Seiten, mit ca. 300 z. T. farbigen Abb., geb.;
DM 68,–/sFr. 63,–
erscheint im Frühjahr 1990

Markengeschichte

PORSCHE
Die Geschichte einer Denkfabrik
Von R. Langworth
252 Seiten, 448 Abb., davon 133 in Farbe, geb.;
DM 76,–/sFr. 64,–

Dieses Buch erzählt von den Porsche-Fahrzeugen, ihren Entwicklungen, ihren Veränderungen und ihren verschiedenen Ausführungen. Es ist auch die Geschichte einer außergewöhnlichen Firma.

BMW
Die Geschichte der Bayerischen Motorenwerke
Von Jan P. Norbye
256 Seiten, 380 Abb., davon 150 in Farbe, geb.;
DM 82,–/sFr. 69,–

Dieses Buch zeichnet den Werdegang dieser auserlesenen deutschen Automobilfirma auf und zeigt die Besonderheiten der Modelle.

MERCEDES-BENZ
Die ersten hundert Jahre
Von R. Langworth
256 Seiten, 492 Abb., davon 151 in Farbe, geb.;
DM 82,–/sFr. 69,–

Eine faszinierende Chronik einer Firma, die länger als jede andere Automobilgeschichte gemacht hat; erzählt in lebendigen Worten und ergänzt durch Fotos aus den Archiven von Daimler-Benz.

FERRARI
Die Rennsportwagen und die Straßenfahrzeuge
Von G. Eaton
2., erweiterte Auflage,
272 Seiten, 530 Abb., davon 170 in Farbe, geb.;
DM 85,–/sFr. 79,–

Ein Dokument kreativer Tradition, die sich in den berühmten Modellen manifestiert. Ein faszinierendes Gemisch von technischer Raffinesse und Nicht-Alltäglichem.

LAMBORGHINI
Träume auf vier Rädern
Von Robert de la Rive Box
200 Seiten, 324 Abb., davon 206 in Farbe, geb.; vorher DM 235,–
DM 98,–/sFr. 85,–

Der Name „Lamborghini" steht da als Inbegriff von Schönheit, Eleganz und technischer Raffinesse. Lamborghini-Autos waren und sind eine Augenweide! In diesem Buch werden sie gezeigt.

NEU!

Aktuelle Typen

BMW 5er
Technik – Geschichte – Daten – Tuning
Von H. J. Schneider
128 Seiten, 130 z. T. farbige Abb., geb.;
DM 48,–/sFr. 45,–
Schneider Textsystem

TOYOTA CELICA
Geschichte und Modellentwicklung
Von Robert de la Rive Box
160 Seiten, ca. 120 z. T. farbige Abb., geb.;
DM 69,–/sFr. 59,–

US-Autos

CADDY & CO
US-Autos der 50er und 60er Jahre
Von D. Günther u. H. Baumann
128 Seiten, 150 z. T. farbige Abb., geb.; DM 59,–/sFr. 49,–

Wer freut sich nicht über die chromblitzenden und imposanten US-Autos der 50er und 60er Jahre? Diese riesengroßen und farbenfrohen Monstren, die über den großen Teich nach Europa kamen, wurden bei uns zum Symbol für ein Amerika als das Land der unbegrenzten Möglichkeiten. In diesem Buch findet sich eine Vielzahl dieser einmaligen Straßenkreuzer: viel Chrom, viel bunter Lack und viele PS. Hautnah erleben Sie eine – automobilistisch gesehen – schöne Epoche.

FASZINATION VOLKSWAGEN
VW-Raritäten unter kalifornischer Sonne – Von C. Burnham
128 Seiten, durchgeh. farb. Abb., geb.; DM 55,–/sFr. 46,–

Herrliche Farbbilder von VW-Raritäten, wie man sie hier in Europa nie zu sehen bekommt.

CUSTOM-CARS
Verrückte Autos aus Europa und den USA
Von D. Günther u. H. Baumann
128 Seiten, 150 Abb., davon 80 in Farbe, geb.; DM 59,–/sFr. 49,–

Eine Auswahl besonders schöner, verrückter, origineller und gut gemachter Fahrzeuge, Zeugnisse v. Kreativität u. Phantasie.

FORD MUSTANG
Die Geschichte eines erfolgreichen Autos
Von Rob. de la Rive Box
160 Seiten, 170 Abb., davon 46 farbig, geb.;
DM 82,–/sFr. 69,–
In diesem Buch werden die verschiedenen Entwicklungsstationen des „Ford Mustang" in Wort und Bild dargestellt. Eine Fundgrube für den Autofan.

CORVETTE
Amerikas Sportwagen
Von J. Koblenz
252 Seiten, 350 Abb., davon 145 in Farbe, geb.;
DM 76,–/sFr. 64,–
In diesem Buch findet sich die Chronologie der 30jährigen Entwicklung des Corvette's, dargestellt in lebhaften Worten und Hunderten von Originalfotografien.

Chrom und Flossen
US-Autos der 50er Jahre
Von H. Rasmussen
128 Seiten, 100 farbige Abb., geb.;
DM 59,–/sFr. 49,–

DRAGSTER, MONSTERS, MINITRUCKS
PS-Giganten aus den USA
Von O. Zierl
128 Seiten, 150 farbige Abb., geb.;
DM 69,–/sFr. 59,–

DIE PERSONENWAGEN VON GM GENERAL MOTORS 1945–65
Buick – Cadillac – Chevrolet – Oldsmobile – Pontiac
Von Robert de la Rive Box
ca. 130 Seiten, über 200 Abb., davon 80 in Farbe, geb.;
DM 68,–/sFr. 58,–

Auto-Geschichte

DIE AUTO-STORY
Hunderttausend Jahre Automobil-Geschichte
Von O. Schuhmacher
Taschenbuch mit 110 Seiten, 52 Cartoons mit Text, kart.;
DM 9,80/sFr. 9,80
Pressestimme:
WDR-Fernsehen 11. 3. 86
„. . . Eine Aufsehen und Wirbel verursachende Dokumentation . . ."

DAS DEUTSCHE AUTOJAHRBUCH
Von H. Horrmann
250 Seiten, über 280 z. T. farbige Abb., kart.;
DM 39,80/sFr. 39,80
Pressestimme:
Stuttgarter Zeitung 8/89
„. . . H. Horrmann hat sich dieser Arbeit unterzogen und ein Nachschlagewerk eben für dieses Autojahr 1988 zusammengestellt, das im besten Sinne keine Frage offenläßt . . ."

AUTOMOBILE IN DEUTSCHLAND 1950–1970
In der Berichterstattung der FAZ
Von G. Lingnau u. H. Schrader
200 Seiten, über 300 z. T. farbige Abb., geb.;
DM 68,–/sFr. 63,–
Pressestimme:
Motor Klassik 10/89
„. . . Die zeitgenössischen Testurteile sind sehr informativ und haben einen hohen Unterhaltungswert . . ."

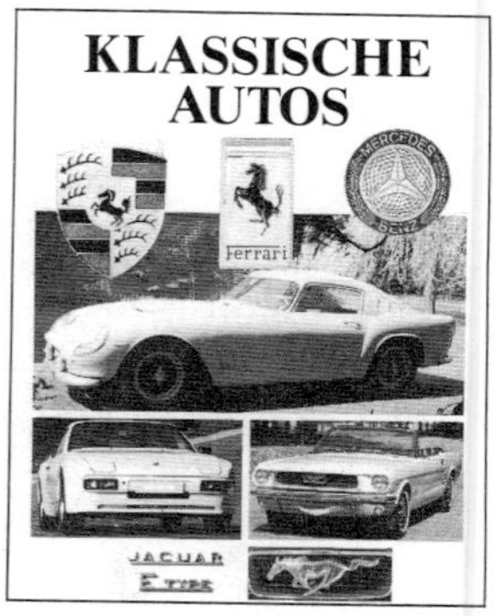

KLASSISCHE AUTOS
Porsche – Cadillac – Mercedes – Jaguar – Ferrari – Amerikanische Klassiker – Rolls Royce
Von R. Hicks
336 Seiten, total in Farbe, mit 921 Abb., geb.;
DM 95,–/sFr. 79,–

Für Cabrio-Fans

CABRIO 1/83
Tolle Käfer – Porsche 911 Cabrio – Excalibur – Ralbot Samba
DM 14,80/sFr. 14,80

CABRIO 2/83
59er-Thunderbird – Morgan – Corvette Cabrio – Mercedes 500 SEC
DM 14,80/sFr. 14,80

CABRIO 1/84
Cabrio-Spass im Mini – Alfa Romeo Spider Cabrio – Opel Ascona
DM 14,80/sFr. 14,80

CABRIO 2/84
Triumph: Vom TR 4 bis TR 8 – Karmann: Die größte Cabrio-Fabrik
DM 14,80/sFr. 14,80

CABRIO 1986
Tuner und Veredler – Geschichte des Morris Minor – Austin Mini
DM 14,80/sFr. 14,80

CABRIO 1987
Die interessantesten Opel-Cabriolets – BMW 328 Cabrio – Mercedes 500 SEC
DM 14,80/sFr. 14,80

Motorsport

STARS DER FORMEL 1
Ein Tribut an 25 berühmte Grand-Prix-Fahrer
Von N. Roebuck
216 Seiten, 174 Abb., geb.;
DM 66,–/sFr. 56,–

FREDDIE SPENCER
Motorrad-Weltmeister
Von M. Scott
64 Seiten, 95 z. T. farbige Abb., geb.;
DM 29,–/sFr. 26,–

COLIN CHAPMAN
Der Mann und seine Autos
Von G. Crombac
268 Seiten, 245 Abb., geb.;
DM 69,–/sFr. 59,–

ALAIN PROST
Formel-1-Weltmeister
Von A. Henry
72 Seiten, 95 z. T. farbige Abb., geb.;
DM 33,–/sFr. 29,–

NIGEL MANSELL
Der Kämpfer am Lenkrad
Von C. Hilton
Ca. 200 Seiten, 40 Abb., geb.;
ca. DM 45,–/sFr. 38,–

FERRARI-KALENDER 1990
Format 670 × 480 mm
DM 39,80/sFr. 39,80
Dieser Kalender folgt der Faszination der außergewöhnlichen Automarke – perfekte Bilder ergeben ein einzigartiges Sammelwerk der verschiedenen produzierten Typen.

RALLYE-POSTER-KALENDER 1990
Format 670 × 480 mm
DM 39,80/sFr. 39,80
Rallye – wohl die letzte „wilde" Art, Motorsport zu betreiben. In diesem Kalender wird die Einzigartigkeit der Rallye in Bildern festgehalten – als Kulisse dazu diente die Weltmeisterschaft.

DER RALLYESPORT 1988/89
Kampf um Sekunden in fünf Kontinenten
160 Seiten, 150 farbige Abb., Großformat, geb.;
DM 78,–/sFr. 73,–

DIE GESCHICHTE DER RALLYE MONTE CARLO
Von B. Brägger
246 Seiten, 400 z. T. farbige Abb., geb.;
DM 98,–/sFr. 98,–

DIE SCHNELLEN UND DIE SCHÖNEN
Die glitzernde Welt des Rennsports
Von K. Sutton
96 Seiten, durchgehend farbige Abb., kart.;
DM 34,–/sFr. 29,–

NEU!

Motorräder

MOTORRAD-OLDTIMER-KATALOG
Von S. Knittel
208 Seiten, über 500 Abb., kart.;
DM 29,80/sFr. 29,80

KLASSISCHE RENNMOTORRÄDER
Raritäten aus dem britischen Motorrad-Museum
Von B. Currie
96 Seiten, 172 farbige Abb., geb.;
DM 44,–/sFr. 36,–

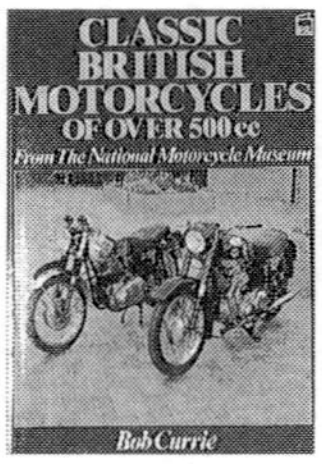

CLASSIC BRITISH MOTORCYCLES
Von B. Currie
96 Seiten, 172 farbige Abb., geb.;
DM 44,–/sFr. 36,–

ITALIENISCHE MOTORRÄDER
Von T. Parker
128 Seiten, durchgehend farbige Abb., geb.;
DM 59,–/sFr. 48,–

NEU!

BMW K-REIHE
K 100 K 75/K 1
Von H. J. Schneider
128 Seiten, 130 z. T. farbige Abb., geb.;
DM 48,–/sFr. 45,–
Schneider Textsystem

CHOPPER
Bilder aus dem Bikerleben
Von D. Baumann
128 Seiten, 160 Abb., davon 100 in Farbe, geb.;
DM 59,–/sFr. 49,–

VERDAMMT, VERFOLGT, VERRATEN
Biker-Reportagen aus den USA
Von H. Kraut
200 Seiten, z. T. farbige Abb., kart.;
DM 28,–/sFr. 26,–

ROCKER IN DEUTSCHLAND
Bd. 6
Von H. Baumann
200 Seiten, 500 Abb., kart.;
DM 28,–/sFr. 25,–

BIKER, MÄDCHEN UND MASCHINEN
Daytona Bike Week
Von B. Jones und T. Richmond
96 Seiten, durchgehend farbige Abb., geb.;
DM 59,–/sFr. 49,–

DIE SCHÖNSTEN MOTORRADTANKBEMALUNGEN DER WELT
Von D. Baumann
132 Seiten, durchgehend farbige Abb., geb.;
DM 68,–/sFr. 58,–

NORTON
Technik und Geschichte der Rennmotorräder
Von C. Spahn
160 Seiten, 250 Abb., geb.;
DM 68,–/sFr. 58,–

MV AUGUSTA
Technik und Geschichte der Rennmotorräder
Von C. Spahn
260 Seiten, 245 Abb., geb.;
DM 98,–/sFr. 84,–

HARLEY DAVIDSON
Eine amerikanische Legende
Von G. Foster
128 Seiten, durchgehend farbige Abb., geb.;
DM 48,–/sFr. 39,–

HARLEY-DAVIDSON-KULT 1
Von G. Foster
128 Seiten, durchgehend farbige Abb., geb.;
DM 48,–/sFr. 39,–

HARLEY-DAVIDSON-KULT 2
Von G. Foster
128 Seiten, durchgehend farbige Abb., geb.;
DM 55,–/sFr. 42,–

Außergewöhnliche Reise- und Routenführer

ENDURO-ATLAS 1
Ein Motorrad-Reiseführer zu den abenteuerlichsten Geländestrecken in Europa
144 Seiten, farbige Abb., mit sep. Kartenset, geb.;
DM 39,–/sFr. 35,–

ENDURO-ATLAS 2
Ein Motorrad-Reiseführer zu den abenteuerlichsten Geländestrecken in Europa
144 Seiten, farbige Abb., mit sep. Kartenset, geb.;
DM 39,–/sFr. 35,–

ALLRAD-ATLAS
Ein Reiseführer zu den abenteuerlichsten Allradstrecken in Europa
3. Auflage, 160 Seiten, durchgehend farbig, geb.;
DM 36,–/sFr. 33,–

MOUNTAIN-BIKE-ATLAS
Ein Reiseführer zu hochalpinen Mountain-Bike-Touren
144 Seiten, geb., durchgehend farbig;
DM 39,–/sFr. 35,–

REISEMOBIL-TRAUMCAMP Bd. 1
Ein Reiseführer speziell für Reisemobilfreunde; Südfrankreich, Italien, Spanien
132 Seiten, durchgehend farb. Abb., geb.;
DM 39,–/sFr. 35,–

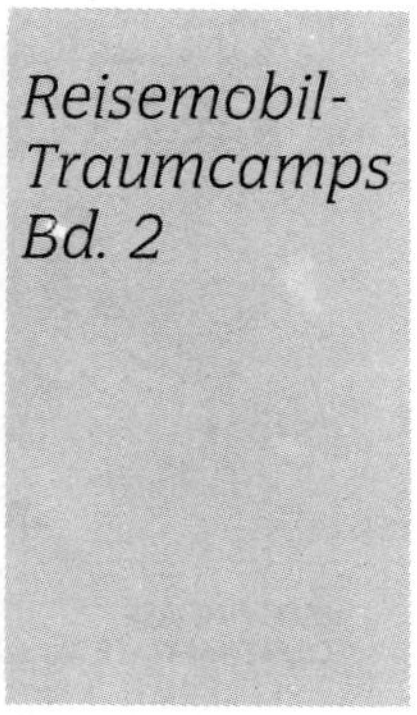

REISEMOBIL-TRAUMCAMP Bd. 2
Ein Reiseführer speziell für Reisemobilfreunde; Bd. 2: Jugoslawien, Griechenland, Türkei. 132 Seiten, durchgeh. farb. Abb., geb.;
DM 39,–/sFr. 35,–

NEU!

Brandneu aus der Druckerei!!!

NEU!

DS AVANTGARDE
Von Jaap van Triest
ca. 110 Seiten mit ca. 270 Abb.;
DM 24,80/sFr. 24,80

Weniger technisch orientiert als dem Atmosphärischen gewidmet, lädt dieses Buch zum Entdecken eines Gebrauchs- und Kultgegenstandes im Lauf der Zeit ein.

DER TRABANT
Von Matthias Röcke
ca. 96 Seiten mit ca. 100 Abb.;
DM 19,80/sFr. 19,80

Erstmals wird die Rolle des Trabant in der DDR beschrieben. Zu sehen sind Prospekte, Prototypen, Testberichte und Bilder der normalen „Trabis" wie auch der hochgezüchteten Rennversionen.

Videos

BIKE WEEK 1988
DAYTONA BEACH
Zirka 120 Min.; VHS;
Best.-Nr.: 1001; Fr. 69,–

CUSTOM-BIKE-SHOW 1988
DER HELLS ANGELS IN KENT
Zirka 120 Min.; VHS;
Best.-Nr. 1002; Fr. 69,–

BIKER-TREFFEN STURGIES 1988
Zirka 120 Min.; VHS;
Best.-Nr. 1003; Fr. 69,–

Bitte senden Sie mir gegen Rechnung

Bestellschein

_____ Exemplare __________________ _____ Exemplare __________________
_____ Exemplare __________________ _____ Exemplare __________________
_____ Exemplare __________________ _____ Exemplare __________________
_____ Exemplare __________________ _____ Exemplare __________________
_____ Exemplare __________________ _____ Exemplare __________________
_____ Exemplare __________________ _____ Exemplare __________________

Name/Vorname: ______________________________

Straße: ______________________________

PLZ/Ort: ______________________________

Datum: ______________ Unterschrift ______________

Bestelladresse Deutschland:
HEEL-Verlag
Hauptstr. 354
D-5330 Königswinter 1
Tel. 0 22 23/2 30 27
Fax-Nr. 0 22 23/2 30 28
24-h-Bestellservice

Bestelladresse Schweiz:
SERAG AG
Postfach 8
CH-8808 Pfäffikon
Tel. (01) 7 84 85 95